D1665656

Norbert Schuster, Valentin G. Kolobrodov

Infrarotthermographie

Norbert Schuster, Valentin G. Kolobrodov

Infrarotthermographie

Zweite, überarbeitete und erweiterte Ausgabe

WILEY-VCH Verlag GmbH & Co. KGaA

Autoren

Norbert Schuster
Vision & Control GmbH
Suhl, Germany
e-mail: Norbert.Schuster@vision-control.com

Valentin G. Kolobrodov
Kyiv National Technical University of Ukraine KPI
Kyiv, Ukraine
e-mail: post@ntu-kpi.kiev.ua

1. Auflage 1999

Umschlagbild
Die Dresdner Hofkirche als Thermogramm
(mit freundlicher Genehmigung der Firma
InfraTec GmbH, Dresden).

Das vorliegende Werk wurde sorgfältig erarbeitet. Dennoch übernehmen Autoren und Verlag
für die Richtigkeit von Angaben, Hinweisen und
Ratschlägen sowie für eventuelle Druckfehler
keine Haftung.

Bibliografische Information
Der Deutschen Bibliothek
Die Deutsche Bibliothek verzeichnet diese
Publikation in der Deutschen Nationalbibliogra-
fie; detaillierte bibliografische Daten sind im
Internet über http://dnb.ddb.de abrufbar.

© 2004 WILEY-VCH Verlag GmbH & Co. KGaA,
Weinheim

Alle Rechte, insbesondere die der Übersetzung in
andere Sprachen vorbehalten. Kein Teil dieses
Buches darf ohne schriftliche Genehmigung des
Verlages in irgendeiner Form – durch Photokopie,
Mikroverfilmung oder irgendein anderes Verfahren – reproduziert oder in eine von Maschinen,
insbesondere von Datenverarbeitungsmaschinen,
verwendbare Sprache übertragen oder übersetzt
werden.

Gedruckt auf säurefreiem Papier

ISBN-13 978-3-527-40509-1

Vorwort

Die Infrarottechnik erobert fast unbemerkt immer neue Bereiche unseres täglichen Lebens. Bewegungs- und Brandmelder und berührungslos arbeitende Thermometer beziehen aus der für den Menschen nicht sichtbaren Wärmestrahlung ihre notwendigen Informationen. Thermokameras zeigen Temperaturverteilungen auf, aus denen sich neue Diagnose-Verfahren in der Medizin, in der zerstörungsfreien Werkstoffprüfung, im Bauwesen und im Umweltschutz entwickelt haben. Satelliten und Flugzeuge registrieren die täglichen Veränderungen auf der Erdoberfläche, wobei die Informationen aus dem thermischen Infrarot Ernteprognosen liefern und Umweltveränderungen wie das Ozonloch aufgespürt haben. Die Grenzsicherung wird zunehmend mit Thermokameras komplettiert, ermöglichen sie doch die Beobachtung bei totaler Dunkelheit und vervielfachen sie die Sichtweite bei schlechter Witterung. Wärmebildgeräte mit großer Reichweite gehören zunehmend zur Standardausrüstung moderner Wehrtechnik.

Dieses Buch hat sich die Aufgabe gestellt, die Besonderheiten dieses modernen Gebietes der Technik auf der Grundlage einer einheitlichen Methodik zu präsentieren. Zusammenfassende Darstellungen mit Lehrbuchcharakter wie Miroschnikov (1983) und Gaussorgues (1984) sind sehr selten und deutschsprachig überhaupt nicht vorhanden. Neben Monographien und Fachartikeln geben der Wissensspeicher Infrarottechnik (Hermann, Walther 1990) und die VDI/VDE-Richtlinien 3511 (1995) einen Einblick in die Infrarottechnik.

Die Wärmebildtechnik ist das Resultat moderner Empfängerentwicklung, Bildverarbeitung, Optik, Monitortechnologie und physiologischer Untersuchungen zur visuellen Wahrnehmung. Diesen Problemstellungen sind einzelne Kapitel gewidmet. Dabei werden die verschiedenen Fragestellungen so aufgearbeitet, dass die Konsequenzen für das gesamte Wärmebildgerät quantitativ abgeschätzt werden können. Für die Formeln werden möglichst einfache Zusammenhänge gewählt, so dass die grundlegenden Einflußfaktoren deutlich hervortreten. Durch umfangreiche Berechnungsbeispiele und Aufgaben in den einzelnen Kapiteln wird der Leser an eine ingenieurmäßige Arbeitsweise heran geführt. Dazu gehört der Hinweis auf die Grenzen der benutzten Modellvorstellungen und die Aufforderung zum praktischen Test.

Umfangreiche Tabellen geben einen Überblick über erreichbare technische Parameter und erleichtern die Ausführung eigener Berechnungen. Weiterführende Literatur weist den Weg zu den Spezialdisziplinen, wobei die Spezifik der infrarottechnischen Fragestellung im Text vermittelt wird…

Dieses Buch wendet sich an Ingenieure, Techniker, technische Führungskräfte, Einkäufer, Ausrüster und Marketing-Experten, die auf modern berührungslos arbeitende Erkundungstechniken angewiesen sind. Die Vielfalt der Einsatzmöglichkeiten reicht vom einfachen Bewegungsmelder über die genaue Temperaturmessung bis zum hochauflösenden Nachtsichtgerät extremer Reichweite.

Insbesondere wendet sich das Buch an die Studenten technischer Fachrichtungen wie der Elektrotechnik, der Informationstechnik, der Feingerätetechnik, des Maschinenbaus und der technischen Physik. Schließlich finden in der Infrarottechnik neueste wissenschaftlich-technische Ergebnisse auf schnellstem Wege ihre praktische Umsetzung, so daß sich hier interessante und zukunftsträchtige Arbeitsgebiete auftun.

Die Autoren haben seit 1985 unabhängig voneinander ihre Lehrveranstaltungen zur Infrarottechnik aufgebaut: V. Kolobrodov an der Technischen Universität der Ukraine (KPI) in Kiev ausgehend von der Nachrichtentechnik und N. Schuster an der Technischen Universität Ilmenau ausgehend von der Technischen Optik. Beide Erfahrungsbereiche sind die tragenden Säulen der Infrarot-Thermographie.

Die Autoren bedanken sich bei der Lektorin des Verlags WILEY-VCH Berlin, Frau Gesine Reiher, für die konstruktive Zusammenarbeit bei der Drucklegung des Buches. Unser besonderer Dank gilt Frau Dipl.-Ing. Anne Schuster für ihr umfassendes Engagement und ihre Mitarbeit bei der Fertigstellung des Manuskriptes.

Die Leser möchten wir zu einer kritischen Nachdenklichkeit anregen, die der Weiterentwicklung der Infrarottechnik zum Nutzen der Menschheit förderlich ist.

Ilmenau, Kiev im Juli 1999   Norbert Schuster, Valentin Kolobrodov

Vorwort zur 2. Auflage

Seit dem Erscheinen der ersten Auflage hat sich die Infrarotthermographie weitere Anwendungsfelder erschlossen. Systemlösungen, die früher ausschließlich der militärischen Nutzung vorbehalten waren, werden jetzt für zivile Anwendungen bereitgestellt. Zusätzlich sorgt der Siegeszug der digitalen Fotografie dafür, die Bildaufnahme ohne Film einem breiten Personenkreis nahezubringen.

Die Erweiterung des Lehrbuchinhalts orientiert sich am technischen Trend. Im Literaturverzeichnis werden die einschlägigen Neuerscheinungen der letzten Jahre berücksichtigt. Unser Dank gilt Herrn Dipl.-Wirtsch.-Ing. Michael Schuster für seine Mitarbeit bei der Fertigstellung des überarbeiteten Manuskriptes.

Ilmenau, Kiev im Mai 2004   Norbert Schuster, Valentin Kolobrodov

Inhaltsverzeichnis

1 Technische Besonderheiten der Wärmebildtechnik

Das menschliche Auge nimmt elektromagnetische Strahlung aus einem sehr schmalen Spektralband wahr. Die Reflexion, Transmission und Streuung dieses Strahlungsanteils an den Gegenständen unserer Umwelt gestattet es dem Menschen, Gegenstände zu sehen. Körper mit einer Temperatur T > 900 K emittieren in diesem visuellen Spektralband einen registrierbaren Energieanteil. Die Wärmebildtechnik stellt sich die Aufgabe, die Eigenstrahlung von Gegenständen mit Umgebungstemperatur sichtbar zu machen. Dazu müssen Gerätelösungen entwickelt werden, die Strahlung im Bereich des thermischen Infrarots registrieren, berührungslos arbeiten und die räumliche und energetische Struktur der Objektszene anzeigen. Das ist nur auf elektronischem Umwege möglich, da Speichermedien nach dem Vorbild des fotografischen Films allein durch die Strahlung der Umgebung belichtet würden.

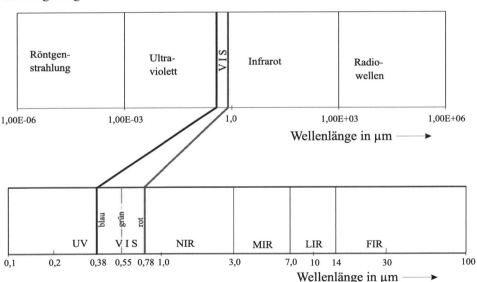

Abb. 1.1: Einordnung der Spektralbereiche der Wärmebildtechnik in das elektromagnetische Spektrum

In Abb. 1.1 ist das elektromagnetische Spektrum und vergrößert die besonders interessierenden Spektralbereiche für die Wärmebildtechnik eingetragen. Die unterschiedlichen Wellenlängen des sichtbaren Bereichs (im Folgenden mit VIS für visuell abgekürzt) werden vom menschlichen Auge als Farben von Violett, Blau über Grün, Gelb, Orange bis Rot empfunden. Das Auge hat sein Empfindlichkeitsmaximum bei 0,55 µm Strahlung dieser Wellenlänge wird als Grün empfunden. Unterhalb von 0,38 µm wird die Strahlung für unser Auge unsichtbar, der energiereiche ultraviolette Strahlungsbereich (UV) beginnt. Oberhalb von 0,78 µm schließt sich der infrarote Spektralbereich (IR) an. Die Unterteilung des IR unterliegt einer gewissen Willkür, sie spiegelt aber Grenzen bezüglich der Anwendung und der technischen Lösungsvarianten wider. Der IR-Bereich bis 3 µm soll mit NIR (nahes Infrarot) abgekürzt werden, der Bereich von 3 bis 7 µm mit MIR (mittleres Infrarot) und der Bereich von 7 bis 14 µm mit LIR (langwelliges Infrarot). Der Bereich oberhalb 14 µm (mit FIR als fernes IR abgekürzt) hat für die Wärmebildtechnik nur untergeordnete Bedeutung. MIR und LIR werden auch als thermisches Infrarot bezeichnet.

1.1 Radiometrische Kette

Die Funktion von Wärmebild- oder Thermographiesystemen wird durch die radiometrische Kette in Abb. 1.2 veranschaulicht, deren einzelne Komponenten in den nachfolgenden Kapiteln behandelt werden.

Die Aufklärung der Wirkungsweise von Thermographiesystemen beginnt mit den Strahlungsgesetzen der Objektszene. Diese setzt sich zusammen aus dem zu erkennenden oder zu vermessenden Objekt und dem Hintergrund. Die von Objekt und Hintergrund ausgesandte Strahlung durchdringt die Atmosphäre und wird von der IR-Optik auf den IR-Empfänger fokussiert. Da es für die Thermographie keine dem fotografischen Film adäquaten Empfängermaterialien gibt, wird die Objektszene in einzelne Pixel zerlegt, die zeitlich nacheinander abgetastet und in einer Signalfolge verschlüsselt werden.
Hauptfunktion der Signalverarbeitung ist die Rekonstruktion der Objektszene. Diese wird meist auf einem Monitor zur Anzeige gebracht und kann elektronisch gespeichert und bearbeitet werden. Die Funktionsauslösung kommt in Überwachungssystemen zum Einsatz. Am Ende der Kette steht der Beobachter. Ihm obliegt es, die erhaltenen Informationen zu deuten und angemessen zu reagieren.

Nach dem Schema in Abb. 1.2 kann die Eigenstrahlung von Gegenständen zur Anzeige gebracht werden. Zusätzliche Lichtquellen werden nicht benötigt. Da jeder Gegenstand Eigenstrahlung aussendet, erlaubt diese Technik den Bau passiver Nachtsichtgeräte. Ohne Lichtquellen werden Gegenstände aufgrund ihrer Eigenstrahlung sichtbar. Diese militärisch sehr interessante Möglichkeit hat in den letzten 25 Jahren zu einer rasanten Entwicklung der Wärmebildtechnik geführt. Quasi nebenbei wird die verbesserte Sicht im IR bei Nebel genutzt.

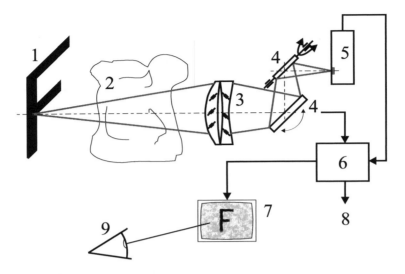

Abb. 1.2: Radiometrische Kette
1 Objekt mit Hintergrund, 2 Atmosphäre, 3 sammelnde IR-Optik,
4 optomechanisches Abtastsystem, 5 IR-Empfänger, 6 Signalverarbeitung,
7 Anzeigeeinheit, 8 Funktionsauslösung, 9 Beobachter, 10 Koordinatensystem

Zivile Anwendungen wie das Anzeigen von Temperaturfeldern und Strahlungsverteilungen profitieren von der IR-Empfängerentwicklung. Sie haben heute einen festen Platz als zusätzliche Diagnoseverfahren in Industrie, Bauwesen und Medizin gefunden.

1.2   Prinzipien der räumlichen Abtastung

Die Zerlegung der Objektszene in eine Folge zeitlich nacheinander abgetasteter Pixel ist in jedem Camcorder realisiert. Die Objektszene wird vom Objektiv auf eine Empfängermatrix, dem so genannten Focal Plane Array FPA, abgebildet. In jedem Pixel werden Ladungen gesammelt und in einem vorgegebenen Takt nacheinander ausgelesen. Befriedigende Thermographie-Ergebnisse werden auf diesem Wege erst durch die jüngsten IR-FPA-Entwicklungen möglich, deren Herstellung immer noch teuer ist.

Die ersten hochauflösenden Wärmebildsysteme arbeiten mit einem gekühlten Einelement-IR-Empfänger und einem optomechanischen Abtastsystem, welches den Empfängerchip über die Objektszene projiziert. Dieses Prinzip ist in Abb. 1.2 dargestellt.

In Tab. 1.1 sind die wichtigsten, heute zur Anwendung kommenden Kombinationen von Empfängerstruktur und Abtastsystem zusammengestellt. Zwischen den beiden Extremen Einelementempfänger und formatfüllende Matrix erlangen eine Reihe von Kombinationen technische Bedeutung. Sie legen verschiedene Gerätekonzepte fest, deren praktische Umsetzung vom Preis und Anwendungszweck bestimmt ist.

Einelementgeräte zeichnen sich durch eine hohe Gleichmäßigkeit der einzelnen Bildpixel aus. Begrenzend auf die Anzahl der pro Zeiteinheit abgetasteten Bildpixel wirkt der Schwingspiegel, der eine oszillierende Bewegung ausführen muss.

Formatfüllende Zeilen erlauben kostengünstige Lösungen bei Überwachungsaufgaben, wobei die Relativbewegung zwischen Kamera und Objektszene vom Prozess vorgegeben und mit der Bildaufnahme gekoppelt ist.

Tab. 1.1: Moderne Abtastprinzipien der Wärmebildtechnik

Empfängerstruktur	optomechanisches Abtastsystem	typische Anwendung	Gerätebeispiele
Einelementempfänger	Schwingspiegel und Spiegelpolygon	Messkamera hoher thermischer Auflösung	AGEMA 900 LW FSI IQ 812 inframetrics 760
formatfüllende Zeile	ohne	Überwachung von Fertigungslinien, Luftaufklärung	ZKS 128 (Hermann et al. 1991)
Zeile mit ganzzahligem Bruchteil der Bildzeilenzahl	Spiegelpolygon mit unterschiedlich geneigten Facetten	Messkamera mäßiger räumlicher Auflösung	Avio TVS 2100 FSI IQ 325
Matrix mit ganzzahligen Bruchteilen der horizontalen und vertikalen Bildpixelzahl	Spiegelpolygon mit unterschiedlich geneigten Facetten	Geräte hoher Reichweite	Orphelios-Modul (Nolting 1994)
pyroelektrisches Vidikon	ohne	Sichtgerät geringer thermischer Auflösung	EEV Thermal Cameras (1987)
formatfüllende Matrix	ohne	Sichtgeräte hoher thermischer Auflösung	Amber Sentinel Mitsubishi IR M500 inframetrics Therma-CAM

Schnelldrehende Spiegelpolygone mit unterschiedlich geneigten Facetten führen eine gleichförmige Drehbewegung aus und tasten bei einer Polygonumdrehung die Objektszene vollständig ab. Die Polygondrehung realisiert die Abtastung entlang der Zeilen, die unterschiedliche Facettenneigung die Abtastung des Bildes (vgl. Kap. 5.4.3). Die Pixelzahl der dazugehörigen IR-Empfänger-Arrays ist dem Polygon angepasst: Das Produkt aus Facettenzahl und Zeilenzahl des Arrays ist gleich der Zeilenzahl des IR-Bildes, die Pixelzahl in der IR-Bild-Zeile ist ein ganzzahliges Vielfaches der Pixelzahl der Empfänger-Array-Zeile. Diese auch als Mikro-Scan-Systeme bezeichneten Kombinationen erlauben die Minimierung der Rauschbandbreite.

Pyroelektrische Vidikons sind die ältesten bildauflösenden IR-Empfänger: Das klassische Vidikonprinzip mit Elektronenstrahlabtastung der abgebildeten Objektszene wird durch Verwendung spezieller Empfängermaterialien für den thermischen IR-Strahlungsbereich sensibilisiert. Nachteil dieser Lösung ist die schlechte thermische und räumliche Auflösung.

Formatfüllende IR-Matrizen kommen ohne mechanisch bewegte Teile aus. Die Gleichmäßigkeit der Empfängerpixel, ihre schnelle Auslesung und ihre Kalibrierung muss im Herstellprozess berücksichtigt werden.
Die klassische Halbleitertechnik ist nicht für die Empfängerpixel einsetzbar, da die Halbleitermaterialien Ge, Si und GaAs im thermischen IR transparent sind und als Linsenmaterialien eingesetzt werden.

1.3   Historische Fakten zur Thermographie

Im Jahre 1800 entdeckt William Herschel Wärmestrahlung, die für das menschliche Auge nicht sichtbar ist. Er lässt Sonnenlicht durch ein Dispersionsprisma fallen und weist die Strahlung jenseits des sichtbaren roten Lichtes mit einem Thermometer nach. Diese infrarote Strahlung gehorcht den gleichen physikalischen Gesetzen wie sichtbares Licht.
1830 entdeckt Nobili die ersten Thermoelemente, 1833 schaltet Melloni diese in Reihe und realisiert die erste Thermosäule. Mit diesen kann die IR-Strahlung in ein elektrisches Signal gewandelt werden.
1880 wird erstmals die Änderung des elektrischen Widerstandes mit der Temperatur zur Detektion infraroter Strahlung benutzt. Mit der Anordnung dieser Thermistoren als Brückenschaltung ist das erste Bolometer realisiert.
Zwischen 1870 und 1920 erlaubt der technische Fortschritt die Herstellung der ersten Quantendetektoren. Ihr völlig neues Wirkprinzip kommt ohne die Umsetzung der Strahlung in eine Temperaturänderung aus und führt zu um Größenordnungen höheren Empfindlichkeiten und kürzeren Reaktionszeiten. Ihr Empfindlichkeitsbereich endet im NIR. Als erstes Wärmebildgerät kann der in den 20er Jahren entwickelte Evapograph gelten. Genutzt wird der schon von Herschel entdeckte temperaturabhängige Niederschlag von organischen Dämpfen auf einer Membran. Die thermische Szene wird auf die Membran abgebildet, deren Strahlungsabsorption mittels spezieller Schwärzungsschichten maximiert ist. Hinter der Membran wird in einer speziellen Zelle durch gezielte Temperierung und Druckeinstellung der sichtbare Dampfniederschlag optimiert. Bei Belichtungszeiten von 30 s können Temperaturauflösungen bis 1 K erreicht werden (Kriksunov, Padalko 1987). Militärische Anwendung findet der von 1930 von Gudden, Görlich und Kutscher in Deutschland entwickelte PbS-Quantenempfänger. Sein Empfindlichkeitsbereich von 1,5...3 µm verlängert den Sichtbereich von Peilgeräten. Mit InSb-Quantenempfängern (Empfindlichkeitsbe-

reich von 3...5 μm) wird die Reichweite deutscher Peilgeräte im II. Weltkrieg bis zu 30 km für Schiffe und 7 km für Panzer gesteigert. Die dazu notwendigen Optiken liefert Carl Zeiss Jena, wo ab 1940 das bis ins LIR durchlässige Linsenmaterial KRS-5 als Kristall aus der Schmelze gezogen wird.

Die weitere Entwicklung der Quantenempfänger wird durch Militäranwendungen vorangetrieben: Mitte der 50er Jahre werden die ersten selbstlenkenden Raketen mit IR-Zielsuchköpfen in Dienst gestellt.

Die thermischen Detektoren bleiben vorrangig der zivilen Nutzung vorbehalten: Im Jahre 1954 werden bildgebende Kameras auf Thermosäulenbasis (20 min Belichtungszeit pro Bild) und auf Bolometerbasis (4 min Belichtungszeit pro Bild) vorgestellt.

1960 wird der Halbleiter HgCdTe als Empfängerwerkstoff vorgeschlagen: Mit ihm kann der LIR-Bereich schnell und empfindlich aufgelöst werden.

1964 stellt die schwedische Firma AGA ihr Thermographiesystem 660 vor. Es ist 40 kg schwer, benutzt einen optomechanischen Scanner mit gekühltem InSb-Einelementsensor und benötigt 1/16 s für den Aufbau eines Bildes. Parallel dazu werden die ersten FLIR (Forward Looking Infra-Red)-Systeme auf Kampfflugzeugen installiert: Mit gekühlten InSb- und Ge: Hg-Einelementempfängern und optomechanischen Scannern wird die thermische Eigenstrahlung von weit entfernten Objekten sichtbar gemacht.

Mitte der 70er Jahre gelingt es, Vidikons durch Aufbringen pyroelektrischer Empfängermaterialien bis in den LIR-Bereich zu sensibilisieren. Diese „Pyrikons" mit ihrer unmittelbaren Anbindung an die Fernsehtechnik liefern Echtzeitbilder mit einer thermischen Auflösung von 1 K. Die Fernsehtechnik hält Einzug in die Konzipierung von Wärmebildgeräten.

In den 80er Jahren profitieren die kommerziellen Thermokameras von den Fortschritten der Quantenempfängerentwicklung: Mit der Beherrschung der HgTeCd-Technologie kann das LIR-Gebiet genutzt werden. 1986 stellt AGEMA das Thermographiesystem 870 mit einem Sprite-Empfänger vor, dessen Funktion mit der einer Empfängerzeile vergleichbar ist.

Anfang der 90er Jahren entdecken viele Hersteller den zivilen Markt: Mit Flüssigstickstoff gekühlte Einelementempfänger-Systeme erreichen die besten Auflösung, Software-Pakete erleichtern die Speicherung und Interpretation der Thermogramme. Die Errungenschaften der Computertechnik werden integriert.

Seit 2000 drängen thermische Empfängerarrays auf den Markt, die keine Kühlung und keine optomechanische Abtastung benötigen und für viele kommerzielle Anwendungen eine sinnvolle thermische und räumliche Auflösung bieten. Zusätzlich werden Systemlösungen mit gekühlten FPA, die früher ausschließlich der militärischen Nutzung vorbehalten waren, für zivile Anwendungen bereitgestellt (Thermosensorik 2001).

Die Empfängerentwicklung führt zur Unterscheidung von drei Generationen von Wärmebildgeräten (Kürbitz 1997): Mit der ersten Generation werden Echtzeitbilder realisiert, wobei die geometrische Auflösung und die Bildhomogenität im Vergleich zu normalen Fernsehbildern Wünsche offen lassen. Die Temperaturauflösung dieser durchweg scannenden Systeme erreicht 0,2 K. Wärmebildgeräte der zweiten Generation kommen der Fernsehqualität nahe und verwenden thermische Referenzen, um die Nichtuniformität des Bildes zu korrigieren. Die thermische Auflösung liegt unter 0,1 K. Wärmebildgeräte der dritten Generation arbeiten mit großen Empfängerarrays, die ohne oder höchstens mit kleinen optomechanischen Scanbewegungen (sog. Mikro-Scans) auskommen. Fernsehqualität soll bei einer Temperaturauflösung unter 0,05 K erreicht werden.

2 Mathematische Grundlagen zur Beschreibung der Signalverarbeitung

Die Prinzipdarstellung zur Funktion von Wärmebildsystemen in Abb. 1.2 enthält in der Objektszene zwei Signalarten: die determinierte Objektstruktur mit einer bestimmten Temperatur und das durch statistische Größen beschreibbare Hintergrundrauschen. Zur Vereinfachung wird im Folgenden immer vorausgesetzt, dass das Wärmebildgerät eine thermische Szene sichtbar macht, in der die Strahlungsverteilung zeitlich konstant angenommen wird. Die energetischen Größen des Objektes $f_{opt}(x, y)$ sind damit eine Funktion des Ortes, wobei x und y ein rechtwinkliges Koordinatensystem in der Objektszene aufspannen. Die dazu senkrecht stehende z-Achse kennzeichnet den Abstand der Objektszene vom Thermographiesystem.

Die Abtastverfahren aus Tab. 1.1 zerlegen die Objektszene in eine zeitliche Folge elektrischer Größen $f_{el}(t)$. Ihr Verhalten über der Zeit t bestimmt letztendlich die Qualität des Thermographiesystems. Dem determinierten Signal sind ein thermisches und elektrisches Rauschen überlagert, welche durch statistische Größen beschrieben werden müssen.

2.1 Frequenzanalyse determinierter Signale

Die Signalwandlung entlang der radiometrischen Kette verlangt eine einfache Beschreibung der Beeinflussung durch die einzelnen Komponenten. Die lineare Filtertheorie (Kreß, Irmer 1990) bietet dazu einen zweckmäßigen Ansatz. Die Einwirkung der einzelnen Komponenten wird als Frequenzverhalten modelliert. Dazu wird auf die Fourier-Transformation zurückgegriffen, deren allgemeines Bildungsgesetz im eindimensionalen Fall durch die Integrale

$$f(r) = \int_{-\infty}^{\infty} \widetilde{f}(v) \cdot \exp\left[j2\pi \cdot r \cdot v\right] \cdot dv \quad \text{und} \quad \widetilde{f}(v) = \int_{-\infty}^{\infty} f(r) \cdot \exp\left[-j2\pi \cdot r \cdot v\right] \cdot dr \quad (2.1)$$

beschrieben werden. Die Funktion $f(r)$ charakterisiert den räumlichen oder zeitlichen Verlauf einer physikalischen Größe, $\widetilde{f}(v)$ ist das Spektrum oder die Frequenzfunktion der physikalischen Größe.

Die Variable r bezeichnet eine Ortskoordinate (Maßeinheit mm bzw. mrad) oder eine Zeitkoordinate (Maßeinheit s). Die Variable v kennzeichnet eine Ortsfrequenz (Maßeinheit mm^{-1} bzw. $mrad^{-1}$) oder eine zeitliche Frequenz (Maßeinheit Hz). Rein mathematisch sind für die Variablen r und v positive und negative Werte zugelassen. Physikalisch sinnvoll sind nur positive Frequenzen, so dass in den Lösungsbeispielen nur Darstellungen $\tilde{f}(v)$ für positive v angegeben werden. Die in Tab. 2.1 aufgeführten allgemeinen Eigenschaften der Fourier-Transformation können zur Lösung von Übungsaufgaben herangezogen werden.

Tab. 2.1: Eigenschaften der Fourier-Transformation (Korn, Korn 1968)

Theorem	Orts- oder Zeitfunktion	Fourier-Spektrum
Linearität	$c_1 \cdot f_1(r) + c_2 \cdot f_2(r)$	$c_1 \cdot \tilde{f}_1(v) + c_2 \cdot \tilde{f}_2(v)$
Ähnlichkeitssatz	$f(a \cdot r)$	$\dfrac{1}{|a|} \cdot \tilde{f}\left(\dfrac{v}{a}\right)$
Verschiebungssatz	$f(r - r_0)$ und $f(r) \cdot \exp(+j2\pi \cdot v_0 r)$	$\tilde{f}(v) \cdot \exp(-j2\pi \cdot r_0 v)$ und $\tilde{f}(v - v_0)$
Faltungssatz	$f_1(r) * f_2(r) = \displaystyle\int_{-\infty}^{\infty} f_1(s) \cdot f_2(r-s) \cdot ds$ $f_1(r) \cdot f_2(r)$	$\tilde{f}_1(v) \cdot \tilde{f}_2(v)$ $\tilde{f}_1(v) * \tilde{f}_2(v)$
Differentiationssatz	$\dfrac{df(r)}{dr}$ und $(-j2\pi \cdot r) \cdot f(r)$	$(j2\pi \cdot v)\tilde{f}(v)$ und $\dfrac{d\tilde{f}(v)}{dv}$
Integrationssatz	$\displaystyle\int_{-\infty}^{r} f(s) \cdot ds$ und $\left[\dfrac{-1}{j2\pi \cdot r} + \dfrac{1}{2}\delta(r)\right] f(r)$	$\left[\dfrac{1}{j2\pi v} + \dfrac{1}{2}\delta(v)\right]\tilde{f}(v)$ und $\displaystyle\int_{-\infty}^{v} \tilde{f}(\mu) \cdot d\mu$

Wichtige Funktionen zur Beschreibung technischer Zusammenhänge sind in Tab. 2.2 zusammengestellt. Im Allgemeinen sind die Fourier-Spektren Funktionen komplexer Zahlen, die sich in der Form $\tilde{f}(v) = |\tilde{f}(v)| \exp[j\psi(v)]$ darstellen lassen. Der Betrag kennzeichnet den Amplitudenfrequenzgang, $\psi(v)$ den Phasenfrequenzgang. Je nach der Natur der physikalischen Größe, die mit der Fourier-Transformation beschrieben wird, muss entschieden werden, ob $|\tilde{f}(v)|$ den Vorgang ausreichend beschreibt oder ob der Phasenfrequenzgang ebenfalls berücksichtigt werden muss. Die Gaußsche Glockenkurve verändert bei der Fourier-Transformation ihre grundlegende Form nicht. Der Dirac-Impuls mit den Eigenschaften $\displaystyle\int_{-\varepsilon}^{\varepsilon} c \cdot \delta(r) \cdot dr = c$ für beliebige ε und $c \cdot \delta(r) = 0$ für $r \neq 0$ dient der Simulation der Signalverformungen durch die Systemkomponenten. Die Spaltfunktion eignet sich z. B. zur Beschreibung der Empfindlichkeitsverteilung von Empfängerpixeln. Ihre Fourier-Transformierte $(\sin X)/X$ wird oft als sinc-Funktion bezeichnet. Eine exponentiell abklingende Zeitfunktion entspricht in ihrem Frequenzverhalten einem Tiefpass.

Für die Kreisfunktion, den idealen Tiefpass und die ideale optische Abbildung werden rotationssymmetrische Verteilungen vorausgesetzt, so dass zur Lösung der Integralgleichungen (2.1) Eigenschaften der Hankel-Transformation genutzt werden können. $\mathfrak{J}_1$ kennzeichnet dabei die Bessel-Funktion erster Ordnung.

Tab. 2.2: Beispiele wichtiger Transformationsbeziehungen (Papoulis 1968)

	Orts- oder Zeitfunktion	Fourier-Spektrum
Bedeutung der Variablen	Ortsabhängigkeit: $r \cong x, y$, Radius Zeitabhängigkeit: $r \cong t$	$v \cong \psi$ objektseitige Ortsfrequenz $v \cong v'$ empfängerseitige Ortsfrequenz $v \cong f$ zeitliche Frequenz
Gauß-Verteilung mit $r_0 =$ Breite der Verteilung	$f(r) = \exp\left[-\frac{1}{2}\left(\frac{r}{r_0}\right)^2\right]$	$\tilde{f}(v) = \sqrt{2\pi} \cdot r_0 \cdot \exp\left[-2 \cdot (\pi \cdot r_0 \cdot v)^2\right]$
Dirac-Impuls	$f(r) = c \cdot \delta(r)$	$\tilde{f}(v) = c$
Spaltfunktion mit $r_0 =$ Breite des Spaltes	$f(r) = \begin{cases} \dfrac{1}{r_0} & \text{für} \quad |r| \le \dfrac{r_0}{2} \\ 0 & \text{sonst} \end{cases}$	$\tilde{f}(v) = \dfrac{\sin \pi \cdot r_0 \cdot v}{\pi \cdot r_0 \cdot v}$
Tiefpass mit $a =$ Abklingkonstante	$f(r) = \begin{cases} a \cdot \exp(-ar) & \text{für } r \ge 0 \\ 0 & \text{für } r < 0 \end{cases}$	$\tilde{f}(v) = \dfrac{1}{1 + j \cdot 2\pi \dfrac{v}{a}}$, $\left|\tilde{f}(v)\right| = \dfrac{1}{\sqrt{1 + \left(2\pi \dfrac{v}{a}\right)^2}}$
Kreisfunktion mit $r_0 =$ Radius des Kreises	$f(r) = \begin{cases} 1 & \text{für} \quad r = \sqrt{x^2 + y^2} \le r_0 \\ 0 & \text{sonst} \end{cases}$	$\tilde{f}(v) = \dfrac{r_0}{2\pi \cdot v} \mathfrak{J}_1(r_0 \cdot 2\pi \cdot v)$
Idealer Tiefpass mit $v_g =$ Grenzfrequenz	$f(r) = 2\pi \cdot v_g^2 \left[\dfrac{\mathfrak{J}_1(2\pi \cdot v_g \cdot r)}{2\pi \cdot v_g \cdot r}\right]$	$\tilde{f}(v) = \begin{cases} 1 & \text{für} \quad 0 \le v \le v_g \\ 0 & \text{für} \quad v > v_g \end{cases}$

2.1.1 Fraunhofersche Beugung

Ein praktisches Beispiel für die Nutzung der Fourier-Transformation ist die beugungsbe-grenzte optische Abbildung. Beugungsbegrenzt heißt, dass die Unschärfe des Bildes durch die Beugung der Strahlung an den Öffnungen der IR-Optik bestimmt ist. Schon die mathematische Formulierung der Fraunhoferscher Beugung ist als Fourier-Integral interpretierbar: Die komplexe Amplitude der Lichterregung in der Empfängerebene berechnet sich nach

$$\tilde{a} = c \iint\limits_{x_p y_p} f_{\ddot{O}} \cdot \exp\left\{\frac{2\pi\, j}{\lambda}[(\alpha_0 - \alpha)x_p + (\beta_O - \beta)y_p]\right\} dx_p \, dy_p \, , \tag{2.2}$$

wobei $(\alpha_0 - \alpha)$ und $(\beta_0 - \beta)$ die Richtungsänderung des Lichtes infolge Beugung kennzeichnen (Mathieu 1965). Die Maßeinheit dieser beiden Differenzen ist Eins. Alle geometrischen Größen sind in Abb. 2.1 dargestellt. c ist eine energetische Konstante, $f_{\ddot{O}}$ die Ein-flussfunktion in der Öffnung, x_P und y_P sind die Koordinaten der beugenden Öffnung. Die Koordinaten x', y' in der Empfängerebene werden vom Durchstoßpunkt der optischen d'_0 Achse durch die Empfängerebene gemessen.

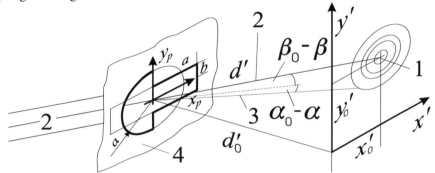

Abb. 2.1: Geometrische Verhältnisse bei der Fraunhoferschen Beugung
1 Auftreffpunkt des ungebeugten Lichtes auf der Empfängerebene und Zentrum der Beugungsfigur mit den Koordinaten (x'_0, y'_0), 2 Richtung der ungebeugten Strahlung, 3 Richtung eines gebeugten Strahles, 4 beugende Öffnung

Das z. B. in (Born, Wolf 1975) abgeleitete Ergebnis folgt auch durch Anwenden der in Tab. 2.2 angegebenen Korrespondenzen. Mit der $f_{\ddot{O}}$-Definition in Tab. 2.3 können die Integrationsgrenzen unendlich gesetzt werden. Für die Beugung an der Rechtecköffnung mit der Fläche $4\,ab$ wird die Transformation der Spaltfunktion entlang der beiden unabhängigen Koordinaten x_P, y_P angewendet. Der Spaltbreite r_0 entsprechen $2a$ bzw. $2b$, der Frequenz ν die Quotienten

$(\alpha_0 - \alpha)/\lambda$ bzw. $(\beta_0 - \beta)/\lambda$. Die daraus folgende komplexe Amplitude ist in Tab. 2.3 angegeben.

Tab. 2.3: Anwendung der Fourier-Transformation für die beugungsbegrenzte optische Abbildung (Anfang)

Objektivöffnung	Rechteck mit Fläche $4\, a \cdot b$	Kreis mit Fläche $\pi\, a^2$
Einflussfunktion der Öffnung	$f_{\ddot{O}} = \begin{cases} 1 & \text{für } \begin{aligned} &\lvert x_p \rvert \le a \\ &\lvert y_p \rvert \le b \end{aligned} \\ 0 & \text{sonst} \end{cases}$	$f_{\ddot{O}} = \begin{cases} 1 & \text{für } \quad r = \sqrt{x^2 + y^2} \le a \\ 0 & \text{sonst} \end{cases}$
komplexe Amplitude der Lichterregung in der Empfängerebene	$\tilde{a} = c \cdot a \cdot b \dfrac{\sin \frac{2\pi}{\lambda}(\alpha_0 - \alpha)\cdot a}{\frac{2\pi}{\lambda}(\alpha_0 - \alpha)\cdot a}$ $\bullet \dfrac{\sin \frac{2\pi}{\lambda}(\beta_0 - \beta)\cdot b}{\frac{2\pi}{\lambda}(\beta_0 - \beta)\cdot b}$	$\tilde{a} = \dfrac{c \cdot \lambda \cdot a}{2\pi \cdot (\gamma_0 - \gamma)}\mathfrak{I}_1\!\left[\dfrac{2\pi}{\lambda} a \cdot (\gamma_0 - \gamma)\right]$
numerische Apertur	$NA'_x = a/d',\ NA'_y = b/d'$	$NA' = a/d'$
normiertes Beugungsbild PSF (Point Spread Function)	$\mathrm{PSF}(x',y') = \left[\dfrac{\sin \frac{2\pi}{\lambda}(x'-x'_0)\cdot NA'_x}{\frac{2\pi}{\lambda}(x'-x'_0)\cdot NA'_x}\right]^2$ $\bullet \left[\dfrac{\sin \frac{2\pi}{\lambda}(y'-y'_0)\cdot NA'_y}{\frac{2\pi}{\lambda}(y'-y'_0)\cdot NA'_y}\right]^2$	$\mathrm{PSF}(r') = \left[\dfrac{2\mathfrak{I}_1\!\left(\frac{2\pi}{\lambda} r' NA'\right)}{\left(\frac{2\pi}{\lambda} r' NA'\right)}\right]^2$
Faltung der Einflussfunktion der Öffnung im Frequenzraum		

Tab. 2.3: Anwendung der Fourier-Transformation für die beugungsbegrenzte optische Abbildung (Fortsetzung)

Objektiv-öffnung	Rechteck mit Fläche $4\,a \cdot b$	Kreis mit Fläche $\pi\,a^2$
Modula-tionsü-bertra-gungs-funktion MTF	$M_O(v'_x) = 1 - \dfrac{v'_x}{v'_{gx}}$ mit $v'_{gx} = \dfrac{2}{\lambda} NA'_x$ bzw. $M_O(v'_y) = 1 - \dfrac{v'_y}{v'_{gy}}$ mit $v'_{gy} = \dfrac{2}{\lambda} NA'_y$	$M_O(v') = \dfrac{2}{\pi}\left[\arccos\dfrac{v'}{v'_g} - \dfrac{v'}{v'_g}\sqrt{1 - \left(\dfrac{v'}{v'_g}\right)^2}\,\right]$ mit $v'_g = \dfrac{2}{\lambda} NA'$

Für die Beugung an der Kreisöffnung mit der Fläche $\pi\,a^2$ wird die Transformation der Kreisfunktion mit dem Radius $r_0 = a$ angewendet. Für die Frequenz wird $v = \dfrac{2\pi}{\lambda}(\gamma_0 - \gamma)$ gesetzt, wobei $(\gamma_0 - \gamma)$ die Richtungsänderung der Strahlung infolge Beugung als Polarkoordinaten beschreibt

$$(\gamma_0 - \gamma)^2 = (\alpha_0 - \alpha)^2 + (\beta_0 - \beta)^2.$$

Die damit folgende komplexe Amplitude enthält die Bessel-Funktion. Beide komplexen Amplituden der Lichterregung sind proportional der energetischen Konstanten c und einer Fläche. Sie beschreiben die Überlagerung der Wellenfronten in der Empfängerebene.

In der praktischen Optik wird zur Beschreibung der Größe eines Strahlenbündels der Begriff der numerischen Apertur NA verwendet. Ausgehend von ihrer exakten Definition $NA = n \cdot \sin u$ mit u halber Öffnungswinkel des Strahlenbündels und n Brechzahl des Mediums, in dem das Strahlenbündel verläuft, kann nach Abb. 2.1 für die Bündelbegrenzung durch den Kreis die Näherung $NA' \approx a/d'$ eingeführt werden. Die Brechzahl im Empfängerraum ist Eins. Für die Bündelbegrenzung am Rechteck ist die numerische Apertur richtungsabhängig:

$$NA'_x = \frac{a}{d'}, \quad NA'_y = \frac{b}{d'}.$$

Damit können in den komplexen Amplituden die beugungsbedingten Richtungsänderungen ersetzt werden: Für das Rechteck gelten

$$(\alpha_0 - \alpha) = \frac{x' - x'_0}{d'} = \frac{(x' - x'_0) \cdot NA'_x}{a} \quad \text{bzw.} \quad (\beta_O - \beta) = \frac{y' - y'_0}{d'} = \frac{(y' - y'_0) \cdot NA'_y}{b},$$

für die Beugung an der kreisförmigen Öffnung mit $r' = \sqrt{(x' - x'_0)^2 + (y' - y'_0)^2}$ die Umformung

$$(\gamma_0 - \gamma) = \frac{r'}{d'} = \frac{r' \cdot NA'}{a}.$$

Damit werden die komplexen Amplituden zu Funktionen der numerischen Aperturen und der Empfängerebenenkoordinaten.

2.1.2 Normiertes Beugungsbild PSF

Ein messbares Signal wird durch die einfallende Strahlungsleistung pro Fläche hervorgerufen. Diese ist proportional dem Betrag der Lichterregung in der Empfängerfläche und hat die Dimension W/m². Sie entspricht der photometrischen Größe Bestrahlungsstärke: $E \sim \tilde{a} \cdot \tilde{a}*$.

Die charakteristische Strahlungsverteilung im Beugungsbild ergibt sich durch die Normierung auf das zentrale Maximum. Diese relative Strahlungsverteilungsfunktion wird als PSF (Point Spread Function) bezeichnet:

$$\mathrm{PSF}(x',y') = \frac{\tilde{a}(x',y') \cdot \tilde{a}*(x',y')}{\tilde{a}(x'=x'_0, y'=y'_0) \cdot \tilde{a}*(x'=x'_0, y'=y'_0)} \quad . \tag{2.3}$$

Die PSF-Formeln für die Beugung am Rechteck und am Kreis sind in Tab. 2.3 eingetragen.

Abb. 2.2 zeigt die typische Wirkung unterschiedlicher begrenzender Öffnungen: Je größer die numerische Apertur, desto schmaler ist die Beugungsfigur. Das erste Minimum folgt für den Wert π im Argument der Sinusfunktion der PSF: Sein Abstand vom Zentrum der Beugungsfigur ist

$r'_{min} = \dfrac{\lambda}{2NA'}$, wenn NA' die wirksame Apertur angibt.

Beugung am Rechteck

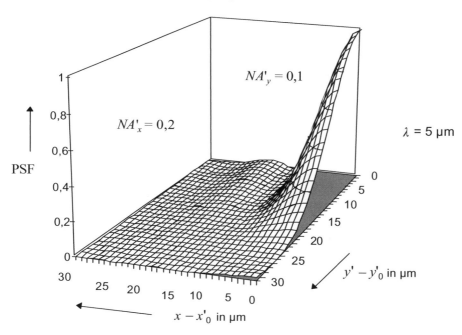

Abb. 2.2: Schnitt durch die beugungsbedingte PSF in x'- und y'-Richtung

Für das in Abb. 2.2 dargestellte Beispiel ist in x'-Richtung das erste Minimum 12,5 µm vom Zentrum entfernt, in y'-Richtung 25 µm. Dieser Abstand kann auch als Kehrwert einer Ortsfrequenz interpretiert werden:

$$v'_g = \frac{1}{r'_{min}} = \frac{2}{\lambda} NA'. \tag{2.4}$$

Die Ortsfrequenz v'_g kennzeichnet in einfacher Weise die Begrenzung der räumlichen Auflösung durch die Beugung.

Die beugungsbedingte PSF des Kreises ist rotationssymmetrisch. Der Schnitt durch das Zentrum der Beugungsfigur an einer kreisförmigen Blendenöffnung ist in Abb. 2.3 dargestellt. Sie verbreitert sich mit der Wellenlänge. In ihrer Gestalt erinnert sie an die Schnitte in x'- und y'-Richtung in Abb. 2.2. Deshalb kann die recht aufwendige Berechnung der Kreis-PSF über die Bessel-Funktion durch die Näherung

$$\frac{2\Im_1(\pi \cdot x)}{\pi \cdot x} \approx \frac{\sin(\pi \cdot x \cdot 0{,}8607)}{(\pi \cdot x \cdot 0{,}8607)}$$

approximiert werden. In Abb. 2.3 sind die Durchmesser

$$2r'_{min} = \frac{\lambda}{NA'}$$

eingetragen. Sie kennzeichnen die Größe der Beugungsfigur am Kreis, obwohl sie nicht genau die Nullstelle der Bessel-Funktion markieren.

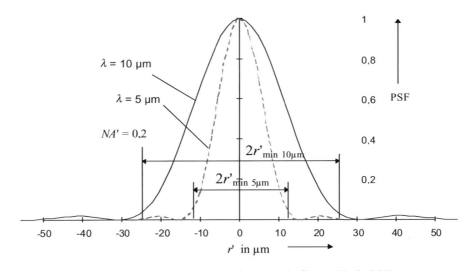

Abb. 2.3: Schnitt durch das Zentrum der beugungsbedingten Kreis-PSF

Aus photometrischen Betrachtungen (Klein, Furtak 1988) folgt die Bestrahlungsstärke in der Empfängerebene zu

$$E(x',y') = \frac{PSF(x',y')}{\lambda^2} \cdot \Phi \cdot \Omega,$$ (2.5)

wobei Φ der Strahlungsfluss in der beugenden Öffnung und Ω der Raumwinkel des Strahlenbündels von der Öffnung zum Punkt (x'_0, y'_0) ist. Die photometrischen Größen werden im Kap. 3 erläutert.

2.1.3 Übertragungsfunktion MTF

Entscheidend für das räumliche Auflösungsvermögen des optischen Systems ist die PSF. Sie ist eine Funktion der Empfängerebenenkoordinaten x', y'. Ihr Frequenzspektrum folgt aus der Fourier-Transformation der PSF und wird nach Normierung auf den Wert Eins bei der Ortsfrequenz Null als optische Übertragungsfunktion OTF (Optical Transfer Function) bezeichnet:

$$OTF(v') = \frac{F\{PSF(x',y')\}}{F\{PSF\}(v'=0)} = MTF(v') \cdot \exp\left[j \cdot PTF(v')\right]$$ (2.6)

F kennzeichnet die Operation der Fourier-Transformation, v' die Ortsfrequenz in der Empfängerebene. Die Amplitudenübertragungsfunktion MTF (Modulation Transfer Function) ist die entscheidende Größe zur Charakterisierung des optischen Systems. Die Phasenübertragungsfunktion PTF (Phase Transfer Function) hat Bedeutung für die Überlagerung von Lichtwellen mit Eigenschaften, die zeitlich zugeordnet werden können.

Der typische Verlauf der MTF bei beugungsbegrenzter Abbildung ergibt sich aus folgender Überlegung: Die MTF ist die Fourier-Transformierte der PSF, die PSF ist die Fourier-Transformierte der komplexen Amplituden $\{\tilde{a} \cdot \tilde{a}^*\}$, diese wiederum sind die Fourier-Transformierten der Einflussfunktion in der Öffnung $f_{\ddot{O}}$. Nach dem Faltungssatz aus Tab. 2.1 gilt $F\{f_{\ddot{O}} * f_{\ddot{O}}^*\} = \tilde{a} \cdot \tilde{a}^*$, so dass die Faltung der Einflussfunktion in der Öffnung mit sich selbst den typischen Verlauf der MTF angibt. Eine genaue Ableitung ist in (Haferkorn 1986) angegeben. Die Faltung kann man sich vorstellen als Verschiebung der Pupillenflächen zueinander, wobei der Verschiebeweg der Pupillenflächen der Ortsfrequenz v' entspricht. Die Fläche des Überdeckungsgebietes ist der Ordinatenwert von $f_{\ddot{O}} * f_{\ddot{O}}^*$. Bei der Rechtecköffnung nimmt linear mit der Verschiebung beider Zentren zueinander das Überdeckungsgebiet ab. Für $|v'| > v'_g$ wird $f_{\ddot{O}} * f_{\ddot{O}}^* = 0$. Das Resultat ist in Tab. 2.3 für die Faltung in Richtung der Achsen x' und y' eingetragen. Die Verschiebung der beiden Zentren der Kreispupille liefert einen nichtlinearen Abfall mit zunehmendem Abstand der beiden Zentren. Außerhalb des Überdeckungsgebietes $|v'| > v'_g$ wird $f_{\ddot{O}} * f_{\ddot{O}}^* = 0$.

Die Formeln für die beugungsbedingten MTF bei rechteckiger und runder Begrenzung der Strahlenbündel sind in der letzten Zeile von Tab. 2.3 eingetragen. Physikalisch sinnvoll sind nur Frequenzen $v' > 0$. Diese Funktionen stellen physikalische Grenzfälle dar, die bei IR-Optiken in der Nähe des technisch realisierbaren liegen. Typischerweise nehmen die MTF mit zunehmender Ortsfrequenz ab, d. h., je feiner ein zu übertragendes Gitter ist, desto größer sind die Übertragungsverluste.

2.2   Beschreibung nichtdeterminierter Signale

Beispiele für nichtdeterminierte Signale in der radiometrischen Kette sind das Photonenrauschen der Objektszene und das Detektorrauschen. Nichtdeterminierte Signale werden beschreibbar, wenn sie Wahrscheinlichkeitsgesetzen gehorchen, d. h., wenn sie mit einer bestimmten Wahrscheinlichkeitsdichte $\varphi(X)$ auftreten. Die Zufallsgröße X kann dabei eine elektrische Spannung oder eine thermische Objektausstrahlung sein, die über die Zeit oder über den Ort bestimmte Werte annimmt. Die Wahrscheinlichkeit P, dass das Rauschsignal im Bereich $X_1 ... X_2$ auftritt, ist durch

$$P = \int_{X_1}^{X_2} \varphi(X) \cdot dX \tag{2.7}$$

gegeben. Die Wahrscheinlichkeit, dass alle möglichen Werte angenommen werden, muss gleich Eins sein: $\int_{-\infty}^{+\infty} \varphi(X) \cdot dX = 1$. Dieser Wert entspricht der Fläche unter jeder Wahrscheinlichkeitsdichtefunktion $\varphi(X)$.

In Abb. 2.4 a) ist als Beispiel für die Zufallsgröße X die Ausgangsspannung U einer Fotodiode bei völlig abgeschirmtem Strahlungseinfall angegeben. Sie zeigt deren Änderung zu unterschiedlichen Messzeitpunkten. Die Auswertung der aufgenommenen Messwerte $i = 1, ... , m$ erfolgt statistisch: Für die allgemeine Zufallsgröße X ist der Mittelwert

$$X_m = \frac{1}{m} \sum_{i=1}^{m} X_i . \tag{2.8 a}$$

Für das Beispiel strebt $U_m \rightarrow 0$. Die mittlere Streuung X_σ um den Mittelwert ergibt sich aus der Varianz

$$X_\sigma^2 = \frac{1}{m-1} \sum_{i=1}^{m} (X_i - X_m)^2 , \tag{2.8 b}$$

um den die Spannung $U(t)$ mit dem Wert U_σ streut. Im Beispiel wird $U_\sigma = 5{,}42\ \mu\text{V}$.

Für die Charakterisierung des Rauschverhaltens der Diode ist diese Darstellung unzweckmäßig, da die positiven und negativen Messwerte den Mittelwert sehr klein werden lassen. Zur Bestimmung eines Signal-Rausch-Abstandes könnte die mittlere Streuung $U\sigma$ benutzt werden. Durch Quadrieren der Messwerte (Abb. 2.4 b) erhält man nur positive Zufallsgrössen mit einem positiven Mittelwert $U^2{}_m$. Physikalisch wird mit dieser Operation die Spannung in eine Rauschleistung $P = U^2/R$ überführt, die über den Widerstand $R = 1\ \Omega$ abfällt.

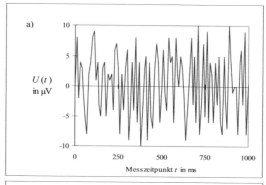

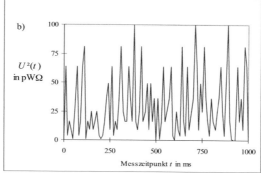

Abb. 2.4: Rauschspannung einer Fotodiode und quadriertes Rauschsignal
a) Ausgangsspannung $U(t)$ mit $U_m = 0{,}40\ \mu\text{V}$, $U_\sigma = 5{,}42\ \mu\text{V}$,
b) Quadrierte Messwerte $U^2(t)$ mit $[U^2]_m = 29{,}5\ \text{pW·}\Omega$; $[U_\sigma]^2 = 29{,}4\ \text{pW·}\Omega$

Die statistische Auswertung dieses typischen Rauschsignals zeigt, dass der Mittelwert der quadrierten Spannung fast identisch mit dem Quadrat der Streuung des Messsignals ist. Verallgemeinert lässt sich für viele technische Rauschprozesse

$$X_\sigma \approx \sqrt{[X^2]_m} \qquad (2.9)$$

annehmen. Ist die Zufallsgröße ein Strom (z. B. der Dunkelstrom einer CCD-Matrix), führt die Quadrierung des Messsignals ebenfalls zu einer Leistung, die beim Stromfluss durch den Widerstand von 1 Ω umgesetzt wird. Die Dimension der Größe an der Ordinate in der zu Abb. 2.4 b) analogen Darstellung wäre dann W/Ω. Die Relation (2.9) gilt hier ebenso.

Sortiert man die quadrierten Messwerte nach ihrer Häufigkeit in Klassen zu 10 pW·Ω, erhält man das Histogramm in Abb. 2.5 a). Die Häufigkeitsverteilung $\varphi(U^2)$ in Abb. 2.5 b) ergibt sich durch Normierung der Fläche unter der Kurve auf den Wert 1. $\varphi(X)$ hat dann die reziproke Maßeinheit der Zufallsvariablen X.

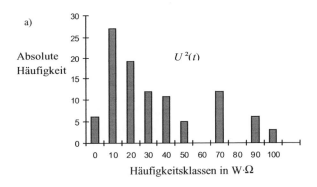

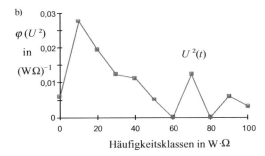

Abb. 2.5: Statistische Auswertung der quadrierten Messwerte
a) Histogramm, b) Häufigkeitsverteilung $\varphi(U^2)$

Nimmt man die Zufallsgröße X als stetig auftretende Größe an, geht die Häufigkeitsverteilung in die Wahrscheinlichkeitsdichtefunktion über. Die technisch wichtigste Wahrscheinlichkeitsdichtefunktion ist die Gaußsche Glockenkurve. Zum Beispiel genügt die Emission von Lichtquanten einer Wellenlänge durch einen thermischen Strahler der Wahrscheinlichkeitsdichte $\varphi(X)$ nach Poisson. Für die in der thermographischen Praxis immer vorhandene große Anzahl von Photonen kann diese Poisson-Verteilung durch die Gaußsche Glockenkurve zweckmäßig approximiert werden (Jahn, Reulke 1995). Sie beschreibt die Wahrscheinlichkeitsdichte durch

$$\varphi(X) = \frac{1}{\sqrt{2\pi}\,\sigma} \exp{-\frac{1}{2}\left[\frac{X - \overline{X}}{\sigma}\right]^2},$$ (2.10)

wobei $\overline{X}$ der Erwartungswert und σ die Streuung der physikalischen Größe X sind. Sollen diese Werte aus m Messwerten X_i ermittelt werden, entspricht $\overline{X}$ dem Mittelwert X_m und σ^2 der Varianz X_σ^2. Dabei legt $\overline{X}$ das Zentrum der Verteilungsfunktion fest und σ deren Spitzigkeit. Die Flächen unter den Gaußschen Glockenkurven ist gleich (siehe auch Abb. 2.13).

Überlagern sich mehrere Zufallsgrößen mit Gaußscher Wahrscheinlichkeitsdichte linear in der Form $X_{ges} = a_1 X_1 + a_2 X_1 + ... + a_n X_n$, dann überlagert sich auch der Erwartungswert linear:

$$\overline{X}_{ges} = a_1 \overline{X}_1 + a_2 \overline{X}_2 + ... + a_n \overline{X}_n.$$ (2.11 a)

Bei der Berechnung der Streuung muss berücksichtigt werden, ob die Überlagerung der Zufallsgrößen korreliert oder unkorreliert erfolgt (Jahn, Reulke 1995). Unkorreliert heißt, die einzelnen Zufallsgrößen $X_1, ..., X_n$ treten räumlich oder zeitlich unabgestimmt auf. Dann gilt für das Quadrat der Streuung

$$\sigma_{ges}^2 = a_1 \sigma_1^2 + a_2 \sigma_2^2 + ... + a_n \sigma_n^2.$$ (2.11 b)

Treten die Zufallsgrößen aufeinander abgestimmt auf, berechnet sich die Streuung der überlagerten Zufallsgröße nach

$$\sigma_{ges} = a_1 \sigma_1 + a_2 \sigma_2 + ... + a_n \sigma_n.$$ (2.11 c)

Im Berechnungsbeispiel 2.4 wird die Auswirkung dieser Beziehungen auf das Signal-Rausch-Verhältnis SNR (signal to noise ratio) bei der Anzeige thermographischer Szenen demonstriert.

Für die Übertragung des Rauschens entlang der radiometrischen Kette ist seine Frequenzcharakteristik interessant. Diese kann gewonnen werden, wenn das Rauschsignal fouriertransformiert wird. Die Fourier-Transformation von $U^2(t)$ aus Abb. 2.5 b) liefert das Rauschleistungsspektrum NPS (noise power spectrum) in Abb. 2.6. Der Frequenz f ist die Rauschleistung $P = U^2(f)/1 \cdot \Omega$ zugeordnet, die an einem Widerstand von 1 Ω umgesetzt würde. Das erhaltene Spektrum hat außer einem hohen Gleichanteil eine ziemlich konstante Verteilung der Rauschleistung über der Frequenz. Diese Gleichverteilung über einen großen Frequenzbereich wird als „weißes Rauschen" bezeichnet. Ein typischer Fall dafür ist das Rauschen eines Widerstandes infolge der thermischen Bewegung der Atome.

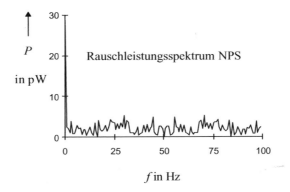

Abb. 2.6: Fourier-Transformierte der Zeitfunktion $U^2(t)$ aus Abb. 2.5 b)

Die praktische Berechnung des Spektrums wird mit Verfahren der schnellen Fourier-Transformation ausgeführt, bei denen die Integrale von (2.1) in zweckmäßig zu ordnende Summen zerlegt werden, so dass ein minimaler Rechenaufwand entsteht. Der allgemeine Zusammenhang für die schnelle Fourier-Transformation lautet

$$\widetilde{f}(v_i) = \frac{1}{N} \sum_{k=0}^{N-1} f(r_k) \exp\left[-\frac{2\pi}{N} j \cdot i \cdot k\right], \tag{2.12 a}$$

wobei im obigen Beispiel $f(r_k)$ den einzelnen Messwerten $U^2(t_k)$ entspricht. Den einzelnen Frequenzen $v_i = 0 + k \cdot \Delta v$ ist die Spektrumsordinate $\widetilde{f}(v_i)$ zugeordnet. Der Frequenzabstand Δv der berechenbaren Werte ist durch

$$N = \frac{1}{\Delta v \cdot \Delta r} \tag{2.12 b}$$

festgelegt (Fritzsche 1987), wobei im Allgemeinfall Δr den zeitlichen bzw. räumlichen Abstand der Messwerte verkörpert. Im obigen Beispiel ist $\Delta t = 10$ ms, so dass sich aus 128 Messwerten das Spektrum bei den Frequenzen $f = 0$ Hz, 0,78 Hz, ... , 100 Hz ergibt.

2.3 Lineare Systeme

Die Wirkung der einzelnen Glieder in der radiometrischen Kette wird durch das Modell des linearen Systems nachgebildet. Diese Betrachtungsweise offenbart die wesentlichen Wechselwirkungen zwischen den einzelnen Komponenten.

Lineare Systeme sind dadurch gekennzeichnet, dass das Superpositionsprinzip gilt (Gaskill 1978). Wird die Einwirkung des linearen Systems durch den mathematischen Operator $\mathbf{S}$ beschrieben, entstehen aus den Eingangsfunktionen $f_i(r)$ die Ausgangsfunktionen $g_i(r)$: $g_i(r) = \mathbf{S}\{f_i(r)\}$.

Die Linearität äußert sich für zwei Funktionen durch

$$\mathbf{S}\{a_1 f_1(r) + a_2 f_2(r)\} = \mathbf{S}\{a_1 g_1(r)\} + \mathbf{S}\{a_2 g_2(r)\}.$$

Dabei sind a_1, a_2 komplexe oder reelle Zahlen. Mit dieser Vorschrift können komplizierte Ein- und Ausgangsfunktionen in einfache zerlegt werden. Das Superpositionsprinzip ist nicht mehr anwendbar, wenn die Wechselwirkung der Funktionen $f_1(r), f_2(r)$ untereinander den physikalischen Effekt bestimmt.

Die Wirkung des Systems wird zweckmäßig durch dessen Impulsantwort charakterisiert. Sie ergibt sich als Ausgangsfunktion, wenn als Eingangsfunktion der Dirac-Impuls aus Tab. 2.2 am System anliegt, d.h. $f(r) = \delta(r)$ gesetzt wird. Für die Impulsantwort wird die allgemeine Funktion $h(r)$ verwendet: $h(r) = \mathbf{S}\{\delta(r)\}$. Ein praktisches Beispiel einer Impulsantwort ist die in Kap. 2.1.2 vorgestellte PSF. Sie repräsentiert die Verwaschung eines Punktobjektes, welches durch den Dirac-Impuls dargestellt werden kann, bei der Abbildung durch das optische System.

2.3.1 Faltung

Die Veränderung des Eingangssignals $f(r)$ durch ein Teilsystem der radiometrischen Kette mit der Impulsantwort $h(r)$ in das Ausgangssignal $g(r)$ wird durch die Faltungsoperation beschrieben (Röhler 1967):

$$g(r) = f(r) * h(r) = \int_{-\infty}^{\infty} f(r_1) \cdot h(r - r_1) dr_1 \,. \tag{2.13}$$

Eine anschauliche Interpretation dieser Operation ist in Abb. 2.7 dargestellt. Das Eingangssignal sei eine Strahlungsverteilung (energetische Strahldichte L) in der Objektebene mit zwei unterschiedlich breiten und unterschiedlich intensiven Streifen, die durch relative Ordinatenwerte gekennzeichnet sind. Die Zentren der Balken befinden sich an den Punkten x_1, x_2. Die für den betrachteten Objektausschnitt wirksame Punktbildverwaschungsfunktion PSF sei eine vom Maximalwert symmetrisch abfallende Exponentialfunktion.

a)

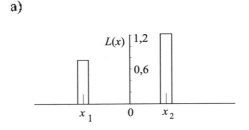

b)

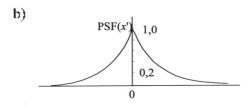

c)

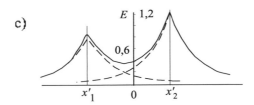

Abb. 2.7: Faltungsoperation bei der optischen Abbildung
a) Strahldichteverteilung in der Objektebene $L(x) \cong f(r)$
b) PSF des Objektivs $\cong h(r)$
c) Bestrahlungsstärkeverteilung in der Bildebene $E(x') \cong g(r)$

Unter Berücksichtigung der energetischen Größen ist zur Berechnung der Empfängerbestrahlungsstärke das Integral $E(x') = a \int\limits_{-\infty}^{\infty} L(x-x') \cdot \mathrm{PSF}(x') \cdot dx$ zu lösen. Dabei ist a eine Konstante, die die Anpassung der geometrischen und energetischen Verhältnisse der Abbildung berücksichtigt. Das Faltungsintegral schreibt vor, dass in jedem Punkt der Objektebene die gesamte Fläche unter dem Produkt $L \cdot \mathrm{PSF}$ berechnet und über der Bildkoordinate aufgetragen wird. Damit müssen die Maxima der Bestrahlungsstärke in den Mitten der Balken liegen. Der Anteil der einzelnen Balken ist gestrichelt eingezeichnet. Meist ist die Berechnung der Faltungsintegrale sehr aufwendig. Gemäß Tab. 2.1 korrespondiert die Faltung mit der Multiplikation der Fourier-Transformierten $\tilde{f}(v) = \mathbf{F}\{f(r)\}$, $\tilde{h}(v) = \mathbf{F}\{h(r)\}$, so dass im Frequenzbereich

$$\tilde{g}(v) = \tilde{f}(v) \cdot \tilde{h}(v) \tag{2.14}$$

geschrieben werden kann. Das Ausgangssignal im Zeit- oder Ortsbereich ergibt sich dann über die Fourier-Rücktransformation $g(r) = \mathbf{F}^{-1}\{\tilde{g}(v)\}$, deren allgemeines Bildungsgesetz durch Gl. (2.1) gegeben ist. Dies ist ein zweiter Grund für die Anwendung der Fourier-Transformation zur Beschreibung von Thermographiesystemen.

2.3.2 Übertragungsfunktion

Mit den Gln. (2.13) und (2.14) sind zwei Vorschriften gegeben, wie aus einer determinierten Eingangsgröße eine determinierte Ausgangsgröße bestimmbar ist. Welche Vorschrift verwendet wird, hängt von der Aufgabenstellung ab.

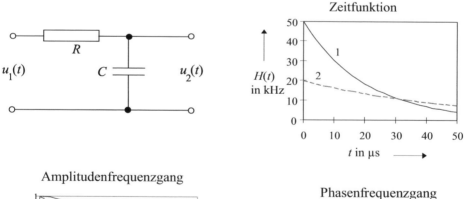

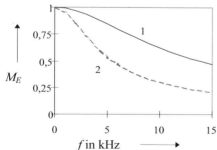

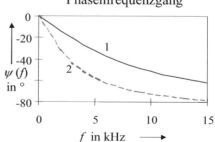

Abb. 2.8: RC-Tiefpass mit Frequenz- und Zeitcharakteristiken
1 $RC = 20\,\mu s$, 2 $RC = 50\,\mu s$

Elektrische Größen werden vorwiegend im Frequenzraum betrachtet. Als Beispiel diene die Tiefpasswirkung eines einfachen RC-Gliedes in Abb. 2.8. Seine Frequenzcharakteristik ist in der Nachrichtentechnik eine fest eingeführte Größe (Küpfmüller 1974):

$$\tilde{H}_E(f) = \left(1 + j\frac{f}{f_1}\right)^{-1} \quad \text{mit} \quad f_1 = (2\pi RC)^{-1}.$$

Die Frequenzcharakteristik der Eingangsspannung ändert sich entsprechend Gl. (2.14): $u_2(f) = \tilde{H}_E(f) \cdot u_1(f)$. Die komplexe Impulsantwort bewirkt sowohl eine Änderung der Amplitude als auch der Phase des Signals.
Entsprechend der Exponentialschreibweise für komplexe Zahlen gilt

$$\tilde{h}(\nu) = |\tilde{h}(\nu)| \cdot \exp j\psi(\nu) \, , \tag{2.15}$$

wobei der Betrag die Änderung der Amplitude mit der Frequenz und $\psi(\nu)$ die Phasenverschiebung zwischen Eingangs- und Ausgangssignal kennzeichnen. Nach Multiplikation mit der konjugiertkomplexen Größe folgt der Amplitudenfrequenzgang für das RC-Glied zu

$$M_E = |\tilde{H}_E(f)| = \left[1 + \left(\frac{f}{f_1}\right)^2\right]^{-0,5}. \tag{2.16}$$

Mit $M_i(\nu)$ werden im Folgenden die Amplitudenfrequenzgänge der einzelnen Glieder der radiometrischen Kette gekennzeichnet, die auf den Maximalwert 1 bei der Frequenz $\nu = 0$ normiert sind:

$$M_i(\nu) = \frac{|\tilde{h}_i(\nu)|}{|\tilde{h}_i(\nu = 0)|} \, . \tag{2.17}$$

Zur eindeutigen Kennzeichnung dieser Frequenzfunktion wird im Weiteren der Begriff "Übertragungsfunktion" verwendet.
Für das Beispiel des Tiefpasses ist diese Normierung schon realisiert. Sein Zeitverhalten folgt aus der Fourier-Rücktransformation. Mit Tab. 2.2 wird

$$H_E(t) = \frac{1}{RC}\exp(-\frac{t}{RC}) \, .$$

Wie aus Abb. 2.8 hervorgeht, bewirkt eine kürzere Zeitkonstante $t_1 = RC$ ein schnelleres Abklingen des Eingangsimpulses und eine bessere Übertragung der hohen Frequenzen.

Die traditionelle Definition von Übertragungseigenschaften optisch abbildender Systeme erfolgt im Ortsbereich beispielsweise als Durchmesser des Zerstreuungskreises oder als PSF, die über der Ortskoordinate aufgetragen ist. Die dazu korrespondierende Frequenzcharakteristik ist die in Kap. 2.1.3 vorgestellte optische Übertragungsfunktion OTF mit der Amplitudenübertragungsfunktion MTF, für die das Formelzeichen $M_O(v')$ verwendet wird. Bei der Beschreibung des Zusammenwirkens der einzelnen Glieder der radiometrischen Kette spielen die Übertragungsfunktionen $M_i(v)$ die entscheidende Rolle. Phaseninformationen gehen an mehreren Stellen verloren, so bei der Umwandlung der Strahlung auf dem Empfänger in ein elektrisches Signal oder beim Betrachten der Anzeigeeinheit durch den Beobachter.

Jedes Glied der Kette faltet das ankommende Signal. Sind die einzelnen Übertragungsfunktionen $M_i(v)$ bekannt, ergibt sich die Gesamtübertragungsfunktion des Thermographiesystems aus

$$M_{TS}(v) = \prod_{i=1}^{n} M_i(v),$$ (2.18)

wobei der Zusammenhang zwischen den Ortsfrequenzen und den zeitlichen Frequenzen hergestellt werden muss. Gl. (2.18) ist zur sinnvollen Abstimmung der einzelnen Komponenten nützlich. Außerdem rechtfertigt sie die Vorgabe determinierter Testeingangssignale, um aus deren Veränderung das Übertragungsverhalten des thermographischen Systems zu ermitteln.

2.3.3 Rauschsignale

Die Übertragung der Rauschsignale kann mit Hilfe der Übertragungsfunktion modelliert werden. Ausgangspunkt ist Gl. (2.14). Wird beispielsweise die Rauschspannung $U_1(f)$ von einer elektronischen Baugruppe mit der Frequenzcharakteristik $\tilde{H}_E(f)$ übertragen, entsteht am Ausgang die frequenzabhängige Spannung $U_2 = U_1 \cdot \tilde{H}_E$. Rauschgrößen werden durch das Rauschleistungsspektrum NPS (vgl. Kap. 2.2) charakterisiert. Dieses ist proportional dem Quadrat der Ausgangsspannung. Der Betrag von $\tilde{H}_E(f)$ entspricht der Amplitudenverstärkung durch die elektronische Baugruppe. Für die Phaseninformationen von Rauschsignalen wird vorausgesetzt, dass sie im zeitlichen Mittel verloren gehen. Damit erhält man für die Übertragung des NPS durch eine elektronische Baugruppe

$$NPS_2(f) = NPS_1(f) \cdot |\tilde{H}_E(f)|^2.$$ (2.19)

Eine analoge Beziehung gilt für die gesamte radiometrische Kette.

Eine wesentliche Größe in der IR-Technik ist die Rauschbandbreite. Sie legt fest, in welchem Frequenzbereich das Eigenrauschen des Strahlungsempfängers verstärkt wird. Fasst man die Verstärkung aller elektronischen Baugruppen vom Empfänger bis zur Anzeigeeinheit in $|\tilde{H}_E(f)|$ zusammen, so liegt an der Anzeigeeinheit eine Rauschleistung nach (2.19) an. Die Übertragung des Rauschens ist also durch $|\tilde{H}_E(f)|^2$ charakterisiert. Die Rauschbandbreite (in kHz) kennzeichnet den normierten Frequenzgang der NPS-Übertragung:

$$\overline{\Delta f} = \frac{1}{|\widetilde{H}_E|^2_{max}} \int_0^\infty |\widetilde{H}_E(f)|^2 \, df \; . \tag{2.20}$$

Die Berechnung der Rauschbandbreite eines RC-Gliedes wird in Kap. 2.5 demonstriert.

2.4   Zeitliche und räumliche Abtastung

Die Erzeugung eines thermographischen Bildes erfordert die Umwandlung einer im Raum verteilten Strahlung in eine zeitliche Folge elektrischer Signale. Die wichtigsten Prinzipien zur Realisierung dieses Übergangs sind in Tab. 1.1 zusammengestellt. Von grundsätzlicher Bedeutung ist dabei die Geschwindigkeit v', mit der eine Zeile des thermographischen Bildes erstellt wird. Sie legt fest, wie lange die Strahlung eines Objektelementes auf ein Bildpixel einwirkt. Diese Verweildauer t_0 (dwelltime) beeinflusst entscheidend die Leistungsfähigkeit des Thermographiesystems.

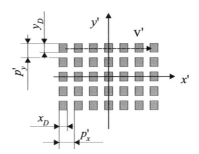

Abb. 2.9: Geometrische Verhältnisse in der Empfängerebene

In Abb. 2.9 sind die prinzipiellen Verhältnisse bei der Abtastung durch eine Matrix dargestellt. Die Zeilenorientierung wird durch die Koordinate x', die Spaltenorientierung durch die Koordinate y' gekennzeichnet. v' markiert die Abtast- bzw. Ausleserichtung entlang der Zeile. $x_D \cdot y_D$ ist die effektive strahlungsempfindliche Fläche eines Empfängerpixels, p'_x, p'_y die Mittenabstände der Pixel in x'- bzw. y'-Richtung. Der Füllfaktor ff der Matrix ist das Verhältnis der effektiven strahlungsempfindlichen Fläche zur Gesamtfläche der Matrix, so dass

$$ff = \frac{x_D \cdot y_D}{p'_x \cdot p'_y} \tag{2.21}$$

geschrieben werden kann.

Die prinzipiellen Verhältnisse beim Auslesen einer Empfängerzeile sind idealisiert in Abb. 2.10 dargestellt. Die Strahlungsverteilung wird von den Pixeln akkumuliert und erzeugt eine Ladung. Am Ausgang des Empfängers entsteht aus diesen Pixelladungen eine zeitabhängige Spannung $U_s(t)$, die mit der Geschwindigkeit v' ausgelesen wird.

Die Periodendauer der Ausgangsspannung $t_1 = 1/f$ ist durch die Periode der Strahlungsvertei-lung $g' = 1/v'_x$ festgelegt. Die Verweildauer pro Pixel folgt über die Auslesegeschwindigkeit v_{sc}: $t_0 = p'_x/v'$. Damit ergibt sich die Abszissenzuordnung in Abb. 2.10, so dass sich die Proportio-nalität $g' : p'_x = (1/f) : t_0$ ergibt. Damit folgt die Beziehung zwischen der Ortsfrequenz der Strahlungsverteilung und der elektrischen Verarbeitungsfrequenz zu

$$f = \frac{p'_x}{t_0} v'_x \quad \text{(in Hz).} \quad (2.22)$$

Diese Beziehung ist die Grundlage zur vollständigen Beschreibung der Übertragungseigenschaften der radiometrischen Kette im Frequenzbereich.

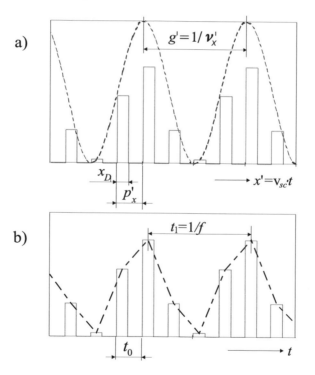

Abb. 2.10: Idealisierte Verhältnisse beim Auslesen einer Empfängerzeile mit $ff = 0,2$
a) Ortsbereich mit ‑ ‑ ‑ ‑ ‑ ‑ ‑ Strahlung, ————— akkumulierte Ladung
b) Zeitbereich mit ————— akkumulierte Ladung, ‑·‑·‑·‑·‑· Spannung

Gl. (2.22) erlaubt die Behandlung der Abtastung sowohl als Zeit- als auch als Ortsproblem. Strahlung in ein elektrisches Signal. Erfolgt die Aufnahme der Strahlung durch eine Empfängerzeile oder eine Empfängermatrix, entsteht das Problem der Unterabtastung. Abb. 2.11 veranschaulicht das Problem im Ortsbereich. Eine Empfängerzeile mit einem Pixelabstand von 25 μm soll Strahlung unterschiedlicher Ortsfrequenz in ein elektrisches Signal umwandeln. Auf der Ordinate sind in relativen Einheiten die einfallende Strahlung und die sich ergebende Ausgangsspannung aufgetragen, wenn sämtliche Verluste vernachlässigt werden. Die aktive Pixelfläche integriert über der Ortskoordinate.

Abb. 2.11 a zeigt eine reguläre Abtastung. Die von den einzelnen Pixeln erzeugte Spannung bildet die Strahlungsverteilung der fokussierten Strahlung als zeitlichen Spannungsverlauf korrekt nach.

In Abb. 2.11 b tastet die gleiche Zeile eine Strahlungsverteilung ab, deren Ortsfrequenz gleich der Nyquist-Frequenz der Zeile ist. Der dargestellte Fall stellt noch die korrekte Korrespondenz zwischen Ortsfrequenz der Strahlung und Zeitfrequenz der Spannung her.

a)

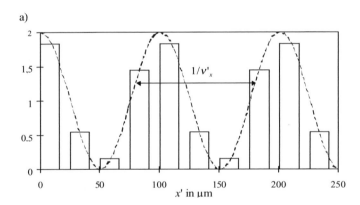

b)

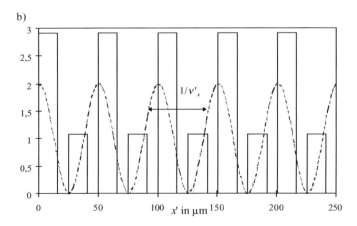

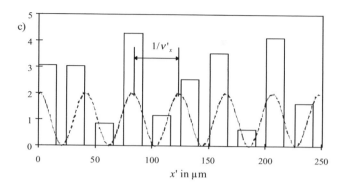

Abb. 2.11: Idealisierte Abtastung einer Strahlungsverteilung mit einer Empfängerzeile mit ------- Strahlung, ———— akkumulierte Ladung
a) Reguläre Abtastung $v'_x < v'_N$,

b) Nyquist-Frequenz im Ortsbereich $v'_x = v'_N = \dfrac{1}{2p'_x}$,

c) Unterabtastung $v'_x > v'_N$

Die Differenz zwischen Maximalwert und Minimalwert der Spannung ist dabei von der Verschiebung der Pixel zur Strahlungsverteilung abhängig: Liegen die nichtempfindlichen Pixelzwischenräume symmetrisch zu den Maxima und Minima der Strahlungsverteilung, liefern alle Pixel dieselbe Spannung. Liegen die Pixel selbst symmetrisch zu den Minima und Maxima, ist die Differenz der Spannungswerte am größten.

Abb. 2.11 c zeigt einen typischen Fall von Unterabtastung: Die Ortsfrequenz der Strahlung ist größer als die Nyquist-Frequenz. Die Struktur der einfallenden Strahlung ist nicht mehr zu erkennen.

Die Verhältnisse bei Unterabtastung sind im Frequenzraum anschaulicher analysierbar. Der abzutastenden Frequenz überlagert erscheint ein niederfrequenter Anteil, der an der Nyquist-Frequenz gespiegelt ist (Jahn, Reulke 1995). Diese Erscheinung wird auch als Aliasing oder Moiré bezeichnet.

Entscheidend für eine korrekte Abtastung durch eine Zeile oder Matrix ist also die Nyquist-Frequenz v_N, die im Ortsbereich durch den Mittenabstand der Pixel festgelegt ist:

$$v'_N = Min \left\{ \frac{1}{2p'_x}, \frac{1}{2p'_y} \right\} \qquad \text{(in mm}^{-1}\text{)}. \tag{2.23}$$

Die dazu korrespondierenden zeitlichen Frequenzen folgen über Gl. (2.22).

Die praktische Auswirkung der Nyquist-Frequenz wird in Abb. 2.12 am Messbeispiel demonstriert. Als Strahlungsverteilung werden Rechteckgitter mit unterschiedlicher Ortsfrequenz abgebildet. Diese sind durch die unteren weißen Balken dargestellt. Außerdem ist die aus der optischen

Abbildung folgende Ortsfrequenz in der Empfängerebene eingetragen. Aufgenommen wird die Strahlungsverteilung mit einer Matrix, deren Pixelmittenabstand 30 µm beträgt.

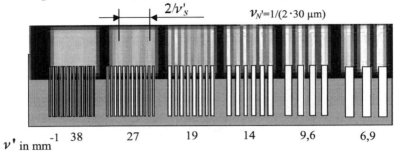

Abb. 2.12: Registriertes Bild von Rechteckgittern, die mit einer Empfängermatrix mit einem Pixelmittenabstand von 30 µm aufgenommen ist

Für Ortsfrequenzen $v' < v'_N = 16{,}7\,\text{mm}^{-1}$ wird die Objektstruktur bis auf einige Verwaschungen an den Kanten korrekt wiedergegeben. Bei höheren Frequenzen tritt die Spiegelfrequenz $v'_S = 2v'_N - v'$ auf, die der abgebildeten Struktur überlagert ist. Sie beträgt für das $27\,\text{mm}^{-1}$-Rechteckgitter $5{,}9\,\text{mm}^{-1}$ und kann in der Abbildung direkt abgelesen werden.

2.5   Berechnungsbeispiele

Beispiel 2.1

Bestimmen Sie das Auflösungsvermögen eines Objektivs, dessen Punktbildfunktion PSF rotationssymmetrisch ist und durch eine Gauß-Funktion approximiert wird.

1. Die räumliche Bestrahlungsstärkeverteilung über dem Radius r' ist

$$E(r') = E_1 \exp{-\frac{1}{2}\left(\frac{r'}{r'_0}\right)^2},$$

wobei r' vom Maximum gemessen wird. r'_0 ist diejenige Entfernung vom Maximum, bei der die Bestrahlungsstärke auf den Wert $E = E_1 \exp{(-0{,}5)} = 0{,}606\,E_1$ abgefallen ist. Das Fourier-Spektrum folgt mit Tab. 2.2 zu

$$\widetilde{E} = E_1\sqrt{2\pi} \cdot r'_0 \cdot \exp - 2(\pi \cdot r'_0 \cdot v')^2 \,.$$

Die Abb. 2.13 veranschaulicht in der Ansicht a) die räumliche Ausdehnung des Punktbildes bei verschiedenen Werten von r'_0. In Ansicht b) ist bewusst die in der Optik typische Normierung auf den Wert 1 für $v' = 0$ vorgenommen worden. Für die PSF ergibt diese Normierung den Maximalwert $\dfrac{E_1}{\sqrt{2\pi} \cdot r'_0}$. Die Kurven im Ortsbereich zeichnen sich dadurch aus, dass die von ihnen eingeschlossenen Flächen für alle r'_0 gleich sind:

$$\int_{-\infty}^{\infty} \frac{1}{\sqrt{2\pi} \cdot r'_0} \exp\left[-\frac{1}{2}\left(\frac{r'}{r'_0}\right)^2\right] \cdot dr' = 1 \,.$$

a) Punktbildfunktion

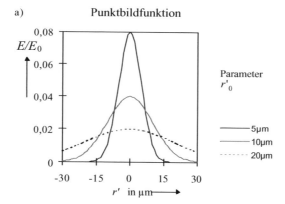

b) Modulationsübertragungsfunktion

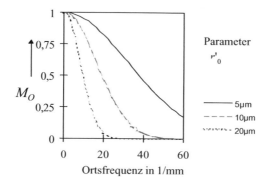

Abb. 2.13: Als Gaußsche Glockenkurve approximierte Punktbildfunktion und die dazugehörige Modulationsübertragungsfunktion $M_O(v')$

Damit repräsentieren alle Punktbildfunktionen die Übertragung der gleichen Strahlungsleistung. Die Ordinatenwerte in Abb. 2.13 b kennzeichnen die Übertragung der Amplituden durch das optische System. Der Parameter r'_0 demonstriert die Wirkung der unscharfen Abbildung: Mit zunehmend breiterer Punktbildfunktion sinkt die MTF immer schneller ab.

2. Für eine schnelle Charakterisierung des Übertragungsverhaltens ist die Ortsfrequenz v'_1 interessant, bei der ein bestimmter MTF-Wert M_1 erreicht wird. Nach Logarithmieren der MTF-Gleichung

$$M = \exp -2(\pi \cdot r'_0 \cdot v')^2 \ \text{folgt} \ v'_1 = \frac{1}{\pi \cdot r'_0} \sqrt{\frac{1}{2} \ln \frac{1}{M_1}} \ .$$

In Tab. 2.4 sind Werte zusammengestellt, die für die Gaußsche Glockenkurve allgemeine Gültigkeit haben.

Tab. 2.4: Ordinaten- und Abszissenwerte der normierten Gaußschen Glockenkurve

M_1	0,9	0,8	0,7	0,6	0,5	0,4	0,3	0,25	0,2	0,1
$v'_1 \cdot r'_0$	0,0731	0,106	0,134	0,161	0,187	0,215	0,247	0,265	0,286	0,342

3. Oft wird die Gaußsche Glockenkurve zur Beschreibung von Energieverteilungen (z. B. über dem Querschnitt eines Laserstrahls) benutzt. Dann interessiert der Anteil an der Gesamtenergie, der bis zu einer bestimmten Entfernung rotationssymmetrisch um das Maximum erfasst wird. Dazu ist das Integral $I_1 = \int\limits_0^{v'_1 \cdot r'_0} M \cdot dA$ mit dem Flächenelement für Polarkoordinaten $dA = (v' r'_0) \cdot dv' r'_0 \cdot d\varphi$ für den Vollkreis zu lösen. Mit der Substitution

$$X = -2(\pi \cdot v' \cdot r'_0)^2 \ \text{findet man} \ I_1 = \frac{1}{2\pi}(1 - M_1) \, ,$$

so dass der Wert des Integrals unmittelbar aus dem Ordinatenwert folgt. Da meistens die Relativwerte zum Maximalwert $\frac{1}{2\pi}$ interessieren, ergibt sich der bis zum Abszissenwert $v'_1 \cdot r'_0$ erfasste relative Energieanteil zu $1 - M_1$

Beispiel 2.2

Eine Möglichkeit zur Charakterisierung des Auflösungsvermögens eines optischen Systems durch eine einzige Zahl v'_r ist die sinngemäße Anwendung der Definition der Rauschbandbreite nach Gl. (2.20).

1. Die MTF eines optischen Systems M_O ist eine zweidimensionale Funktion mit den Koordinaten v'_x, v'_y um den Ursprung des Frequenzraums. v'_r kann man sich vorstellen als Radius eines Zylinders mit der Höhe $M_O = 1$, dessen Volumen gleich dem Volumen unter der Funktion $M^2(v')$ ist. Je größer v'_r, desto besser das Auflösungsvermögen. Nach dieser Vorstellung ergibt sich v'_r aus der Definitionsgleichung $v'^2_r \cdot \pi \cdot 1^2 = \iint\limits_{-\infty} M_O^2(v'_x, v'_y) \cdot dv'_x \cdot dv'_y$.

2. Die bei der Abbildung von Achspunkten realisierte Rotationssymmetrie der MTF stellt keine zu große Einschränkung der Allgemeinheit dar, so dass die Berechnungsvorschrift für v'_r durch die Einführung von Polarkoordinaten vereinfacht werden kann. Mit der Ortsfrequenz $v'^2 = v'^2_x + v'^2_y$ im Wertebereich $0 \leq v' \leq \infty$ und dem Flächenelement $dv'_x \cdot dv'_y = 2\pi v' \cdot dv'$ vereinfacht sich die Berechnungsvorschrift zu

$$v'^2_r = 2\int\limits_0^\infty M_O^2(v') \cdot v' \cdot dv' \quad . \tag{2.24}$$

3. In Beispiel 2.1 wird die Gaußfunktion zur Darstellung der MTF verwendet. Die quadrierte MTF wird

$$M_O^2 = \exp -(2\pi \cdot r'_0 \cdot v')^2 .$$

Das Integral ist mit der Substitution $X = (2\pi \cdot r'_0 \cdot v')^2$ analytisch lösbar. Mit $dX = 8\pi^2 r'^2_0 v' \cdot dv'$ bleibt nur noch das Integral $Y = \int\limits_0^\infty \exp(-X) \cdot dX = 1$, so dass sich für die Auflösungszahl $v'_r = \dfrac{1}{2\pi \cdot r'_0}$ ergibt.

4. Oft ist eine Näherung der optischen MTF sinnvoll (vgl. Kap. 5). Ein recht universell handhabbarer Ansatz ist die Formel $M_O = (1 - a \cdot v')^n$. a und n sind die Approximationskoeffizienten. Da die optische MTF positiv ist, wird der Wertevorrat $0 \leq v' \leq \dfrac{1}{a}$. Das beim Einsetzten in Gl. (2.24) zu lösende Integral ist über die Formel (Gradstejn, Ryshik 1971)

$$\int x \cdot X^m \cdot dx = \frac{1}{c^2(m+2)} X^{m+2} - \frac{d}{c^2(m+1)} X^{m+1}$$

mit $X = cx + dX$ lösbar. Das Einsetzen der oberen Grenze liefert den Wert Null, aus $v' = 0$ folgt die Auflösungszahl $v'_r = \sqrt{\dfrac{2}{(2n+1)(2n+2)}} \dfrac{1}{a}$.

Beispiel 2.3

Bestimmen Sie das Frequenzspektrum einer Testmire, die typischerweise für die Prüfung von Wärmebildgeräten verwendet wird. Sie besteht aus vier Balken der Breite a, deren Länge $7a$ ist. Statt des in der visuellen Optik typischen Schwarz-Weiß-Musters werden hier thermische Unterschiede generiert: T_t ist die Temperatur des Objektes, T_b die des Szenenhintergrundes. Diese Temperaturdifferenz führt zu einem Strahlungsangebot, das sich mit den Ostskoordinaten ändert und durch die Funktion $L(x, y)$ beschrieben wird.

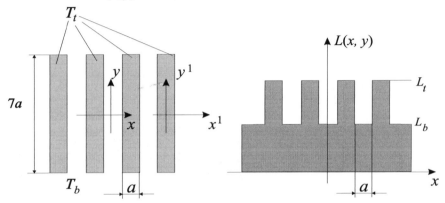

Abb. 2.14: Testmire für Wärmebildgeräte mit Strahlungsverteilung $L(x, y)$

1. Zunächst wird das Spektrum für einen Balken bestimmt. Dazu ist das Koordinatensystem (x^1, y^1) eingezeichnet. Mit $\Delta L = L_t - L_b$ gilt für einen Balken

$$L(x^1, y^1) = \begin{cases} \Delta L & \text{für} \quad |x^1| \le \dfrac{a}{2}, |y^1| \le \dfrac{7a}{2} \\ 0 & \text{sonst} \end{cases}.$$

Oft werden Objektmaße als Winkel angegeben, um auch bei großen Entfernungen handhabbare Größen zu erhalten. Mit der Entfernung d zwischen Objekt und Wärmebildgerät lässt sich die Balkenbreite durch $\xi = a/d$ (in mrad) angeben. Die Fourier-Transformation wird mit der Spaltfunktion aus Tab. 2.2 ausgeführt, wobei v die Ortsfrequenz im Winkelmaß ψ (in mrad^{-1}) und r_0 die Spaltbreite im Winkelmaß ξ wird. Nach Multiplikation mit $\xi \cdot \Delta L$ ergibt sich das Spektrum

$$\widetilde{L}^1(\psi_x, \psi_y) = \Delta L \cdot \xi \frac{\sin(\pi \cdot \xi \cdot \psi_x)}{\pi \cdot \xi \cdot \psi_x} 7\xi \frac{\sin(\pi \cdot 7\xi \cdot \psi_y)}{\pi \cdot 7\xi \cdot \psi_y}.$$

2. Die gesamte Mire wird beschrieben durch eine Überlagerung der einzelnen Balken:

$$L(x, y) = L^1(x + 3a, y) + L^1(x + a, y) + L^1(x - a, y) + L^1(x - 3a, y).$$

Unter Nutzung des Verschiebungssatzes aus Tab. 2.1 folgt für das Spektrum der gesamten Mire

$$\tilde{L}(\psi_x, \psi_y) = \Delta L \cdot 7\xi^2 \frac{\sin(\pi \cdot \xi \cdot \psi_x)}{\pi \cdot \xi \cdot \psi_x} \cdot \frac{\sin(\pi \cdot 7\xi \cdot \psi_y)}{\pi \cdot 7\xi \cdot \psi_y} \left[\exp(j2\pi \cdot 3\xi \cdot \psi_x) + \exp(j2\pi \cdot \xi \cdot \psi_x) \right.$$
$$+ \exp(-j2\pi \cdot \xi \cdot \psi_x) + \exp(-j2\pi \cdot 3\xi \cdot \psi_x) \left. \right].$$

Mit Anwendung der Summenformel für geometrische Reihen

$$S_n = \frac{a_1 - a_n \cdot q}{1 - q} \quad \text{für [...] mit}$$

$a_1 = \exp(j6\pi \cdot \xi \cdot \psi_x)$, $a_n = \exp(-j6\pi \cdot \xi \cdot \psi_x)$ und $q = \exp(-j4\pi \cdot \xi \cdot \psi_x)$

folgt nach Ausklammern und Anwendung der Eulerschen Formeln das Spektrum der Testmire

$$\tilde{L}(\psi_x, \psi_y) = \frac{28\xi^2 \cdot \Delta L}{\cos(\pi \cdot \xi \cdot \psi_x)} \cdot \frac{\sin(\pi \cdot 8\xi \cdot \psi_x)}{\pi \cdot 8\xi \cdot \psi_x} \cdot \frac{\sin(\pi \cdot 7\xi \cdot \psi_y)}{\pi \cdot 7\xi \cdot \psi_y}.$$

3. Die Spektren des Strahlungsangebotes werden in x- und y-Richtung aufgenommen. Diese Koordinaten kennzeichnen den Bildaufbau im Thermographiesystem. Die typischen Eigenschaften werden durch die Normierung auf den Maximalwert deutlich:

$$\tilde{f}_1(\psi_x) = \frac{\tilde{L}(\psi_x, \psi_y = 0)}{28\xi^2 \cdot \Delta L} = \frac{1}{\cos(\pi \cdot \xi \cdot \psi_x)} \cdot \frac{\sin(\pi \cdot 8\xi \cdot \psi_x)}{\pi \cdot 8\xi \cdot \psi_x} \qquad \text{und}$$

$$\tilde{f}_2(\psi_y) = \frac{\tilde{L}(\psi_x = 0, \psi_y)}{28\xi^2 \cdot \Delta L} = \frac{\sin(\pi \cdot 7\xi \cdot \psi_y)}{\pi \cdot 7\xi \cdot \psi_y}.$$

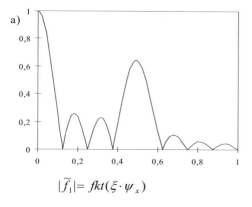 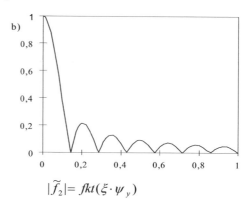

a) $|\tilde{f}_1| = fkt(\xi \cdot \psi_x)$ b) $|\tilde{f}_2| = fkt(\xi \cdot \psi_y)$

Abb. 2.15: Frequenzspektren der 4-Balken-Testmire für Thermographiesysteme
a) in x-Richtung , b) in y-Richtung

Die $\sin x/x$-Funktionen nehmen auch negative Werte an. Physikalisch repräsentieren $\tilde{f}_1, \tilde{f}_2$ Strahlungsangebote, die nicht negativ sein können. Deshalb sind in Abb. 2.15 die Beträge der Funktionen dargestellt. Während in y-Richtung das Spektrum mit steigender Ortsfrequenz schnell abnimmt, tritt in x-Richtung ein deutliches Nebenmaximum beim Argument $\xi \cdot \psi_x = 0{,}5$ auf. Hier

hat die Amplitudenübertragungsfunktion den Wert $\quad \tilde{f}_1\left(\psi_x = \dfrac{1}{2 \cdot \xi}\right) = -\dfrac{2}{\pi}.$

Beispiel 2.4

Fast alle thermographischen Kameras erlauben die Option, bei der Aufnahme der Thermogramme die Messwerte zu akkumulieren und damit die Bildfolgefrequenz zu verringern. Für eine zeitlich als konstant annehmbare Objektszene ergibt sich damit eine verbesserte thermische Auflösung. Die Begründung liefert das Signal-Rausch-Verhältnis SNR. Gewonnen aus m Messwerten mit dem Mittelwert X_m und der Streuung X_σ kann es definiert werden als

$$SNR = \frac{X_m}{X_\sigma} \tag{2.25}$$

(Jahn, Reulke 1995). Werden m zeitlich nacheinander anlegende Thermobilder überlagert, wird als Temperaturmittelwert in jedem Pixel der Wert X_m nach Gl. (2.8a) berechnet und zur Anzeige gebracht. Die Streuung X_σ in den Pixeln um diesen Mittelwert für die einzelnen Messzyklen $i = 1$, ... , m ist konstant. Eine zweckmäßige Annahme für die Verteilung der durch die gesamte Übertragungskette beeinflusste Zufallsgröße X ist die Gauß-Verteilung. Die Überlagerung der einzelnen Messzyklen erfolgt unkorreliert, so dass für die Streuung Gl. (2.11b) angewandt werden kann:

$$X_\sigma^2 = \frac{1}{m}(X_{\sigma 1}^2 + X_{\sigma 2}^2 + ... + X_{\sigma m}^2) .$$

Damit verbessert sich das Signal-Rausch-Verhältnis durch m Akkumulationen um

$$SNR(m) = \sqrt{m} \cdot SNR(1) \tag{2.26}$$

bezüglich des SNR (1) ohne zusätzliche Akkumulation.

Beispiel 2.5

Die Rauschbandbreite eines RC-Gliedes folgt unter Verwendung der Gleichungen (2.16) und (2.20) aus dem Integral $\overline{\Delta f} = \displaystyle\int_0^\infty \frac{df}{1 + (f/f_1)^2}$. Die Lösung ist analytisch mit

$$\int \frac{dx}{A^2 + X^2} = \frac{1}{A}\arctan\frac{X}{A}$$

zu finden. Für die Rauschbandbreite folgt $\overline{\Delta f} = \dfrac{\pi}{2} f_1 = \dfrac{1}{4RC}$. Für die Beispiele aus Abb. 2.8 ergeben sich damit Rauschbandbreiten von 12,5 kHz bzw. 5 kHz.

3 Eigenstrahlung von Objekt und Hintergrund

Das menschliche Auge nimmt neben der direkten Strahlung der Lichtquellen Anteile wahr, die an den Körpern der Umwelt gestreut und/oder reflektiert werden. Im Unterschied dazu stellt sich die Thermographie die Aufgabe, die Eigenstrahlung von Körpern mit Umgebungstemperatur sichtbar zu machen. Für die Auslegung der Wärmebildgeräte besteht damit die Notwendigkeit, die Strahlungsgesetze der Körper und die Strahlungsausbreitung zweckmäßig zu beschreiben.

3.1 Energetische und photometrische Größen

Die Beschreibung der Strahlungsausbreitung für technische Zwecke (z. B. Riemann 1975) geht von einer Reihe von Voraussetzungen aus, die zu einfachen Formeln führen. Ausgangsgröße ist dabei sich die pro Zeiteinheit ausbreitende Energie Φ (in Ws/s = W), die als Strahlungsfluss oder Strahlungsleistung bezeichnet wird. Die Verteilung des Strahlungsflusses über der Wellenlänge ist der spektrale Strahlungsfluss:

$$\Phi_\lambda = \frac{d\Phi}{d\lambda} \quad \text{(in W/}\mu\text{m)} . \tag{3.1}$$

Mit der Kenntnis der spektralen Verteilung des Strahlungsflusses wird die sich ausbreitende Strahlungsleistung Φ innerhalb eines Spektralbandes $\lambda_1 \ldots \lambda_2$ berechenbar:

$$\Phi = \int_{\lambda_1}^{\lambda_2} \Phi_\lambda \, d\lambda \quad \text{(in W)}. \tag{3.2}$$

Das menschliche Auge ist nur in einem engen Spektralband empfindlich. Seine spektrale Hellempfindlichkeit wird durch die V_λ-Kurve beschrieben (Schober 1950). Sie ist in Abb. 3.1 mit dargestellt und hat merkliche Werte verschieden von Null im Bereich 0,38 ... 0,78 µm. Ihr Maximum liegt bei 0,55 µm und hat den Wert Eins. Der Lichtstrom Φ_v ist der V_λ-bewertete Strahlungsfluss. Er kennzeichnet denjenigen Teil der Strahlung, der vom Auge gesehen wird.

Die Umrechnung der energetischen Größen (ohne Index) in visuelle Größen (Index v) erfolgt auf Grundlage der SI-Basiseinheit Candela (cd). Mit dieser Grundgröße ergibt sich der Lichtstrom aus dem spektralen Strahlungsfluss zu

$$\Phi_{\mathrm{v}} = k_m \int_{\lambda_1}^{\lambda_2} V_\lambda \cdot \Phi_\lambda \cdot d\lambda \qquad \text{(in Lumen lm).} \qquad (3.3)$$

k_m ist das photometrische Strahlungsäquivalent, dessen Wert sich aus der international für verbindlich erklärten V_λ-Kurve und der Candela-Definition zu $k_m = 683$ lm/W ergibt. Die Maßeinheit Lumen charakterisiert die sichtbare Strahlungsleistung. In Abb. 3.1 wird die Interpretation der Integrale am praktischen Beispiel demonstriert: Der spektrale Strahlungsfluss einer Halogenlampe ist über der Wellenlänge aufgetragen. Die horizontal schraffierte Fläche 3 unter der Kurve gibt den Strahlungsfluss im Spektralband $\lambda_1 \dots \lambda_2$ an. Davon sichtbar für das Auge ist nur die vertikal schraffierte Fläche 4.

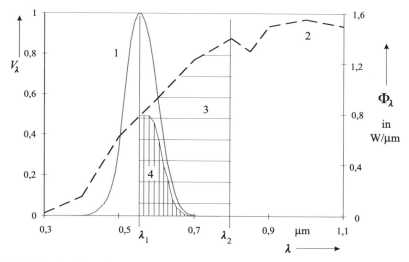

Abb. 3.1: Strahlungsfluss und Lichtstrom
1 V_λ-Kurve, 2 spektraler Strahlungsfluss Φ_λ einer 100 W-Halogenlampe,
3 Strahlungsfluss Φ im Spektralband $\lambda_1 \dots \lambda_2$,
4 normierter Lichtstrom Φ_{v} / k_m im Spektralband $\lambda_1 \dots \lambda_2$

Die Strahlung breitet sich von einer Quelle im dreidimensionalen Raum aus, deren Geometrie als Punkt oder Fläche approximierbar ist. Eine zweckmäßige Beschreibung des Ausbreitungsgebietes ist der Raumwinkel. Er ist definiert als Verhältnis der Kugeloberfläche A_k, die den Ausbreitungsraum begrenzt, zum Radius r dieser Kugel. In Abb. 3.2 sind Beispiele dargestellt. Zur Kennzeichnung des Raumwinkels wird die Raumwinkeleinheit $\Omega_0 = 1$ sr benutzt, deren

Einheit Steradiant 1 sr = 1 m²/1 m² nach dem Vorbild des ebenen Winkels 1 rad = 1 m/1 m definiert ist.

Damit lautet die Definitionsgleichung des Raumwinkels

$$\Omega = \frac{A_k}{r^2} \Omega_0 \quad . \tag{3.4}$$

Der größtmögliche Raumwinkel ist derjenige, der durch eine Vollkugel begrenzt wird: Mit der Kugeloberfläche $A_{k\max} = 4\pi\, r^2$ wird $\Omega_{\max} = 4\pi\mathrm{sr}$. Für praktische Berechnungen spielt der durch einen geraden Kreiskegel mit dem Öffnungswinkel $2u$ begrenzte Raumwinkel die wichtigste Rolle: Mit der Oberfläche der Kugelkappe $A_{k1} = 2\pi\, rh$ und $r = h + r\cos u$ wird

$$\Omega = 2\pi \cdot (1 - \cos u) \cdot \Omega_0 . \tag{3.5 a}$$

Der differentielle Raumwinkel des geraden Kreiskegels ist dann

$$d\Omega = 2\pi \cdot \sin\varepsilon \cdot d\varepsilon \cdot \Omega_0 \tag{3.5 b}$$

mit $0 \le \varepsilon \le |u|$. Die Winkel sind in Abb. 3.2 eingezeichnet.

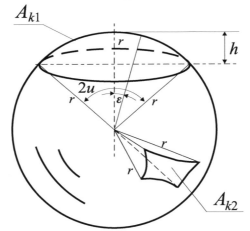

Abb. 3.2: Raumwinkel begrenzt durch den Kugelradius r und durch die Flächenstücke auf der Kugel $A_k : \Omega_1 = A_{k1}/r^2\Omega_0$ gerader Kreiskegel, $\Omega_2 = A_{k2}/r^2$ allgemeiner Fall

Der Bezug des Strahlungsflusses Φ bzw. des Lichtstroms Φ_v auf die geometrischen Größen Raumwinkel Ω und Fläche A führt zu den verschiedenen Größen in Tab. 3.1, die den Strahlungstransport beschreiben. Dabei werden die geometrischen Größen der Quelle mit dem Index 1 und die des Empfängers mit dem Index 2 gekennzeichnet. Neben der Definitionsgleichung, die für energetische und visuelle Größen gleich ist, werden die Namen und die typischen Maßeinheiten angegeben. Nach den Quellengrößen folgen die Empfängergrößen.

Die letzte Zeile repräsentiert die pro Empfängerfläche akkumulierte Energie, wenn t_e die Zeit der Strahlungseinwirkung ist.

Tab. 3.1: Visuelle und energetische Größen zur Beschreibung des Strahlungstransports

Definition	visuelle Größe		energetische Größe	
	Name	Einheit	Name	Einheit
$I = \dfrac{d\Phi}{d\Omega_1}$	Lichtstärke I_v	cd = lm/sr	Strahlstärke I	W/sr
$M = \dfrac{d\Phi}{dA}$	spezifische Lichtausstrahlung M_v	lm/m²	spezifische Ausstrahlung M	W/m²
$L = \dfrac{d^2\Phi}{dA_1 \cdot \cos\varepsilon_1 \cdot d\Omega_1}$	Leuchtdichte L_v	cd/m²	Strahldichte L	W/(m² sr)
$E = \dfrac{d\Phi}{dA_2}$	Beleuchtungs-stärke E_v	Lux lx = lm/m²	Bestrahlungs-stärke E	W/m²
$H = \displaystyle\int_{t_e} E(t) \cdot dt$	Belichtung H_v	lx · s	Bestrahlung H	W · s/m²

3.2 Strahlungsausbreitung

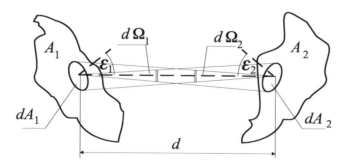

Abb. 3.3: Geometrischer Fluss $d^2G = dA_1 \cdot \cos\varepsilon_1 dA_2 \cdot \cos\varepsilon_2 \cdot \Omega_0 / d^2$ mit A_1 Quellenfläche, A_2 Empfängerfläche, d kürzeste Entfernung zwischen deren Flächenelementen

Die zentrale Größe zur Beschreibung des Strahlungstransportes ist die Strahldichte. Ihre Definition geht auf Lambert zurück und legt das in Abb. 3.3 dargestellte Modell der „Lichtröhre" zugrunde.

Die „Lichtröhre", auch als geometrischer Fluss oder geometrische Ausdehnung mit dem Formelzeichen G bezeichnet, fasst die geometrischen Verhältnisse des Strahlungstransportes zusammen und hat die Dimension $m^2 sr$.

In Abb. 3.3 kennzeichnen $\varepsilon_1, \varepsilon_2$ die Winkel zwischen der kürzesten Verbindung d von Quelle und Empfänger und den Normalen der Flächenelemente dA_1 und dA_2 auf der Quelle und auf dem Empfänger. Die Projektion dieser Flächenelemente orthogonal zur Strecke d genügen den Gleichungen $dA_1 \cdot \cos \varepsilon_1$ und $dA_2 \cdot \cos \varepsilon_2$. Sie müssen als auf einer Kugel mit dem Radius d liegend interpretiert werden, um die differentiellen Raumwinkel

$$d\Omega_1 = \frac{dA_2 \cdot \cos \varepsilon_2}{d^2} \Omega_0 \quad \text{und} \quad d\Omega_2 = \frac{dA_1 \cdot \cos \varepsilon_1}{d^2} \Omega_0$$

festzulegen. Mit der Leucht- bzw. Strahldichtedefinition in Tab. 3.1 kann dann für den differentiellen Strahlungsfluss

$$d^2\Phi = L \cdot dA_1 \cdot \cos \varepsilon_1 \cdot d\Omega_1 \tag{3.6 a}$$

$$d^2\Phi = L \cdot \frac{dA_1 \cdot \cos \varepsilon_1 \cdot dA_2 \cdot \cos \varepsilon_2}{d^2} \Omega_0 \tag{3.6 b}$$

$$d^2\Phi = L \cdot dA_2 \cdot \cos \varepsilon_2 \cdot d\Omega_2 \tag{3.6 c}$$

geschrieben werden. Die grundsätzliche Struktur aller drei Schreibweisen ist $d^2\Phi = L \cdot d^2 G$, so dass die Strahldichte L als Proportionalitätsfaktor zwischen transportierter Strahlungsleistung und Geometrie der Strahlungsausbreitung aufgefasst werden kann. Gl. (3.6 a) entspricht der Definition in Tab. 3.1. Das Integral von Gl. (3.6 b) über die Flächen von Quelle und Empfänger legt die transportierte Strahlungsleistung fest und wird als photometrisches Grundgesetz bezeichnet. Gl. (3.6 c) besagt, dass die Strahldichte auch auf die Geometrie des Empfängers bezogen werden kann. Gl. (3.6 c) gestattet, die pro Empfängerfläche einfallende Strahlungsleistung anzugeben: Mit der Definition in Tab. 3.1 folgt die allgemeine Formel zur Berechnung der Bestrahlungsstärke zu

$$E = \int_{\Omega_2} L \cdot \cos \varepsilon_2 \cdot d\Omega_2 . \tag{3.7}$$

Die Lösung dieses Integrals hängt von der Begrenzung des Raumwinkels und der Änderung des Normalenwinkels über dem Raumwinkel ab. Zusätzlich muss die Änderung der Strahldichte über dem Raumwinkel bekannt sein.

Besonders übersichtliche Verhältnisse ergeben sich, wenn L über der Quelle als konstant vorausgesetzt wird. Diese für praktische Belange oft angewandte Näherung wird als Lambert-Strahler bezeichnet. Fast ideale Lambert-Strahler sind Flächen ohne Glanz, raues Papier, Beton und verrostetes Eisen. Das Lambert-Strahler-Modell spiegelt sich in allen Formeln der Quellengrößen wider:

$$L = \text{const.,} \tag{3.8 a}$$

$$M = L \cdot \pi \cdot \Omega_0 \,, \tag{3.8 b}$$

$$I = I_0 \cdot \cos \varepsilon_1 \,. \tag{3.8 c}$$

I_0 ist dabei die Strahlstärke senkrecht zum Flächenelement der Quelle. Die Ableitung der M- und I-Gleichung wird im Berechnungsbeispiel 3.1 demonstriert.

Bei der Berechnung der Bestrahlungsstärke erweist es sich als zweckmäßig, die Auswirkung der Neigung des Empfängerflächenelements dA_2 getrennt von der Lösung des Integrals in (3.7) zu betrachten. Mit E_0 wird diejenige Bestrahlungsstärke bezeichnet, die auf einem Flächenelement entsteht, das senkrecht zur kürzesten Verbindung d in Abb. 3.3 steht. Die Bestrahlungsstärke auf einem um ε_2 geneigten Flächenelement verringert sich mit dem Kosinus dieses Winkels:

$$E = E_0 \cdot \cos \varepsilon_2 \,. \tag{3.9}$$

Die beiden folgenden E-Berechnungen beziehen sich auf Empfängerflächenelemente, die senkrecht zur kürzesten Verbindung $dA_1 - dA_2$ in Abb. 3.3 stehen. Diese Bestrahlungsstärken werden mit dem Index 0 gekennzeichnet.

Zur Berechnung der Bestrahlungsstärke auf einem Flächenelement, das senkrecht zu einem geraden Kreiskegel mit dem Öffnungswinkel $2u_2$ steht, wird das Modell des Lambert-Strahlers vorausgesetzt. In Gl. (3.7) ist unter Nutzung des differentiellen Raumwinkels des geraden Kreiskegels nach Gl. (3.5 b) das Integral

$$\int_0^{u_2} \cos \cdot \varepsilon_2 \cdot 2\pi \cdot \sin \varepsilon_2 \cdot d\varepsilon_2 \cdot \Omega_0$$

zu bestimmen. Es ist analytisch lösbar und führt zur exakten Bestrahlungsstärke durch einen Lambert-Strahler, dessen Form ein gerader Kreiskegel begrenzt:

$$E_0 = L \cdot \pi \cdot \sin^2 u_2 \cdot \Omega_0 \,. \tag{3.10}$$

Weitere Formen von flächenhaften Lambert-Strahlern werden im Berechnungsbeispiel 3.2 behandelt.

Oft ist die Approximation der Strahlergeometrie als Punkt sinnvoll. Berechnungen zeigen, dass das Modell der Punktquelle schon anwendbar ist, wenn der Abstand Quelle-Empfänger mindestens zehnmal größer ist als die Wurzel aus der wirksamen Strahlerfläche. Ausgehend von Abb. 3.4 lautet die Bedingung zur Anwendung des Punktmodells $100 A_1 \cos \varepsilon_1 < d^2$. Für den Flächenstrahler wird dann die Strahlstärke $I = L A_1 \cos \varepsilon_1$. Wird von Anfang an das Punktstrahlermodell benutzt, ist I gegeben. Das direkte Verknüpfen der I- und E-Definitionen aus

Tab. 3.1 mit $d\,\Omega_1 = \dfrac{d\,A_2 \cdot \cos\varepsilon_2}{d^2}\Omega_0$ liefert das allgemein bekannte quadratische

Entfernungsgesetz

$$E_0 = \frac{I}{d^2}\Omega_0 .$$ (3.11)

E_0 ist dabei wieder die Bestrahlungsstärke auf dem senkrecht zu d stehenden Flächenelement dA_2 .

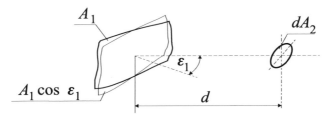

Abb. 3.4: Bedingungen für die Anwendung des Punktstrahlermodells

3.3   Energiebilanz des Strahlungstransportes

Die Formeln zur Berechnung der Bestrahlungsstärke in Kap. 3.2 berücksichtigen keinerlei energetische Verluste. Diese werden zweckmäßig beschrieben durch die wellenlängenabhängigen Größen Absorptionsgrad α, Reflexionsgrad ρ und Transmissionsgrad τ. Sie sind definiert als Verhältnisse von Strahlungsflüssen in einem bestimmten Wellenlängenintervall. Der eingestrahlte spektrale Strahlungsfluss $\Phi_{\lambda 0}$. ist verschiedenen Verlusten ausgesetzt. Der Anteil $\Phi_{\lambda\alpha}$ wird absorbiert und in Wärme umgesetzt, der Anteil $\Phi_{\lambda\rho}$ reflektiert und der Anteil $\Phi_{\lambda\tau}$ durchgelassen. Nach dem Energieerhaltungssatz ist die Summe der drei Anteile gleich $\Phi_{\lambda 0}$. Für die Stoffkennzahlen folgen damit die Definitionen

$$\alpha(\lambda) = \frac{\Phi_{\lambda\alpha}}{\Phi_{\lambda 0}}, \qquad \rho(\lambda) = \frac{\Phi_{\lambda\rho}}{\Phi_{\lambda 0}}, \qquad \tau(\lambda) = \frac{\Phi_{\lambda\tau}}{\Phi_{\lambda 0}}$$ (3.12 a,b,c)

mit

$$\alpha(\lambda) + \rho(\lambda) + \tau(\lambda) = 1 \qquad .$$ (3.12 d)

Sie gelten sowohl für die gerichtete Strahlungsausbreitung in transparenten Medien nach dem Modell des geometrischen Flusses als auch für die Streuung der Strahlung an diffus reflektierenden oder durchscheinenden Flächen. Die Änderung der Strahldichte wird im Folgenden für den Fall der Transmission abgeleitet, im Falle der Reflexion ist τ durch ρ zu ersetzen.

Für den Fall der gerichteten Strahlungsausbreitung ist die Änderung der Strahldichte beim Durchgang durch eine optisch wirksame Fläche von besonderem Interesse. In Abb. 3.5 ist das Modell des geometrischen Flusses auf die Ablenkung durch die optische Fläche erweitert worden. Die Größen hinter der optischen Fläche sind durch Striche hinter dem Formelzeichen gekennzeichnet.

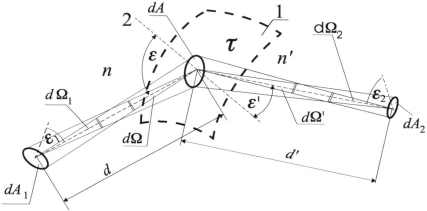

Abb. 3.5: Geometrischer Fluss an einer optisch wirksamen Fläche
1 Ausschnitt aus der optischen Fläche, 2 Flächennormale

Alle Strahlen werden nach dem Snelliusschen Brechungsgesetz $n \sin \varepsilon = n' \sin \varepsilon'$ abgelenkt, wobei n, n' die Brechzahlen der Medien vor und hinter der optischen Fläche sind. Der Transmissionsverlust beim Durchgang durch die Fläche wird durch den Transmissiongrad für gerichtete Strahlungsausbreitung beschrieben: $d^2\Phi' = \tau d^2\Phi$, woraus mit Gl. (3.6c) für den Strahlungsfluss vor der optischen Fläche und mit Gl. (3.6a) für den Strahlungsfluss hinter der optischen Fläche

$$L' = \tau \cdot L \frac{dA \cdot \cos \varepsilon \cdot d\Omega}{dA' \cdot \cos \varepsilon' \cdot d\Omega'}$$

geschrieben werden kann. Die Flächenelemente auf der optischen Fläche sind gleich: $dA = dA'$. Die differentiellen Raumwinkel werden mit Gl. (3.5b) ersetzt. Mit dem Brechungsgesetz wird das Brechzahlverhältnis eingeführt. Schließlich gestattet dessen Differentialform $n \cos \varepsilon\, d\varepsilon = n' \cos \varepsilon'\, d\varepsilon'$ den Ersatz der Winkeldifferentiale, so dass für die Strahldichte bei gerichteter Strahlungsausbreitung gilt:

$$L' = \tau \left(\frac{n'}{n} \right)^2 L \; . \tag{3.13 a}$$

Die Formel für Reflexion ergibt sich unter Berücksichtigung der formellen Umformung des Brechungsgesetzes in das Reflexionsgesetz: Mit $n = -n'$ liefert das Brechungsgesetz das Resultat des Reflexionsgesetzes $\varepsilon = -\varepsilon'$. Damit ändert sich die Strahldichte an einer spiegelnden Fläche nach

$$L' = \rho \cdot L \; . \tag{3.13 b}$$

Für die gestreute Strahlungsausbreitung ist das Modell des Lambert-Strahlers besonders einfach handhabbar. Für viele praktische Abschätzungen ist diese Näherung sinnvoll. Ausgangspunkt ist der Strahlungsfluss $d\Phi_0$, der auf dem Flächenelement der streuenden Fläche dA die Bestrahlungsstärke $E = d\Phi_0 / dA$ erzeugt. Der durchgelassene Strahlungsfluss wird $d\Phi_\tau = \tau \cdot d\Phi_0$, wobei τ jetzt Abstrahlung in den Halbraum berücksichtigt. Ausgehend von Gl. (3.6 a) ist $d\Phi_\tau = L_\tau \cdot dA \int_u \cos \varepsilon_\tau \cdot d\Omega_\tau$, wobei im Falle des Lambert-Strahlers der Abstrahlwinkel der gesamte Halbraum ist. Dieser ist mit dem geraden Kreiskegel beschreibbar, dessen Grenzen für den Öffnungswinkel $u_1 = 0$ und $u_2 = 90°$ werden. Mit Gl. (3.5b) folgt für das Integral $\pi \cdot \Omega_0$. Damit ergibt sich die transmittierte oder reflektierte Strahldichte eines Lambert-Strahlers aus der Bestrahlungstärke E der einfallenden Strahlung zu

$$L_\tau = \frac{\tau \cdot E}{\pi \cdot \Omega_0} \qquad \text{bzw.} \qquad L_\rho = \frac{\rho \cdot E}{\pi \cdot \Omega_0} \; . \tag{3.14 a,b}$$

Diese Beziehungen werden u. a. zur Abschätzung des Einflusses von Störquellen benötigt (siehe Kap. 3.5.3).

3.4   Strahlungsgesetze des Schwarzen Körpers

Die Aufgabe der Thermographie besteht in der Sichtbarmachung von Temperaturfeldern. Informationsträger dafür ist der Strahlungsfluss. Die Beziehung zwischen energetischen Größen und Temperatur stellt das Modell des Schwarzen Strahlers her. Eine praktische Realisierung ist in Abb. 3.6 schematisch dargestellt.

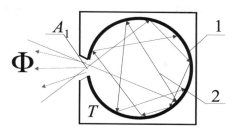

Abb. 3.6: Modellvorstellung des Schwarzen Körpers
1 rußgeschwärzte Innenfläche, 2 einfallender Strahlungsfluss, T absolute
Temperatur des Schwarzen Körpers, A_1 Austrittsfläche des Strahlungsflusses Φ

Ein rußgeschwärzter kugelförmiger Hohlraum befindet sich im thermischen Gleichgewicht, d. h.,
seine absolute Temperatur T ändert sich nicht über der Zeit. Über eine kleine Öffnung mit der
Fläche A_1 erfolgt der Strahlungsaustausch mit der Umwelt. Die vom Hohlraum absorbierte
Strahlungsleistung muss gleich der emittierten Strahlungsleistung Φ sein, da sich sonst die
Temperatur ändern würde.

Unter diesen Bedingungen berechnet sich die spezifische Ausstrahlung des Schwarzen Strahlers in
der Öffnung nach dem Stefan-Boltzmann-Gesetz (Pepperhoff 1956) zu

$$M_{bb} = \frac{\Phi}{A_1} = \sigma \cdot T^4 \tag{3.15}$$

mit der Stefan-Konstante $\sigma = 5{,}669 \cdot 10^{-12}$ W cm^{-2} K^{-4}. Der Index bb steht für black body.
Gleichung (3.15) gilt für das gesamte Spektrum.

Besonders interessant ist die Verteilung der Schwarzkörperstrahlung über der Wellenlänge
$M_\lambda = \dfrac{dM_{bb}}{d\lambda}$. Sie wird durch das Plancksche Strahlungsgesetz beschrieben:

$$M_\lambda = \frac{c_1}{\lambda^5} \cdot \frac{1}{\exp\left(\dfrac{c_2}{\lambda \cdot T}\right) - 1} \tag{3.16}$$

mit den Strahlungskonstanten $c_1 = 3{,}7418 \cdot 10^4$ Wcm^{-2}µm^4 und $c_2 = 1{,}4388 \cdot 10^4$ Kµm. Für
technische Berechnungen sind die Einheiten von c_1 und c_2 zweckmäßig gewählt.

Das Plancksche Strahlungsgesetz ist in Abb. 3.7 mit der absoluten Temperatur als Parameter
dargestellt. Es ergeben sich Kurven gleicher Form, die sich nicht schneiden. Die doppelt-
logarithmische Darstellung garantiert ein übersichtliches Bild, allerdings geht die Anschaulichkeit
für die wahren Größenverhältnisse verloren. Das Energieangebot wird durch die Fläche unter der

Kurve $\int_{\lambda_1}^{\lambda_2} M_\lambda \, d\lambda$ repräsentiert. Für die gestrichelten Spektralbereiche ergibt sich der folgende Größenvergleich: Die spezifische Ausstrahlung der Sonne ($T = 5500$ K) im sichtbaren Bereich ist 400 mal größer als im thermischen IR von 8 ... 14 µm. Vergleicht man in diesem LIR-Bereich die spezifische Ausstrahlung der Sonne mit der eines Schwarzen Körpers mit 300 K, ergibt sich nochmals ein Verhältnis 470:1. Damit deutet sich die besondere Schwierigkeit von Wärmebildgeräten an: Sie müssen mit sehr geringen Energieangeboten auskommen.

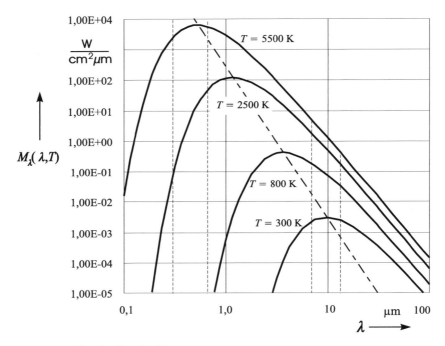

Abb. 3.7: Plancksches Strahlungsgesetz

Die Lage der Maxima folgt aus dem Nullsetzen der ersten Ableitung von M_λ nach der Wellenlänge (vgl. Berechnungsbeispiel 3.3). Diese Gleichung ist das Wiensche Verschiebungsgesetz und erlaubt die schnelle Berechnung der Lage des Ausstrahlungsmaximums aus der Temperatur:

$$\lambda_{\text{max}} = \frac{2898 \text{ K} \cdot \text{µm}}{T} \qquad (3.17)$$

Setzt man die Oberflächentemperatur der Sonne mit 5500 K ein, ergibt sich das Ausstrahlungsmaximum bei 0,55 µm. Das entspricht gerade dem Maximum der V_λ-Kurve. Unsere Farbempfindung für diese Wellenlänge ist grün. Auch das Grün der Blätter ist das Resultat der Anpassung an das Sonnenlicht, denn durch diese Farbe werden diese Wellenlängen durch die Pflanzen besonders gut absorbiert.

2500 K ist die typische Temperatur einer Glühlampenwendel, von deren Strahlungsleistung nur 20 % vom Auge gesehen werden. Besondere Bedeutung für die Thermographie haben Körper mit Umgebungstemperatur (300 K), deren Ausstrahlungsmaximum bei 10 µm liegt. Das Gebiet um dieses Maximum entspricht dem in Kap. 1.1 festgelegten LIR-Bereich. Im MIR-Bereich liegen die Ausstrahlungsmaxima von Temperaturen um 800 K. Das entspricht etwa den Abgasen von Verbrennungsmotoren. Die Frage, ab welcher Temperatur die Eigenstrahlung des Schwarzen Körpers für das Auge sichtbar wird, ist im Berechnungsbeispiel 3.4 ausgeführt.

3.5 Eigenstrahlung realer Körper

Die Verbindung zwischen dem Modell des Schwarzen Körpers und den Gegenständen der Umwelt wird über die Stoffkennzahl Emissionsgrad ε hergestellt. Sie kennzeichnet die spezifische Ausstrahlung des realen Gegenstandes im Verhältnis zu der des Schwarzen Körpers:

$$\varepsilon(\lambda,T) = \frac{M_{real}(\Delta\lambda,T)}{M_{bb}(\Delta\lambda,T)}$$

Der Emissionsgrad ist materialabhängig und ändert sich mit dem Spektralbereich $\Delta\lambda$, in dem die spezifischen Ausstrahlungen verglichen werden. Außerdem hängt sein Wert von der Temperatur, der Oberflächenbeschaffenheit und der Abstrahlrichtung ab. Er muss experimentell bestimmt werden und stellt die Verbindung zwischen Temperatur und Strahlungsfluss her. Allgemein berechnet sich die spezifische Ausstrahlung eines realen Körpers aus dem Planckschen Strahlungsgesetz unter Berücksichtigung des Emissionsgrades nach

$$M = \int_{\lambda_1}^{\lambda_2} \varepsilon(\lambda,T) \cdot M_\lambda(\lambda,T) \cdot d\lambda \,. \tag{3.18}$$

Ausgangspunkt für die Dimensionierung von Wärmebildgeräten ist das Kirchhoffsche Gesetz, welches besagt, dass bei Körpern im thermischen Gleichgewicht der Absorptionsgrad gleich dem Emissionsgrad ist: $\varepsilon = \alpha$. Damit kann Gl. (3.12 d) umgeschrieben werden in

$$\varepsilon(\lambda) + \rho(\lambda) + \tau(\lambda) = 1 \,. \tag{3.19}$$

Mit dieser Beziehung folgen charakteristische Funktionen für die Wellenlängenabhängigkeit des Emissionsgrades, die in Abb. 3.8 dargestellt sind.

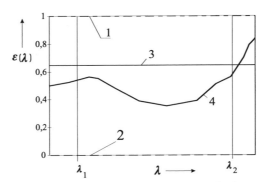

Abb. 3.8: Idealisierte Emissionsgradverläufe über der Wellenlänge
1 Schwarzer Strahler $\varepsilon(\lambda) = 1{,}2$ idealer Spiegel ($\rho = 1$) und ideales Fenster ($\tau = 1$),
3 grauer Strahler $\varepsilon(\lambda)$ = const., 4 selektiver Strahler

Die Vielfalt von Abhängigkeiten des Emissionsgrades zwingt immer wieder zu Approximationen, die unter bestimmten Bedingungen gelten. Wenn im interessierenden Spektralbereich idealisierte Emissionsgradcharakteristiken wie Linearität oder Konstanz annehmbar sind, reduziert sich die Lösung des Integrals in Gl. (3.18) auf die Integration der Planckschen Strahlungskurve.

3.5.1 Emissionsgrade realer Körper

Emissionsgrade werden experimentell bestimmt, wobei oft ein rußgeschwärzter Körper gleicher Temperatur die Referenzstrahlung aussendet. Einige Geräteausführungen von Schwarzkörperstandards sind in Kap. 11 angegeben. Als geräteinterne Referenzstrahler werden miniaturisierte Bauformen angeboten, die in Transistorgehäusen untergebracht sind (InfraTec 1994).
Die Vielfalt der Einflussgrößen auf den Emissiongrad lässt nur sehr begrenzte allgemeingültige Aussagen zu. Sehr oft greift man auf Tabellenwerte zurück. Sind diese auf mehr als zwei Stellen genau angegeben, müssen sie an sehr präzise Bedingungen geknüpft sein. Vergleicht man die Werte von Glas, Wasser oder Schnee mit unseren Erfahrungen aus dem VIS-Spektrum, so treten deutliche Diskrepanzen zutage. Weißer Schnee absorbiert und emittiert im LIR-Bereich besonders gut, menschliche Haut strahlt im LIR besonders gut.

Tab. 3.2: Emissionsgrade ausgewählter Stoffe in einem Abstrahlwinkel $\pm 20°$ zur Oberflächennormalen

Material	ε	Geltungsbereich		
		$\lambda_1 ... \lambda_2$ in μm		Temperatur in °C
Al poliert	0,04 ... 0,06	8	14	50 ... 100
Al nicht poliert	0,06 ... 0,07	8	14	20 ... 50
Eisen unbearbeitet	0,74	8	14	20
Stahlguss	0,81	8	14	50
Eisen verrostet	0,69	8	14	20
Beton	0,92	8	14	20
Asphalt	0,69	8	14	20
Sand	0,56	1,8	2,7	20
Sand	0,82	3	5	20
Sand	0,93	8	14	20
Ziegel	0,93	8	14	20
Zement	0,54	8	14	20
Holz (Bretter)	0,96	8	14	20
grünes Laub	0,67	1,8	2,7	20
grünes Laub	0,90	3	5	20
grünes Laub	0,92	8	14	20
Eis	0,95	8	14	−10
Wasser	0,96	8	14	20
Schnee	0,85	8	14	−10
menschliche Haut	0,98	8	14	32
schwarze Kleidung	0,98	8	14	20
Gummi	0,96	6	20	20
Papier	0,97	6	20	20
Glas	0,97	5	8	20
Mattlack schwarz	0,98	4	9	20
Zink weiß	0,95	4	9	20

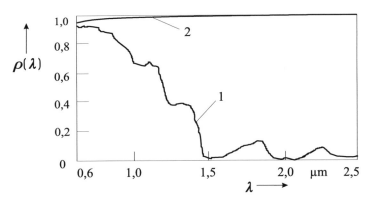

Abb. 3.9: Spektraler Reflexionsgrad
1 frischer Schnee, 2 Gold

In Abb. 3.9 sind zwei Beispiele angegeben, für die die Transmission vernachlässigbar ist. Damit wird aus Gl. (3.19) $\rho(\lambda) = 1 - \varepsilon(\lambda)$. Aus dem dargestellten Reflexionsgrad kann also direkt auf den Emissionsgrad geschlossen werden. Der frische Schnee zeigt nochmals die begrenzte Übertragbarkeit unserer Anschauung aus dem VIS-Bereich: Schon im NIR absorbiert Schnee die Strahlung gut. Das Metall Gold repräsentiert einen für alle Metalle typischen Spektralverlauf: Ab einer bestimmten Wellenlänge wird der Reflexionsgrad immer höher und nähert sich dem Wert Eins an. Auf die Nutzung dieser Eigenschaft als Spiegelmaterial wird im Kap. 5 eingegangen.

Abb. 3.10 zeigt ein Beispiel für die Änderung des Emissionsgrades mit der Temperatur. Es ist offensichtlich, dass die Oberflächenbeschaffenheit die wesentlichen Änderungen verursacht. Der Temperatureinfluss bleibt gering, so dass für Körper im thermischen Gleichgewicht mit guter Näherung $\left|\dfrac{\partial \varepsilon}{\partial T}\right| \to 0$ gesetzt werden kann.

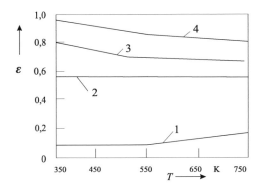

Abb. 3.10: Änderung des Emissionsgrades von Kupfer mit der Temperatur
1 polierte Oberfläche, 2 leicht oxidiert, 3 stark oxidiert, 4 schwarz oxidiert

3.5.2 Berechnung der Eigenstrahlung

Grundlage zur Berechnung des Strahlungsangebots ist Gl. (3.18). Kann für den Emissionsgrad ein in bestimmten Grenzen konstanter Wert vorausgesetzt werden, reduziert sich die Lösung des Integrals auf eine Integration der Planckschen Strahlungskurve. Eine analytische Lösung für diese Funktion existiert nur für die spektralen Grenzen $\lambda_1 \to 0$ und $\lambda_2 \to \infty$. Dann berechnet man gerade die gesamte spezifische Ausstrahlung nach Gl. (3.15). Mit dem Gesamtemissionsgrad ε_{ges}, der für den gesamten Spektralbereich gilt, in dem diese Approximation sinnvoll ist, wird die spezifische Ausstrahlung

$$M = \varepsilon_{ges} \cdot \sigma \cdot T^4 . \tag{3.20}$$

Berechnungsbeispiel 3.5 zeigt eine Anwendung, in der diese einfache Formel zu sinnvollen Resultaten führt. Eine allgemeine Gesetzmäßigkeit kann zur Abschätzung des Strahlungsangebots hilfreich sein: Im Spektralbereich $\lambda < \lambda_{max}$ fallen 25 % der gesamten nach Gl. (3.20) berechneten spezifischen Ausstrahlung an, im Bereich $\lambda > \lambda_{max}$ 75 %

Neben der Programmierung der numerischen Integration der Planckschen Strahlungskurve, wobei neben Spektralbereich und Temperatur auch die Schrittweite variabel eingebbar sein sollte, ist die Benutzung von Tabellenwerten bequem. In Tab. 3.3 sind für praktisch wichtige Fälle Zahlenwerte angegeben.

Tab. 3.3: Integral über der Planckschen Strahlungskurve $I_1 = \int\limits_{\lambda_1}^{\lambda_2} M_\lambda(\lambda, T) \cdot d\lambda$ in mW/cm²

I_1 in mW/m²		Objekttemperatur T							
$\lambda_1 \ldots \lambda_2$ in µm		270 K	280 K	290 K	300 K	310 K	373 K	500 K	750 K
3	5	0,175	0,270	0,403	0,585	0,833	5,09	52,6	580
3	5,5	0,360	0,535	0,773	1,09	1,51	8,11	72,2	705
8	12	7,03	8,35	10,2	12,1	14,2	31,9	91,1	273
8	13	8,78	10,6	12,6	14,8	17,2	37,8	105	307
8	14	10,4	12,5	14,7	17,3	20,0	42.9	116	334
0,6	35	27,2	31,7	36,8	42,4	48,7	105	347	1762
0	∞	30,1	34,8	40,1	45,9	52,4	110	354	1793

Neben dem absoluten Strahlungsangebot ist für die Dimensionierung von Wärmebildgeräten derjenige Spektralbereich interessant, in dem die beste thermische Auflösung erreicht wird. Dieser Spektralbereich ist dadurch gekennzeichnet, dass eine kleine Temperaturänderung ΔT eine möglichst große Änderung der spezifischen Ausstrahlung ΔM bewirkt. Günstig sind also Bereiche, in denen die Funktion

$$\frac{\partial M}{\partial T} = \int_{\lambda_1}^{\lambda_2} \varepsilon\,(\lambda,T) \cdot \frac{\partial M_\lambda\,(\lambda,T)}{\partial T}\,d\lambda \tag{3.21}$$

möglichst große Werte annimmt. Aussagekräftiger als ein Kennlinienfeld der Ableitung des Planckschen Strahlungsgesetzes nach der Temperatur sind die Zahlenwerte des Integrals in Gl. (3.21) für $\varepsilon = 1$, die in Tabelle 3.4 unter der Abkürzung I_2 eingetragen sind.

Tab. 3.4: Integral über der Planckschen Strahlungskurve $I_2 = \int_{\lambda_1}^{\lambda_2} \frac{\partial M_\lambda(\lambda,T)}{\partial T} \cdot d\lambda$ in µW/(K cm²)

I_2 in $\dfrac{\mu W}{K \cdot cm^2}$	Objekttemperatur T							
$\lambda_1 ... \lambda_2$ in µm	270 K	280 K	290 K	300 K	310 K	373 K	500 K	750 K
3 5	7,79	11,2	15,6	21,3	28,4	123	738	3822
3 5,5	14,7	20,4	27,6	36,7	47,8	182	954	4446
8 12	141	159	178	198	218	346	574	848
8 13	169	190	211	233	256	397	644	936
8 14	193	216	239	263	287	439	699	1003
0,6 35	428	480	536	594	657	1159	2800	9374
0 ∞	446	498	553	612	675	1176	2834	9565

Zur Berücksichtigung linearer Wellenlängenabhängigkeiten ist die folgende Näherung der partiellen Ableitung des Planckschen Strahlungsgesetzes nach der Temperatur nützlich:

$$\frac{\partial M_\lambda}{\partial T} = \frac{c_2}{T^2} \frac{M_\lambda}{\lambda}. \tag{3.22}$$

Diese Näherung hat einen Fehler $< 1\,\%$ für Werte $\lambda \cdot T < 3100$ Kµm. In Berechnungsbeispiel 3.6 wird diese Bedingung hergeleitet.

In Dimensionierungsrechnungen erscheint manchmal die Wellenlänge neben der Planckschen Strahlungsgleichung unter dem Integral. Auch hier führt die numerische Integration am schnellsten zur Lösung. In Tabelle 3.5 sind praktisch wichtige Werte zusammengestellt.

Ein allgemeines Merkmal der drei Integraltabellen ist der sich über mehrere Größenordnungen erstreckende Wertebereich. Die Temperatur- und Wellenlängenbereiche orientieren sich an praktisch interessanten Werten. Eine lineare Interpolation zwischen benachbarten Werten ist möglich. Diese Tabellen erlauben eine schnelle Berechnung der Auswirkung von spektralen Abhängigkeiten wie das Rauschverhalten oder die Empfindlichkeit von Detektoren. Konstant annehmbare Größen werden dabei vor das Integral gezogen, so dass direkt die Werte von I_1, I_2 oder I_3 nutzbar sind.

Tab. 3.5: Integral über der Planckschen Strahlungskurve $I_3 = \int\limits_{\lambda_1}^{\lambda_2} \lambda \cdot M_\lambda(\lambda,T) \cdot d\lambda$ in $\frac{\mu m \cdot mW}{cm^2}$

I_3 in $\frac{\mu m \cdot mW}{cm^2}$		Objekttemperatur T							
$\lambda_1 \dots \lambda_2$ in μm		270 K	280 K	290 K	300 K	310 K	373 K	500 K	750 K
3	5	0,795	1,21	1,80	2,61	3,70	22,1	220	2318
3	5,5	1,76	2,61	3,75	5,28	7,28	37,9	323	2972
8	12	70,7	85,6	102	121	141	315	888	2632
8	13	92,6	111	132	155	180	389	1057	3053
8	14	115	137	161	188	217	457	1209	3412

3.5.3 Störquellen und thermischer Hintergrund

Störquellen entstehen durch Überlagerung der zu messenden Eigenstrahlung der IR-Szene durch gestreute oder gerichtete Reflexion der Strahlung von Fremdquellen. Die Schwierigkeit besteht dabei in der Unsichtbarkeit der Störstrahlung. Grundlage für die quantitative Beschreibung ist Gl. (3.19), wobei für die meisten praktischen Fälle die Transmission der Szene vernachlässigt wird. Die gesamte für das Messgerät wirksame spezifische Ausstrahlung wird dann $M = M_t + M_\rho$. Dabei ist M_t die zu messende spezifische Ausstrahlung nach Gl. (3.18), wobei der Index t für target steht. M_ρ ist die reflektierte spezifische Ausstrahlung mit dem Reflexionsgrad $\rho = 1 - \varepsilon_t$. Die Voraussetzung einer Lambertschen Abstrahlcharakteristik stellt keine zu große Einschränkung der Allgemeinheit dar, da die Konstanz der Strahldichte nur in dem Abstrahlwinkelbereich erfüllt sein muss, die vom Wärmebildgerät erfasst wird. Mit den Gleichungen (3.8 b) und (3.14 b) folgt für die für das Messgerät wirksame spezifische Ausstrahlung

$$M = \varepsilon_t \cdot \int\limits_{\lambda_1}^{\lambda_2} M_\lambda(\lambda,T) \cdot d\lambda + (1-\varepsilon_t) \cdot E\Big|_{\lambda_1}^{\lambda_2} . \tag{3.23}$$

$E\Big|_{\lambda_1}^{\lambda_2}$ ist dabei die von der Störquelle auf der IR-Szene im Spektralband $\lambda_1 \dots \lambda_2$ erzeugte Bestrahlungsstärke. Sie berechnet sich nach den in Kap. 3.2 zusammengestellten photometrischen Gesetzen. Entscheidend für die Messgenauigkeit der absoluten Temperatur ist das Verhältnis der beiden Summanden. Berechnungsbeispiel 3.7 demonstriert quantitative Verhältnisse bei unterschiedlichen Emissionsgraden des Messobjekts.

Viele Hintergründe thermischer Szenen haben hohe Emissionsgrade wie die Lufthülle der Erde, Wolken, Wände von Gebäuden und nicht zuletzt die Sonne. Ihr Strahlungsangebot wird ebenfalls durch Gl. (3.18) beschrieben. In Tab. 3.8 sind für die wichtigen IR-Spektralbereiche typische Werte zusammengestellt.

Tab. 3.8: Spezifische Ausstrahlung von typischen Störquellen

	klarer Nacht-himmel	Mauerwerk	Atmosphäre horizontal	Mauerwerk	Sonne
Temperatur	−40 °C	−10 °C	10 °C	20 °C	5500 K
Emissionsgrad	1,0	0,9	1,0	0,9	1,0
$M_b\|_{3\mu m}^{5\mu m}$	27 µW/cm^2	0,12 mW/cm^2	0,31 mW/cm^2	0,41 mW/cm^2	94 W/cm^2
$M_b\|_{8\mu m}^{12\mu m}$	3,0 mW/cm^2	5,5 mW/cm^2	9,0 mW/cm^2	9,8 mW/cm^2	5,7 W/cm^2

3.5.4 Thermische Auflösung und Strahlungskontrast

Trotz der extrem variierenden Emissionsgrade kann eine allgemeingültige Aussage für die Auflösbarkeit von Temperaturdifferenzen getroffen werden. Ausgehend von (3.18) und der Tatsache, dass die Änderung des Emissionsgrades mit der Temperatur gering ist, wird das Verhältnis

$$\frac{1}{\delta T}(\lambda, T) = \frac{\partial M_\lambda / \partial T}{M_\lambda} \quad \text{(in 1/K)} \tag{3.24}$$

eine emissionsgradunabhängige Größe. Sie spiegelt die quantitativen Verhältnisse bei der Auflösung kleiner Temperaturdifferenzen durch ein Wärmebildgerät wider. Abb. 3.11 zeigt die Verhältnisse bei typischen Temperaturen thermographischer Szenen. Für eine Temperatur von 300 K wird bei 4 µm $1/\delta T \approx 0{,}040$ K^{-1} und bei 10 µm $1/\delta T \approx 0{,}016$ K^{-1}. Die gleichen Resultate folgen, wenn das Verhältnis der Integrale $I_2 : I_1$ aus den Tabellen 3.4 und 3.3 für den MIR-Bereich und den LIR-Bereich gebildet wird.

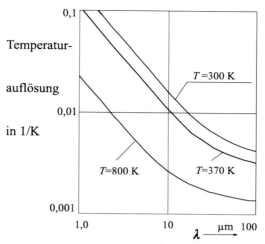

Abb. 3.11: Temperaturauflösung im Objekt $\dfrac{1}{\delta T}(\lambda, T)$ nach Gl. (3.24)

Der unterste vom menschlichen Auge auflösbare Schwellenkontrast beträgt 0,02 ... 0,05. Diese Werte sind vergleichbar mit dem Produkt $\Delta T \cdot \dfrac{1}{\delta T}(\lambda, T)$, wenn ΔT die Temperaturdifferenz in der Objektszene bei gleichen Emissionsgraden ist. Soll also eine Temperaturdifferenz $\Delta T < 0,5$ K vom Auge sicher erkannt werden, muss der Gleichanteil der Objektszene unterdrückt werden. Außerdem spiegelt Abb. 3.11 die Zweckmäßigkeit der Wahl eines bestimmten Spektralbereiches wider, um kleine Temperaturdifferenzen auflösen zu können. Sie liefert die Erkenntnis, dass mit steigenden Objekttemperaturen bei kürzeren Wellenlängen bessere thermische Auflösungen zu realisieren sind.

Eine wichtige Größe zur Beschreibung der Energieübertragung ist der Strahlungskontrast. Er ist dimensionslos und repräsentiert das Verhältnis von maximaler und minimaler Strahlungsleistung. Für den Kontrast der spezifischen Ausstrahlung des Objektes gilt

$$C_M = \frac{M_{max} - M_{min}}{M_{max} + M_{min}}. \tag{3.25}$$

Unter Berücksichtigung von Gl. (3.18) hängt diese Größe von den Objekttemperaturen, von den Emissionsgraden und vom Spektralband ab.

Übersichtliche Aussagen für Szenen mit Umgebungstemperatur erhält man, wenn für das Integral die T^4-Näherung verwendet wird. Mit der Temperaturdifferenz $\Delta T = T_t - T_b$ zwischen Objekttemperatur T_t und Hintergrundtemperatur T_b folgt für $\Delta T \ll T_b$ unter Berücksichtigung der Emissionsgrade für Objekt und Hintergrund

$$C_M = \frac{(\varepsilon_t - \varepsilon_b)T_b + 4\varepsilon_t \cdot \Delta T}{(\varepsilon_t + \varepsilon_b)T_b + 4\varepsilon_t \cdot \Delta T} \quad . \tag{3.26}$$

Sind die Emissiongrade von Objekt und Hintergrund annähernd gleich, wird der Strahlungskontrast $C_M = \dfrac{2\Delta T}{T_b}$. Für $T_b = 300$ K und 1 K Temperaturdifferenz liegt der Strahlungskontrast weit unter dem Schwellenkontrast des Auges. In Abb. 3.12 wird ein Objekt mit konstantem Emissionsgrad (Porzellanteekanne) und unterschiedlicher Temperatur mit einer Thermokamera abgebildet: Infolge der Durchwärmung ist der Füllstand gut zu erkennen.

Abb. 3.12: Thermogramm einer gefüllten Teekanne aus Porzellan

Sind die Temperaturen gleich und die Emissionsgrade verschieden, wird $C_M = \dfrac{\varepsilon_t - \varepsilon_b}{\varepsilon_t + \varepsilon_b}$. Typischer Fall ist das Thermogramm einer Hand mit einem Metallring in Abb. 3.13, der gegenüber der Haut als Hintergrund als kalt erscheint. Mit $\varepsilon_t = 0{,}03$ und $\varepsilon_b = 0{,}98$ wird der Strahlungskontrast $C_M = -0{,}94$.

Abb. 3.13: Thermogramm einer Hand mit Ring

Der Charakter des Strahlungskontrastes natürlicher Szenen hängt von der Tageszeit, den Wetterbedingungen, den Wärmequellen und vom Hintergrund ab. In Tab. 3.9 sind typische Temperaturdifferenzen angegeben.

Tab. 3.9: Temperaturdifferenzen zwischen Objekt und Hintergrund bei unterschiedlichen Witterungsbedingungen

ΔT in K Szene	Witterungsbedingung						
	sonnig	sonnig-dunstig	hohe feine Wolken	trübe	Nebel	beginnender Schneefall	Schnee-fall
Baukran-Himmel	3,0	0,8	1,6	1,4	1,3	0,6	2,0
Wohnhaus-Asphalt	7,5	1,0	2,5	1,5	0,8	0,9	0,7
Auto-Asphalt	9,0	5,8	6,5	7,8	6,1	2,2	2,0
Schornstein außer Betrieb-Himmel	10,0	1,5	2,3	1,6	–	0,8	1,9
Schornstein in Be-trieb-Himmel	11,0	3,5	3,3	2,3	–	1,1	2,2
Mensch-Asphalt	-	4,5	7,5	6,1	4,6	1,6	-
Auspuffgase von Verbrennungsmoto-ren-Asphalt	11,5	5,5	6,0	6,7	–	3,7	2,0

Die Objekte auf der Erde können bezüglich der Wärmequellen in zwei große Gruppen eingeteilt
werden. Die erste Gruppe sind Objekte, deren Strahlung durch innere Wärmequellen erzeugt

wird. Zu dieser Gruppe zählen Industrieanlagen, Autos, Schiffe, Flugzeuge und Feuer. Beim Beobachten dieser Objekte ändert sich der Strahlungskontrast im Tagesverlauf kaum, da die Temperaturdifferenz zum Hintergrund groß ist.

Die zweite Gruppe von Objekten erwärmt sich durch die Strahlung der Sonne während des Tagesablaufes. Hier wirkt sich die unterschiedliche thermische Trägheit der Objekte und des Hintergrundes aus. Bei solchen Objekten kann es zweimal am Tage zur Kontrastumkehr zwischen Objekt und Hintergrund kommen: während der morgendlichen Erwärmung und während der abendlichen Abkühlung. In der Regel ist dabei die mittlere Temperatur am Abend größer als am Morgen.

3.6   Berechnungsbeispiele

Beispiel 3.1

Der Lambert-Strahler ist definiert über die konstante Strahldichte L = const. Welche Konsequenz hat diese Definition für die Quellengrößen spezifische Ausstrahlung M und Strahlstärke I? Eine zweckmäßige Symbolik für die unterschiedlichen Quellengrößen ist in Abb. 3.14 dargestellt.

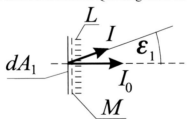

Abb. 3.14: Symbolische Darstellung der energetischen Größen am Flächenelement dA_1 der Quelle

1. Ausgehend von den Definitionsgleichungen in Tab. 3.1 folgt der differentielle Strahlungsfluss über Gl. (3.6a). Eingesetzt in die M-Definition ergibt sich $M = \int L \cdot \cos \varepsilon_1 \cdot d\Omega_1$.

Die Lösung dieses Integrals muss die Abstrahlcharakteristik berücksichtigen. Da L konstant ist, muss nur noch geklärt werden, wohin die flächige Quelle strahlt, nämlich in den gesamten Halbraum. Dieser ist durch den Raumwinkel eines geraden Kreiskegels mit dem Öffnungswinkel $2u$ = 180° darstellbar. Unter Nutzung von Gl. (3.5b) wird

$$M = L \int_{u_1} \cos \varepsilon_1 \cdot 2\pi \cdot \sin \varepsilon_1 \cdot d\varepsilon_1 \cdot \Omega_0 = L \cdot \pi \cdot \Omega_0 \cdot \sin{}^2 u_1 \, \big|_0^{90°} \, .$$

Das Einsetzen der Grenzen führt zu Formel (3.8b).

2. Einsetzen von $d^2\Phi$ in die Strahlstärkedefinition ergibt

$$I = \int L \cdot dA_1 \cdot \cos \varepsilon_1 = L \cdot A_1 \cdot \cos \varepsilon_1 \, .$$

Für das Produkt der ersten beiden Terme wird die Abkürzung I_0 eingeführt, die die Strahlstärke senkrecht zum Lambert-Strahler kennzeichnet (vgl. Abb. 3.12). Damit ist Gl. (3.8c) verifiziert.

Beispiel 3.2

Das Lambert-Strahler-Modell vereinfacht die Lösung des allgemeinen Integrals (3.7) zur Bestrahlungsstärkeberechnung. Doch schon die quadratische Berandung des Raumwinkels lässt keine analytische Lösung mehr zu. Eine Reihe von Lösungen sind in (Koch 1992) zusammengestellt.

1. Für eine quadratisch berandete Quelle konstanter Strahldichte kann die Lösung für den geraden Kreiskegel (3.10) genutzt werden. Nach Abb. 3.15 wird das Quadrat durch einen Kreis gleicher Fläche genähert: $\pi \cdot r^2 = a^2$ mit $\tan u_2 = r / d$.

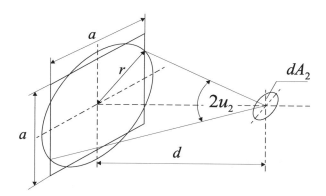

Abb. 3.15: Näherungsweise Berechnung der durch eine quadratische Quelle erzeugten Bestrahlungsstärke

Mit $\sin^2 u_2 = \dfrac{\tan^2 u_2}{1 + \tan^2 u_2} = \dfrac{a^2}{a^2 + \pi \cdot d^2}$ folgt die Näherungsformel für die durch einen quadratischen Lambert-Strahler erzeugte Bestrahlungsstärke zu

$$E_0 = \frac{a^2 \cdot L \cdot \pi \cdot \Omega_0}{a^2 + \pi \cdot d^2} \, . \tag{3.27a}$$

2. Für rechteckige Strahlerflächen mit den Seitenmaßen Länge l und der Breite b findet man ausgehend von Gl. (3.27a) eine Näherungslösung, indem die Strahlerflächen $a^2 = b \cdot l$ gleichgesetzt werden:

$$E_0 = \frac{b \cdot l \cdot L \cdot \pi \cdot \Omega_0}{b \cdot l + \pi \cdot d^2} \,. \tag{3.27b}$$

Diese Beziehung ist dann anwendbar, wenn die Linienform des Strahlers nicht dominiert.

3. Eine noch gröbere Näherung kann zur schnellen Abschätzung des Einflusses beliebiger Quellenformen verwendet werden. Die allgemeine Bestrahlungsstärkeformel (3.7) wird für die kürzeste Verbindung zwischen Quellenmitte und Flächenelement dA_2 spezifiziert, wobei die Verbindungslinie gleichzeitig Flächennormale dA_2 von ist: $E_0 = L \int\limits_{A_1} \cos \varepsilon_2 \cdot d\Omega_2$.

Abb. 3.4 zeigt diese Verhältnisse. Die grobe Näherung besteht in der Gleichsetzung des Integrals mit dem Verhältnis von projizierter Fläche $A_1 \cos \varepsilon_1$ zum Quadrat der Entfernung d. Damit folgt für die Bestrahlungsstärke in dA_2 die Näherungsformel

$$E_0 = L \frac{A_1 \cdot \cos \varepsilon_1}{d^2} \Omega_0 \,. \tag{3.28}$$

Beispiel 3.3

Das Wiensche Verschiebungsgesetz ergibt sich aus dem Planckschen Strahlungsgesetz nach Gl. (3.16), indem $\dfrac{\partial M_\lambda}{\partial \lambda} = 0$ gefordert wird. Mit konsequenter Anwendung der Kettenregel für das Differenzieren folgt

$$\frac{\partial M_\lambda}{\partial \lambda} = \frac{c_1}{\lambda^6} \frac{1}{\exp X - 1} \left(\frac{\exp X}{\exp X - 1} \cdot X - 5 \right) \text{ mit } X = \frac{c_2}{\lambda \cdot T} \,.$$

Das Maximum der Ausstrahlung findet man durch Nullsetzen des Klammerausdruckes, was zur transzendenten Gleichung $\exp(-X_{max}) + \dfrac{X_{max}}{5} - 1 = 0$ führt.

Die Lösung $X_{max} = 0$ ist physikalisch unsinnig. Über das Newtonsche Näherungsverfahren findet man $X_{max} = 4{,}9651$, woraus unter Anwendung der Substitutionsgleichung mit

$$\lambda_{max} = \frac{c_2}{T \cdot X_{max}} = \frac{2898 \,\text{K} \cdot \mu\text{m}}{T}$$

das Wiensche Verschiebungsgesetz folgt.

Beispiel 3.4

Welche Temperatur muss der Schwarze Strahler mindestens haben, damit seine Strahlung vom Auge gesehen werden kann?

Die Hellempfindlichkeit des Auges beginnt bei Objektleuchtdichten im Bereich von $L_v = 0,01 \ldots$ 16 cd/m². Die Strahldichte des Schwarzen Strahlers unter Voraussetzung des Lambert-Strahler-Modells ist

$$L = \frac{M_{bb}}{\pi \cdot \Omega_0} = \frac{1}{\pi \cdot \Omega_0} \int_{\lambda_1}^{\lambda_2} M_\lambda \cdot d\lambda \, .$$

Die Umrechnung von energetischen Größen in visuelle Größen geschieht nach dem Vorbild von Gl. (3.3):

$$L_v = k_m \int_{\lambda_1}^{\lambda_2} V_\lambda \cdot L \cdot d\lambda = \frac{k_m}{\pi \cdot \Omega_0} \int_{0,38\mu m}^{0,78\mu m} V_\lambda \cdot M_\lambda \cdot d\lambda \, .$$

Die Auswertung dieses Integrals ist nur numerisch möglich. Zur Abschätzung reicht die Benutzung der Rechteckregel aus:

$$I = \int V_\lambda M_\lambda d\lambda \approx \sum \frac{1}{2} \left[V_{\lambda i} M_{\lambda i} + V_{\lambda i+1} M_{\lambda i+1} \right] \Delta\lambda \, .$$

Mit $\Delta\lambda = 0,05$ µm ergibt sich für $T = 1000$ K eine Leuchtdichte von 24,4 cd/m² und für $T = 900$ K ein $L_v \approx 0,2$ cd/m². Die Augenempfindlichkeit hängt stark von der Umgebungsleuchtdichte ab. Die untere Grenze gilt bei Dunkelheit. Deswegen sind 600 °C heiße rotglühende Kohlen nachts zu sehen, am Tage sollte man von 700 °C ausgehen.

Beispiel 3.5

Welches Strahlungsangebot bietet der menschliche Körper?

1. Die typische Oberflächentemperatur der Haut beträgt 32 °C. Als Emissionsgrad ist in Tab. 3.2 der Wert 0,98 im Bereich von 8 … 14 µm angegeben. Analysiert man die Plancksche Strahlungskurve für diese Temperaturen, stellt man fest, dass außerhalb des Spektralbereiches 8 … 14 µm das Strahlungsangebot vernachlässigbar ist. Zur Berechnung wird Gl. (3.20) mit $\varepsilon_{ges} = 0,98$ und $T_t = 309$ K anwendbar: $M = 480$ W/m².

2. Die Hautoberfläche eines Erwachsenen kann mit $A_1 = 2$ m² angenähert werden. Damit beträgt die abgegebene Strahlungsleistung $\Phi = M \cdot A_1 \approx 1$ KW.

3. Diese Strahlungsleistung darf nicht als Leistungsverlust des menschlichen Körpers interpretiert werden, da er auch Strahlung der Umgebung absorbiert.

In einer Atmosphäre von 20 °C beträgt der Leistungsverlust durch Strahlung $\Delta\Phi = \sigma \cdot \varepsilon_{ges}\left(T_t^4 - T_b^4\right) = 142$ W mit der Umgebungstemperatur $T_b = 293$ K.

Beispiel 3.6

Der Nachweis des Geltungsbereich der Näherung (3.22) ist eine typische Ingenieuraufgabe. Die Ableitung des Planckschen Strahlungsgesetzes (3.16) nach der absoluten Temperatur führt zu

$$\frac{\partial M_\lambda}{\partial T} = M_\lambda(\lambda, T)\frac{c_2}{\lambda \cdot T^2} \cdot \frac{\exp\left(\dfrac{c_2}{\lambda \cdot T}\right)}{\exp\left(\dfrac{c_2}{\lambda \cdot T}\right) - 1}.$$

Wäre der letzte Bruch gleich Eins, würde (3.22) immer gelten. Da der Zähler des letzten Bruches größer als der Nenner ist, muss die Grenze 1 %-Fehler durch den Wert 1,01 festgelegt sein:

Aus $\dfrac{\exp\left(\dfrac{c_2}{\lambda \cdot T}\right)}{\exp\left(\dfrac{c_2}{\lambda \cdot T}\right) - 1} \leq 1,01$ folgt mit Einsetzen der zweiten Strahlungskonstanten der Bereich,

in dem die Näherung unter 1 %-Fehler bleibt, zu $\lambda \cdot T \leq 3117$ Kμm.

Beispiel 3.7

Der Einfluss der Störstrahlung wird am Beispiel eines Gesamtstrahlungsgerätes demonstriert. Gesamtstrahlungsgerät heißt, für die Lösung der Integrale der Planckschen Strahlungskurve kann die T^4-Näherung nach Gl. (3.20) verwendet werden.

1. Störquellen seien die Wände eines Messraums mit einer Temperatur von 20 °C. Sie umgeben das Messobjekt vollständig, so dass die Wärmestrahlung der Wände aus dem gesamten Halbraum auf das Objekt einfallen. Der Halbraum ist durch einen geraden Kreiskegel mit dem Öffnungswinkel 2 $u_2 = 180°$ beschreibbar, so dass die Bestrahlungsstärke auf dem Messobjekt nach Gl. (3.10) $E = \pi \cdot \Omega_0 \cdot L_w$ wird. Raue Wände sind typische Lambertstrahler, so dass sich deren Strahldichte zu

$$L_w = \frac{M_w}{\pi \cdot \Omega_0} = \frac{\varepsilon_w}{\pi \cdot \Omega_0} \sigma \cdot T^4{}_w$$

ergibt. Der Emissionsgrad der Wände kann nach Tab. 3.2 mit $\varepsilon_W = 0{,}92$ angenommen werden.

2. Das Verhältnis zwischen zu messender Strahlung und Störstrahlung folgt aus Gl. (3.23). Für die Eigenstrahlung liefert die T^4-Näherung $M_t = \varepsilon_t \cdot \sigma \cdot T^4{}_t$, so dass das Verhältnis von Mess- zu Störstrahlung $X = \dfrac{\varepsilon_t \cdot T^4{}_t}{(1 - \varepsilon_t)\varepsilon_W \cdot T^4{}_w}$ wird.

3. Die numerische Auswertung des Verhältnisses X ist in Abb. 3.14 dargestellt. Wieder ist ein logarithmischer Maßstab für die anschauliche Darstellung der Änderung des Verhältnisses notwendig. Bis zu einem Emissionsgrad $\varepsilon_t < 0{,}8$ bewirkt die Umgebungsstrahlung eine merkliche Erhöhung des Gleichanteils der beobachteten Szene. Dieser Effekt erschwert die Messung der absoluten Temperatur. Hierfür müssen Kompensationsmöglichkeiten gefunden werden.

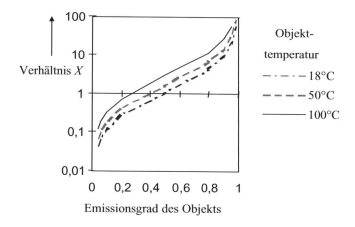

Abb. 3.16: Verhältnis X für eine Wandtemperatur von 20 °C und $\varepsilon_W = 0{,}92$

4. Die Aufgabe von Sichtgeräten ist die Anzeige von Temperaturdifferenzen. Hierfür ist die Relation zwischen Konstantanteil und Temperaturdifferenz im Strahlungsangebot durch Abb. 3.11 veranschaulicht. Das Sichtgerät muss den Konstantanteil unterdrücken können, um aus dem geringen Strahlungskontrast eine Anzeige zu erzeugen, die über dem Schwellenkontrast des Auges liegt. Der zusätzliche Anteil durch die reflektierte Strahlung wird auf gleichem Wege eliminiert.

4 Atmosphärische Transmission

Bei einer Reihe von Wärmebildgeräten spielt die Reichweite eine entscheidende Rolle. Die Strahlung muss die Atmosphäre passieren, bevor sie zum Wärmebildgerät gelangt. Die Beeinflussung der Strahlung durch die Atmosphäre ist vielgestaltig. Die molekulare Absorption der Luftmoleküle und die Streuung an den Luftmolekülen führt zu einer Schwächung der transmittierten Strahlung, Turbulenzen und Brechzahlinhomogenitäten lenken die Strahlung in schwer vorhersagbarer Weise ab und können zu Luftspiegelungen führen, die Eigenstrahlung der Atmosphäre verringert den Strahlungskontrast.

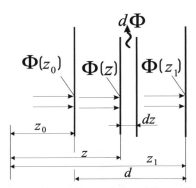

Abb. 4.1: Dämpfung des Strahlungsflusses bei gerichteter Strahlungsausbreitung

Zur Dimensionierung von Wärmebildgeräten erscheint die Beschränkung auf eine möglichst einfache Transmissionsberechnung sinnvoll, da hier die Schwächung der Objektausstrahlung bei gerichteter Strahlungsausbreitung berücksichtigt wird. Das Grundmodell wird in Abb. 4.1 gezeigt: Der absorbierte Strahlungsfluss $d\Phi$ ist proportional dem atmosphärischen Dämpfungsfaktor κ_A, dem Strahlungsfluss Φ am Ort z und der Dicke der absorbierenden Schicht dz: $d\Phi = -\Phi \cdot \kappa_A \cdot dz$. Das Minuszeichen zeigt den Verlust an. Die Anwendung der Transmissionsdefinition aus Gl. (3.12 c) führt zu $\tau_A = \Phi(z_1)/\Phi(z_0)$ mit $d = z_1 - z_0$. Die Integration der Funktion $\frac{d\Phi}{\Phi} = -\kappa_A \cdot dz$ über der Koordinate z liefert das Bouguer-Beersche Gesetz

$$\tau_A = \exp(-\kappa_A \cdot d) . \tag{4.1}$$

Danach nimmt der Transmissionsgrad exponentiell mit der Entfernung d zwischen Objekt und Wärmebildgerät ab. Der Dämpfungsfaktor κ_A wie der Transmissionsgrad der Atmosphäre sind stark wellenlängenabhängig. Abb. 4.2 zeigt typische Messergebnisse.

Grundlage der Transmissionsberechnung sollen meteorologische Daten sein, die einfach zugänglich sind. Bei der Analyse der Einflussgrößen in geringen Höhen kristallisieren sich drei Hauptabhängigkeiten heraus: Die molekulare Absorption durch Wasserdampf, die molekulare Absorption durch Kohlendioxid und die Streuung an den Molekülen. Diese drei Faktoren überlagern sich fast wechselwirkungsfrei, so dass ihr Einfluss auf den Dämpfungsfaktor additiv und auf die atmosphärische Transmission multiplikativ wird:

$$\tau_A(\lambda) = \tau_{H_2O}(\lambda) \cdot \tau_{CO_2}(\lambda) \cdot \tau_s(\lambda) . \tag{4.2}$$

Damit stellt sich die Aufgabe, die Transmission der Wasserdampfmoleküle τ_{H_2O} entlang der Übertragungsstrecke d, die Transmission der Kohlendioxidmoleküle τ_{CO_2} und die Transmission infolge Streuung an den Molekülen τ_s in geeigneter Weise zu bestimmen.

Die im Folgenden immer vorausgesetzte Beschränkung auf horizontale Übertragungsstrecken in Meereshöhe stellt einen sinnvollen Grenzwert dar. Da mit zunehmender Höhe über NN der Luftdruck und die Teilchenkonzentration geringer werden, steigt auch der atmosphärische Transmissionsgrad. Erst ab 10 km Höhe macht sich zusätzlich die molekulare Absorption durch Ozon bemerkbar

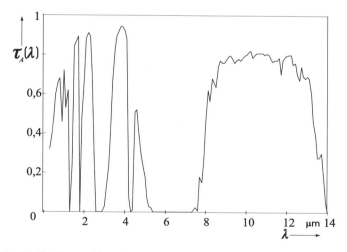

Abb. 4.2: Wellenlängenabhängige atmosphärische Transmission für folgende Bedingungen: Länge der Übertragungsstrecke $d = 1,852$ km, Sichtweite $d_v = 20$ km, kondensierbare Wasserdampfmenge $w = 17$ mm

Zur Charakterisierung einer festen Übertragungsstrecke d ist die Transmissionsangabe nach Gl. (4.2) zweckmäßig. Soll aber die Reichweite von Wärmebildgeräten bestimmt werden, muss die exakte Länge der Übertragungsstrecke erst ermittelt werden. Dann wird die Schwächung der Strahlung durch die Atmosphäre mit dem Dämpfungsfaktor κ_A beschrieben:

$$\kappa_A = \frac{1}{d_0}(-\ln \tau_{H_2O} - \ln \tau_{CO_2} - \ln \tau_s) \,. \tag{4.3}$$

Die Transmissionsgrade τ_{H_2O}, τ_{CO_2} und τ_s werden für die Bezugsübertragungsstrecke d_0 bestimmt, die in der Größenordnung der Reichweite liegen sollte.

Die in Abb. 4.2 dargestellten charakteristischen Wellenlängenabhängigkeiten des Transmissionsgrades legen eine besondere Sorgfalt nahe, wenn für einzelne Spektralbereiche Mittelwertbildungen vorgenommen werden müssen. Als Mittelwert kann nur die auf das Spektralband bezogene Fläche unter der $\tau_A(\lambda)$-Kurve gelten, so dass für den mittleren Transmissionsgrad

$$\overline{\tau}_A = \frac{1}{\lambda_2 - \lambda_1} \int\limits_{\lambda_1}^{\lambda_2} \tau_A(\lambda) \cdot d\lambda \tag{4.4 a}$$

folgt. In gleicher Weise ist die Mittelung für den Dämpfungsfaktor auszuführen:

$$\overline{\kappa}_A = \frac{1}{\lambda_2 - \lambda_1} \int\limits_{\lambda_1}^{\lambda_2} \kappa_A(\lambda) \cdot d\lambda \,. \tag{4.4 b}$$

4.1 Berechnung der Transmission infolge des in der Luft gelösten Wasserdampfes

Grundgröße für diese Berechnung ist die in Luft gelöste Menge Wasserdampf w (englisch: precipitable water). w kann man sich vorstellen als die Wasserstandshöhe in einem Glaszylinder mit dem Durchmesser D, in dem das gesamte Wasser entlang der Übertragungsstrecke d kondensiert ist, welches sich im Volumen $\pi \cdot D^2 \cdot d$ befindet. Die Größe w hat die Dimension mm.

Tab. 4.1: Maximal lösliche Menge Wasserdampf in der Luft in Abhängigkeit von der Temperatur

ϑ_A in °C	−10	−5	0	5	10	15	20	25	30	35
Q_d in mm/km	2,25	3,2	4,8	6,8	9,4	12,8	17,3	23,0	30,3	39,0

Die Wasserstandshöhe w ist proportional der Übertragungsstrecke d, der relativen Luftfeuchte φ_d und der maximal löslichen Menge Wasserdampf in der Luft $Q_d(\vartheta_A)$:

$$w = \varphi_d \cdot Q_d(\vartheta_A) \cdot d \ . \tag{4.5}$$

$Q_d(\vartheta_A)$ hängt stark von der Temperatur ab. Ihre Maßeinheit ist von der ursprünglichen Form g/m³ über die Dichte in die hier günstig handhabbare Einheit mm/km ohne Vorfaktor überführbar. Mit Gl. (4.5) kann die in Luft gelöste Wassermenge der Übertragungsstrecke berechnet werden. Die dazu notwendigen Q_d-Werte sind in Tab. 4.1 für übliche Außentemperaturen eingetragen.

Die Ermittlung des Transmissionsgrades infolge des Wasserdampfs geschieht mit Hilfe von Tabellenwerten. Sie sind in der zweigeteilten Tabelle 4.2 für logarithmisch gestufte Wasserdampfmengen w_0 zusammengestellt. Der eingetragene Transmissionswert wird durch das Formelzeichen $\tau_{H_2O}^0$ gekennzeichnet.

Tab. 4.2a: Transmissionsgrad $\tau_{H_2O}^0(\lambda, w_0)$ für $\lambda = 0,5 \dots 5,4$ µm und 1013 mbar Luftdruck

λ in µm	w_0 in mm				λ in µm	w_0 in mm			
	0,1	1	10	100		0,1	1	10	100
0,5	0,986	0,956	0,861	0,579	3,0	0,851	0,552	0,060	0
0,6	0,990	0,968	0,900	0,692	3,1	0,900	0,692	0,210	0
0,7	0,991	0,972	0,910	0,722	3,2	0,925	0,766	0,347	0,003
0,8	0,989	0,965	0,891	0,663	3,3	0,950	0,843	0,531	0,048
0,9	0,965	0,890	0,661	0,165	3,4	0,973	0,914	0,735	0,285
1,0	0,990	0,968	0,900	0,692	3,5	0,988	0,962	0,881	0,635
1,1	0,970	0,905	0,707	0,235	3,6	0,994	0,982	0,947	0,812
1,2	0,980	0,937	0,802	0,428	3,7	0,997	0,998	0,960	0,874
1,3	0,726	0,268	0	0	3,8	0,998	0,994	0,980	0,937
1,4	0,930	0,782	0,381	0,005	3,9	0,998	0,994	0,980	0,937
1,5	0,997	0,988	0,960	0,874	4,0	0,997	0,990	0,970	0,900
1,6 … 1,7	0,998	0,994	0,980	0,937	4,1	0,997	0,988	0,960	0,874
1,8	0,792	0,406	0,008	0	4,2	0,994	0,982	0,947	0,812
1,9	0,960	0,874	0,617	0,113	4,3	0,991	0,972	0,910	0,722
2,0	0,985	0,953	0,851	0,552	4,4	0,980	0,937	0,802	0,428
2,1	0,997	0,988	0,960	0,874	4,5	0,970	0,905	0,707	0,235
2,2	0,998	0,994	0,980	0,937	4,6	0,960	0,874	0,617	0,113
2,3	0,997	0,988	0,960	0,874	4,7	0,950	0,843	0,531	0,048
2,4	0,980	0,937	0,802	0,428	4,8	0,940	0,812	0,452	0,018
					4,9	0,930	0,782	0,381	0,005
2,5	0,930	0,782	0,381	0,005	5,0	0,915	0,736	0,286	0
2,6	0,617	0,110	0	0	5,1	0,885	0,649	0,149	0
2,7	0,361	0,004	0	0	5,2	0,846	0,539	0,052	0
2,8	0,453	0,017	0	0	5,3	0,792	0,406	0,008	0
2,9	0,689	0,205	0	0	5,4	0,726	0,268	0	0

Tab. 4.2b: Transmissionsgrad $\tau_{H2O}^0 (\lambda, w_0)$ für $\lambda = 5,5 \dots 13,9$ µm und 1013 mbar Luftdruck

λ in µm	w_0 in mm				λ in µm	w_0 in mm			
	0,1	1	10	100		0,1	1	10	100
5,5	0,617	0,110	0	0	9,5	0,998	0,987	0,873	0,257
5,6	0,491	0,029	0	0	9,6	0,998	0,987	0,876	0,265
5,7	0,361	0,004	0	0	9,7	0,998	0,987	0,878	0,270
5,8 ... 5,9	0,141	0	0	0	9,8	0,998	0,987	0,880	0,277
					9,9	0,998	0,987	0,882	0,283
6,0	0,180	0	0	0	10,0 .. 10,2	0,999	0,998	0,883	0,289
6,1	0,260	0	0	0	10,3	0,999	0,998	0,884	0,292
6,2	0,652	0,153	0	0	10,4	0,999	0,998	0,885	0,294
6,3	0,552	0,060	0	0	10,5	0,999	0,998	0,866	0,295
6,4	0,317	0,002	0	0	10,6	0,999	0,998	0,887	0,300
6,5	0,164	0	0	0	10,7	0,999	0,998	0,884	0,302
6,6	0,138	0	0	0	10,8	0,999	0,998	0,886	0,295
6,7	0,322	0,002	0	0	10,9	0,999	0,998	0,864	0,292
6,8	0,361	0,004	0	0	11,0	0,999	0,998	0,883	0,287
6,9	0,416	0,010	0	0	11,1	0,999	0,987	0,882	0,283
7,0	0,754	0,060	0	0	11,2	0,999	0,986	0,867	0,237
7,1	0,846	0,188	0	0	11,3	0,999	0,985	0,859	0,218
7,2	0,884	0,292	0	0	11,4	0,999	0,986	0,865	0,235
7,3	0,921	0,441	0	0	11,5	0,999	0,986	0,868	0,243
7,4	0,960	0,666	0,018	0	11,6	0,999	0,987	0,875	0,262
7,5	0,973	0,762	0,066	0	11,7	0,999	0,980	0,820	0,138
7,6	0,960	0,666	0,018	0	11,8	0,999	0,982	0,863	0,212
7,7	0,989	0,884	0,328	0	11,9	0,999	0,986	0,869	0,245
7,8	0,987	0,878	0,273	0	12,0	0,999	0,987	0,878	0,270
7,9	0,991	0,920	0,433	0	12,1	0,999	0,987	0,880	0,277
8,0	0,995	0,951	0,603	0,006	12,2	0,999	0,987	0,880	0,279
8,1	0,997	0,972	0,754	0,059	12,3	0,999	0,987	0,878	0,270
8,2	0,997	0,964	0,969	0,027	12,4	0,999	0,987	0,874	0,261
8,3	0,997	0,976	0,786	0,090	12,5	0,999	0,986	0,871	0,252
8,4	0,997	0,975	0,774	0,077	12,6	0,999	0,986	0,868	0,241
8,5	0,997	0,972	0,750	0,056	12,7	0,999	0,985	0,863	0,228
8,6	0,998	0,982	0,837	0,169	12,8	0,999	0,985	0,858	0,217
8,7	0,998	0,983	0,839	0,173	12,9	0,999	0,984	0,853	0,204
8,8	0,998	0,983	0,841	0,177	13,0	0,999	0,984	0,846	0,191
8,9	0,998	0,983	0,843	0,180	13,1	0,998	0,983	0,843	0,180
9,0	0,998	0,984	0,848	0,193	13,3	0,998	0,982	0,831	0,153
9,1	0,998	0,985	0,858	0,215	13,5	0,998	0,980	0,819	0,136
9,2	0,998	0,985	0,863	0,228	13,7	0,998	0,979	0,807	0,117
9,3	0,998	0,986	0,867	0,239	13,8	0,998	0,978	0,800	0,107
9,4	0,998	0,986	0,870	0,248	13,9	0,997	0,977	0,793	0,098

Die Umrechnung auf den konkreten Transmissionsgrad bei der Wasserdampfmenge w folgt aus Gl. (4.3). wenn ein konstanter Dämpfungsfaktor κ_A vorausgesetzt wird:

$$\tau_{H_2O}(w) = (\tau_{H_2O}^0)^{w/w_0} .\tag{4.6}$$

Die Benutzung der Tabelle 4.2 wird in Berechnungsbeispiel 4.1 demonstriert.

Die Berechnung des Transmissionsgrades für ganze Spektralbereiche ist dann aufwendig. wenn sich die Tabellenwerte $\tau_{H_2O}^0$ stark ändern. Für besonders interessante IR-Bereiche ist diese Mittelung entsprechend Gl. (4.4) in Tabelle 4.3 vorgenommen worden.

Tab. 4.3: $\tau_{H_2O}^0(\lambda, w_0)$ gemittelt für die atmosphärischen Fenster für 1031 mbar Luftdruck

$\lambda_1 \ldots \lambda_2$ in μm		w_0 in mm						
		1	2	5	10	20	50	100
1,9	2,5	0,94	0,93	0,89	0,85	0,80	0,72	0,65
3,0	5,0	0,80	0,74	0,69	0,62	0,56	0,46	0,38
8,0	14,0	0,98	0,96	0,89	0,80	0,68	0,44	0,18

4.2 Berechnung der Transmission infolge des in der Luft vorhandenen Kohlendioxids

Der CO_2-Gehalt der Luft schwankt nur wenig In der natürlichen Erdatmosphäre hat er einen Anteil von 0,03 Vol% in Ballungsgebieten steigt er auf 0,04 Vol% Damit bleibt als entscheidende Einflussgröße die Entfernung. Die Tabellenwerte $\tau_{CO_2}^0$ beziehen sich auf logarithmisch geteilte Entfernungen und 0,03 Vol% CO_2-Konzentration. Damit ändert sich Formel (4.6) für die Umrechnung auf die konkreten Bedingungen in

$$\tau_{CO_2}(\lambda, d) = (\tau_{CO_2}^0)^{\frac{d \cdot c}{d_0 \cdot c_0}} .\tag{4.7}$$

Die Nutzung der Tabelle 4.4 ist in Berechnungsbeispiel 4.1 demonstriert.

Tab. 4.4: $\tau^0_{CO_2}(\lambda, d_0)$ für bei 0,03 Vol$_{\%}$CO$_2$ und 1013 mbar Luftdruck

λ in μm	\(d_0\) in km 0,1	1	10	100	λ in μm	\(d_0\) in km 0,1	1	10	100
0,5 ... 1,2	1	1	1	1	10,0	1	0,999	0,989	0,892
1,3	1	0,999	0,998	0,994	10,1	1	0,998	0,980	0,814
1,4	0,996	0,988	0,964	0,885	10,2	0,999	0,988	0,890	0,312
1,5	0,996	0,998	0,993	0,976	10,3	0,999	0,987	0,881	0,283
1,6	0,996	0,988	0,964	0,885	10,4	1	0,999	0,991	0,913
1,7	1	0,999	0,998	0,994	10,5 ... 10,6	1	0,999	0,995	0,955
1,8	1	1	1	1	10,7	1	1	0,997	0,973
1,9	1	0,999	0,998	0,994	10,8	1	0,999	0,995	0,955
2,0	0,978	0,931	0,785	0,387	10,9 ... 11,0	1	0,999	0,986	0,872
2,1	0,998	0,994	0,982	0,942	11,1	1	0,998	0,984	0,855
2,2 ... 2,6	1	1	1	1	11,2	1	0,998	0,978	0,796
2,7	0,799	0,419	0,011	0	11,3	1	0,997	0,971	0,742
2,8	0,871	0,578	0,079	0	11,4	1	0,997	0,966	0,709
2,9	0,997	0,990	0,968	0,898					
3,0 ... 3,9	1	1	1	1	11,5	1	0,996	0,960	0,661
4,0	0,998	0,994	0,980	0,937	11,6 ... 11,7	1	0,995	0,955	0,632
4,1	0,983	0,944	0,825	0,485	11,8	1	0,997	0,966	0,709
4,2	0,673	0,182	0	0	11,9	1	0,996	0,978	0,796
4,3	0,098	0	0	0	12,0	1	0,999	0,993	0,934
4,4	0,481	0,026	0	0	12,1 ... 12,2	1	0,999	0,995	0,955
4,5	0,957	0,863	0,585	0,084	12,3	0,999	0,990	0,907	0,376
4,6 ... 4,7	0,995	0,985	0,951	0,845	12,4	0,997	0,970	0,738	0,048
4,8	0,976	0,922	0,759	0,331	12,5	0,993	0,936	0,517	0,001
4,9	0,975	0,920	0,750	0,313	12,6	0,990	0,903	0,358	0
5,0	0,999	0,995	0,986	0,954	12,7	0,998	0,979	0,809	0,120
5,1	1	0,998	0,994	0,984	12,8	0,995	0,949	0,592	0,005
5,2	0,986	0,955	0,857	0,569	12,9	0,992	0,925	0,458	0
5,3	0,997	0,989	0,996	0,891	13,0	0,995	0,955	0,630	0,010
5,4 ... 9,0	1	1	1	1	13,1	0,995	0,949	0,592	0,005
9,1	1	0,999	0,995	0,955	13,2	0,989	0,895	0,330	0
9,2	1	0,999	0,991	0,913	13,3	0,976	0,782	0,085	0
9,3	0,999	0,995	0,951	0,605	13,4	0,967	0,715	0,035	0
9,4	0,996	0,965	0,700	0,028	13,5	0,949	0,593	0,005	0
9,5	0,996	0,967	0,715	0,035	13,6	0,949	0,627	0,009	0
9,6	0,998	0,980	0,821	0,140	13,7	0,957	0,644	0,012	0
9,7	0,997	0,973	0,761	0,065	13,8	0,926	0,464	0	0
9,8	0,998	0,984	0,858	0,206	13,9	0,882	0,286	0	0
9,9	0,999	0,989	0,897	0,342					

Tabelle 4.5 gibt spektral gemittelte Transmissionswerte für ausgewählte Spektralbereiche an. Im Berechnungsbeispiel 4.3 wird mit diesen gemittelten Werten der Einfluss der verschiedenen Parameter auf den Transmissionsgrad der Atmosphäre modelliert.

Tab. 4.5: $\tau_{CO_2}^0 (\lambda, d_0)$ für bei 0,03 $Vol_{\%}$ CO_2 und 1013 mbar Luftdruck für die atmosphärischen Fenster

$\lambda_1 \dots \lambda_2$ in µm		d_0 in km				
		0,1	0,3	1,0	3	10
1,9	2,5	0,996	0,992	0,987	0,977	0,966
3,0	5,0	0,895	0,862	0,828	0,809	0,789
8,0	14,0	0,995	0,974	0,893	0,859	0,825

4.3 Atmosphärische Fenster

Infolge der molekularen Absorption ergibt sich eine ganz charakteristische spektrale Verteilung des Transmissionsgrades der Atmosphäre. Sie ist in Abb. 4.2 dargestellt und ändert sich mit den Wetterbedingungen und der Länge der Übertragungsstrecke. Die Durchlassbereiche für das elektromagnetische Spektrum werden als atmosphärische Fenster bezeichnet. Ihre Lage ist von den Absorptionsbanden der Luftmoleküle festgelegt.

Die Auswirkung dieser Fenster auf die Strahlung der Sonne ist in Abb. 4.3 dargestellt: Nur in den Durchlassbereichen gelangt die Sonnenstrahlung bis auf Meereshöhe. Die quantitativen Verhältnisse spiegelt Tab. 4.6 wider, in der die Bestrahlungsstärken $E = \int_{\lambda_1}^{\lambda_2} E_\lambda \cdot d\lambda$ auf Meereshöhe für die einzelnen Fenster zusammengestellt sind. Der größte Anteil liegt im VIS- und NIR-Bereich. In dem breiten LIR-Bereich 8 ... 14 µm wirkt nur ein Promille der Sonnenstrahlung. Die letzte Zahl in Tab 4.6 repräsentiert die terrestrische Solarkonstante. Die extraterrestrische Solarkonstante entspricht der Fläche unter der Kurve 1 in Abb. 4.3 und beträgt 1,6 kW/m². Knapp 2/3 der Sonnenenergie gelangt also direkt bis in Meereshöhe.

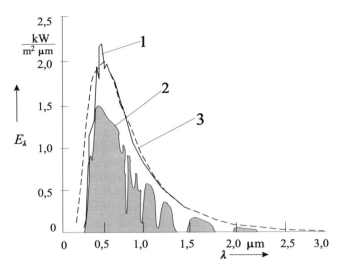

Abb. 4.3: Einfall der Sonnenstrahlung durch die atmosphärischen Fenster der Erdlufthülle

1 spektrale Bestrahlungsstärke E_λ der Sonne außerhalb der Atmosphäre.

2 spektrale Bestrahlungsstärke E_λ der Sonne auf Meereshöhe.

3 Strahlung des Schwarzen Körpers bei 5900 K

Tab. 4.6: Mittlere Bestrahlungsstärke der Sonne auf der Erde in den atmosphärischen Fenstern

$\lambda_1 \dots \lambda_2$ in µm	0,3 ... 1,3	1,4 ... 1,8	1,9 ... 2.5	3 ... 5	8 ... 14	0 ... ∞
E in mW/cm²	82,0	4,7	2,4	1,16	0,10	100

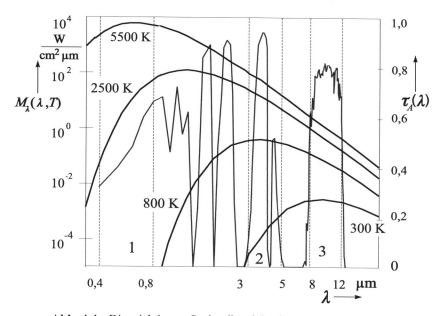

Abb. 4.4: Die wichtigsten Spektralbereiche der Wärmebildtechnik
1 VIS 0,4 ... 0,8 μm mit Schwerpunktwellenlänge 0,55 μm
2 MIR im engeren Sinne 3 ... 5 μm mit Schwerpunktwellenlänge 4 μm
3 LIR im engeren Sinne 8 ... 12 μm mit Schwerpunktwellenlänge 10 μm
glatte Kurven: Plancksches Strahlungsgesetz
gezackte Kurve: atmosphärischer Transmissionsgrad bei $d = 1,852$ km,
Sichtweite $d_v = 20$ km, kondensierbare Wasserdampfmenge $w = 17$ mm

Die entscheidenden Auswirkungen der atmosphärischen Fenster auf die Wärmebildtechnik sind in Abb. 4.4 dargestellt. Neben der Planckschen Strahlungskurve ist über der logarithmisch geteilten Abszisse die atmosphärische Transmission für die Bedingungen von Abb. 4.2 eingetragen. Darin werden die beiden natürlichen Voraussetzungen für die Wärmebildtechnik deutlich. Das Maximum der Ausstrahlung von Körpern mit Umgebungstemperatur fällt mit dem atmosphärischen Fenster im Bereich 8 ... 12 μm zusammen. Für die Beobachtung von Auspuffgasen von Verbrennungsmotoren bietet sich das Fenster 3 ... 5 μm an. Diese beiden Spektralbereiche sind als LIR- bzw. MIR-Bereich im engeren Sinne mit den Schwerpunktwellenlängen 10 μm und 4 μm anzusehen. Diese Wellenlängen werden z. B. zur Charakterisierung IR-optischer Materialien benutzt.

4.4   Berechnung des Transmissionsgrads infolge Streuung aus der Sichtweite

Die Sichtweite d_v ist definiert als diejenige Entfernung, bei der das menschliche Auge Objekte vor dem Hintergrund gerade noch erkennen kann. Die Größe des Objekts muss in dieser Entfernung mindestens 30° sein. Diese Größe entspricht etwa der Mittagssonne. Gerade noch erkennen heißt, dass der Kontrast des Objektes zum Hintergrund noch 2 % beträgt (vgl. Kap. 3.5.4). Der Sichtweite kann mit dem Bouguer-Beerschen Gesetz ein Streudämpfungsfaktor κ_s zugeordnet werden, indem der Kontrast C_t in der Entfernung $d = 0$ gleich Eins und in der Entfernung d_v gleich 0,02 ist: $C_t(d = d_v) = C(d = 0) \cdot \exp(-\kappa_s \cdot d_v)$. Einsetzen liefert die Beziehung für den Streudämpfungsfaktor im VIS aus der Sichtweite

$$\kappa_s(\lambda_0) = \frac{3{,}91}{d_v} \quad \text{(in 1/km)}. \tag{4.8}$$

Die Sichtweite ist bezogen auf die Mitte des visuellen Strahlungsbereiches $\lambda_0 = 0{,}55\ \mu\text{m}$. Zur Umrechnung in die interessierenden IR-Bänder müssen Resultate der Streutheorie bemüht werden. Die experimentellen Erfahrungen können in der Proportionalität

$\kappa_s(\lambda) \sim \lambda^{-\alpha_s}$ zusammengefasst werden, wobei α_s von der Größe der streuenden Teilchen in Relation zur Wellenlänge abhängt. Ist es extrem klar, sind die Luftmoleküle sehr klein gegenüber der Wellenlänge. es gilt $\alpha_s = 4$. Typischer Fall ist das Blau des Himmels um die Mittagszeit und das Abendrot: $\kappa_s(0{,}4\ \mu\text{m})$ ist etwa zehnmal größer als $\kappa_s(0{,}7\ \mu\text{m})$. Rotes Licht wird also viel schwächer gestreut. Mittags fällt das Sonnenlicht fast senkrecht durch die Atmosphäre, das blaue Licht dominiert außerhalb der direkten Einstrahlung. Abends steht die Sonne flach über dem Horizont, das zehnmal geringer gestreute rote Licht dominiert die direkte Einstrahlung.

Bei normalem Dunst kann für die horizontale Übertragungsstrecke oft $\alpha_s = 1{,}3$ angenommen werden. Bei Niederschlägen (Regen, Schnee, Nebel) wird $\alpha_s = 0$, d. h., die Streuung ist wellenlängenunabhängig und aselektiv. Regen, Schnee, Nebel erscheinen uns deshalb weiß.

Tabelle 4.7 gibt Werte und Witterungsbedingungen an, um aus der Sichtweite näherungsweise den Streudämpfungsfaktor zu ermitteln. Mit der oben genannten Proportionalität ergibt sich

$$\kappa_s(\lambda) = \frac{3{,}91}{d_v} \cdot \left(\frac{0{,}55\,\mu\text{m}}{\lambda}\right)^{\alpha_s} \quad \text{(in 1/km)} \tag{4.9}$$

mit der interessierenden IR-Wellenlänge λ. Der Einfluss der Streuung auf die Gesamttransmission wird im Beispiel 4.2 mit Zahlenwerten belegt. Für den häufig verwendbaren Selektivitätsfaktor $\alpha_s = 1{,}3$ verbessert sich die Transmission mit steigender Wellenlänge. Dieser Umstand hat in der klassischen Fotografie zur Entwicklung von Filmmaterialien im NIR geführt, mit denen Schwarzweißfotos trotz Dunst kontrastreich aufgenommen werden können.

Der Transmissionsgrad infolge Streuung ergibt sich aus dem Bouguer-Beerschen Gesetz. Im Berechnungsbeispiel 4.1 ist der Streueinfluss zu ermitteln. im Beispiel 4.3 zeigen Grafiken den Streueinfluss bei unterschiedlichen Witterungsbedingungen.

Tab. 4.7: Witterungsbedingungen. Sichtweite und möglicher Selektivitätskoeffizient zur schnellen Berechnung des Streudämpfungsfaktors aus der Sichtweite

Witterungsbedingungen	Wertung der Sichtweite	Sichtweite d_v in km	Selektivitätskoeffizient α_s
Sehr starker Nebel	sehr schlecht	0,05	0,0
starker Nebel, dichter Schneefall	sehr schlecht	0,05 ... 0,2	0,0
mäßiger Nebel, starker Schneefall	sehr schlecht	0,2 ... 0,5	0,0
leichter Nebel, mäßiger Schneefall	Schlecht	0,5 ... 1	0,1
sehr starker Regen, mäßiger Dunst oder Schnee	Schlecht	1 ... 2	0,2
starker Regen, wenig Schneefall oder Dunst	mittelmäßig	2 ... 4	0,6
mäßiger Regen, schwacher Dunst oder ganz geringer Schneefall	mittelmäßig	4 ... 10	0,6 ... 1,3
niederschlagsfrei oder schwacher Regen	gut	10 ... 20	1,3
niederschlagsfrei	sehr gut	20 ... 50	2,5
besonders klar	außerordentlich gut	> 50	4

4.5   Berechnungsbeispiele

Beispiel 4.1

Welchen Transmissionsgrad hat die horizontale Übertragungsstrecke von 2 km Länge bei den Wellenlängen 4 µm und 10 µm und folgenden Wetterbedingungen: Sichtweite 20 km, Lufttemperatur 20 °C, 80 % Luftfeuchte und keine Niederschläge?

1. Der Transmissionsgrad berechnet sich nach Gl. (4.2). Entsprechend der Reihenfolge der Faktoren wird zuerst $\tau_{H_2O}(\lambda)$ bestimmt. Unabhängig von der Wellenlänge muss zunächst die Wasserdampfmenge entlang der Übertragungsstrecke w über Gl. (4.5) ermittelt werden. Nach Tab. 4.1 beträgt der Dampfdruck bei 20 °C $Q_d = 17,3$ mm/km. Mit der relativen Luftfeuchte ergibt sich $w = 27,7$ mm. Die spektrale Transmission für beide Wellenlängen kann mit Tabelle 4.2 ermittelt werden: Mit $\tau_{H_2O}^0$ (4 µm, 10 mm) = 0,970 und $\tau_{H_2O}^0$ (10 µm, 10 mm) = 0,883 folgen über Gl. (4.6) τ_{H_2O} (4 µm) = 0,919 und τ_{H_2O} (10 µm) = 0,708.

2. Die tabellierten Werte $\tau_{CO_2}^0$ (4 µm, 1 km) = 0,994 und $\tau_{CO_2}^0$ (10 µm, 1 km) = 0,999 müssen mit Formel (4.7) umgerechnet werden. Setzt man die natürliche CO_2-Konzentration voraus, ergeben sich τ_{CO_2} (4 µm) = 0,988 und τ_{CO_2} (10 µm) = 0,991.

3. Die Streuung der Strahlung durch die Atmosphäre wird über die Sichtweite ermittelt. Mit Gl. (4.9) folgen κ_s (4 µm) = $1,48 \cdot 10^{-2}$ km^{-1} und κ_s (10 µm) = $4,50 \cdot 10^{-3}$ km^{-1}. Die Transmission ergibt sich über Gl. (4.1) zu τ_s (4 µm) = 0,971 und τ_s (10 µm) = 0,991.

4. Der Gesamttransmissionsgrad bei den Schwerpunktwellenlängen der atmosphärischen Fenster ist das Produkt nach Gl. (4.2). Es folgen τ_A (4 µm) = 0,88 und τ_A (10 µm) = 0,70. Infolge der an mehreren Stellen getroffenen Annahmen täuscht eine Transmissionsangabe genauer als zwei Stellen eine falsche Genauigkeit vor.

Beispiel 4.2

Zur Abschätzung der Reichweite von so genannten dualen Wärmebildgeräten müssen die atmosphärischen Dämpfungsfaktoren $\overline{\kappa}_A$ für die beiden Fenster 3 ... 5 µm und 8 ... 12 µm bestimmt werden. Duale Systeme haben zwei getrennte Übertragungskanäle, bei denen jeder auf ein IR-Fenster optimal abgestimmt ist. Die Verarbeitung der Bilder aus beiden Fenstern liefert neue objektbeschreibende Informationen. Die Ermittlung der $\overline{\kappa}_A$ erfolgt in mehreren Schritten. Da die Reichweiten im km-Bereich liegen, wird von einer Messstrecke $d_0 = 1$ km ausgegangen. Die Bedingungen sollen für 27 °C Lufttemperatur und 80 $\%$ Luftfeuchte bestimmt werden.

1. Die Transmission aufgrund der molekularen Absorption $\tau_m(\lambda) = \tau_{H_2O}(\lambda) \cdot \tau_{CO_2}(\lambda)$ wird mit Hilfe der Transmissionstabellen 4.2 und 4.4 berechnet. Dabei ergeben sich starke Absorptionsbanden von Wasserdampf für $\lambda < 3{,}0$ µm und $\lambda > 5{,}5$ µm. Der Arbeitsbereich des LIR-Bereiches wird durch die molekulare Absorption von CO_2 eingeschränkt. Damit muss $\overline{\kappa}_A$ für 3,0 ... 5,5 µm und für 8 ... 12 µm bestimmt werden.

2. Die kondensierbare Menge Wasserdampf bei 27 °C und 80 $\%$ Luftfeuchte auf 1 km Entfernung ist $w = 20{,}6$ mm. Aus Tabelle 4.2 folgt der spektrale Transmissiongrad τ_{H_2O}. Die Ergebnisse sind in Tabelle 4.8 eingetragen.

3. Die spektrale Transmission durch CO_2 folgt aus Tafel 4.4 für die Übertragungsstrecke von 1 km. Die Ergebnisse sind ebenfalls in Tabelle 4.8 eingetragen.

Tab. 4.8: Atmosphärische Absorptions- und Transmissionskoeffizienten für Beispiel 4.2

λ in µm	$\tau_{H_2O}(\lambda)$	$\tau_{CO_2}(\lambda)$	$\kappa_s(\lambda)$	$\tau_s(\lambda)$	$\tau_A(\lambda)$
3,0	0,01	1,00	0,043	0,96	0,01
3,5	0,38	1,00	0,035	0,97	0,37
4,0	0,96	0,99	0,030	0,97	0,92
4,5	0,60	0,86	0,025	0,97	0,50
5,0	0,13	0,99	0,022	0,98	0,13
5,5	0,00	1,00	0,020	0,98	0,00
8,0	0,37	1,00	0,012	0,99	0,37
8,5	0,57	1,00	0,011	0,99	0,56
9,0	0,72	1,00	0,010	0,99	0,71
9,5	0,77	0,98	0,010	0,99	0,75
10,0	0,78	1,00	0,009	0,99	0,77
10,5	0,79	1,00	0,008	0,99	0,78
11,0	0,78	1,00	0,008	0,99	0,77
11,5	0,75	1,00	0,008	0,99	0,77
12,0	0,77	1,00	0,007	0,99	0,76

4. Der spektrale Schwächungskoeffizient infolge Streuung wird nach Gl. (4.9) für eine Sichtweite von 10 km berechnet. Über das Bouger-Beersche Gesetz folgt daraus die Transmission τ_s. Beide Werte sind in Tabelle 4.8 eingetragen. Typischerweise verbessert sich die Transmission mit zunehmender Wellenlänge.

5. Zur Berechnung von $\overline{\kappa}_A$ werden die mittleren Transmissionen beider Arbeitsgebiete als Mittelwert der $\tau_A(\lambda)$-Werte bestimmt: $\overline{\tau}_{AMIR} = 0{,}32$ und $\overline{\tau}_{ALIR} = 0{,}70$. Daraus ergeben sich die mittleren Absorptionskoeffizienten nach dem Bouger-Beerschen Gesetz
$\overline{\kappa}_{ALIR} = 1{,}13\,\text{km}^{-1}$ und $\overline{\kappa}_{ALIR} = 0{,}363\,\text{km}^{-1}$.

Beispiel 4.3

Auf Grundlage der für die atmosphärischen Fenster ermittelten Transmissionswerte nach Tab. 4.3 und 4.5 werden verschiedene Wettereinflüsse und Übertragungstrassen simuliert. Grundlage dazu ist Gl. (4.2), wobei für die molekulare Absorption für jedes Fenster ein Wert über die Potenzumrechnung nach Gl. (4.6) bzw. (4.7) ermittelt wird. Der Streueinfluss ist wellenlängenabhängig und wird an den Grenzen der Fenster über Gl. (4.9) und (4.1) berechnet. Tabellenkalkulationsprogramme unter Einbeziehung der Werte $\tau^0_{H_2O}$ und $\tau^0_{CO_2}$ für die Fenster liefern schnelle Resultate. Sie sind in den Abbildungen 4.5 bis 4.8 zusammengestellt. Der gestrichelte Transmissionsverlauf in den ersten drei Diagrammen gibt immer dieselben Bedingungen wieder: Übertragungsstrecke d = 2 km, Lufttemperatur $\vartheta_A = 20\,°C$, relative Luftfeuchte $\varphi_d = 80\,\%$, Sichtweite $d_v = 10\,\text{km}$.

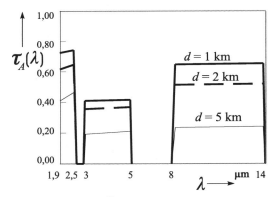

Abb. 4.5: Einfluss der Länge der Übertragungsstrecke d bei $\vartheta_A = 20\,°C$,
$\varphi_d = 80\,\%$ $d_v = 10\,\text{km}$

1. Mit zunehmender Länge der Übertragungsstrecke verringert sich der Transmissionsgrad (vgl. Abb. 4.5). Ursache ist die Zunahme der Teilchenmenge, die vom Strahlungsfluss überwunden

werden muss. Die Verringerung der Transmission infolge Streuung wirkt sich mit zunehmender Wellenlänge immer weniger aus ($\alpha_s = 1{,}3$).

2. Eine geringere Luftfeuchte verringert bei gleich bleibender Übertragungsstrecke die Wasserdampfmenge und verbessert damit die Transmission. Die Sichtweite ändert sich nicht zwangsläufig mit der Luftfeuchte und ist als konstant angenommen worden (Abb. 4.6). Eine Verringerung der Lufttemperatur hat eine ähnliche Wirkung wie die Verringerung der relativen Luftfeuchte, da eine geringere Menge Wasserdampf von der Luft aufgenommen werden kann (vgl. Tab. 4.1).

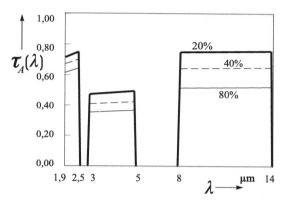

Abb. 4.6: Einfluss der relativen Luftfeuchte φ_d bei $d = 2$ km, $\vartheta_A = 20\ ^\circ\text{C}$ und $d_v = 10$ km

3. Mit der Sichtweite ändert sich der Einfluss der Streuung an den Molekülen. die molekulare Absorption entlang der Übertragungsstrecke bleibt unverändert ($w = 27{,}7$ mm). Besonders stark wirkt sich die Verbesserung der Sichtweite im kurzwelligen Bereich aus.

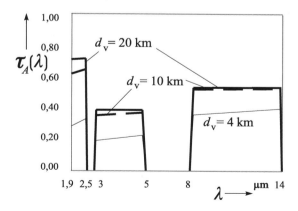

Abb. 4.7: Einfluss der Sichtweite d_v bei $d = 2$ km, $\vartheta_A = 20\ ^\circ\text{C}$ und $\varphi_d = 80\,\%$

4. Unter den Bedingungen einer schlechten Sicht dominiert die Streuung an den Molekülen der Luft. Die molekulare Absorption durch Wasserdampf und CO_2 ist nicht größer als in den Abbildungen 4.5, 4.6 und 4.7. Dafür ist der Streudämpfungsfaktor κ_s 20 ... 100-mal größer als in den oberen Fällen. Der Grenzkontrast von 2 $_{\%}$ wird für die Übertragungsstrecke von 2 km auch im gesamten IR-Bereich realisiert.

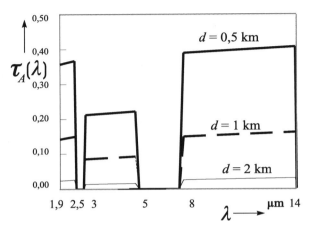

Abb. 4.8: Einfluss der Übertragungsstrecke d bei schlechter Sicht ($d_v = 2$ km) bei $\vartheta_A = 15$ °C und $\varphi_d = 100_{\%}$

5 Optische Systeme

Das optische System hat die Aufgabe, die von der Objektszene ausgesandte Eigenstrahlung auf dem Empfänger zu sammeln. Dabei muss die gewünschte thermische Auflösung im Objekt mit der notwendigen räumlichen Auflösung gewährleistet werden.

5.1 Thermographische Abbildung

In diesem Kapitel werden die wichtigsten Formeln angegeben, die die Funktion der IR-Optiken beschreiben. Die Fokussierung der Objektstrahlung kann nur von sammelnden optischen Systemen realisiert werden. Da für die praktische Thermographie auf der Erde keine Filmmaterialien handhabbar sind, muss die thermographische Szene in eine zeitliche Folge von Informationen zerlegt und elektronisch gespeichert werden.

5.1.1 Abbildungsbeziehungen

In Abb. 5.1 sind die geometrischen Verhältnisse bei der Abbildung einer thermischen Szene in die Empfängerebene dargestellt. Die Wirkung des verwendeten optischen Systems wird durch seine Hauptebenen H, H' und seine Brennpunkte F, F' beschrieben. Ihre Lage hängt von der konkreten Ausführung (Radien, Brechzahlen, Dicken) des Objektivs ab.

Die Aufgabenstellung der Strahlungskonzentration führt zu Brennweiten $f'_O > 0$. Dies gilt auch für die in der Thermographie eingesetzten Zweispiegelsysteme. Empfänger- und Objektabstand sind durch die Abbildungsgleichung miteinander verknüpft (Haferkorn 1980):

$$\frac{1}{a'} - \frac{1}{a} = \frac{1}{f'_O} \tag{5.1}$$

Mit den Entfernungen a, a' wird der erfasste Objektausschnitt festgelegt. Die beschreibende Größe ist der Abbildungsmaßstab

$$\beta' = \frac{x'}{x} = \frac{y'}{y} = \frac{a'}{a} \tag{5.2}$$

mit x, y bzw. x', y' als vorzeichenbehaftete Objekt- bzw. Bildhöhe in x- und y-Richtung. Die Kombination beider Gleichungen liefert die für Umformungen benötigte Beziehung

$$a' = \beta' \cdot a = f'_O \cdot (1 - \beta') \quad . \tag{5.3}$$

Negative Zahlenwerte für den Abbildungsmaßstab bedeuten eine Höhen- und Seitenvertauschung bei der Projektion auf den Empfänger.

Das in Abb. 5.1 vom Objektpunkt $x = y = 0$ ausgehende Strahlenbündel demonstriert die sammelnde Wirkung der IR-Optik. Der empfängerseitig wirksame Strahlenkegel bestimmt den Energieanteil, der vom Objekt zum Empfänger gelangt. Der Strahlenkegel wird durch die Öffnungsblende begrenzt. Diese Wirkung wird im Objektraum durch das Öffnungsblendenbild Eintrittspupille (Durchmesser D_O) und im Empfängerraum durch das Öffnungsblendenbild Austrittspupille veranschaulicht. Das vorzeichenbehaftete Verhältnis von Austrittspupillenradius h'_e zu Eintrittspupillenradius h_e heißt Pupillenabbildungsmaßstab $\beta'_P = h'_e / h_e$. Die typischen Werte für Linsensysteme ohne Zwischenbild sind $0{,}7 \leq \beta'_P \leq 1{,}4$.

Des Weiteren ist in Abb. 5.1 die abzutastende Objektszene eingezeichnet. Ihre Seitenlängen V, W legen mit der Objektentfernung den notwendigen Feldwinkel des optischen Systems $2\omega_O > 0$ fest. Er ergibt sich aus der Bildfelddiagonalen zu

$$2\omega_O = 2 \arctan \sqrt{\frac{V^2 + W^2}{4a^2}} \quad \text{(in Grad).} \tag{5.4}$$

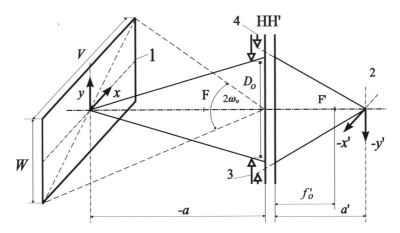

Abb. 5.1: Paraxiale Abbildung durch ein Linsensystem mit $\beta' = -0{,}57$
1 Objektebene, 2 Empfängerebene, 3 Eintrittspupille, 4 Austrittspupille

Die häufigste Objektentfernung für Thermographiesysteme ist "unendlich". Mit diesem Begriff verbinden sich Objektlagen $|a| >> f'_O$ bzw. $\beta' = 0$ oder $a' = f'_O$. Strahlenbündel von einem "unendlich fernen" Objektpunkt verlaufen vor dem optischen System parallel und treffen sich in der bildseitigen Brennebene. In Abb. 5.2 ist eine solche Abbildung durch ein Zweispiegelsystem dargestellt. Das Achsparallelbündel vereinigt sich im Brennpunkt F', das außeraxiale Bündel in der Höhe

$$\begin{pmatrix} x' \\ y' \end{pmatrix} = -f'_O \begin{pmatrix} \tan \omega_x \\ \tan \omega_y \end{pmatrix} \qquad . \tag{5.5}$$

in der Brennebene. ω_x, ω_y sind vorzeichenbehaftete Feldwinkel, unter denen das weit entfernte Objekt erscheint.

Die Objektgröße für weit entfernte Objekte wird zweckmäßig im Winkelmaß definiert: Statt V, W kennzeichnen $2\omega_{Ox}, 2\omega_{Oy}$ die Größe des vom thermographischen System erfassten Objektfeldes FOV. Diese Schreibweise ist auch für Objektlagen im Endlichen durch Modifizierung von Gl. (5.4) anwendbar, so dass für die Feldwinkelvariablen ω_x, ω_y die Bedingung gilt:

$$\begin{pmatrix} |\omega_x| \\ |\omega_y| \end{pmatrix} \leq \begin{pmatrix} \omega_{Ox} \\ \omega_{Oy} \end{pmatrix} . \tag{5.6}$$

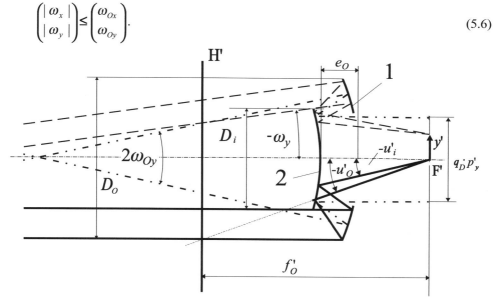

Abb. 5.2: Abbildung durch Cassegrain-System mit $\beta' = 0$ (Objekt im Unendlichen)
1 Hauptspiegel, 2 Fangspiegel

In Abb. 5.2 ist der maximale Feldwinkel in y-Richtung durch die Länge der Empfängerzeile $q_D \cdot p'_y$ festgelegt, wobei q_D die Pixelanzahl und p'_y der Pixelabstand (pitch) in y-Richtung ist.

Verallgemeinernd für beliebige Objektlagen berechnet sich das durch eine Empfängermatrix $\left(p_D \cdot p'_x, q_D \cdot p'_y \right)$ erfasste Objektfeld FOV (field of view) aus

$$\begin{pmatrix} \tan \omega_{Ox} \\ \tan \omega_{Oy} \end{pmatrix} = \frac{1}{2 f'_O (1 - \beta')} \begin{pmatrix} p_D \cdot p'_x \\ q_D \cdot p'_y \end{pmatrix}. \tag{5.7}$$

Die Abbildung durch ein Casssegrain-System erfolgt mit Zentralabschattung. Die in die Bildebene fokussierten Strahlenbündel haben die Form eines Hohlkegels. Damit werden Eintritts- und Austrittspupille bei zentrierten Zweispiegelsystemen ringförmig. Die gesamte Energie ist proportional dem Raumwinkel dieses Strahlenkegels. Als Maß für diesen Raumwinkel wird in der Thermographie die effektive Blendenzahl benutzt:

$$k_{eff}^2 = \frac{f'^2_O}{D_O^2 - D_i^2}. \tag{5.8}$$

D_O ist der äußere, D_i der innere Eintrittspupillendurchmesser. Für Linsensysteme wird $D_i = 0$. Bei Zweispiegelsystemen und Objektlagen im Unendlichen wird D_i gleich dem Fangspiegeldurchmesser (vgl. Abb. 5.2).

5.1.2 Thermische Auflösung

Ein zweckmäßiges Maß für die thermische Auflösung ist die kleinste im Objekt auflösbare Temperaturdifferenz δT (vgl. Kap. 3.5.4). Sie wird sowohl durch Empfängercharakteristika als auch durch Parameter des optischen Systems bestimmt.

Die Fähigkeit des optischen Systems zur Energiekonzentration wird durch die Bestrahlungsstärke E beschrieben, die dieses optische System bei einer gegebenen spezifischen Ausstrahlung des Objektes M auf dem Strahlungsempfänger erzeugt. Für die Abbildung eines Achspunktes durch ein rotationssymmetrisches System gilt mit guter Näherung

$$E_0 = \frac{\overline{\tau}_O \cdot \overline{\tau}_A \cdot M}{4 k_{eff}^2 (1 - \beta' / \beta'_P)^2} \qquad \text{(in W/cm}^2\text{)}. \tag{5.9}$$

Einzelne Größen sind in Abb. 5.3 eingetragen. Neben dem mittleren Transmissionsgrad der Atmosphäre $\overline{\tau}_A$ ist der mittlere Transmissionsgrad der Optik $\overline{\tau}_O$ zu berücksichtigen. Die Formel (5.9) folgt aus dem photometrischen Grundgesetz (3.6b). Die Ableitung wird im Berechnungsbeispiel 5.1 gezeigt.

Wie beim Strahlungstransport ohne Abbildung in Kap. 3.2 wird die Bestrahlungsstärke durch den Raumwinkel der einfallenden Strahlung begrenzt. Für den Achspunkt ist dieser in Abb. 5.2 durch einen Hohlkegel mit den halben Öffnungswinkeln u'_O, u'_i festgelegt. In Abb. 5.3 wird $u'_i = 0$.

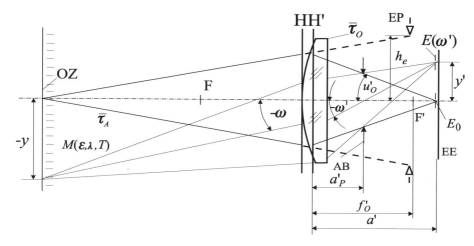

Abb. 5.3: Abbildungsverhältnisse an einer IR-Linsenoptik ($D_i = 0$) mit Hinterblende bei $\beta' = -0{,}46$ mit AB Öffnungsblende (hier gleichzeitig Austrittspupille),

EP Eintrittspupille mit Durchmesser $D_O = 2|h_e|$, F, F' Brennpunkte

H, H' Hauptebenen, Feldwinkel objektseitig ω und empfängerseitig ω',

EE Empfängerebene mit Bestrahlungsstärke E_0, E

OZ Objektszene mit der spezifischen Ausstrahlung $M(\varepsilon, \lambda, T_t)$

Außerhalb des Achspunktes verringert sich die Bestrahlungsstärke. Selbst wenn die Bündelbegrenzung durch die Austrittspupille voll erhalten bleibt, werden die abbildungswirksamen Strahlenkegel schlanker. In erster Näherung gilt das $\cos^4$-Gesetz mit dem bildseitigen Feldwinkel ω' als Variable (Rusinov 1979):

$$E(\omega') = E_0 \cos^4 \omega'. \qquad (5.10)$$

Infolge der Abbildung ist der bildseitige Feldwinkel mit der Bildhöhe $r' = \sqrt{x'^2 + y'^2}$ verknüpft. Für die in Abb. 5.3 dargestellte y-z-Ebene gilt $\tan \omega' = y'/(a' - a'_P)$. Mit Gl. (5.3) ist der Nenner durch die Brennweite f'_O und Abbildungsmaßstäbe β', β'_P substituierbar, so dass für den Feldwinkel folgt:

$$\tan \omega' = \frac{\sqrt{x'^2 + y'^2}}{f'_O (\beta'_P - \beta')} \qquad (5.11)$$

Die kleinste auflösbare Temperaturdifferenz in der Objektszene muss gleich

$\delta T = \left(\dfrac{\partial E_0}{\partial T}\right)^{-1} \cdot \delta E$ sein, wenn δE die kleinste vom Empfänger auflösbare Bestrahlungsstärke-differenz ist. Letztere hängt ausschließlich vom Empfänger und von der Signalverarbeitung ab. Sie wird in Kap. 6.1.3 abgeleitet und beträgt nach Gl. (6.6) $\delta E = \dfrac{1}{D*}\sqrt{\dfrac{\overline{\Delta f}}{A_D}}$ mit der empfindlichen Empfängerfläche A_D, der spezifischen Detektivität D^* und der Rauschbandbreite $\overline{\Delta f}$.

Wird der partielle Differentialquotient mit Gl. (5.9) berechnet, folgt für die kleinste im Objekt auf-lösbare Temperaturdifferenz

$$\delta T = \frac{4 k_{eff}^2 (1 - \beta'/\beta'_P)^2}{\displaystyle\int_{\lambda_1}^{\lambda_2} \tau_A \cdot \tau_O \cdot D*(\lambda) \cdot \varepsilon(\lambda) \cdot \frac{\partial M_\lambda}{\partial T} d\lambda} \sqrt{\frac{\overline{\Delta f}}{A_D}} \quad \text{(in K)} \tag{5.12}$$

mit dem Spektralband $\lambda_1 \ldots \lambda_2$ des Thermographiesystems, dem spektralen Emissionsgrad $\varepsilon(\lambda)$ und der spektralen spezifischen Ausstrahlung M_λ nach dem Planckschen Strahlungsgesetz. Aus Gl. (5.12) folgen die entscheidenden Einflussgrößen des optischen Systems für die thermische Auflösung: effektive Blendenzahl (quadratisch) und Transmission. Der Abbildungsmaßstab ist weitgehend durch die Objektentfernung und die Empfängergröße festgelegt. Für Objektentfer-nungen groß gegenüber f'_O wird $|\beta'| \to 0$, so dass der Wert des Klammerausdruckes im Zähler gleich eins wird.

5.1.3 Räumliches Auflösungsvermögen

Die Signaltransformation durch das optische System wird durch dessen Modulationsübertra-gungsfunktion MTF beschrieben. In Kap. 2.1.3 ist ihr systemtheoretischer Hintergrund erläutert. Eine anschauliche Deutung der MTF ist das Kontrastverhältnis $M_O = C_E / C_M$, welches bei der Abbildung einer sinusförmigen Verteilung der spezifischen Objektausstrahlung entsteht (vgl. Abb. 5.4). Für die Kontraste gilt die Definition (3.25), also

$$C_M = \frac{M_{\max} - M_{\min}}{M_{\max} + M_{\min}} \qquad \text{und} \quad C_E = \frac{E_{\max} - E_{\min}}{E_{\max} + E_{\min}}, \tag{5.13 a,b}$$

so dass deren Verhältnis bei unterschiedlichen Ortsfrequenzen die Verwaschung des Bildes durch die IR-optische Abbildung wiedergibt. Der Pfeil in Abb. 5.4 symbolisiert die Abbildung durch die Optik.

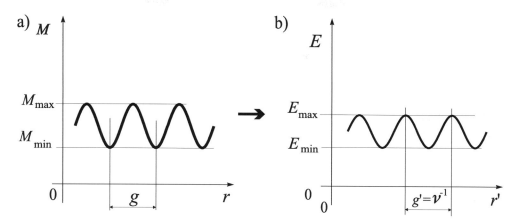

Abb. 5.4: Anschauliche Interpretation der Modulationsübertragungsfunktion der Optik
a) Spezifische Ausstrahlung längs der Objekthöhe $r = \sqrt{x^2 + y^2}$
b) Bestrahlungsstärke in der Empfängerebene längs der Bildhöhe $r' = \beta' \cdot r$

Die Modulationsübertragungsfunktion wird in Abhängigkeit von der Ortsfrequenz in der Empfängerebene $v' = 1/g'$ [in mm^{-1} oder Lp/mm (sprich Linienpaare pro mm)] angegeben. Der qualitative Verlauf der MTF folgt aus folgender Überlegung: Grobe Objektstrukturen $v' \to 0$ werden fast ohne Kontrastverlust übertragen, so dass die MTF für $v' = 0$ den Maximalwert $M_O(v' = 0)$ erreicht. Mit zunehmender Feinheit des Objektgitters vergrößert sich der Einfluss der nichtpunktförmigen Abbildung. M_O fällt nach einer systemspezifischen Funktion ab. Für sehr feine Objekte wird schließlich $E_{\max} = E_{\min}$ und die Grenzauflösung ist erreicht.

Ursachen für die Verwaschung der Objektstruktur sind die Beugung der Strahlung an der Öffnungsblende und die Aberrationen (Abbildungsfehler) des optischen Systems. Die Beugung bestimmt die physikalische Grenze der räumlichen Auflösung. Sie wird für $D_i = 0$ durch die Gleichungen in der letzten Zeile von Tab. 2.3 definiert. Für die kreisförmig berandete Pupille gilt

$$M_O = \frac{2}{\pi} \left(\arccos \frac{v'}{v'_g} - \frac{v'}{v'_g} \sqrt{1 - \left(\frac{v'}{v'_g}\right)^2} \right) \tag{5.14}$$

mit der Grenzortsfrequenz

$$v'_g = \frac{2NA'}{\lambda} = \frac{1}{\lambda} \cdot \frac{D_O}{f'_O} \cdot \frac{1}{(1 - \beta'/\beta'_P)} \qquad \text{(in Lp/mm)} . \tag{5.15}$$

Für die Überführung der numerischen Apertur $NA' = n'_n \cdot \sin u'_O$ in eine Funktion der Abbildungsmaßstäbe und des Verhältnisses von Eintrittspupillendurchmesser zu Brennweite wird von Abb. 5.5 ausgegangen. Der Empfänger befindet sich in Luft, so dass die Brechzahl $n'_n = 1$ wird.

Für den Tangens des halben Öffnungswinkels gilt $\tan u'_O = h'_e/(a'-a'_P)$, so dass nach Anwendung von Gl. (5.3) für die Objekt- und Pupillenabbildung

$$\tan u'_O = \frac{h_e}{f'_O\,(1-\beta'/\beta'_P)} \tag{5.16}$$

folgt. Mit $2|h_e| = D_O$ und der Näherung $\tan u'_O \approx \sin u'_O$ wird Gl. (5.15) bestätigt.

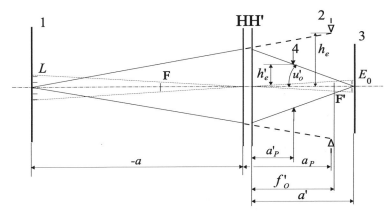

Abb. 5.5: Verhältnisse bei der Abbildung

1 Objektebene, 2 Eintrittspupille mit Radius h_e, 3 Empfängerebene, 4 Austrittspupille

mit Radius h'_e, L Objektstrahldichte, E_0 Empfängerbestrahlungsstärke,

F, F' Brennpunkte, H, H' Hauptebenen

In Abb. 5.6 werden eine ideale (d.h. beugungsbegrenzte) und eine aberrationsbegrenzte MTF dargestellt. Aberrationsbedingte MTF liegen für gleiche D_O, f'_O, λ, β', β'_P immer unter der beugungsbedingten Übertragungsfunktion.

Das Auflösungsvermögen der meisten optischen Systeme wird durch Aberrationen begrenzt. Eine allgemeingültige Formel kann für diese MTF-Verläufe nicht angegeben werden. Deshalb wird zur Charakterisierung des Auflösungsvermögens fertiger optischer Systeme entweder die gesamte MTF oder charakteristische Punkte aus dieser Kurve in Form von Wertepaaren (v'_1, M_{O1}) angegeben. Dabei benutzt man häufig statt der empfängerseitigen Auflösung in Lp/mm die objektseitig auflösbare Winkeldifferenz:

$$\delta\,\omega_1 = \frac{1}{f'_O \cdot v'_1 \cdot (1-\beta')} \quad \text{(in mrad)}. \tag{5.17}$$

Diese Angabe bezieht sich wieder auf einen bestimmten MTF-Wert M_{O1}.

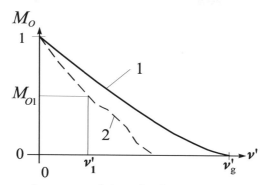

Abb. 5.6: Beugungsbegrenzte und aberrationsbegrenzte MTF eines optischen Systems mit gleichem D_O, f'_O, λ, β', β'_P und $D_i = 0$
1 beugungsbegrenzt, 2 aberrationsbegrenzt

Aufgrund der großen Wellenlänge der Infrarotstrahlung kommen in der IR-Technik beugungsbegrenzte optische Systeme viel öfter vor als in der visuellen Optik. Deshalb wird die Abbildungsqualität oft in Prozent der beugungsbegrenzten Abbildungsgüte angegeben. Benutzt man den Faktor $\eta_{di} \leq 1$ zur Quantifizierung (z.B. 80 $_{\%}$ beugungsbegrenzte Abbildungsgüte entspricht $\eta_{di} = 0,8$), dann kann folgende lineare Approximation günstig angewendet werden (Lloyd 1975):

$$M_O = 1 - 1,218 \frac{D_O}{D_O - D_i} \frac{1}{\eta_{di}} \frac{v'}{v'_g} \tag{5.18}$$

mit der Grenzfrequenz nach Gl. (5.15). Diese Näherung gilt auch für Systeme mit Zentralabschattung. Auf weitere Approximationen optischer Übertragungsfunktionen wird in Kap. 5.5.4 eingegangen.

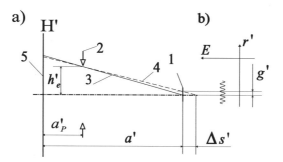

Abb. 5.7: Ableitung der zulässigen Längsaberration
a) Empfängerraum der Optik, b) Bestrahlungsstärkeverteilung über der Bildhöhe
1 Empfängerebene, 2 Austrittspupille, 3 paraxialer Aperturstrahl, 4 realer Aperturstrahl,
5 empfängerseitige Hauptebene

Infolge der großen Wellenlänge wird auch die beugungsbedingte Schärfentiefe als Abschätzkriterium für die zulässigen Aberrationen in axialer Richtung interessant. Die Ableitung wird nach Abb. 5.7 vorgenommen.

Danach gilt die Dreiecksbeziehung $g':\Delta s' \approx h'_e:(a'-a'_P) = \tan u'$. Setzt man für g' die beugungsbedingte Grenzfrequenz v'_g nach Gl. (5.15) ein, folgt die zulässige Längsaberration $\Delta s'$, die innerhalb der beugungsbedingten Schärfentiefe verbleibt. Wird jetzt mit $\Delta s'$ die konkrete Längsaberration der Optik bezeichnet, folgt die Grenzbedingung für das Verbleiben der Längsaberration in der beugungsbedingten Abbildungstiefe zu

$$\Delta s' \leq \pm\ 2\lambda \left(\frac{f'_O}{D_O} \right)^2 (1 - \beta' / \beta'_P)^2 \quad \text{(in μm).} \tag{5.19}$$

Diese Längsaberration ist mit einer Variation der Systembrennweite $\Delta f'_O$ verbunden. Näherungsweise gilt die Beziehung (Apenko, Dubovik 1971)

$$\Delta s' = (1 - \beta')^2 \cdot \Delta f'_O , \tag{5.20}$$

mit der zulässige Brennweitenvariationen bestimmt werden können.

5.1.4 Räumliche Abtastung

Ziel der Abtastung ist ein thermographisches Echtzeitbild, welches bei Bildfolgefrequenzen $f_f >$ 25 Hz erreicht wird. Zur Beschreibung des abzutastenden Objektfeldes hat sich das Winkelmaß nach Gl. (5.7) bewährt, da damit sowohl Objektlagen im Endlichen wie im Unendlichen beschrieben werden können. Auch die Größe des Pixelmittenabstandes p'_x, p'_y und die Ortsfrequenzen im Empfängerraum v'_x, v'_y werden bei einem Übergang ins Winkelmaß universell handhabbar.

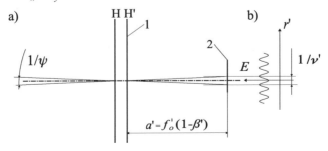

Abb. 5.8: Ortsfrequenz im Längen- und Winkelmaß
a) y-z-Schnitt, b) Bestrahlungsstärkeverteilung in der Empfängerebene
1 Hauptebenen des optischen Systems, 2 Empfängerebene mit Ortskoordinate $r'^2 = x'^2 + y'^2$

Aus Gl. (5.7) folgen für $p_D = q_D = 1$ kleine Feldwinkel, die die Größe des Pixelmittenabstandes im Winkelmaß festlegen:

$$\begin{pmatrix} \alpha_D \\ \beta_D \end{pmatrix} = \frac{1}{f'_O (1 - \beta')} \begin{pmatrix} p'_x \\ p'_y \end{pmatrix} \quad \text{(in mrad)}. \tag{5.21}$$

α_D, β_D werden oft als IFOV (instantaneous field of view) bezeichnet.

Die Ortsfrequenz im Winkelmaß ψ hat die Maßeinheit mrad^{-1}. In Abb. 5.8 wird ihr Bezug zur Ortsfrequenz im Empfängerraum v' hergestellt. Für die x- bzw. y-Richtung ergibt sich die Ortsfrequenz im Winkelmaß

$$\begin{pmatrix} \psi_x \\ \psi_y \end{pmatrix} = f'_O \cdot (1 - \beta') \cdot \begin{pmatrix} v'_x \\ v'_y \end{pmatrix} \quad \text{(in 1/mrad)}. \tag{5.22}$$

Eine entscheidende Systemgröße ist die Verweildauer (dwelltime) t_0 des Sensorpixels auf einem Element der Objektszene. Ihr Maximalwert ergibt sich für Einelementempfänger aus der Bildfolgefrequenz f_f und der Anzahl der Pixel N_I, aus denen das thermographische Bild zusammengesetzt ist:

$$t_0 < \frac{1}{f_f \cdot N_I} \quad \text{(in ms)}. \tag{5.23}$$

N_I ist das Produkt der Pixelanzahl in x- und y-Richtung. In beiden Koordinaten ist deren Anzahl gleich dem Verhältnis von abzutastendem Feld FOV (field of view) zur Pixelgröße IFOV (instantaneous field of view). Damit wird

$$N_I = p_I \cdot q_I = \frac{2\omega_{Ox} \cdot 2\omega_{Oy}}{\alpha_D \cdot \beta_D} \tag{5.24}$$

Zur Berechnung der Verweildauer t_0 muss die Empfängerarchitektur nach Tab. 1.1 berücksichtigt werden. Ein Mehrelementempfänger von p_D Spalten und q_D Zeilen verlängert t_0 in (5.24) bei gleicher Bildfolgefrequenz um den Faktor $p_D \cdot q_D$. Um diese Ungleichung in eine Dimensionierungsgleichung umzuformen, wird die Abtasteffektivität $\eta_{sc} < 1$ eingeführt. Sie berücksichtigt Zeilenrückläufe, Bildrücksprünge und Überläufe. Die Verweildauer eines Sensorpixels auf einem Objektelement wird damit

$$t_0 = \frac{\eta_{sc}}{f_f} \cdot \frac{p_D}{N_I} \quad \text{(in ms)}. \tag{5.25}$$

Mit Gl. (2.22) kann aus t_0 und der Ortsfrequenz der abgebildeten Objektszene die entstehende Verarbeitungsfrequenz des elektrischen Signals berechnet werden. Voraussetzung dabei ist, dass die Abtastung der thermographischen Szene entlang der x-Koordinaten erfolgt. Im Längenmaß gilt die Beziehung

$$f = \frac{p'_x}{t_0} v'_x \quad \text{(in Hz)}. \tag{5.26}$$

Diese Gleichung gilt auch im Winkelmaß. Das Einsetzen der Transformationsgleichungen (5.21) und (5.22) liefert

$$f = \frac{\alpha_D}{t_0} \psi_x \quad \text{(in Hz)}. \tag{5.27}$$

5.2   Infrarotoptische Materialien

Hauptaugenmerk gilt den Materialien, die für die Herstellung der optisch wirksamen Flächen im Spektralbereich der atmosphärischen Fenster zum Einsatz kommen. Ziel ist dabei, eine hohe Transmission des optischen Systems zu gewährleisten.

5.2.1   Linsenmaterialien

Linsen sind die am häufigsten verwendeten abbildenden Elemente. Für wichtige Linsenmaterialien ist der Transmissionsgrad in Abhängigkeit von der Wellenlänge in Abb. 5.9 angegeben. Wie aus Beispiel 12 folgt, sind die im VIS verwendeten optischen Gläser nur für $\lambda < 2{,}7\,\mu m$ durchlässig. Die IR-Linsenmaterialien lassen sich in vier Gruppen gliedern: Kristalline Halbleiter (1–4 in Abb. 5.9), Kristalle (5–9), nichtsilikate Gläser (10 und 13) und optische Kunststoffe (14).

Entscheidend für die Ausführung der IR-Objektive ist die Brechzahl n und deren Abhängigkeit von der Wellenlänge und der Temperatur. Sie legt mit den geometrischen Größen der Linse die Brennweite nach der "Linsenformel" (Hofmann 1980) fest:

$$\frac{1}{f'_O} = (n-1)\left[\frac{1}{r_1} - \frac{1}{r_2}\right] + \frac{(n-1)^2 e_O}{n \cdot r_1 \cdot r_2} \tag{5.28}$$

Dabei sind r_1, r_2 die vorzeichenbehafteten Linsenradien und e_O die Linsendicke. Als sehr praktikable Näherung erweist sich die Formel für die "dünne" Linse, die sich aus (5.28) für $e_O \rightarrow 0$ ergibt:

$$\Phi'_O = \frac{1}{f'_O} = (n-1)\left[\frac{1}{r_1} - \frac{1}{r_2}\right] \text{ (in dpt Dioptrien).} \tag{5.29}$$

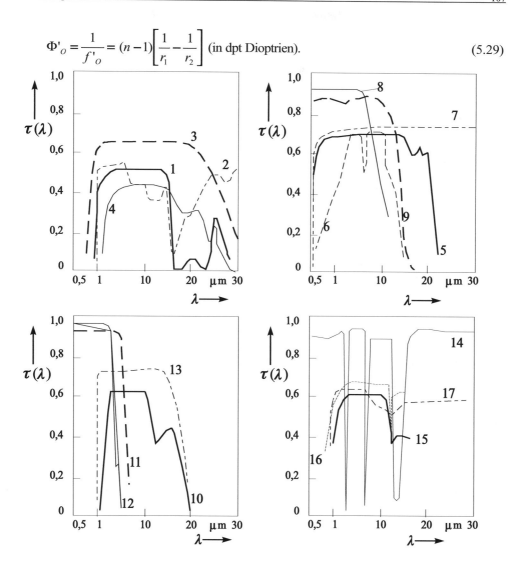

Abb. 5.9: Transmissionsgrad von Linsenmaterialien ohne Entspiegelung mit Dickenangaben

1 GaAs 1,5 mm, 2 Si 2,0 mm, 3 CdTe 2,0 mm, 4 Ge 1,5 mm, 5 ZnSe 3,0 mm,
6 ZnS 7,0 mm, 7 KRS-5 1,0 mm, 8 CaF$_2$ 1,0 mm, 9 BaF$_2$ 1,0 mm, 10 IG 3 10 mm,
11 Quarzglas Suprasil 1 mm, 12 optisches Glas 1 mm, 13 Amtir 11 mm,
14 Polyäthylen 1 mm, 15 IKS 32 10 mm, 16 IKS 34 10 mm, 17 IKS 28 10 mm

Der Kehrwert der Brennweite Φ'_O wird als Brechkraft bezeichnet. Diese Formel gilt exakt für Linsen mit einer Planfläche. Für $e_O \ll |r_{1,2}|$ stellt sie eine gute Näherung dar.

Tab. 5.1: Daten von IR-Linsenmaterialien

Material	$\lambda_1 ... \lambda_2$ in μm	n_4 / v_4	n_{10} / v_{10}	$\gamma_{T4} / \gamma_{T10}$ in 10^{-6} K^{-1}
Ge	1,5 ... 23	4,0244 / 101	4,0032 / 1001	−130 / −134
Si	1,1 ... 12	3,4255 / 250	3,4179 / 2200	−48,8 / −73,8
GaAs	1,2 ... 18	3,3062 / 152	3,2774 / 104	−59,3 / −59,3
CdTe	0,9 ... 24	2,688 / 154	2,674 / 209	−59,3 / −59,8
CaF$_2$	0,13 ... 9	1,4096 / 22,2	--- / ---	40,3 / ---
BaF$_2$	0,18 ... 10	1,4556 / 191	--- / ---	−14,5 / ---
KRS-5	0,6 ... 50	2,3820 / 234	2,3707 / 165	229 / 229
NaCl	0,2 ... 20	1,5219 / 94,0	1,4947 / 19,8	109 / 88,5
ZnS	0,35 ... 14	2,2518 / 113	2,2002 / 22,7	−26,4 / −30,5
ZnSe	0,8 ... 18	2,4332 / 117	2,4065 / 57,9	−37,0 / −19,0
IG3	1,3 ... 13	2,8034 / 153	2,7870 / 164	−58,0 / −67,0
IG5	1,1 ... 14	2,6227 / 179	2,6040 / 103	−40,4 / −41,1
Amtir1	1,0 ... 15	2,5141 / 194	2,4976 / 115	−46,3 / −41,1
IKS 24	0,8 ... 10	2,3946 / 177	--- / ---	−15,8 / ---
IKS 28	1,2 ... 12,5	2,7070 / 182	2,68751 / 111	−4,19 / −2,70
IKS 32	1,5 ... 15,5	2,9988 / 137	2,9731 / 113	−52,0 / −50,9
IKS 34	1,0 ... 15,5	2,6098 / 201	2,5941 / 131	−48,3 / −48,2
Quarzglas	0,2 ... 4,5	1,3466 / 8,67	--- / ---	−28,4 / ---

Die Brechzahl ist wellenlängenabhängig. Im Transmissionsbereich der Linsenmaterialien nimmt sie mit zunehmender Wellenlänge ab. Für ausgewählte Materialien sind die Verläufe in Abb. 5.10 dargestellt. Die Konsequenz für die Brennweite von Sammellinsen besteht darin, dass mit zunehmender Wellenlänge der Brennpunkt von der Linse wegwandert.

Eine abgekürzte Schreibweise für die Wellenlängenabhängigkeit besteht in der Angabe der Abbeschen Zahl. Für den allgemeinen Spektralbereich $\lambda_1 \le \lambda \le \lambda_2$ ist sie definiert als

$$v_{\lambda 0} = \frac{n_{\lambda 0} - 1}{n_{\lambda 1} - n_{\lambda 2}}, \tag{5.30}$$

wobei für λ_0 eine typische Wellenlänge nahe der Mitte des spektralen Arbeitsgebietes benutzt wird. Da Thermographie vorzugsweise in den atmosphärischen Fenstern 3 ... 5 μm und 8 ... 14 μm betrieben wird, sind in Tabelle 5.1 die Brechzahlen und Abbeschen Zahlen für die Wellenlängen $\lambda_0 = 4$ μm, $\lambda_1 = 3$ μm, $\lambda_2 = 5$ μm (MIR-Thermographie) und $\lambda_0 = 10$ μm, $\lambda_1 = 8$ μm, $\lambda_2 =$

12 μm (LIR-Thermographie) angegeben. Kristalline Halbleiter sind in der ersten Gruppe zusammengefasst, Kristalle in der zweiten und amorphe Gläser in der dritten.

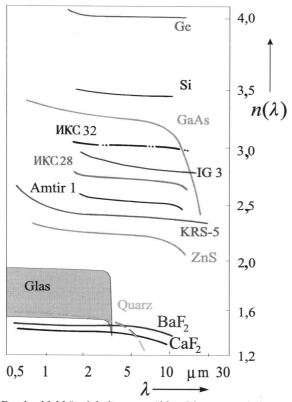

Abb. 5.10: Brechzahlabhängigkeit ausgewählter Linsenmaterialien von der Wellenlänge

Eine Besonderheit weist das besonders häufig als Linsenmaterial verwendete Germanium auf: Seine Transmission sinkt schon bei typischen Umgebungstemperaturen. Die spektrale Wirkung dieses Effektes ist z. B. in (Weiss 1999) dokumentiert.

Mit den Abbeschen Zahlen lässt sich die spektrale Brennweitenänderung einfach beschreiben. Sie folgt aus der Differentiation der Gl. (5.29) nach der Wellenlänge (vgl. Berechnungsbeispiel 5.2). Die spektrale Brennweitenänderung folgt zu

$$\Delta f'_{O\lambda} = -\frac{f'_O}{\nu} \ . \tag{5.31}$$

Hohe ν-Werte bedeuten eine geringe Brennweitenvariation mit der Wellenlänge.

Die Änderung der optischen Parameter mit der Temperatur ist bei IR-Materialien 20 ... 400 mal stärker ausgeprägt als bei optischen Gläsern für den visuellen Bereich. Eine geeignete Größe zur Beschreibung der Brennweitenänderung ist nach (Slyusarev 1969) der Koeffizient

$$\gamma_T = \alpha - \frac{1}{n-1} \cdot \frac{\partial n}{\partial T} \quad (\text{in K}^{-1}) \tag{5.32}$$

mit α als linearem Ausdehnungskoeffizienten und $\partial n/\partial T$ als Brechzahländerung mit der Temperatur. Die thermische Brennweitenänderung wird

$$\Delta f'_{OT} = f'_O \cdot \gamma_T \cdot (T_1 - T_2) \tag{5.33}$$

mit der Temperaturänderung $T_1 - T_2$. Entsprechende Zahlenwerte sind in Tabelle 5.1 für die beiden atmosphärischen Fenster angegeben. Die Ableitung von Gl. (5.33) ist im Berechnungsbeispiel 5.2 demonstriert.

Die Brechzahl wirkt sich direkt auf die Transmission aus. Aus den Fresnelschen Formeln folgt das minimale Reflexionsvermögen einer Fläche beim Übergang Luft-Medium bzw. Medium-Luft, wenn keine Entspiegelungsschicht aufgebracht ist:

$$R = \left(\frac{n-1}{n+1}\right)^2. \tag{5.34}$$

Für Germanium folgt z.B. $R = 36 \%$

Zur Abschätzung der Transmission kann von der Durchlässigkeit jeder einzelnen Fläche $(1-R)$ ausgegangen werden. Damit gilt die Näherungsformel für den Transmissionsgrad einer Linse

$$\tau_L = (1 - R)^2 \tag{5.35}$$

mit dem Reflexionsvermögen R der einzelnen Fläche. Bei nichtentspiegelten Linsen ist für R Gl. (5.34) einzusetzen, bei entspiegelten die nach dem Aufbringen der Entspiegelungsschicht verbleibende Restreflexion. Bei mehreren Linsen werden die einzelnen τ_L multipliziert.

5.2.2 Antireflexbeläge

Die Unterdrückung der Fresnel-Verluste durch interferentiell wirkende Entspiegelungsschichten ist integraler Bestandteil der IR-Medienentwicklung. Neben der Verbesserung der Transmission sollen gleichzeitig die Oberflächenhärte und die chemische Resistenz der Linsen erhöht werden (Perilloux 2002). Wichtige Auftragmaterialien sind in Tabelle 5.2 zusammengestellt. Ihre Wirkung hängt von der Schichtstruktur ab.

Die älteste Methode zur Verminderung der Fresnel-Reflexe besteht im Aufbringen einer dielektrischen Einfachschicht, die wegen ihrer Schichtdickenbedingung

$$n_1 \cdot e_1 = \frac{\lambda_0}{4} \qquad\qquad (5.36)$$

auch als λ-Viertel-Schicht bezeichnet wird.

Tab. 5.2: Beschichtungsmaterialien für Infrarotlinsen

Material	$\lambda_1 \ldots \lambda_2$ in µm	n_1 bei $\lambda = 5$ µm
MgF_2	0,23 ... 10	1,38
SiO_x	0,35 ... 8,0	1,45 ... 1,90
PbF_2	0,25 ... 11	1,71
Si	2,0 ... 14	3,7
DLC	0,3 ... 100	2,41
Ge	3,0 ... 12	4,1
TiO_2	0,4 ... 7	2,4 ... 2,9
ZnS	0,5 ... 9	2,16
ZnSe	0,55 ... 14	2,36
CdTe	1,1 ... 14	2,63
PbTe	4 ... 20	5,0
As_2S_3	0,6 ... 12	2,55

λ_0 ist die Wellenlänge, für die bei senkrechtem Strahlungseinfall die Fresnel-Reflexe minimal werden. Soll das Reflexionsvermögen verschwinden, muss zusätzlich an die Brechzahl der Einfachschicht n_1 die Forderung

$$n_1^2 = n_0 \cdot n_2 \qquad\qquad (5.37)$$

gestellt werden, wenn n_0 die Brechzahl vor und n_2 die Brechzahl hinter der optischen Fläche ist. Da diese Bedingung praktisch kaum realisierbar ist, ergeben sich die in Abb. 5.11 angegebenen typischen Verläufe. Typischerweise treten bei der Entspiegelung mit Einfachschichten weitere Transmissionsmaxima bei $\lambda_0 / 3$, $\lambda_0 / 5$ usw. auf.

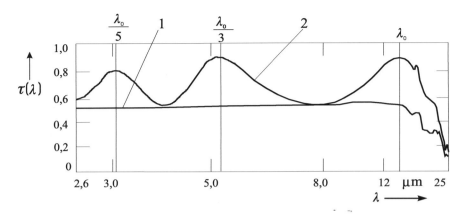

Abb. 5.11: Transmissionsgrad einer 2 mm dicken Ge-Platte

1   nichtentspiegelte Platte, 2 entspiegelt mit As_2S_3-λ/4-Schicht bei $\lambda_0 = 15,3\,\mu m$

Eine nicht nur im Militärbereich sehr interessante Kombination ist die Entspiegelung von Ge mit Diamond Like Carbon DLC. Neben den hervorragenden optischen Eigenschaften ist diese Schicht mechanisch äußerst stabil und kratzfest, so dass sich die Standzeit solcher Linsen gegenüber anderen Schichtkombinationen verzwanzigfacht.

Mehrschichtbeläge und Beläge mit stetig veränderlicher Brechzahl ermöglichen Entspiegelungen über einen breiten Spektralbereich. Ihre Struktur ist nicht mehr mit einfachen Gleichungen zu berechnen.

5.2.3 Spiegelmaterialien

Die in der Thermographie benutzten Spiegel bestehen aus einem Substrat von guter mechanischer Stabilität, auf das eine Metallschicht aufgebracht wird. Feuchteempfindliche Materialien wie Aluminium werden mit einer Schutzschicht überzogen. Als Substrate werden optisches Glas, Quarzglas oder Glaskeramik benutzt. Das Reflexionsvermögen aller Metalle steigt mit zunehmender Wellenlänge (vgl. Abb. 5.12), so dass mit Spiegeloptiken kostengünstig hohe τ_O-Werte erreicht werden.

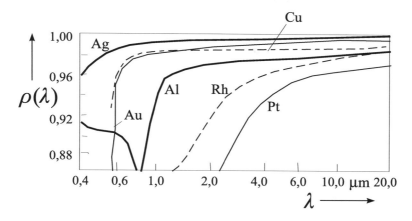

Abb. 5.12: Reflexionsgrad verschiedener Spiegelmaterialien in Abhängigkeit von der Wellenlänge

5.3 Optomechanische Abtastung

Die Zerlegung der Objektszene in eine zeitliche Folge von elektrischen Signalen ist nach verschiedenen Abtastprinzipien möglich. Dabei entscheidet die Empfängerarchitektur, welche optomechanische Lösung anwendbar ist (vgl. Tab. 1.1). Typischerweise kommen folgende Kombinationen zum Einsatz: Empfängermatrix ohne optomechanische Abtastung, Empfängerzeile und -matrix mit ein- und zweidimensionaler optomechanischer Abtastung und Einelementempfänger mit zweidimensionaler optomechanischer Abtastung sowie bei einer Relationsbewegung zwischen Objekt und Thermographiesystem mit eindimensionaler Abtastung. Hier werden die grundsätzlichen optischen Anordnungen zur Realisierung der optomechanischen Abtastung für Wärmebildsysteme vorgestellt.

5.3.1 Abtastung mit Planspiegel

Das einfachste Ablenkelement ist der ebene Oberflächenspiegel. Das von ihm erfasste Bildfeld wird durch die Stellmechanismen des Spiegels definiert. Die notwendige Rückholbewegung zur Gewährleistung des nachfolgenden Abtastschrittes fordert Bewegungsabläufe mit Richtungsumkehr. Die daraus resultierenden Beschleunigungen begrenzen die Abtastgeschwindigkeit von Planspiegelscannern. Optisch ist der Einbau des ebenen Scanspiegels im parallelen Strahlengang vorteilhaft. Nur in diesem Falle führt die Abtastbewegung keine zusätzliche Bildunschärfe ein.

In Abb. 5.13 wird eine entsprechende Anordnung mit Zwischenabbildung nach Unendlich dargestellt. Die optische Achse wird in der Drehachse des Spiegels zum Empfänger abgeknickt. Beim Schwenken des Planspiegels wird das Bildfeld

$$2\,\omega'_O = 4\,|\alpha\,|\tag{5.38}$$

erfasst, wenn α die maximale Spiegelneigung bezüglich der Ausgangslage $\omega = 0$ kennzeichnet.

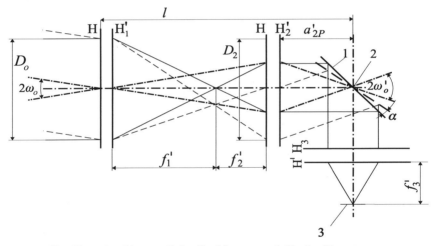

Abb. 5.13: Planspiegel im parallelen Strahlengang mit Kepler-Vorsatz
1 Abtastspiegel, 2 Spiegeldrehachse, 3 Empfänger, HH'_1 Vorderkomponente
des Vorsatzes, HH'_2 Hinterkomponente des Vorsatzes, HH'_3 Fokussieroptik

In der Kombination Schwingspiegel mit Vorsatzsystem können Objekte aus beliebiger Entfernung so abgebildet werden, dass der Scanspiegel immer im parallelen Strahlengang steht. Von den möglichen Anordnungen wird das Keplersche Fernrohr als Vorsatzsystem bevorzugt. Seine beiden sammelnden Komponenten mit den Brennweiten $f'_1, f'_2 > 0$ garantieren wesentlich kleinere Linsendurchmesser als Galilei-Vorsätze. Für die häufigste Abbildung $\beta' = 0$ sind die Verhältnisse in Abb. 5.13 dargestellt. Die Vergrößerung $\Gamma' = -f'_1 / f'_2$ bewirkt eine Verkleinerung des nach (5.38) erfassten Feldwinkels.

Kleine Linsendurchmesser ergeben sich, wenn der Schwingspiegel in der Austrittspupille des Kepler-Vorsatzes angebracht wird. Diese Bedingung wird dann erreicht, wenn das System HH'_2 die Öffnung von HH'_1 in den Spiegeldrehpunkt abbildet. Damit sind bei vorgegebener Vergrößerung des Kepler-Vorsatzes Γ' folgende Dimensionierungsgleichungen ableitbar:

$$f'_2 = \frac{\Gamma'}{\Gamma' - 1} a'_{2P} ,$$ (5.39 a)

$$D_2 = f'_2 (1 - \Gamma') \cdot \tan \omega_O + \frac{D_O}{|\Gamma'|} ,$$ (5.39 b)

$$l > f'_2 (1 - \Gamma') + a'_{2P} .$$ (5.39 c)

Die Größen sind in Abb. 5.13 eingezeichnet. In der dargestellten Grundanordnung vergrößert sich zwar der EP-Durchmesser um den Faktor Γ', aber die Empfängerbestrahlungsstärke wird um den Transmissionsgrad des Kepler-Vorsatzes kleiner. Ursache ist die Vergrößerung der Gesamtbrennweite um Γ', so dass die effektive Blendenzahl gleich bleibt.

Wird der Schwingspiegel ohne Vorsatzsystem benutzt, muss dieser als begrenzende Öffnung wirken. Nur so ist zu gewährleisten, dass der Raumwinkel beim Abtasten konstant bleibt. Entscheidender Nachteil dieser Anordnung ist die Beschränkung auf große Objektabstände $|a| << f'_3$, da nur bei parallelen Strahlenbündeln keine zusätzliche Unschärfe während der Scanbewegung eingeführt wird.

5.3.2 Abtastung mit Spiegelpolygon

Hohe Abtastgeschwindigkeiten werden mit Spiegelpolygonen erreicht. Die kontinuierliche Drehbewegung erfordert nur geringe Motorleistungen. Die Abtastung erfolgt durch die gleichförmige Drehbewegung. Der Rücksprung entlang der Zeile (x-Richtung) wird beim Übergang zur nächsten Spiegelfacette ausgeführt. Die Spiegelflächen sind in Kantennähe geschwärzt, um eine eindeutige Trennung der Abtastschritte zu erreichen. Das grundlegende Abtastprinzip ist in Abb. 5.14 dargestellt.

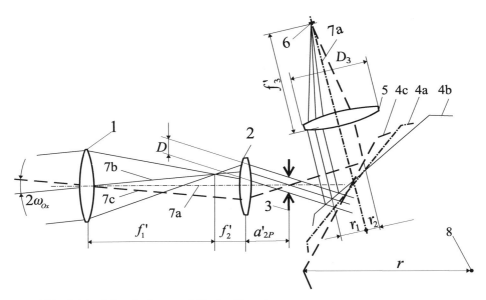

Abb. 5.14: Spiegelpolygon mit Kepler-Vorsatz
1 Vorderkomponente des Vorsatzes, 2 Hinterkomponente des Vorsatzes,
3 Öffnungsblende, 4 Polygonstellung für a) $\omega_x = 0$, b) $\omega_x = \omega_{Ox}$, c) $\omega_x = -\omega_{Ox}$,
5 Fokussieroptik, 6 Empfänger,
7 Mittenstrahl bei a) $\omega_x = 0$, b) $\omega_x = \omega_{Ox}$, c) $\omega_x = -\omega_{Ox}$
8 Polygondrehachse

Da die Drehachse des Polygons nicht in der spiegelnden Facette liegen kann, tritt während der Abtastung ein Versatz des Mittenstrahles 7 ein. Um die Strahlung von den unterschiedlichen Feldwinkeln auf den zentrierten Empfänger zu bündeln, müssen zwischen Spiegelfacette und Fokussieroptik alle Strahlen parallel zur optischen Achse verlaufen. Als Öffnungsblende wirkt die Blende 3 vor dem Polygon, die gleichzeitig Austrittspupille des Kepler-Vorsatzes ist. Sie ist der Ausgangspunkt zur Dimensionierung des Polygons (Shereshevsky, Markovits 1987). Für den Durchmesser der Fokussieroptik gilt

$$D_3 > D + r_1 + r_2 \tag{5.40}$$

mit r_1, r_2 als Versetzungen des Mittenstrahles in den äußersten Feldpunkten.

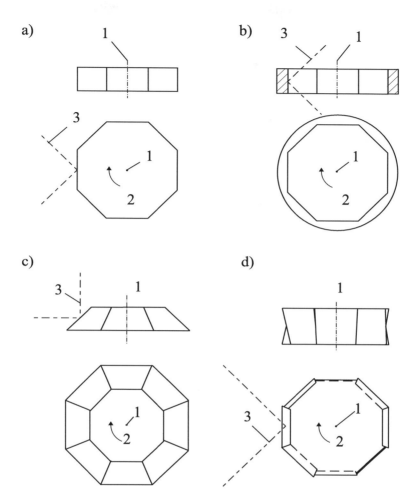

Abb. 5.15: Achtfacettenspiegelpolygone in zwei Ansichten mit gleichem mittleren Facettenabstand von der Drehachse: a) äußeres Polygon, b) inneres Polygon, c) äußeres Polygon mit Grundablenkung 90°, d) äußeres Polygon zur zweidimensionalen Abtastung ($\omega'_y = 48°$) im interlace-Modus,

1   Rotationsachse, 2 Drehrichtung, 3 optische Achse $\omega_x = \omega_y = 0$

In Abb. 5.15 sind vier verschiedene Ausführungen von Spiegelpolygonen mit der Facettenzahl $N_P = 8$ dargestellt. Innenpolygone müssen geneigt zur optischen Achse des Vorsatzes eingebaut werden. Bei Außenpolygonen mit konstanter Facettenneigung (Abb. 5.15 a,c) kann die Drehachse in der Meridionalebene der Optik liegen. Die Meridionalebene enthält immer die optische Achse des abbildenden Systems.

Das Außenpolygon mit unterschiedlich geneigten Flächen nach Abb. 5.15 d ermöglicht mit einer Drehbewegung die Abtastung in zwei Koordinaten: Die Ablenkung auf einer Facette übernimmt die Zeilenabtastung ω'_x wie in Abb. 5.14, die unterschiedlichen Neigungswinkel der einzelnen Facetten spiegeln immer unterschiedliche Feldwinkel ω'_y ein. Wird jetzt eine Empfängerzeile mit q_D Elementen verwendet, deren Pixelzwischenraum gleich der Pixelbreite ist, setzt sich das thermographische Bild aus $N_P \cdot q_D$ Zeilen zusammen. Das dargestellte Polygon gewährleistet die "interlace"-Abtastung, d.h. die Facetten 1, ... , 4 tasten die Zeilen 1, 3, 5, ... $N_P \cdot q_D - 1$, nacheinander ab, danach erfolgt die Abtastung der Zeilen 2,   4, ... , $N_P \cdot q_D$ durch die Facetten 5, ... , 8. Der Neigungswinkel der einzelnen Facetten relativ zur Grundablenkung bei $\omega'_y = 0$ ergibt sich aus

$$\alpha_{iy} = \omega'_y \left(\frac{1}{2} - \frac{i-1}{N_P - 1} \right)$$
(5.41)

mit i = 1, 2, ... , N_P. Die interlace-Bilderstellung verringert die Flimmeranfälligkeit des thermographischen Bildes.

5.3.3 Abtastung durch Polygonprismen

Polygone zur Strahlablenkung durch Brechung haben eine gerade Flächenzahl. Die gegenüberliegenden Seiten wirken wie eine planparallele Platte. Die Rotationsachse steht senkrecht zur optischen Achse des Systems. Vorzugsweise werden Polygonprismen im konvergenten Strahlengang eingesetzt, um kleine Abmessungen zu erhalten. Das optische System kann ohne Knickung der optischen Achse aufgebaut werden.

Abb. 5.16 veranschaulicht die Arbeitsweise eines Polygonscanners. Die paarweise parallelen Polygonfacetten verursachen für jeden Strahl eine Schnittweitenänderung

$$\Delta s' = e_O \left(1 - \frac{1}{n_P} \right) + \frac{e_O}{n_P} \left(2 - \frac{n_P}{2} - \frac{3}{2\,n_P^2} \right) \alpha^2$$
(5.42 a)

sowie einen seitlichen Versatz

$$\Delta y' = e_o (\sigma' - \alpha) \left(1 - \frac{1}{n_p} \right).$$
(5.42 b)

Beide Formeln folgen aus den Beziehungen an einer planparallelen Platte unter der Bedingung $|\alpha| \ll 90°$ und $|\sigma| \ll 90°$. Der erste Term in (5.42 a) hängt nicht vom Drehwinkel des Polygons ab. Der zweite Term gibt die Defokussierung beim Drehen innerhalb einer Facette an. Dieser Fehler 2. Ordnung kann durch axiale Verschiebung des Empfängers minimiert werden.

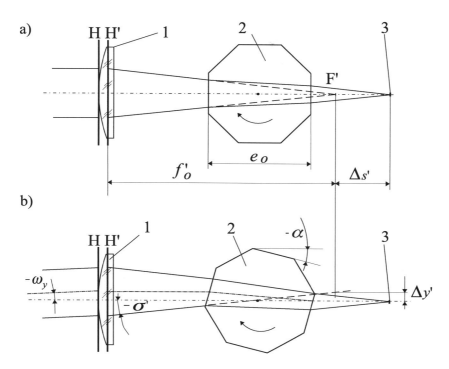

Abb. 5.16: Prismenpolygon im konvergenten Strahlengang für $\beta' = 0$

a) Feldwinkel $\omega_y = 0$, b) Feldwinkel $\omega_y = -4,5°$

1 sammelnde Optik mit Brennweite 65 mm, 2 Achtfacettenprismenpolygon mit $n_P = 4,00$, 3 Empfänger

Die seitliche Strahlversetzung hängt vom Schnittwinkel σ und vom Drehwinkel α ab. Für den Mittenstrahl $\sigma' = 0$ beschreibt Gl. (5.42 b) eine Parallelversetzung, aus der der gerade erfasste Feldwinkel berechnet werden kann. Über (5.5) folgt

$$\omega_y = \frac{e_O}{f'_O}\left(1 - \frac{1}{n_P}\right)\alpha \ . \tag{5.43}$$

Prismenpolygone mit mehr als 4 Facetten führen bei der Abtastung zur Zeilenüberlappung. Durch eine Verringerung des genutzten Abtastwinkels (bei 8 Facetten von $|\alpha| \leq 22,5°$ auf $|\alpha| \leq 15,7°$) durch Schwärzung der Facettenenden wird Zeit für den Zeilenrücksprung gewonnen. Mechanisch sind Polygonscanner gut beherrschbar, zumal im konvergenten Strahlengang kleine Abmessungen erreicht werden. Nachteilig wirkt sich die Einführung von Aberrationen und deren Änderung beim Abtasten sowie die relativ kleinen erreichbaren Abtastwinkel aus. Die Facetten müssen breitbandig und für alle Einfallswinkel entspiegelt werden. Unregelmäßigkeiten der Entspiegelung modulieren das thermographische Bild.

5.3.4 Abtastung durch Drehkeilpaar

Eine mechanisch sehr stabile Abtastung kann mit zwei gleichen optischen Keilen erreicht werden, deren Rotationsachse mit der optischen Achse zusammenfällt. Brechzahl n und Keilwinkel β bestimmen die Ablenkung durch jeden Keil. Die azimutale Orientierung α des Keils bestimmt die Zuordnung zum erfassten Feldwinkel. In erster Näherung gilt für jeden Keil

$$\begin{pmatrix} \omega'_x \\ \omega'_y \end{pmatrix} = (n-1)\,\beta \begin{pmatrix} -\cos\alpha \\ \sin\alpha \end{pmatrix}. \tag{5.44}$$

Der erfasste Feldwinkel des Drehkeilpaares ergibt sich aus der Summe der ω'_x, ω'_y-Werte für beide Keile.

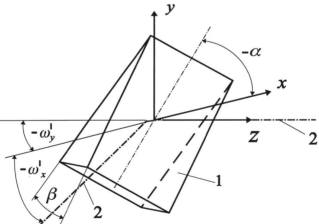

Abb. 5.17: Orientierung eines Drehkeils zum optischen System
1 ein Keil des Drehkeilpaares, 2 optische Achse

Durch Variation der Einzelablenkung $\beta\,(n-1)$, der Drehwinkelgeschwindigkeiten beider Keile und der Anfangsorientierung können unterschiedlichste Abtastkurven erzeugt werden wie Linien, Kreise, Ellipsen, Rosetten und Spiralen. Die Linearität der Abtastung muss in jedem Fall geprüft werden. Die Bedingung für eine linienförmige Abtastung ist in Aufgabe 5.2 abzuleiten.
Keile werden nur im parallelen Strahlengang verwendet, da im konvergenten Strahlengang große Abbildungsfehler entstehen. Jeder einzelne Keil führt chromatische Fehler ein. Ob diese das

räumliche Auflösungsvermögen beeinträchtigen, kann über die chromatische Winkeldifferenz beim größten Ablenkwinkel durch das Drehkeilpaar

$$\delta \omega'_C = \frac{\beta_1 (n_1 - 1)}{\nu_1} + \frac{\beta_2 (n_2 - 1)}{\nu_2} \qquad (5.45)$$

abgeschätzt werden (ν Abbesche Zahl). Diese Formel folgt, wenn die im Berechnungsbeispiel 5.2 verwandte Methode auf die Ablenkung $\beta (n - 1)$ angewendet wird.

5.4 Konzipierung des optischen Systems

Hier werden nur Schritte angegeben, die aufgrund einfacher formelmäßiger Zusammenhänge ausführbar sind. Praktische Ausführungsbeispiele für verschiedene Anwendungen sind in (Wolfe 1999) angegeben.

5.4.1 Sicherung der thermischen und räumlichen Auflösung

Thermisches und räumliches Auflösungsvermögen haben gegenläufige Tendenzen. In Abb. 5.18 sind die Verhältnisse für eine Ge-Einzellinse dargestellt. Als Maß der räumlichen Auflösung wird auf der linken Ordinate der kleinste im Objekt auflösbare Winkel $\delta\omega$ benutzt, der sich infolge der Aberrationen bei der Abbildung des Achspunktes für $\beta' = 0$ ergibt.

Die rechte Ordinate stellt δT nach Gl. (5.12) dar, wenn die Linse mit einem gekühlten HgCdTe-Empfänger der Kantenlänge $0{,}15 \cdot 0{,}15 \, \text{mm}^2$ im Spektralbereich 8 ... 12 µm bei 1 MHz Rauschbandbreite kombiniert wird. Aus der Abbildung folgt, dass typische Thermographieparameter $\delta T < 1 \text{K}$ und $\delta\omega < 1$ mrad mit einer Ge-Einzellinse nicht realisierbar sind. Diese gegensätzlichen Tendenzen von räumlicher und thermischer Auflösung fordern eine applikationsbedingte Festlegung der optischen Parameter.

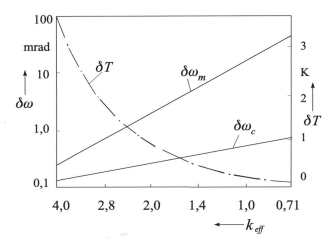

Abb. 5.18: Räumliches und thermisches Auflösungsvermögen einer Ge-Linse bester Form
$\delta\omega_m$ Wirkung des monochromatischen Zerstreuungskreises,
$\delta\omega_c$ Wirkung der spektralen Brennweitenänderung $\Delta f'_O$ (chromatische Aberration),
δT kleinste auflösbare Temperaturdifferenz an einem schwarzen Strahler von 300 K

Ausgehend von den Einsatzbedingungen und einer zweckmäßigen Empfängerauswahl können die Grundgrößen des optischen Systems wie Spektralbereich, Brennweite, Eintrittspupillendurchmesser und Mindestauflösung angegeben werden. Im ersten   Schritt wird das Spektralband $\lambda_1 \leq \lambda \leq \lambda_2$ nach dem Kriterium maximaler thermischer Auflösung ausgewählt:

$$MD = \text{Max}\left\{ \int_{\lambda_1}^{\lambda_2} \tau_A(\lambda)\varepsilon_t(\lambda) \cdot \frac{\partial M_\lambda}{\partial T} \cdot D^*(\lambda)d\lambda \right\} \qquad \left(\text{in } \frac{\sqrt{\text{Hz}}}{\text{K} \cdot \text{cm}} \right). \tag{5.46}$$

Im zweiten Schritt wird die Realisierbarkeit des optischen Systems überprüft. Alle das thermische Auflösungsvermögen beeinflussenden Optikgrößen werden im Faktor

$$OS = \frac{\bar{\tau}_O}{k_{eff}^2 (1 - \beta'/\beta'_P)^2} \tag{5.47}$$

zusammengefasst. Ausgehend von Gl. (5.12) folgt aus der Spektralbandfestlegung folgende Anforderung an das optische System:

$$OS > \frac{4}{\delta T \cdot MD} \sqrt{\frac{\Delta f}{A_D}} \quad . \tag{5.48}$$

Einen Anhaltspunkt über die Realisierbarkeit des OS-Wertes bietet Tabelle 5.3, in der Thermographieoptiken zusammengestellt sind. Je kleiner die effektive Blendenzahl ist, desto aufwendiger wird das optische System. Ist der OS-Wert nach (5.48) nicht realisierbar, kann die geforderte thermische Auflösung nur mit einem Empfänger höherer spezifischer Detektivität erreicht werden, so dass *MD* neu bestimmt werden muss.

Tab. 5.3: Realisierte Thermographieoptiken mit Angaben zur räumlichen Auflösung im Achspunkt und resultierender *OS*-Wert für $\beta' = 0$, [1]) Spiegelobjektiv mit PE-Frontplatte

Hersteller	k_{eff} / f'_O	M_{OI} / v'_1	OS
Research Optical Systems	0,62 / 75	0,64 / 10	2,08
Pilkington	0,64 / 100	0,20 / 25	1,95
Research Optical Systems	0,68 / 100	0,75 / 10	1,73
	0,70 / 33	0,73 / 10	1,63
	0,73 / 51	0,70 / 10	1,50
Dallmeyer	0,80 / 50	0,90 / 5	1,10
	0,95 / 130[1])	0,65 / 7,5	1,00
Quant Kiev	0,85 / 120	0,5 / 24	0,97
	1,0 / 60	0,5 / 34	0,65
Pilkington	1,3 / 200	0,25 / 25	0,47
AGEMA	1,2 / 65	0,5 / 13	0,42
Zeiss Jena	1,2 / 68	0,5 / 12	0,38

Im dritten Schritt folgt die Wahl der Brennweite. Mit der Festlegung des Pixelabstandes vom Empfänger p'_x, p'_y wird die maximale Auflösung der Einheit Optik-Empfänger festgelegt. Entsprechend Gl. (5.21) legt der objektseitige Pixelabstand im Winkelmaß α_D, β_D die kleinste auflösbare Winkeldifferenz im Objektraum $\delta\omega = \text{Max} \{\alpha_D, \beta_D\}$ fest: Jedes Empfängerpixel erfasst die Strahlung innerhalb des durch α_D, β_D begrenzten Raumwinkels. Gibt man sich eine minimale Pixelgröße im Objektraum IFOV als $\delta\omega$ vor, folgt mit Gl. (5.21) eine Bedingung für die minimale Brennweite:

$$f'_O \geq \frac{\text{Max}\{p'_x, p'_y\}}{(1-\beta') \cdot \delta\omega} \quad \text{(in mm)}. \tag{5.49}$$

Objekte mit einer Größe im Winkelmaß $> \delta\omega$ werden von mehreren Empfängerpixeln aufgelöst.

Im vierten Schritt bietet sich eine Aussage zur technologischen Realisierbarkeit an, indem der notwendige Objektivdurchmesser abgeschätzt wird:

$$D_O \geq f'_O \, (1-\beta') \sqrt{\frac{OS}{\overline{\tau}_O}} \quad . \tag{5.50}$$

Diese Beziehung folgt aus (5.47) unter Vernachlässigung der Zentralabschattung und einem angenommenen Pupillenabbildungsmaßstab β'_P von eins. Die mittlere Transmission des optischen Systems $\bar{\tau}_O$ kann entsprechend des konzipierten Aufbaus als Spiegel- oder Linsensystem realistisch vorgegeben werden. Nimmt D_O einen technologisch nicht realisierbaren Wert an, ist die gewünschte thermische Auflösung nur mit einem Empfänger höherer Detektivität zu erreichen.

Im fünften Schritt wird eine Aussage zur notwendigen räumlichen Auflösung gegeben. Unter der Voraussetzung, dass die MTF des optischen Systems und die räumliche Übertragungsfunktion des Empfängers M_{Dg} bei der gleichen Ortsfrequenz den gleichen Ordinatenwert von 0,5 haben, folgt

$$\delta\omega_{0,5} = \frac{1,66 \cdot \text{Min}\{p'_x, p'_y\}}{f'_O\,(1-\beta')} \quad \text{(in mrad)}. \tag{5.51}$$

Der aufzulösende Objektwinkel $\delta\omega_{0,5}$ ist vom optischen System mit einem Kontrastverhältnis von 0,5 zu übertragen. Die Ableitung dieser Beziehung ist im Berechnungsbeispiel 5.3 angegeben. Beim Festlegen der Brennweite und des Außendurchmessers sollten die Werte größer als die Grenzen gewählt werden. Diese Reserve ist notwendig, um die thermische Auflösung auch bei der Abbildung außeraxialer Punkte zu sichern.

5.4.2 Erfasstes Bildfeld FOV (field of view)

Das erfasste Objektfeld wird vom Empfänger, von der Fokussieroptik, vom Abtastmechanismus und vom Vorsatzsystem bestimmt (vgl. Abb. 5.13 und 5.14).
Die meisten Vorsatzsysteme sind Fernrohrkonstruktionen mit der Vergrößerung Γ', die sich aus den Brennweiten f'_1, f'_2 der beiden Teilsysteme berechnet: $\Gamma' = -f'_1/f'_2$. Sie verändern die durch den Scanner und/oder die Empfängerabmaße vorgegebenen Feldwinkel $\omega'_{Ox}, \omega'_{Oy}$ nach der Gleichung

$$\begin{pmatrix} \tan\omega_{Ox} \\ \tan\omega_{Oy} \end{pmatrix} = \frac{1}{|\Gamma'|} \begin{pmatrix} \tan\omega'_{Ox} \\ \tan\omega'_{Oy} \end{pmatrix}. \tag{5.52}$$

Damit können durch die Änderung der Vorsatzsystemvergrößerung unterschiedliche Objektfelder mit ein und derselben Kombination Scanner-Fokussieroptik-Empfänger erfasst werden. Hat das Thermographiesystem keinen Vorsatz, wird $\Gamma' = 1$.
Ein Matrixempfänger kommt ohne optomechanische Abtastung aus, wenn seine Pixelzahl gleich der geforderten Pixelzahl des thermographischen Bildes ist. Das erfasste Bildfeld folgt dann über

Gl. (5.7), wenn für f'_O die Brennweite des hinteren Fokussiersystems nach Abb. 5.14 eingesetzt wird.

Die optomechanischen Abtastsysteme fordern mit Ausnahme des Prismenpolygons parallelen Strahlengang auf den Scanelementen, um die Abbildungsqualität so wenig wie möglich zu verschlechtern. Zwischen Vorsatzsystem und Fokussieroptik HH' muss also eine Abbildung nach Unendlich erfolgen, so dass aus Gl. (5.7)

$$\begin{pmatrix} \tan \omega'_{Ox} \\ \tan \omega'_{Oy} \end{pmatrix} = \frac{1}{2 f'_3} \begin{pmatrix} p_D \cdot p'_x \\ q_D \cdot p'_y \end{pmatrix} \tag{5.53}$$

folgt. Wird von der Zeile die x-Koordinate nicht vollständig abgedeckt, sind mehrere Abtastschritte zum Aufbau des kompletten Bildes notwendig. Charakteristisch dafür ist der Einsatz von Spiegelpolygonen mit unterschiedlichen Facettenneigungen nach Abb. 5.15d, bei dem $q_D = q_I / N_P$ (N_P Facettenzahl) ist.

Tab. 5.4: Formelzusammenstellung zur Berechnung des ohne Vorsatzsystem erfassten rechteckigen Objektfeldes bestehend aus $p_I \cdot q_I$ Pixeln
[*] zweidimensionales Bild entsteht durch Relativbewegung der Thermokamera zur Szene

Formel für $\omega'_{Ox} / \omega'_{Oy}$	Einelementempfänger $p_D = q_D = 1$	Zeile $p_D \leq p_I$ und $q_D = 1$ bzw. $p_D = 1$ und $q_D \leq q_I$	formatfüllende Matrix $p_D = p_I, q_D = q_I$
Schwingspiegel	(5.38) / (5.38)	(5.53) / (5.38)	---
Spiegelpolygon	(5.38) / (5.38)	(5.53) / (5.38)	---
Prismenpolygon	(5.43) / (5.43)	(5.53) / (5.43)	---
Drehkeilpaar $\beta_1 = -\beta_2$	(5.44) / ---[*]	(5.53) / (5.44)	---
ohne optomechanische Abtastung	---	(5.53) / ---[*]	(5.7) / (5.7)

In Tab. 5.4 sind optomechanische Abtastelemente mit den grundsätzlichen Empfängerarchitekturen kombiniert, die zur Erstellung eines zweidimensionalen rechteckigen thermographischen Bildes notwendig sind. Die notwendigen Berechnungsgleichungen für die Feldwinkel in x- bzw. y-Richtung werden durch ihre Nummern gekennzeichnet.

Einelementempfänger fordern eine zweidimensionale optomechanische Abtastung des Bildfeldes. In Echtzeitkameras übernehmen schnelldrehende Spiegelpolygone die Abtastung entlang einer Zeile in x-Richtung, die Abtastung der Bildhöhe erfolgt durch Schwingspiegel. Weitere Kombinationen können aus Tab. 1.1 abgeleitet werden.

5.4.3 Berechnung der IR-Optiken

Mit der Festlegung der Paraxialstruktur für den Scannereinbau, der Brennweiten und der Durchmesser der einzelnen Komponenten sowie der erforderlichen räumlichen Auflösung ist die Aufgabe gestellt, die optischen Komponenten als Linsen- und/oder Spiegeloptiken zu realisieren. Dieses Spezialgebiet der Synthese optischer Systeme lässt nur in Grundzügen Aussagen zu, die mit einfachen Formeln zu beschreiben sind (Haferkorn, Richter 1984). Ableitbar sind Ausgangsparameter für Rechenprogramme zur automatischen Korrektur, mit denen Radien, Scheitelabstände und Brechzahlen optimiert werden, um die gewünschte räumliche Auflösung zu erreichen. Der Erfolg dieser Optimierung hängt wesentlich von zweckmäßig bestimmten Startwerten ab. Besonderheiten von Zoom-Objektiven für das thermische Infrarot sind in (Mann 2000) zusammengefasst.

Die Auswahl der Linsenmaterialien legt die Änderung der Brennweite in Abhängigkeit von der Wellenlänge und der Temperatur für das gesamte optische System fest. Die Wirkung des Temperatur- und Spektralbereichs wird mit der beugungsbedingten Abbildungstiefe nach Gl. (5.19) verglichen. Damit ergibt sich ein zulässiger Bereich für die Brennweitenänderung von

$$\Delta f'_O \leq \pm\, 2\lambda \left(\frac{f'_O}{D_O} \right)^2 \left(\frac{1 - \beta\,'/\beta'_P}{1 - \beta'} \right)^2 . \tag{5.54}$$

Die chromatische Brennweitenänderung einer einzigen Linse berechnet sich nach Gl. (5.31), die thermische Brennweitenänderung nach Gl. (5.33).

Meistens kann die Bedingung (5.54) mit einem einzigen Linsenmaterial nicht eingehalten werden. Die Kompensation der spektralen Brennweitenänderung erfordert die Kombination von Sammel- und Zerstreuungslinsen mit unterschiedlichen Abbescher Zahl v. Für den Fall der Aufteilung einer Linse der Brechkraft Φ'_O in zwei eng beieinander stehende Einzellinsen gilt

$$\Phi'_O = \Phi'_{O1} + \Phi'_{O2} \tag{5.55}$$

mit den Einzelbrechkräften Φ'_{O1}, Φ'_{O2}. Die Brennweiten der Linsenkombination werden für die Wellenlängen λ_1, λ_2 gleich, wenn

$$\Phi'_{O1} = \frac{v_1 \cdot \Phi'_O}{v_1 - v_2} \tag{5.56}$$

und Φ'_{O2} über (5.55) berechnet wird.

In Abb. 5.19 ist die relative Brennweitenvariation im Spektralband 8 ... 12 μm dargestellt. Als Vergleich dient die beugungsbedingte Abbildungstiefe. Eine Ge-Linse hat die erwartete Brennweitenverlängerung mit steigender Wellenlänge. Die Kombination Ge/Si mit der Brechkraftverteilung nach Gl. (5.56) liefert den typischen Verlauf eines achromatischen Zweilinsers mit den Brennweiten $f'_{O\lambda 1} = f'_{O\lambda 2}$.

Die Kompensation der Temperaturabhängigkeit der Brennweite zweier eng beieinander stehender Linsen führt zu

$$\gamma \cdot \Phi'_O = \gamma_{T1} \cdot \Phi'_{O1} + \gamma_{T2} \cdot \Phi'_{O2} \tag{5.57}$$

mit der Forderung $\gamma_T \to 0$. Aufgrund der positiven und negativen Temperaturkoeffizienten in Tab. 5.1 scheint eine Athermisierung auch mit zwei Sammellinsen möglich. Beispiel 4 in Abb. 5.19 veranschaulicht aber, dass die Athermisierung mit zwei Sammellinsen die spektrale Brennweitenänderung noch verstärkt. Eine Verträglichkeit von spektraler und thermischer Kompensation ist gegeben, wenn die ausgewählten Linsenmaterialien in einem $1/v$ - γ_T -Diagramm auf einer Geraden durch den Koordinatenursprung liegen. Da diese Forderung nicht exakt einzuhalten ist, muss zunächst über (5.56) die Kompensation der λ -Abhängigkeit garantiert werden.

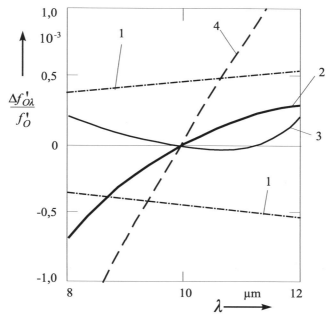

Abb. 5.19: Brennweitenänderung über der Wellenlänge
1 beugungsbedingte Abbildungstiefe nach Gl. (5.19) für
$k_{eff} = 1{,}5$, $f'_O = 100$ mm und $\beta' = 0$,   2 Ge-Einzellinse,
3 Ge/Si-Kombination nach (5.56), 4 KRS-5/Ge-Kombination mit $\gamma_T = 0$

Der Einfluss der thermischen Abhängigkeit wird über den verbleibenden γ_T -Äquivalentwert nach (5.57) abgeschätzt. Mit (5.33) kann dann der Vergleich zur beugungsbegrenzten Abbildungstiefe erfolgen.
Mit der Materialauswahl sind die Brennweiten der einzelnen Linsen festgelegt. Eine sinnvolle Vorbestimmung der Linsenradien erfolgt nach dem Kriterium der "Linse bester Form". Dieses Kriteri-

um besagt, dass der bei der Abbildung des Achspunktes auftretende Zerstreuungskreis minimal wird. Nur für die Aberrationen der dünnen Linse ist eine allgemeingültige Beziehung ableitbar:

$$\left.\begin{array}{l} \dfrac{1}{r_1} = \dfrac{1}{2f'_O}\left(\dfrac{2n+2}{n+2}\dfrac{1+\beta'}{1-\beta'} + \dfrac{1}{n-1}\right) , \\[4mm] \dfrac{1}{r_2} = \dfrac{1}{2f'_O}\left(\dfrac{2n+2}{n+2}\dfrac{1+\beta'}{1-\beta'} - \dfrac{1}{n-1}\right) . \end{array}\right\} \qquad (5.58)$$

Brechzahl, Brennweite und Abbildungsmaßstab beziehen sich jetzt auf die einzelne Linse. Mit der Radienberechnung und der Vorgabe einer aus konstruktiven Gründen notwendigen Mindestdicke können zweckmäßige Startwerte für ein Optikkorrektionsprogramm gefunden werden.

Als Spiegeloptiken haben in der Thermographie nur Cassegrain-Systeme Bedeutung, da sie kleine effektive Blendenzahlen bei günstigen Hauptspiegeldurchmessern ermöglichen. In Abb. 5.2 wird deutlich, dass große Brennweiten bei kurzen Baulängen erreicht werden. Damit sind Cassegrain-Systeme für hohe räumliche Auflösungen weit entfernter Objekte besonders geeignet. Als typischer Abbildungmaßstab wird $\beta' = 0$ angenommen. Da keine brechenden Flächen wirksam werden, sind spektrale Einflüsse fast vernachlässigbar. Ausgehend von einer nach Gl. (5.49) festgelegten Gesamtbrennweite sind die Brennweiten von Haupt- und Fangspiegel zu bestimmen. Ein sinnvoller Startwert ergibt sich mit der Festlegung des Systembrennpunktes F' in die Scheitelebene des Hauptspiegels. Wird der Scheitelabstand zwischen Haupt- und Fangspiegel mit $e_O > 0$ bezeichnet, folgen die Spiegelbrennweiten aus

$$\frac{1}{f'_1} = \frac{1}{f'_O} - \frac{1}{e_O} < 0 , \qquad (5.59a)$$

$$f'_2 = \frac{-e_O^2}{f'_O - 2e_O} < 0 . \qquad (5.59b)$$

Als Optimierungsparameter ist das räumliche Auflösungsvermögen der Spiegelkombination zu berücksichtigen. Je näher die Spiegel zusammenrücken, desto stärkere Spiegelkrümmungen sind erforderlich, um den Brennpunkt im Hauptspiegelscheitel zu halten. Damit verschlechtert sich das räumliche Auflösungsvermögen.

5.5 Ausführungsformen

An Schnittbildern werden typische Anordnungen der optisch wirksamen Flächen von IR-Optiken dargestellt. Die Einbindung der Optik in die thermographische Kette erfordert eine zweckmäßige Darstellung der konkreten Modulationsübertragungsfunktion.

5.5.1 Linsenoptiken

Linsenoptiken stellen besondere Ansprüche an die Materialauswahl, um spektrale und thermische Abhängigkeiten zu kompensieren. In Abb. 5.20 sind Objektive mit verschiedenen Arten der Kompensation gegenübergestellt. Beispiel a) hat nur Ge-Linsen, so dass der spektrale Fehler des Objektivs gleich dem einer Ge-Einzellinse nach Gl. (5.31) ist. Dieser bestimmt die Grenzauflösung des Objektivs. Außerdem hat Ge einen hohen Temperaturkoeffizienten.

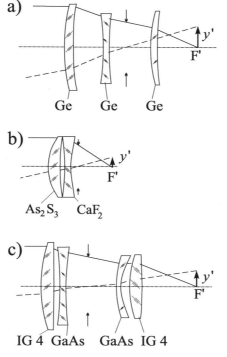

Abb. 5.20: Schnittbilder von sammelnden Thermographieoptiken mit unterschiedlicher Kompensation der spektralen und thermischen Fehler

Reine Ge-Optiken, die starken Temperaturschwankungen unterworfen sind, werden deshalb mit mechanischem Brennweitenausgleich (Povey 1986) ausgerüstet. Beispiel b) ist die typische Kombination Sammellinse-Zerstreuungslinse zur Erzielung gleicher Brennweiten $f'_{\lambda 1} = f'_{\lambda 2}$. Die für Fernrohrobjektive typische Anordnung hat nur für kleine Feldwinkel eine günstige Auflösung. In Beispiel c) ist der spektrale Fehler für die atmosphärischen Fenster 3 ... 5 μm und 8 ... 12 μm korrigiert. Außerdem ist die Änderung der Brennweite mit der Temperatur so gering, dass bei 50 K Temperaturdifferenz keine Nachfokussierung erforderlich ist. Der Grundaufbau als Petzvalobjektiv garantiert eine hohe Ortsauflösung bei nicht zu großen Feldern.

Tab. 5.5: Ausgewählte Daten der Thermographielinsenoptiken in Abb. 5.20

Beispiel in Abb. 5.20	a)	b)	c)
f'_O/mm	60	45	68
k_{eff}	1,0	0,95	1,2
$\lambda_1 ... \lambda_2$/μm	8 ... 14	2 ... 5,5	3 ... 13
$2\omega_O$	15°	4°	11°
Achse $\delta\omega_1 / M_{O1}$ Feld $\delta\omega_1 / M_{O1}$	0,5 mrad/0,5 1,7 mrad/0,5	2,0 mrad/0,5 6,0 mrad/0,5	0,7 mrad/0,5 1,5 mrad/0,5
Hersteller	Kvant Kiev	Servo USA	Zeiss Jena

5.5.2 Spiegeloptiken

Wie Abb. 5.21 zeigt, wird die Grundform des Cassegrain-Systems variiert. Der As_2S_3-Meniskus als Frontlinse verbessert das Auflösungsvermögen der beiden Spiegel, führt aber auch spektrale Fehler ein. Diese sind sehr gering, da die Brechkraft der Meniskuslinse klein ist. Konstruktionen mit kleinerer effektiver Blendenzahl verwenden Planplatten als Staubschutz. Das Auflösungsvermögen kann durch asphärische Deformationen der Spiegel erhöht werden.

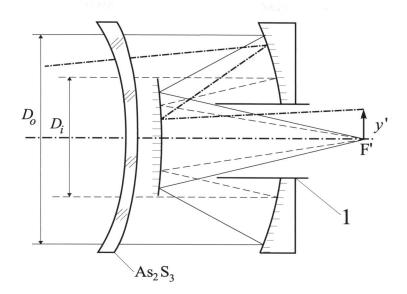

Abb. 5.21: Spiegelobjektiv mit Eintrittsmeniskus von SERVO (USA) mit $f'_O = 254$ mm, $k_{eff} = 1,97$, 2 μm $< \lambda <$ 5,5 μm, $2\omega_O = 3°$, Auflösung: 0,75 mrad axial, 1,5 mrad außeraxial, 1 Störstrahlungsblende

5.5.3 Kepler-Vorsätze

Die Wirkung von Kepler-Vorsätzen ist in Kap. 5.3.1 beschrieben. Die Realisierung eines Vorsatzes mit konstantem Brennweitenverhältnis $f'_1 / f'_2 > 0$ erfordert eine Kompensation der spektralen Brennweitenvariation innerhalb jedes einzelnen Teilsystems.

Besonders interessante Lösungen werden erforderlich, wenn Γ' variabel bleiben soll, um mit einem Scannersystem variable Objektausschnitte abzubilden. In Abb. 5.22 ist ein Beispiel angegeben. Die Austrittspupille ist durch das Scansystem vorgegeben. Die hintere Komponente des Vorsatzsystems wird von einem dreilinsigen sammelnden System gebildet. Die vordere Komponente besteht aus sammelndem Frontmeniskus, Variator und Kompensator sowie aus der zweilinsigen feststehenden Komponente. Die Variation von Γ' ergibt sich durch Verschieben von Variator und Kompensator auf Bahnkurven. Diese sind so berechnet, dass die Abbildung aus dem Unendlichen nach Unendlich in jeder Lage gesichert ist.

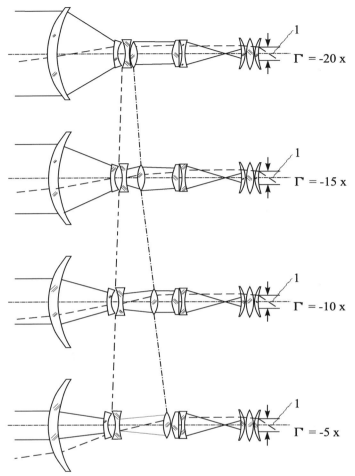

Abb. 5.22: Kepler-Vorsatz der Firma Pilkington mit stufenlos veränderbarer
Vergrößerung von −5 x ... −20 x:
1 Scanspiegelposition, ▬▬▬Achsbündel, ▬ ▬ ▬ ▬Hauptstrahl

5.5.4 Makro- und Mikrothermographie

Der zunehmende Einsatz von FPA fördert Betrachtungsweisen, die der klassischen Fotografie
entlehnt sind. Die Begriffe Standard-, Tele- und Weitwinkelobjektiv sind für thermographische
Abbildungsaufgaben zu interpretieren.

Die Grobeinteilung ist durch den Abbildungsmaßstab nach Formel (5.2) gegeben, der umgangssprachlich oft als Betrag $m = |\beta'|$ mit m von magnification verwendet wird. Im Gegensatz zur Vergrößerung Γ', die ein Winkelverhältnis nach Formel (9.3) repräsentiert, ist m das Verhältnis der Bildhöhe auf dem Bildaufnehmer zur Objekthöhe.

Aufnahmebedingungen ohne besondere Attribute haben eine Objektentfernung, die groß gegenüber der Objektivbrennweite ist. Der typische Bereich entspricht $0 \leq m \leq 0,1$. Er wird durch eine mechanische Verlängerung des Abstandes Objektiv-Bildaufnehmer, einer so genannten Auszugsverlängerung, realisiert. Nur für diesen Bereich gilt die Unterteilung in Standard-, Tele- und Weitwinkelobjektiv. Sie richten nach dem erfassten Feldwinkel $2\omega_O$ in Abb. 5.1. Für Standardobjektive gilt $40° < 2\omega_O < 55°$, kleinere Feldwinkel werden von Teleobjektiven erreicht, größere von Weitwinkelobjektiven (Naumann, Schröder 1983). Damit ist die Objektivbrennweite, die einer bestimmten Objektivklasse zugeordnet werden kann, von der Größe des Bildaufnehmers abhängig. Eine ausführliche Klassifizierung der Objektivklassen für die gängigen Bildaufnehmerformate einschließlich der zugehörigen Brennweiten ist in (Schuster 2000) dargestellt. Bei mechanisch abtastenden Thermographiesystemen ist für die FPA-Größe die flächig wirksame Bildaufnehmergröße einzusetzen.

Der typische Makrobereich entspricht $0,1 < m < 1,0$. Neben der klassischen Auszugsverlängerung kommen hier auch Vorsatzlinsen und spezielle, für einen bestimmten m-Bereich konstruierte Makroobjektive zum Einsatz (Thermosensorik 2002a). Letztere haben merkliche Auflösungsverluste, wenn sie für weit entfernte Objekte ($m \rightarrow 0$) eingesetzt werden.

Der typische Mikrobereich entspricht mit $m \geq 1,0$ einer vergrößernden Abbildung. Durch die kleinen Bildaufnehmer wird hier zurecht von Mikroskop-Thermographie gesprochen. Hierfür kommen spezielle Optiken mit kurzen Objektabständen zum Einsatz, deren Optik-Design oft einem umgekehrten Makroobjektiv entspricht.

5.5.5 Approximation der Modulationsübertragungsfunktion

Die MTF's haben für verschiedene Objektive und verschiedene Objektpunkte unterschiedliche Verläufe. Als typische Darstellung hat sich die in Kap. 5.1.3 benutzte Abhängigkeit von der Raumfrequenz bewährt. Trotz aller Unterschiedlichkeit weisen alle MTF's optischer Systeme folgende Gemeinsamkeiten auf: 1. Beginn mit dem Wertepaar ($v' = 0$, $M_O = 1$), 2. negativer Anstieg in diesem Punkt, 3. Verlauf unterhalb der nach Gl. (5.14) definierten beugungsbedingten MTF. Die Reihenentwicklung mit der Hilfsvariablen $X = \dfrac{v'}{v'_g} = \dfrac{\lambda}{2NA'} v' \leq 1$ liefert für die an einer Kreispupille erzeugte beugungsbedingte MTF

$$M_O = 1 - \frac{4}{\pi} X + \frac{2}{3\pi} X^3 + \frac{1}{10\pi} X^5 + ... \quad . \tag{5.60}$$

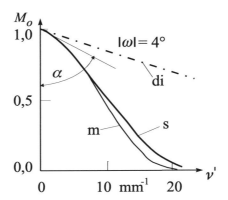

Abb. 5.23: Modulationsübertragungsfunktion des Carl Zeiss Jena-IR-Objektivs 1,2/68 beim Feldwinkel $|\omega| = 4°$: di Beugungsgrenze, m meridional, s sagittal

Zur Abschätzung des Übertragungsverhaltens ist eine geeignete mathematische Beschreibung der MTF in Abhängigkeit von der Ortsfrequenz nützlich. Diese müssen aus gemessenen oder berechneten Kurven bestimmt werden. In Beispiel 5.5 wird dieses Vorgehen demonstriert. Dabei wird auch der Anstieg b der MTF-Kurve im Anfangspunkt $v' = 0$; $M_O = 1$) mit ausgewertet. Dieser kann unter Berücksichtigung der Maßstäbe der Grafik s_V für die Abszisse (in cm/mm^{-1}) und s_M für die Ordinate (in cm/1) bestimmt werden, wenn α der in Abb. 5.23 eingetragene abmessbare Tangentenwinkel ist:

$$\tan \alpha = \frac{s_M}{s_V} \cdot b > 0 \quad . \tag{5.61}$$

In Tabelle 5.6 werden drei Approximationen angeboten. Zusammengestellt sind die MTF-Formel, die Vorschrift zur Berechnung des Koeffizienten a der Approximation, die Nullstelle und damit der Geltungsbereich der Approximation v'_1, die Berechnungsformel für den negativen Anstieg b im Anfangspunkt der MTF ($v' = 0$; $M_O = 1$) und die Berechnungsformel für die rauschbandbreitenäquivalente Ortsfrequenz v'_r. Letztere wurde im Berechnungsbeispiel 2.2 eingeführt. Die Ortsfrequenz v'_r kann man sich vorstellen als Radius eines Zylinders mit der Höhe $M_O = 1$, dessen Volumen gleich dem unter der Funktion $M^2(v')$ ist, wenn $M^2(v')$ um den Koordinatenursprung im Frequenzraum angenommen wird. Die angegebenen Formeln ergeben sich aus den Lösungen von Beispiel 2.2, wenn sie an die konkrete MTF-Formel angepasst werden.

Die verschiedenen Approximationsformeln sind in unterschiedlichen Anwendungsfällen praktikabel. Nr. 1 stellt die lineare Näherung der beugungsbedingten Modulationsübertragungsfunktion unter Berücksichtigung der Zentralabschattung dar. Die Größe $\eta_{di} \leq 1$ kennzeichnet, in welchem

Maße die beugungsbedingte Übertragungsfunktion realisiert wird. Für eine Abbildungsqualität von $80\,\%$ der beugungsbedingten Übertragungsfunktion wird $\eta_{di} = 0{,}8$.

Tab. 5.6: Approximationsfunktionen für die optische MTF $M_O = \mathrm{fkt}\,(v')$

	1	2	3
MTF-Formel $M_O(v')$	$1 - a\dfrac{v'}{\eta_{di}}$	$(1 - a \cdot v')^n$	$\exp - \left(a\dfrac{v'}{v'_1} \right)^2$
Approximations-koeffizient a	$\dfrac{1{,}218}{D_O - D_i}\left(1 - \dfrac{\beta'}{\beta'_P}\right)\lambda \cdot f'_O$	$\dfrac{1}{v'_1}\left(1 - \sqrt[n]{M_{O1}}\right)$	$\sqrt{\ln \dfrac{1}{M_{O1}}}$
Nullstelle bei v'_1 in 1/mm	$\dfrac{\eta_{di}}{a}$	$\dfrac{1}{a}$	Unendlich
negativer Anstieg b für $v' = 0$	$\dfrac{a}{\eta_{di}}$	$n \cdot a$	0
Auflösungs-zahl v'_r in 1/mm	$\dfrac{1}{\sqrt{6}}\dfrac{\eta_{di}}{a}$	$\sqrt{\dfrac{2}{(2n+1)(2n+2)}}\dfrac{1}{a}$	$\dfrac{v'_1}{\sqrt{2}\cdot a}$

Nr. 2 kommt mit der Nutzung eines einzelnen Wertepaares $(v'_1; M_{O1})$ aus. Ist eine Grafik der MTF vorhanden, bietet sich zur Auswahl einer geeigneten Approximation die Auswertung des Neigungswinkels α im Anfangspunkt der MTF an (vgl. Abb. 5.23). n ist dabei ein frei wählbarer Parameter. Diese Darstellung beinhaltet den Vorschlag, zur Approximation Potenzen der idealen MTF zu benutzen. Mit $a = \dfrac{2}{\pi}\cdot\dfrac{\lambda}{NA'}$ wird das lineare Glied aus Gl. (5.60) mit berücksichtigt. Diese Linearisierung nähert die Nullstelle der MTF um den Faktor $\pi/4$ an den Ursprung an, was der Praxis oft nahe kommt.

Die MTF-Approximation durch eine Gaußsche Glockenkurve entsprechend Nr. 3 kommt ebenfalls mit der Angabe eines einzelnen Wertepaares $(v'_1; M_{O1})$ aus und gestattet eine einfache Ausführung der Fourier-Transformation. Infolge ihres Neigungswinkels $\alpha = 0$ repräsentiert sie für $v' \to 0$ nicht den typischen Kontrastabfall optischer Systeme. In Berechnungsbeispiel 6.2 wird diese Funktion zur Approximation einer Empfänger-MTF benutzt. Die Ableitung von v'_r erfolgt in Berechnungsbeispiel 2.1.

Bei der Abbildung außeraxialer Punkte ergeben sich zwei unterschiedliche MTF-Kurven, die für sehr kleine Bildhöhen (Achspunkt) zusammenfallen. Sie werden als meridionale und sagittale MTF bezeichnet. Eine anschauliche Deutung dieser Begriffe erhält man, wenn man die Testmuster

(Miren) analysiert, mit denen die meridionale und sagittale MTF überprüft werden kann. Eine mögliche Testmire ist in Abb. 5.24 dargestellt.

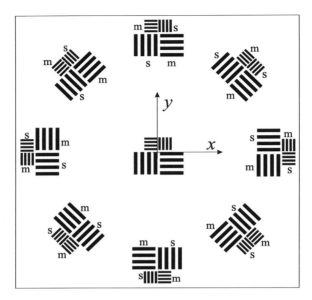

Abb. 5.24: Testobjekt zur Überprüfung der meridionalen und sagittalen MTF
x, y Koordinaten in der Objektszene, m Teststruktur zur Überprüfung der meridionalen bzw. tangentialen MTF, s Teststruktur zur Überprüfung der sagittalen bzw. radialen MTF

Abbildung von Streifenmustern durch das optische System in der Empfängerebene und in der Auswertung ihrer Wiedergabequalität. Für VIS-Systeme sind das Schwarz-Weiß-Gitter mit unterschiedlicher Ortsfrequenz, im thermischen IR müssen diese Gitter durch Temperaturunterschiede generiert werden.

Eine Prüfmethode besteht in der ist auf die Objekthöhe $x = y = 0$ ausgerichtet. Wenn die Zentrierfehler des Systems gut korrigiert sind, werden horizontale und vertikale Gitter einer Ortsfrequenz in Achsnähe mit der gleichen Schärfe abgebildet. Deshalb sind die Buchstaben an der zentralen Mire in Abb. 5.24 weggelassen. Außeraxial kann diese Übereinstimmung nur in einzelnen Punkten erreicht werden. Typischerweise unterscheidet sich die Kontrastübertragung von m- und s-Gittern. Ist das System gut zentriert, bleiben die Unterschiede auf konzentrischen Kreisen zum Ursprung $x = y = 0$ fast unverändert.

Auch Abb. 5.23 zeigt das typische Auseinanderfallen von meridionaler und sagittaler MTF. Nur bei $v' \rightarrow 0$ treffen sich definitionsgemäß beide Kurven im Wert $M_O = 1$. Da die Charakterisierung der Abbildungsqualität über dem Bildfeld die Aneinanderreihung mehrerer Darstellungen wie in Abb. 5.23 erfordert, hat sich folgende Alternativdarstellung eingebürgert: Für eine feste

Ortsfrequenz wird der Kontrast für alle Feldwinkel im Meridional- und Sagittalschnitt aufgetragen (vgl. Abb. 5.25). Da für den Achspunkt $\omega = 0$ meridionale und sagittale MTF zusammenfallen, haben die Kurven 2 und 3 den gleichen Startpunkt. Eine Approximation des MTF-Verlaufes über dem Bildfeld hat für die Modellierung der radiometrischen Kette keinen Sinn, da immer das Verhalten über dem gesamten Frequenzbereich interessiert. Die Darstellung in Abb. 5.25 erlaubt schnelle Aussagen, in wieweit die in der Regel gewünschte konstante räumliche Auflösung über dem Bildfeld vom optischen System realisiert wird.

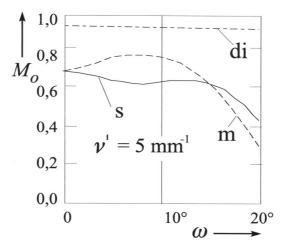

Abb. 5.25: MTF-Verlauf über der Bildhöhe des LIR-Objektivs 0,8/25 von Dallmeyer für die Ortsfrequenz $v' = 5\ \text{mm}^{-1}$
di Beugungsgrenze, m meridional bzw. tangential, s sagittal bzw. radial

5.6 Berechnungsbeispiele

Beispiel 5.1

Die Beziehung (5.9) ergibt sich aus dem photometrischen Grundgesetz (3.6b). Dazu müssen die allgemeinen Gesetze des Strahlungstransports an optischen Flächen nach (3.13) für die Abbildung spezialisiert werden. In Abb. 5.5 ist dazu der geometrische Fluss von der Umgebung des Achspunktes des Objekts zum Achspunkt des Empfängers eingezeichnet, so dass E_0 bestimmt werden kann.

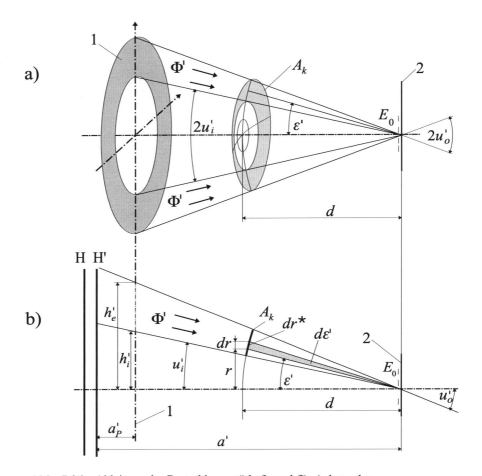

Abb. 5.26: Ableitung der Bestrahlungsstärkeformel für Achspunkte
a) dreidimensionale Darstellung, b) zweidimensionale Darstellung einer Hälfte des
Hohlkegels, 1 bildseitige Hauptebene, 2 Empfängerebene

Gemäß (3.13) gilt für den Strahlungstransport vom Objekt durch die Atmosphäre bis hinter das
optische System $L' = \overline{\tau}_A \cdot \overline{\tau}_O \cdot L$, wobei die Transmissionsgrade die Mittelwerte für den spektralen Arbeitsbereich sind. Für viele IR-Objekte beschreibt die Lambertsche Abstrahlungscharakteristik zweckmäßig die Aussendung der thermischen Eigenstrahlung. Damit gilt Formel (3.8b), und in der bildseitigen Hauptebene H' kann eine gleichförmige Strahldichte

$$L' = \overline{\tau}_A \cdot \overline{\tau}_O \cdot \frac{M}{\pi \cdot \Omega_0} \text{ vorausgesetzt werden.}$$

2. Ausgehend von Gl. (3.7) kann wegen $L' = $ const. die Berechnung der Bestrahlungsstärke unabhängig von L' erfolgen. Das Integrationsgebiet ist durch die Austrittspupille festgelegt. Im Falle von Systemen mit Zentralabschattung ist diese ringförmig (vgl. Abb. 5.26). Sie legt den äußeren und inneren bildseitigen Aperturwinkel u'_O und u'_i fest. Der empfängerwirksame Raumwinkel Ω_D wird zweckmäßig als Funktion des variablen Einfallswinkels ε' definiert. Die Terme des differentiellen Raumwinkels

$$d\Omega_D = dA_1 \cdot \cos \varepsilon_1 \cdot \cos \varepsilon_2 / d^2 \cdot \Omega_0$$

lassen sich in folgender Weise spezialisieren:

2.1 Als Flächenelement der Quelle wird ein ringförmiges Flächenelement auf der Kugelschicht angenommen: $dA_1 = dA_k$. Es hat den Umfang $2\pi \cdot r$ und die Breite $dr* = dr / \cos \varepsilon'$. Aus Abb. 5.26 b folgt

$r = d \cdot \sin \varepsilon'$, so dass mit $dr = d \cdot \cos \varepsilon' \cdot d\varepsilon'$ $dA_1 = 2\pi \cdot d^2 \cdot \sin \varepsilon' d\varepsilon'$ wird.

2.2 Das Flächenelement dA_1 steht immer senkrecht zur kürzesten Verbindung Quelle-Empfänger, so dass $\varepsilon_1 = 0$ wird.

2.3 Das Empfängerflächenelement dA_2 steht immer senkrecht zur optischen Achse, so dass sich mit Änderung des Einfallswinkels ε' auch ε_2 ändert: $\cos \varepsilon_2 = \cos \varepsilon'$.

2.4 Das empfängerwirksame Raumwinkelelement wird damit

$$d\Omega_D = 2\pi \cdot \sin \varepsilon' \cdot \cos \varepsilon' d\varepsilon' \Omega_0 .$$

Die Integration ergibt die exakte Lösung für die Bestrahlungsstärke im achssenkrechten Flächenelement durch ein Bündel mit konstanter Strahldichte, das die Form eines geraden Hohlkegels hat:

$$E_0 = L' \cdot \pi \cdot (\sin^2 u'_O - \sin^2 u'_i)\Omega_0 .$$

3. Die Überführung der exakten Gleichung in die Beziehung (5.9) erfolgt unter Benutzung von Gl. (5.16), indem der Klammerausdruck umgeschrieben wird. Mit den Näherungen für den äußeren und inneren Aperturwinkel $\sin u' \approx \tan u'$ wird der äußere und innere Durchmesser der Eintrittspupille D_O und D_i eingeführt. Die Definition der effektiven Blendenzahl nach Gl. (5.8) liefert

$$\sin^2 u'_O - \sin^2 u'_i \approx \frac{1}{4k_{eff}^2 (1 - \beta' / \beta'_P)^2} .$$

Beispiel 5.2

Gesucht ist die Brennweitenänderung infolge des spektralen Arbeitsgebietes und infolge des Temperaturbereiches ausgehend von der Näherung der dünnen Linse.

1. Die Brennweite der dünnen Linse kann als Verhältnis einer Länge l zur Differenz $(n-1)$ aufgefasst werden: $\dfrac{1}{f'_O} = (n-1)\left[\dfrac{1}{r_1} - \dfrac{1}{r_2}\right] \overset{!}{=} \dfrac{n-1}{l}$.

Diese Länge l repräsentiert die mechanischen Dimensionen von r_1 und r_2.

2. Die Variation der Brennweite mit der Wellenlänge folgt aus der partiellen Ableitung $\partial f'_O / \partial \lambda$:

$$\frac{\partial f'_O}{\partial \lambda} = \frac{\partial}{\partial \lambda}\left(\frac{l}{n-1}\right) = l\frac{-1}{(n-1)^2}\frac{\partial n}{\partial \lambda} = \frac{-f'_O}{n-1}\frac{\partial n}{\partial \lambda} \quad .$$

Mit dem Übergang zu Differenzenquotienten $\partial \lambda \to \Delta \lambda$, $\partial n \to \Delta n$, $\partial f'_O \to \Delta f'_{O\lambda}$ entfällt $\Delta \lambda$. Die Brechzahldifferenz ist $\Delta n = n_{\lambda_1} - n_{\lambda_2}$, so dass die Abbesche Zahl entsprechend Gl. (5.30) eingesetzt werden kann. Es folgt damit $\Delta f'_{O\lambda} = -\dfrac{f'_O}{\nu_{\lambda_0}}$.

3. Die Variation der Brennweite mit der Temperatur folgt aus der partiellen Ableitung nach der Temperatur:

$$\frac{\partial f'_O}{\partial T} = \frac{\partial}{\partial T}\left(\frac{l}{n-1}\right) = \frac{1}{n-1}\frac{\partial l}{\partial T} - \frac{l}{(n-1)^2}\frac{\partial n}{\partial T} \quad .$$

Der lineare Längenausdehnungskoeffizient ist definiert als $\alpha = \dfrac{1}{l}\dfrac{\partial l}{\partial T}$. Mit dem Übergang zu Differenzenquotienten $\partial f'_O \to \Delta f'_{OT}$, $\partial T \to \Delta T$ wird die Brennweitenänderung mit der Temperatur

$$\Delta f'_{OT} = \frac{l}{n-1}\left[\alpha - \frac{1}{n-1}\frac{\partial n}{\partial T}\right]\Delta T$$

und entspricht damit Gl. (5.33).

Beispiel 5.3

Gesucht ist die vom optischen System aufzulösende Winkeldifferenz $\delta\omega_y$ in Abhängigkeit von der Pixelgröße des Empfängers x_D, y_D die eine Übertragung durch die Optik und durch den Empfänger mit gleichem MTF-Wert garantiert.

1. Die MTF des optischen Systems wird linear genähert und ist durch Gl. 2 aus Tab 5.6 gegeben:

$$M_O = 1 - \left(\frac{1 - M_{O1}}{v'_1} \right) \cdot v' \quad \text{mit einem MTF-Wertepaar } (v'_1, M_{O1}) \text{ nach Abb. 5.6.}$$

2. Die räumliche MTF eines Empfängerrechteckpixels ist in Tab. 2.2 durch die Fourier-Transformierte der Spaltfunktion gegeben. Senkrecht zu den Pixelkanten gilt

$$M_{Dg} = \frac{\sin(\pi \cdot x_D \cdot v'_x)}{\pi \cdot x_D \cdot v_x} \quad \text{bzw.} \quad M_{Dg} = \frac{\sin(\pi \cdot y_D \cdot v'_y)}{\pi \cdot y_D \cdot v'_y} \ .$$

Die MTF fällt umso schneller ab, je größer die Pixel werden. Da das optische System die Pixelauflösung nicht beschneiden soll, wird die kleinste Kantenlänge $w = \text{Min}\{x_D, y_D\}$ zugrunde gelegt. Die zu berücksichtigende räumliche Empfängerübertragungsfunktion wird damit $M_{Dg} = \frac{\sin(\pi \cdot w \cdot v')}{\pi \cdot w \cdot v'}$. Zahlenwerte für die sinc-Funktion in Abhängigkeit vom Argument $(w \cdot v')$ sind in Tab. 5.7 angegeben.

3. Für die räumliche Empfänger-MTF und die MTF der Optik werden gleiche Ordinatenwerte $0 \leq Y < 1$ gefordert: $M_O = M_{Dg} = Y$. Aus der sinc-Funktion folgt über Tabelle 5.7 der Hilfswert $w \cdot v' = X(Y)$, aus der linearen Optik-MTF folgt $v' = (1 - Y)\frac{v'_1}{M_{O1}}$. Wird nun die Ortsfrequenz v' eliminiert, kann die geforderte Ortsfrequenz v'_1 für den MTF-Wert M_{O1} berechnet werden. Die mit dem MTF-Wert Y zu übertragende objektseitige Winkeldifferenz $\delta\omega_{MO1}$ wird damit

$$\delta\omega_Y = \frac{w}{f_O'(1 - \beta') \cdot Y} \cdot \frac{1 - Y}{X(Y)} \ . \tag{5.62}$$

Die numerische Auswertung von Tabelle 5.7 liefert für $Y = 0,5$ den für den hinteren Bruch in Gl. (5.62) den Wert 1,66 und für $Y = 0$ den Wert 1,00. Die Gl. (5.51) ist angegeben für $Y = 0,5$.

Tab. 5.7: Werte der normierten sinc-Funktion

$X = (wv')$	0,00	0,10	0,20	0,30	0,40	0,50	0,60	0,70	0,80	0,90	1,00
$Y = M_{Dg}$	1,00	0,98	0,94	0,86	0,76	0,64	0,50	0,37	0,23	0,11	0,00

Beispiel 5.4

Von einem FLIR-Linsenobjektiv mit variabler Brennweite sind folgende Daten gegeben:
$f'_O = 250 \dots 650$ mm, Apertur $f'_O/4$, Arbeitsbereich $8 \dots 14$ μm, Auflösungsvermögen $90\,\%$ der beugungsbegrenzten Modulationsübertragungsfunktion. Welche Winkelauflösung ist für drei repräsentative Brennweiten für den MTF-Wert $M_{O1} = 0{,}5$ zu erwarten? Die Objekte sind weit vom Gerät entfernt.

1. Tabelle 5.6 gibt die lineare Näherung der beugungsbegrenzten Übertragungsfunktion an. Mit $\beta' = 0$ folgt $M_O = 1 - \dfrac{1{,}218}{D_O} f'_O \cdot \lambda \cdot \dfrac{v'}{\eta_{di}}$.

2. Einsetzen der Apertur und Berücksichtigung der $90\,\%$ beugungsbegrenzter Auflösung liefert $M_O = 1 - 5{,}413 \cdot \lambda \cdot v'$.

3. Die Winkelauflösung beim MTF-Wert M_{O1} folgt über (5.17) zu $\delta\,\omega_1 = \dfrac{5{,}413 \cdot \lambda}{f'_O \cdot (1 - M_{O1})}$.

4. Repräsentative Werte ergeben sich für $\lambda = 10$ μm und $f'_O = 250/450/650$ mm. Für den MTF-Wert 0,5 folgt die Winkelauflösung $\delta\omega_1 = 0{,}43/0{,}24/0{,}17$ mrad.

Beispiel 5.5

Die Firma Dallmeyer (UK) bietet in ihrem Prospekt vom Januar 1985 ein katadioptrisches IR-Objektiv für den Spektralbereich $8 \dots 14$ μm mit einer Brennweite von 130 mm an. Als Apertur ist $f'_O/0{,}83$ und als photometrische Apertur $f'_O/0{,}95$ angegeben. Der Feldwinkel beträgt 7°. Die Auflösung wird in der Tab. 5.8 dokumentiert. Das Objektiv kann auf Objektentfernungen zwischen 9 m und Unendlich fokussiert werden.

Tab. 5.8: Auflösungsangaben für das Dallmeyer-Spiegellinsenobjektiv 0,95/130

Feldwinkel	polychromatische MTF in %		Vignettierung in %
	bei 7,5 mm^{-1}	bei 15 mm^{-1}	
0°	65	40	0
1,5°	65	40	
2,5°	55	30	
3,5°	45	20	20

In welcher Beziehung stehen die Auflösungswerte für den Achspunkt zum beugungsbegrenzten Auflösungsvermögen? Eine geeignete Approximation für die MTF des Achspunktes ist zu wählen und gemeinsam mit der linear genäherten beugungsbegrenzten MTF bis zu einer Ortsfrequenz von $30 \, \text{mm}^{-1}$ darzustellen.

1. Das System hat Zentralabschattung und entspricht dem in Abb. 5.2 dargestellten Cassegrain-System. Die beugungsbedingte MTF wird mit Formel 1 aus Tab. 5.6 linear genähert:

$$M_O = 1 - \frac{1,218}{D_O - D_i}\left(1 - \frac{\beta'}{\beta'_P}\right) \cdot \lambda \cdot f'_O \cdot v'.$$

Weiter gelten die folgenden Annahmen: $\beta' = 0$, $\lambda = 11 \, \mu\text{m}$.

2. Die Aperturangaben hängen mit den Durchmessern der ringförmigen Eintrittspupille zusammen. In Anlehnung an die klassische Blendenzahl $k = f'_O / D_O$ ergibt sich der Außendurchmesser des Hauptspiegels zu $D_O = f'_O / 0,83$ (vgl. Abb. 5.2). Die photometrische Apertur bestimmt die Bestrahlungsstärke. Deshalb muss der Wert 0,95 der effektiven Blendenzahl nach Gl. (5.8) entsprechen: $k_{eff}^2 = \dfrac{f'^2_O}{D^2_O - D^2_i} = 0,95$. Nach Einsetzen von D_O ergibt sich der Durchmesser des Fangspiegels zu $D_i = 0,586 \cdot f'_O$.

3. Zur Berechnung der linear genäherten beugungsbedingten MTF wird der Quotient $f'_O / (D_O - D_i)$ benötigt. Mit den oben getroffenen Annahmen folgt

$$M_{Odi} = 1 - \frac{1,218}{1/0,83 - 0,586} \cdot 11 \mu\text{m} \cdot v' = 1 - 2,165 \cdot 10^{-2} \, \text{mm} \cdot v'.$$

4. Der Vergleich des realen Auflösungsvermögens mit dem beugungsbedingten erfolgt über die Ortsfrequenzen, die mit gleichem MTF-Wert aufgelöst werden: Die maximal auflösbare Ortsfrequenz bei vorgegebenem Kontrast folgt aus der letzten MTF-Gleichung zu:

$$v'_i = \frac{1 - M_{Oi}}{2,165 \cdot 10^{-2} \, \text{mm}}.$$

Für den Achspunkt ergeben sich die in Tab. 5.9 zusammengestellten Werte M_O.

Tab. 5.9: Vergleich der räumlichen Auflösung im Achspunkt des Dallmeyer-Spiegellinsenobjektivs 0,95/130 mit der maximal möglichen Ortsfrequenz

M_O	Ortsfrequenz in mm^{-1}		η_{di} in %
	beugungsbedingt	vom Objektiv realisiert	
0,65	16,3	7,5	46
0,40	27,7	15	54

5. Eine geeignete Approximationsfunktion kann mit Hilfe von Tabelle 5.6 gefunden werden, wenn $(v_1{}', M_{O1})$ für $v_1{}' = 7,5$ mm^{-1} eingesetzt und die MTF-Abweichung für $v{'}_2 = 15$ mm^{-1} überprüft wird. Die Approximation ist genügend genau, wenn in der zweiten Stelle des M_O-Wertes Übereinstimmung erreicht ist. Als Approximationsfunktion wird Formel 2 in Tab. 5.6 gewählt:

$$M_O = (1 - a \cdot v')^n \text{ mit } a = \frac{1}{v{'}_1}\left(1 - n\sqrt{M_{O1}}\right). \text{ Das Fehlerkriterium ist}$$

$$\Delta M_O = (1 - a \cdot v{'}_1)^n - M_{O2}.$$

n muss geeignet gewählt werden. Die Annäherung ist in der Tab. 5.10 angegeben. Als Approximationskurve ergibt sich

$$M_{Oapr} = (1 - 1,429 \cdot 10^{-2} \text{ mm} \cdot v')^{3,8}.$$

Der Tangentenwinkel α folgt aus (5.61) mit den Maßstäben $s_M = 5$ cm/1 und $s_v = 6$ cm/30 mm^{-1}. Der negative Anstieg ist $b = n \cdot a = 5,43 \cdot 10^{-2}$ mm, so dass sich der Winkel zu $\alpha = 53,6°$ ergibt.

Tab. 5.10: Suche einer geeigneten MTF-Approximation für das Dallmeyer-Objektiv 0,95/130

n	a in mm	ΔM_{O2}
1,0	0,0467	−0,10
2,0	0,0288	−0,02
2,5	0,0211	−0,014
3,0	0,0178	−0,007
3,5	0,0154	−0,002
3,8	0,0143	−0,000

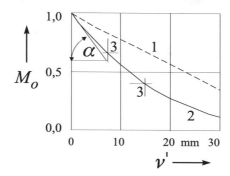

Abb. 5.27: MTF des katadioptrischen Systems 0,95/130 für den Achspunkt
1 beugungsbedingte MTF, 2 aus Messwerten approximierte MTF, 3 Messwerte

Beispiel 5.6

Welche Auswirkungen hat die spektrale und thermische Brennweitenänderung einer Ge-Einzellinse, die im Spektralband 8 ... 12 µm und bei Arbeitstemperaturen von −15 ... +55 °C benutzt wird? Welche Relation besteht zur beugungsbedingten Abbildungstiefe, wenn das Empfängerpixel 5-mal kleiner als das kleinste aufzulösende Objektelement ist? Die Linse hat einen Durchmesser von 50 mm bei einer Brennweite von 100 mm.

1. Die spektrale und thermische Variation der Brennweite steht nach Gl. (5.54) in Beziehung zur beugungsbedingten Abbildungstiefe. Der Abbildungsmaßstab ist $\beta' = -0,2$. Bei einer Einzellinse wirkt in der Regel die Linsenfassung als Öffnungsblende. Damit wird $\beta'_P = 1$. Damit folgt die beugungsbedingte Abbildungstiefe aus (5.19) für die Wellenlänge 10 µm zu $\Delta s' = \pm 0,115$ mm.

2. Die Brennweitenvariationen ergeben sich aus den Formeln (5.31) und (5.33). Mit den Materialdaten aus Tab. 5.1 folgen $\Delta f'_{O\lambda} = -0,1$ mm und $\Delta f'_{OI} = -0,983$ mm.

3. Der Vergleich mit der beugungsbedingten Abbildungstiefe bringt eine spektrale Bildlagenvariation von $|\Delta s'_\lambda| = 0,144$ mm, die in der beugungsbedingten Unschärfe untergeht. Dagegen führt die Temperaturänderung $|\Delta s'_T| = 1,35$ mm zu einem Auswandern der Bildebene aus dem beugungsbedingten Tiefenbereich $2|\Delta s'| = 0,23$ mm. Hier sind besondere Korrekturmaßnahmen notwendig.

Beispiel 5.7

Eine Thermokamera arbeitet mit dem Empfänger Pyricon LI-492, der folgende Daten hat: Durchmesser der empfindlichen Fläche 18 mm, Auflösung 200 TV-Linien pro Empfängerdurchmesser bei einer MTF von 30 $_{\%}$ Dieses Wärmebildgerät soll zur medizinischen Ther modiagnostik eingesetzt werden. Zu bestimmen sind die Grundparameter des Objektivs, wenn das System den Patienten aus 2,5 m Entfernung mit einer Temperaturauflösung von 0,3 K auflösen soll. Welches kleinste Objektdetail kann aufgelöst werden?

1. Die optischen Grundparameter sind Brennweite f'_O, Blendenzahl des Linsenobjektivs $k = f'_O / D_O$, das Objektfeld im Winkelmaß $2\omega_O$, die mittlere Transmission $\overline{\tau}_O$, der spektrale Arbeitsbereich $\lambda_1 ... \lambda_2$ sowie das Auflösungsvermögen in der Objektfeldmitte und am Rand.

2. Die Objektivbrennweite folgt aus dem Objektausschnitt, der innerhalb der kreisförmigen Empfängerfläche abgebildet werden soll. Das aus 2,5 m Entfernung beobachtbare Objektfeld soll 50 x 50 cm^2 betragen. Der notwendige Abbildungsmaßstab wird damit

$$\beta' = -\frac{1,8\,\text{cm}}{\sqrt{2} \cdot 50\,\text{cm}} = -0,0255 \cdot$$

Die Brennweite folgt aus der Objektentfernung und dem Abbildungsmaßstab nach Gl. (5.3) zu

$$f'_O = \frac{\beta' \cdot a}{1 - \beta'} = \frac{(-0,0225)(-2500\,\text{mm})}{1 + 0,0225} = 62,2\,\text{mm} .$$

3. Der notwendige Feldwinkel folgt aus Gl. (5.4) zu $2\omega_O = 2\arctan\sqrt{\dfrac{50^2 + 50^2}{4 \cdot 250^2}} = 16,1°$.

4. Die notwendige Blendenzahl zur Sicherung der thermischen Auflösung folgt über Gl. (5.46) und (5.48):

$$k_{eff}^2 = \frac{\overline{\tau}_O}{OS\,(1 - \beta'/\beta'_P)^2} = \frac{\overline{\tau}_O}{(1 - \beta'/\beta'_P)^2}\frac{\delta T}{4}\sqrt{\frac{A_D}{\Delta f}}\int_8^{14}\varepsilon_t\frac{\partial M_\lambda}{\partial T}\tau_A\,D^*\,d\lambda \cdot$$

Für die nicht explizit gegebenen Größen sind folgende Werte sinnvoll zu wählen: Pupillenabbildungsmaßstab $\beta'_P = 1$, atmosphärische Transmission $\overline{\tau}_A = 1$, Emissionsgrad der menschlichen Haut $\overline{\varepsilon}_t = 0,98$.

5. Die spezifische Detektivität des Pyrikons $D^*(\lambda)$ kann nur durch Zusatzinformationen festgelegt werden. Speziell für diesen in Kap. 6 vorgestellten ortsauflösenden IR-Empfänger gilt folgender Zusammenhang:

$$D^*(\lambda) = \frac{\sqrt{A_D \cdot \overline{\Delta f}}}{I_d} R_D(\lambda)$$

mit der empfindlichen Empfängerfläche $A_D = \dfrac{\pi}{4} \cdot (1,8\,\text{cm})^2 = 2,54\,\text{cm}^2$, dem Dunkelstrom $I_d = 0,4\,\text{nA}$, der Empfindlichkeit $R_D = 8\,\mu\text{A/W}$ im gesamten spektralen Arbeitsbereich für die

Rauschbandbreite $\overline{\Delta f} = 2\,\text{MHz}$. Damit ergibt sich für das Pyrikon LI 492 eine spezifische Detektivität von $D^* = 4{,}5 \cdot 10^7 \, \text{cmHz}^{0{,}5}\text{W}^{-1}$ für den Arbeitsbereich 8 ... 14 µm.

6. Zur Lösung des Integrals in Punkt 4 muss noch $I_2 = \int\limits_{8}^{14} \dfrac{\partial M_\lambda}{\partial T}\, d\lambda$ bestimmt werden. Für eine

Oberflächentemperatur der menschlichen Haut von 32 °C folgt der Zahlenwert durch lineare Interpolation der gelösten Integrale in Tab. 3.4 für 305 K zu $I_2 = 275 \, \mu\text{W}/(\text{cm}^2\,\text{K})$.

7. Einsetzen aller Zahlenwerte liefert

$$k_{eff}^2 = \frac{0{,}8}{(1+0{,}0225)^2}\frac{0{,}3\,\text{K}}{4}\frac{2{,}54\,\text{cm}^2}{0{,}4\,\text{nA}}8\frac{\mu\text{A}}{\text{W}}0{,}98\cdot275\frac{\mu\text{W}}{\text{cm}^2\text{K}} \quad \text{bzw.} \quad k_{eff} = 0{,}88.$$

Damit kann das Objektiv Quant Kiev mit $k = 1{,}0$ die geforderte Auflösung von 0,3 K nicht garantieren.

8. Das kleinste auflösbare Objektdetail IFOV folgt aus der Abbildung eines Pyrikonpixels in die Objektebene. Legt man eine quadratische Zerlegung $x_D = y_D$ der Pyrikonfläche zugrunde, folgt das kleinste auflösbare Objektdetail

$$\begin{pmatrix} \bar{x}_D \\ \bar{y}_D \end{pmatrix} = \frac{1}{|\beta'|}\begin{pmatrix} x_D \\ y_D \end{pmatrix} \text{ mit } x_D = y_D = \frac{18\,\text{mm}}{200} \text{ zu } \bar{x}_D = \bar{y}_D = 3{,}5\,\text{mm}.$$

Beispiel 5.8

Die IR-Objektivreihe von Carl Zeiss Jena 1,0/12; 1,4/18; 1,4/30; 1,3/68; 2/180 ist für die Abbildung auf eine pyroelektrische Zeile mit 128 Pixeln bei 0,1 mm Pixelabstand ausgelegt. Der Schwingspiegel vor dem Objektiv ist so zu dimensionieren, dass für jedes Objektiv die vorgegebene Öffnung auch bei außeraxialer Abbildung voll ausgenutzt werden kann und ein quadratischer Objektausschnitt bei $\beta' = 0$ erfasst wird. Zu berechnen sind die Spiegellängen für die Ablenkung in x- und y-Richtung, wenn der kleinste Abstand vom Spiegel bis zur vorderen Hauptebene 1/10 der Brennweite und die Grundablenkung 90° betragen.

1. Der Schwingspiegel vor dem Objektiv übernimmt die Ablenkung in y-Richtung, die Zeile ist in x-Richtung orientiert (vgl. Abb. 5.28). Tabelle 5.4 legt die notwendigen Gleichungen zur Berechnung des erfassten Feldwinkels fest. Für die x-Richtung wird

$$\tan 2\,\omega_{Oy} = \frac{1}{2 \cdot f'_O} \cdot 128 \cdot 0{,}1 \ \text{mm}, \text{ für die } y\text{-Richtung gilt } 2\omega_{Oy} = 2|\alpha|, \text{ wobei } \alpha \text{ der maximale}$$

Verkippwinkel des Spiegels für die äußersten Feldpunkte ist.

2. Die Forderung nach einem quadratisch abgetasteten Feld führt mit $2\,\omega_{Ox} = 2\,\omega_{Oy}$ zu einer Festlegung des kritischen Winkels α, der wiederum die Spiegellänge l_y festlegt. Für den maximalen Kippwinkel ergibt sich $\alpha = \dfrac{2\,\omega_{Ox}}{2} = \dfrac{1}{2}\arctan\dfrac{p_D \cdot p'_x}{2f'_O}$. Die numerischen Ergebnisse werden in Tab. 5.11 zusammengefasst.

Tab. 5.11: Resultate der Schwingspiegeldimensionierung zur Gewährleistung eines quadratischen Objektfeldes mit einer Zeile (l_x, l_y immer aufgerundet)

k/f'_O	1,0/12	1,4/18	1,4/30	1,2/68	2/180
α	11,7°	8,9°	5,8°	2,7°	1,0°
l_y/mm	21,9	21,8	33,9	84,2	129,7
e/mm	14,3	15,3	24,9	63,7	108,1
l_x/mm	19,7	18,3	26,8	62,7	93,9

3. Die Spiegellänge l_y in y-Richtung wird vom Bündeldurchmesser D_O festgelegt, wenn der Spiegel um α zur Grundablenkung $\omega_y = 0$ geneigt ist. Aus Abb. 5.28 folgt $l_y = D_O / \sin(45° - \alpha)$. Der EP-Durchmesser ergibt sich aus der Blendenzahl der Objektive k. Damit erhält man $l_y = \dfrac{f'_O}{k \cdot \sin(45° - \alpha)}$.

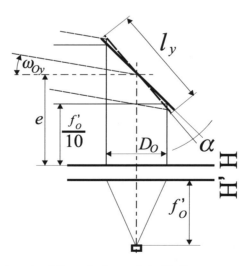

Abb. 5.28: Schwingspiegeldimensionierung bei $\beta' = 0$

4. Zur Berechnung der x-Ausdehnung des Spiegels muss zunächst der Abstand e der Spiegel-schwenkachse vom Objektiv berechnet werden. Er setzt sich zusammen aus der halben projizier-ten Spiegellänge und dem geforderten Mindestabstand: $e = \dfrac{l_y}{2 \cdot \cos(45° - \alpha)}$.

5. Für die Berechnung der x-Ausdehnung des Spiegels l_x muss davon ausgegangen werden, dass das Objektiv als Eintrittspupille wirkt. Damit setzt sich die Spiegellänge aus der maximalen Änderung der Hauptstrahlhöhe $e \cdot \tan \dfrac{2\omega_{Ox}}{2}$ und dem Bündeldurchmesser D_O zusammen:

$$l_x = e \cdot \frac{p_D \cdot p'_x}{2 f'_O} + \frac{f'_O}{k} \ .$$

Beispiel 5.9

IR-Objektive, die in einem sehr breiten Spektralbereich arbeiten, müssen in beiden atmosphäri-schen Fenstern die gleiche Brennweite haben. Gesucht ist eine Beziehung zur Materialauswahl für zwei eng beieinander stehende Linsen, für deren Kombination $f'_{4\mu m} = f'_{10\mu m} = 100$ mm gilt. Die Einzelbrennweiten beider Linsen ist für zwei Kombinationen zu berechnen. Günstige Lösun-gen zeichnen sich durch flache Linsenradien aus.

1. Ausgehend von Gl. (5.55) erweist sich die Benutzung der Brechkräfte $\Phi'_{1,2} = 1/f_{1,2}$ als vorteil-haft. Mit (5.29) folgt $\Phi'_i = (n_i - 1)\left[\dfrac{1}{r_{1i}} - \dfrac{1}{r_{2i}}\right] = (n_i - 1)K_1$ für jede Linse i. K_i repräsentiert die geometrischen Größen der Linse, die Brechzahlen sind für 4 µm und 10 µm einzusetzen

2. Die Forderung nach gleichen Gesamtbrennweiten bzw. Gesamtbrechkräften führt zu.

$$(n_1^4 - 1)K_1 + (n_2^4 - 1)K_2 = (n_1^{10} - 1)K_1 + (n_2^{10} - 1)K_2 \ .$$

Werden $K_{1,2}$ wieder durch die Einzelbrechkräfte ersetzt, folgt das Gleichungssystem

$$\Phi'_1 + \Phi'_2 = \Phi'_O = 1/(100 \text{ mm}) \ ,$$

$$\frac{n_1^4 - n_1^{10}}{n_1^4 - 1}\Phi'_1 + \frac{n_2^4 - n_2^{10}}{n_2^4 - 1}\Phi'_2 = 0 \ .$$

Die Einzelbrechkräfte ergeben sich mit den Abkürzungen

$$v_1 = \frac{n_1^4 - 1}{n_1^4 - n_1^{10}} \ , \ v_2 = \frac{n_2^4 - 1}{n_2^4 - n_2^{10}}$$

aus den Gleichungen (5.56) und (5.55) zu

$$\Phi'_1 = \frac{v_1 \cdot \Phi'_O}{v_1 - v_2}, \Phi'_2 = \Phi'_O - \Phi'_1 \ .$$

3. Günstige Lösungen sind dann erreichbar, wenn große v-Differenzen wirksam werden. In Tabelle 5.1 sind die benötigten v-Werte nicht angegeben. Materialien mit besonders kleinen Dispersionen sind Si, Amtir 1, IKS 34; große Dispersionen werden von GaAs, ZnS, ZnSe erreicht. Die entsprechenden v-Werte sind in Tab. 5.12 zusammengestellt.

Tab. 5.12: Extreme Abbesche Zahlen zur Achromatisierung beider atmosphärischer Fenster

Material	Si	Amtir 1	IKS 34	GaAs	ZnS	ZnSe
$v_i = \dfrac{n_i^4 - 1}{n_i^4 - n_i^{10}}$	319,1	91,8	102,5	80,1	24,3	53,7

4. Für die Linsenkombination eignen sich besonders Si als Sammel- und ZnS als Zerstreuungslinse. Da aber Si im hinteren atmosphärischen Fenster Absorptionsbanden aufweist, die nur mit Sonderbehandlungen verringert werden können, sollen zwei Kombinationen untersucht werden: Si/ZnS und IKS 34/ZnS. Die Ergebnisse sind in der Tabelle 5.13 eingetragen. Kleine K_i-Absolutwerte wirken sich günstig auf das räumliche Auflösung aus. Die erste Materialkombination ist damit die günstigere.

Tab. 5.13: Linsenkombinationen für $f'_{4\,\mu m} = f'_{10\,\mu m}$

Material	Φ'_1 / Φ'_O	Φ'_2 / Φ'_O	K_1 / mm^{-1}	K_2 / mm^{-1}	f'_1 / mm	f'_2 / mm
Si/ZnS	1,08	$-0,08$	$4,46 \cdot 10^{-3}$	$-6,58 \cdot 10^{-4}$	92,38	$-1213,2$
IKS 34/ZnS	1,31	$-0,31$	$8,14 \cdot 10^{-3}$	$-2,48 \cdot 10^{-3}$	76,29	$-321,81$

5.7 Aufgaben zur selbständigen Lösung

Aufgabe 5.1

Vergleichen Sie die Winkelauflösung der in Tabelle 5.3 angegebenen Objektive mit einer Brennweite 100 ... 130 mm für den Kontrast 0,5. Die Ergebnisse sind in Tab. 5.14 zusammengestellt.

Tab 5.14: Ergebnisse von Aufgabe 5.1

Objektiv	0,85/120	0,68/100	0,64/100	0,95/130
$\delta\omega_{0,5}$ in mrad	0,35	0,50	0,64	0,72

Aufgabe 5.2

Leiten Sie das Bewegungsregime für ein Drehkeilpaar aus zwei gleichen Keilen der Ablenkung $(n-1)\cdot\beta$ ab, welches in y keine Ablenkung erzeugen soll. Wie groß ist der in x-Richtung erfasste Feldwinkel?

Ergebnis: $\alpha_1 = -\alpha_2$ (gegenläufige Verdrehung bei gleicher Ausgangslage), $\omega_{Ox} = 2(n-1)\beta$.

Aufgabe 5.3

Für das Objektiv SCIRL 0,64/100 der Firma Pilkington wird eine räumliche Auflösung von $M_{O1} = 0,20$ bei 25 mm^{-1} für den äußersten Feldpunkt angegeben. Welche Werte erreicht die MTF für die Raumfrequenzen 0, 5, 10, ..., 25 mm^{-1}, wenn die Approximationsfunktionen 2 und 3 aus Tab. 5.4 mit $n = 1$ benutzt werden? Werten Sie das in Tab. 5.15 angegebene Ergebnis.

Tab. 5.15: Ergebnis der Anwendung verschiedener MTF-Approximationen für das Objektiv SCIRL 0,64/100

v' in mm^{-1}	1	5	10	15	20	25
$1 - \dfrac{1 - M_{O1}}{v'_1} v'$	1	0,84	0,68	0,52	0,36	0,20
$\exp -\left(a\dfrac{v'}{v'_1}\right)^2$	1	0,94	0,77	0,56	0,36	0,20

Die Glockenkurve spiegelt für $v' < v'_1$ zu große Kontrastwerte vor, sie kann nur dann als Approximation akzeptiert werden, wenn $M_{O1} > 0,6$ ist.

Tab. 5.16: Erfasste Objektfelder des Kamerasystems ZKS 128

Objektiv		1,2/68	1,4/30	1,4/18
erfasste	Länge	18,8 m	42,7 m	71,1 m
	Höhe	15 cm	33,3 cm	55,5 cm
$\cos^4 \omega_O$		0,98	0,92	0,82
E (100°C) in mW/cm²		0,504	0,370	0,370
E (480°C) in mW/cm²		57,4	42,2	42,2

Aufgabe 5.4

Eine typische Anwendung von IR-Zeilenkameras ist die Überwachung von Drehrohröfen in der Zementindustrie. Das Kamerasystem ZKS 128 ist mit einer 128-elementigen pyroelektrischen Zeile ausgerüstet, deren Pixelabstand 0,1 mm beträgt. Als Wechselobjektive stehen 1,2/68, 1,4/30 und 1,4/18 zur Verfügung, deren Transmission im atmosphärischen Fenster 3 ... 5 µm mit 60 % angenommen werden kann. Welcher Bereich des Drehrohrofens wird aus einer Entfernung von 100 m mit den verschiedenen Objektiven erfasst? Welchen Bestrahlungsstärken ist der Sensor in den Grenzbereichen 480 °C und 100 °C ausgesetzt, wenn für den Emissionsgrad 0,9 angenommen wird? Wie wirkt sich das $\cos^4$-Gesetz aus? Die Ergebnisse sind in Tab. 5.16 zusammengefasst.

Aufgabe 5.5

Für die Entwicklung der Pyrometerreihe Pyrovar 1 stehen nichtentspiegelte Linsen aus Quarzglas, CaF_2 und KRS-5 zur Verfügung. Als Empfänger werden pyroelektrische Sensoren mit einer Chipfläche von 2 mm Durchmesser verwendet, für die bei einer Chopperfrequenz von 30 Hz eine mittlere Detektivität von $10^8 \, cm Hz^{0,5} W^{-1}$ angesetzt werden kann. Die Rauschbandbreite für einen solchen Betrieb beträgt ca. 90 Hz. Berechnen Sie den notwendigen Linsendurchmesser für eine Brennweite von 100 mm, wenn für $\varepsilon = 1$ eine thermische Auflösung von 1 K erreicht werden soll. Die unterschiedlichen Spektralbereiche sind zur störungsarmen Messung gewählt.
Quarzglas ist in diesen Spektralbereichen nicht mehr durchlässig. Die niedrigsten Temperaturen legen den Mindestlinsendurchmesser fest. Die Zwischen- und Endergebnisse sind in Tab. 5.17 zusammengefasst.

Tab. 5.17: Berechnung des Minimaldurchmessers der Pyrovar-Objektive

Temperaturbereich		0 ... 900 °C	0 ... 300 °C	200 ... 1300 °C
Spektralbereich		8 ... 9 μm	8 ... 14 μm	4,5 ... 5,5 μm
$\bar{\tau}_A$		0,9	0,8	0,9
$\int \dfrac{\partial M_\lambda}{\partial T} d\lambda$ in $\dfrac{W}{K \cdot cm^2}$		$3,89 \cdot 10^{-5}$	$2,00 \cdot 10^{-4}$	$3,94 \cdot 10^{-4}$
MD in $\dfrac{\sqrt{Hz}}{cm \cdot K}$		3 500	16 000	35 460
D_O in mm	CaF$_2$	80,6	---	25,3
	KRS-5	93,0	43,3	29,2

Aufgabe 5.6

Dimensionieren Sie einen Kepler-Vorsatz ($D_O, f'_1, D_2, f'_2, a'_{2P}$), für die Vergrößerungen $-3x$ und -10 x, wenn der Schwingspiegel einen AP-Durchmesser von 10 mm gestattet und dessen Maximalauslenkung $\alpha_{max} = 7,5°$ beträgt. Der kritische Systemdurchmesser D_2 muss ausgehend von den Schwingspiegeldaten dimensioniert werden, wobei ein Verhältnis $f'_2 : D_2 = 1$ als realistisch erscheint. Wie groß ist die Mindestbaulänge? Die Ergebnisse sind in Tabelle 5.18 zusammengestellt.

Tab. 5.18: Dimensionierungsergebnisse für einen Kepler-Vorsatz

Γ'	f'_1/mm	D_O/mm	f'_2/mm	D_2/mm	a'_{2P}/mm	l_{min}/mm
-3 x	105,0	30	35,0	35,0	46,7	186,7
-10 x	243,6	100	24,36	24,36	26,8	294,8

Aufgabe 5.7

Wählen Sie für das spektrale Fenster 3 ... 5 μm eine zweckmäßige Materialkombination, die $f'_{3\mu m} = f'_{5\mu m}$ garantiert und einen geringen Äquivalentwert für den Temperaturkoeffizienten γ_T aufweist. Die Ergebnisse sind in Tab. 5.19 zusammengefasst.

Tab. 5.19: Achromatische Linsenkombinationen für das MIR-Fenster 3 ... 5 µm mit geringer thermischer Empfindlichkeit

Kombination	Äquivalent-γ_T in 10^{-6} K^{-1}
Amtir 1/GaAs	+ 0,75
IG 5/IKS 32	− 2,56
IKS 34/IG 3	+ 4,77
Si/Ge	+ 6,91

Aufgabe 5.8

Bestimmen Sie für eine Materialkombination in Aufgabe 5.7 die Ausgangsradien der dünnen Linsen für eine Gesamtbrennweite von 100 mm. Das Objekt befindet sich im Unendlichen.
Ergebnis:
Si-Linse: $r_1 = 58,32$ mm; $r_2 = 97,74$ mm; Ge-Linse: $r_3 = 47,14$ mm; $r_4 = 42,64$ mm.

6   Infrarotstrahlungsempfänger

Die Strahlungsempfänger (Detektoren) werden als die wichtigsten Elemente der thermographischen Geräte bezeichnet, da sie die Wandlung der unsichtbaren IR-Strahlung in auswertbare Signale übernehmen. Aufzeichnungsmedien für das thermische IR nach dem Vorbild des fotografischen Films müssten tiefgekühlt aufbewahrt werden, um nicht von der Umgebungsstrahlung belichtet zu werden. Damit bleibt nur der Umweg über eine zeitliche Folge elektrischer Signale, um eine thermische Szene sichtbar zu machen. Daraus ergeben sich drei Hauptforderungen an die Empfänger: 1. Wandlung des einfallenden Strahlungsflusses Φ' im Bereich des MIR und/oder LIR in eine Spannung oder einen Stromfluss, 2. Wandlung mit einer kurzen Zeitkonstante t_D zum Aufbau von Echtzeitbildern, 3. kleine Pixelgrößen (x_D, y_D) zur Gewährleistung einer hohen räumlichen Auflösung.

In diesem Kapitel wird auf die Eigenschaften der in modernen Wärmebildgeräten eingesetzten Strahlungsempfänger eingegangen.

6.1   Empfängerkenngrößen

Im Vordergrund stehen diejenigen Kenngrößen, die die Qualität des elektrischen Signals bestimmen. Aufgrund des geringen Strahlungskontrastes der Objektszene (vgl. Kap. 3.5.4) spielt das Eigenrauschen der Empfänger eine besondere Rolle. Zur Einbindung in die radiometrische Kette wird die MTF für IR-Empfänger benötigt.

6.1.1   Empfindlichkeit (responsivity, sensibilité)

Als Empfindlichkeit wird das Verhältnis bezeichnet, mit dem der auf den Empfänger fallende Strahlungsfluss Φ' in eine elektrische Signalgröße (meist Spannung U_s, sonst ein Strom I_s) gewandelt wird:

$$R_D = \frac{U_s}{\Phi'} = \frac{U_s}{E \cdot A_D} \quad \text{bzw.} \quad R_D = \frac{I_s}{\Phi'} = \frac{I_s}{E \cdot A_D} \qquad \text{(in V/W bzw. A/W)} \qquad (6.1)$$

Handelt es sich um zeitlich veränderliche Größen, müssen für Φ' und U_s (bzw. I_s) die Effektivwerte eingesetzt werden. A_D ist die Größe der Empfängerfläche, E die Bestrahlungsstärke auf dem Empfänger, die durch die Abbildung des optischen Systems entsteht (vgl. Kap. 5.1.2).

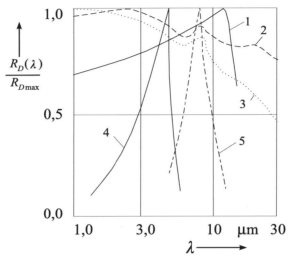

Abb. 6.1: Typische relative Empfindlichkeiten unterschiedlicher Infrarotempfänger in Abhängigkeit von der Wellenlänge: 1 LiNbO$_3$ pyroelektrisch, 2 TGS pyroelektrisch, 3 Bolometer, 4 InSb bei 77 K, 5 Hg$_{0,6}$Cd$_{0,4}$Te bei 77 K

Die Empfängerempfindlichkeit weist eine Reihe von Abhängigkeiten auf. Die spektrale Empfindlichkeit $R_D(\lambda)$ wird vor allem vom wandelnden Material bestimmt. Zusätzlich wirkt das Abdeckfenster des Empfängers als spektraler Filter.

Abb. 6.1 verdeutlicht die beiden grundsätzlichen Typen von IR-Empfängern: thermische Empfänger mit einer relativ konstanten Empfindlichkeit über der Wellenlänge und Quantenempfänger mit einer spektral stark veränderlichen Empfindlichkeit.

Die zeitliche Abhängigkeit wird durch die Zeitkonstante t_D bzw. durch die Kippfrequenz f_D charakterisiert:

$$f_D = \frac{1}{2\pi \cdot t_D} \, . \qquad (6.2)$$

f_D ist diejenige Modulationsfrequenz des einfallenden Strahlungsflusses, bei der die Detektorempfindlichkeit auf 0,707 ihres Maximalwertes (das entspricht 3 dB) abgefallen ist. In Abb. 6.2 sind Messergebnisse einschließlich f_D dargestellt. Außer der Empfindlichkeit ist die Änderung der rauschbestimmenden Größe spezifische Detektivität D^* dargestellt.

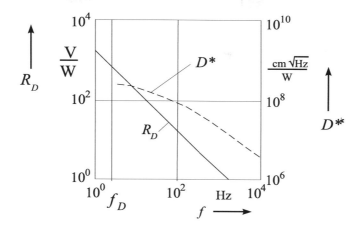

Abb. 6.2: Gemessener Frequenzgang eines pyroelektrischen LiNbO$_3$-Sensors mit Kippfrequenz f_D (Norkus et al. 1987)

Des Weiteren besteht eine typische Abhängigkeit zwischen der Empfindlichkeit und der Größe der Empfängerfläche A_D. Infolge der wachsenden Zahl von Oberflächendefekten fällt die Empfindlichkeit mit zunehmender Empfängerfläche (vgl. Abb. 6.3).

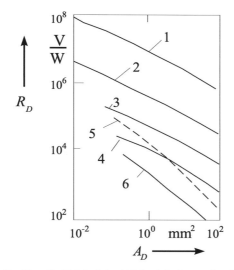

Abb. 6.3: Empfindlichkeit in Abhängigkeit von der Größe der Empfängerfläche (Gausssorgues 1984): 1 PbS bei 195 K Betriebstemperatur, 2 PbS bei 300 K, 3 PbSe bei 195 K, 4 PbSe bei 300 K Betriebstemperatur, 5 InSb bei 77 K Betriebstemperatur, 6 TGS bei 10 Hz Betriebsfrequenz

Bei der Auswertung von Abb. 6.3 fällt ein neuer Parameter auf, der die Leistungsfähigkeit der Empfänger maßgeblich beeinflusst: die Betriebstemperatur. Je tiefer die Empfänger gekühlt werden, desto geringer wird ihr Eigenrauschen.

6.1.2 Detektivität (detectivity, detectivité)

Die Detektivität, auch als Nachweisempfindlichkeit bezeichnet, ist die am häufigsten benutzte Empfängergröße. Sie entscheidet über das Rauschverhalten des Empfängers und damit über die thermische Auflösung und die Reichweite des IR-Gerätes.

Als Bezug werden für den Empfänger Arbeitsfrequenzen im weißen Rauschen (Zone II in Abb. 6.4) angenommen. In diesem Gebiet ist die von der Empfängerfläche verursachte Rauschleistung $P_n = U_0^2 / R = R \cdot I_0^2$ frequenzunabhängig. Das typische Rauschleistungsspektrum NPS von Empfängern ist in Abb. 6.4 dargestellt. Der physikalische Hintergrund des NPS ist in Kap. 2.2 erläutert.

Ursachen des weißen Rauschens sind Photonenrauschen, thermische Effekte und Diffusionsvorgänge. Für Frequenzen unterhalb des weißen Rauschens steigt P_n infolge von Defekten auf der Empfängeroberfläche an. Für Frequenzen oberhalb des weißen Rauschens sinkt P_n weiter. In diesem Bereich ist die Empfindlichkeit $R_D(f)$ stark abgesunken.

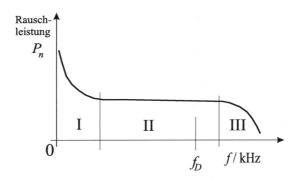

Abb. 6.4: Schematische Darstellung des Rauschleistungsspektrums NPS mit Kippfrequenz f_D
I   1/f-Rauschen infolge von Oberflächendefekten, II Bereich des weißen Rauschens (NPS = const.), III Rauschleistungsabfall bei schneller Modulation

Als Kenngröße zur Beschreibung des Rauschens eines Empfängers wird die äquivalente Rauschleistung NEP (Noise Equivalent Power) benutzt. Sie repräsentiert denjenigen einfallenden Strahlungsfluss Φ'_{min}, der notwendig ist, um eine Spannung zu erzeugen, die gleich der Rauschspannung U_n ist:

$$\text{NEP} = \Phi'_{min} = \frac{U_n}{R_D} \quad \text{(in W).} \tag{6.3}$$

Gute Detektoren zeichnen sich durch sehr kleine NEP-Werte aus, wobei Werte bis 10^{-17} W erreicht werden. Die NEP hängt von der Empfängerfläche A_D, der Messbandbreite des Signals $\overline{\Delta f}$, der Wellenlänge λ und der Modulationsfrequenz f der einfallenden Strahlung und schließlich von der Betriebstemperatur des Empfängers ab.

Um diese Vielfalt etwas einzugrenzen, wird auf die experimentell ermittelten Erfahrungen zurückgegriffen, dass sich die NEP etwa proportional $\sqrt{A_D \cdot \overline{\Delta f}}$ bei sonst gleichen Bedingungen verschlechtert. Die Kenngröße spezifische Detektivität D^* trägt dieser Erfahrung Rechnung:

$$D^*(\lambda, T_D, f) = \frac{\sqrt{A_D \cdot \overline{\Delta f}}}{\text{NEP}} \quad \text{(in cm Hz}^{0,5} \cdot \text{W}^{-1} = \text{Jones).} \tag{6.4}$$

Damit erhält man eine von den applikationsbedingten Größen A_D und $\overline{\Delta f}$ weitgehend unabhängige Empfängergröße, die auf die Empfängerfläche A_D = 1 cm² und auf die Bandbreite $\overline{\Delta f}$ = 1 Hz bezogen ist. Bisweilen wird für die Maßeinheit die Abkürzung „Jones" verwendet. Große D^*-Werte kennzeichnen ein geringes Detektorrauschen.

Die Einflüsse der Objekt- und der Betriebstemperatur, der Wellenlänge und der Betriebsfrequenz können nicht allgemeingültig approximiert werden, so dass die konkreten Prüfbedingungen für die D^*-Bestimmung angegeben werden. $D^*(T, f, \overline{\Delta f})$ bezieht sich auf Strahlung des schwarzen Körpers der Temperatur T, $D^*(\lambda, f, \overline{\Delta f})$ auf Strahlung der Wellenlänge λ. Während f die Modulationsfrequenz der Strahlung kennzeichnet, ist $\overline{\Delta f}$ die elektrische Messbandbreite für das Empfängerrauschen. Allgemein gilt, dass mit steigender Betriebstemperatur das Rauschen zunimmt. Damit nimmt die Detektivität ebenso wie die Empfindlichkeit bei tieferen Betriebstemperaturen zu, so dass der Detektorkühlung in Wärmebildgeräten besondere Aufmerksamkeit zukommt.

In den Abbildungen 6.5 und 6.6 sind typische Abhängigkeiten dargestellt. Bei der spektralen Abhängigkeit der spezifischen Detektivität $D^*(\lambda)$ lassen sich die beiden IR-Empfängergruppen wieder unterscheiden: thermische Empfänger mit relativ gleichmäßiger Detektivität über einen weiten Spektralbereich und Quantenempfänger mit einer starken Änderung über der Wellenlänge, einem um mindestens eine Größenordnung höheren Maximalwert D^*_{max} und einer oberen Grenzwellenlänge (cut-off).

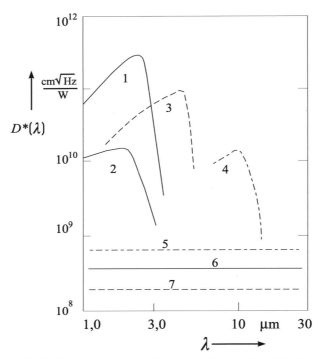

Abb. 6.5: Wellenlängenabhängigkeit der spezifische Detektivität wichtiger Infrarot-Empfänger mit Angabe der Betriebstemperatur:
1 PbS 195 K, 2 PbS 300 K, 3 InSb 77 K, 4 HgCdTe 77 K,
5 Pyroelektrischer Empfänger 300 K, 6 Bolometer 300 K, 7 Thermosäule 300 K

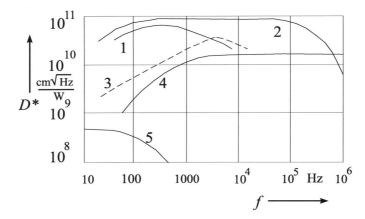

Abb. 6.6: Frequenzgang der spezifischen Detektivität typischer IR - Empfänger mit Angabe der Betriebstemperatur: 1 PbS 300 K, 2 InSb 77 K, 3 PbSe 195 K,
4 HgCdTe 77 K, 5 Bolometer 300 K

Auch bei der Abhängigkeit der Detektivität von der Betriebsfrequenz f zeigen beide Sensorgruppen erhebliche Unterschiede. Während thermische Detektoren nur bei niedrigen Frequenzen betrieben werden, haben Quantendetektoren um Größenordnungen kürzere Zeitkonstanten.

6.1.3 Kleinste auflösbare Bestrahlungsstärkedifferenz

Das verarbeitbare Empfängersignal wird gekennzeichnet durch das Nutzsignal U_s und das Signalrauschverhältnis SNR (signal to noise ratio). Mit der Definition der Empfindlichkeit folgt das Nutzsignal zu $U_s = R_D \cdot E \cdot A_D$. Die Rauschspannung wird mit der Definition der spezifischen Detektivität $U_n = \mathrm{NEP} \cdot R_D = \dfrac{\sqrt{A_D \cdot \overline{\Delta f}}}{D*} R_D$. Damit folgt für das Signal-Rausch-Verhältnis $U_s : U_n$

$$\mathrm{SNR} = E \cdot D* \sqrt{\frac{A_D}{\overline{\Delta f}}} \quad . \tag{6.5}$$

Hier wird die besondere Bedeutung der Kenngröße Detektivität deutlich, um ein auswertbares Signal zu erhalten.

Besonders interessant für die Thermographie ist die kleinste im Objekt auflösbare Temperaturdifferenz δT nach Gl. (5.12). Für die Ableitung dieser Formel wird die kleinste vom Detektor noch unterscheidbare Bestrahlungsstärkedifferenz δE benötigt. Sie ergibt sich, wenn in (6.5) SNR = 1 gesetzt wird:

$$\delta E = \frac{1}{D*} \sqrt{\frac{\overline{\Delta f}}{A_D}} \quad . \tag{6.6}$$

Die Formel (5.12) für die thermische Auflösung im Objekt δT ergibt sich aus dem Ansatz $\dfrac{\delta E}{\delta T} = \dfrac{\partial E}{\partial T}$, wenn für E die Bestrahlungsstärke nach Gl. (5.9) eingesetzt wird.

6.1.4 Modulationsübertragungsfunktion

Das Übertragungsverhalten der Empfänger wird durch zwei MTF's beschrieben: die geometrische M_{Dg} wegen der Form der Empfängerpixel, und die zeitliche M_{Dt}, infolge der Empfängerträgheit bei der Umwandlung des Strahlungsflusses in ein elektrisches Signal. Da bei der Strahlungsumwandlung in ein elektrisches Signal die Korrelation der Abbildung aufgehoben wird, ist die

Gesamtübertragungsfunktion des Empfängers das Produkt

$$M_D = M_{Dg} \cdot M_{Dt} \, . \tag{6.7}$$

M_{Dg} ist eine Funktion der Ortsfrequenz v', M_{Dt} eine Funktion der Verarbeitungsfrequenz f. Die Umrechnung beider Frequenzen ineinander hängt vom Abtastregime ab und gründet sich auf die Grundbeziehung (5.27).

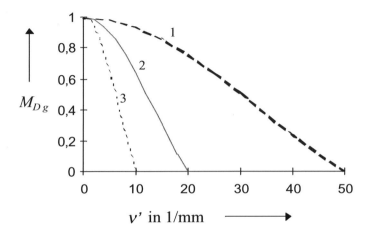

Abb. 6.7: Geometrische MTF von IR-Empfängern mit unterschiedlicher Pixelgröße
1 $x_D = 20\,\mu\mathrm{m}$ bzw. $y_D = 20\,\mu\mathrm{m}$, 2 $x_D = 50\,\mu\mathrm{m}$ bzw. $y_D = 50\,\mu\mathrm{m}$
3 $x_D = 100\,\mu\mathrm{m}$ bzw. $y_D = 100\,\mu\mathrm{m}$

Zum lückenlosen Aufbau des thermographischen Bildes werden Pixel in Rechteckform benötigt. Die MTF dieser Pixelgeometrie ist in Tab. 2.2 als Spaltfunktion angegeben. Dabei wird vorausgesetzt, dass die Empfindlichkeit über der Pixelfläche konstant ist. Mit den Außenmaßen der Empfängerpixel (x_D, y_D) ergeben sich die geometrischen MTF's als sinc-Funktion

$$M_{Dgx} = \frac{\sin\,(\pi \cdot x_D \cdot v'_x)}{\pi \cdot x_D \cdot v'_x} \quad \text{bzw.} \quad M_{Dgy} = \frac{\sin\,(\pi \cdot y_D \cdot v'_y)}{\pi \cdot y_D \cdot v'_y} \, , \tag{6.8 a,b}$$

wobei die bevorzugte Abtastrichtung die x-Koordinate ist.
In Abb. 6.7 ist für typische IR-Pixelgrößen die geometrische Empfänger-MTF dargestellt. Je feiner die Pixel, desto höhere Ortsfrequenzen könne übertragen werden. Eine sinnvolle Grenze zeichnet sich bei 20 µm Pixelaußenmaß ab, da dann die Beugungsunschärfe der Abbildung erreicht wird (vgl. Berechnungsbeispiel 6.1).

Die zeitliche MTF hängt vom Funktionsprinzip des Empfängers ab. Wird das Empfängerpixel ohne weitere Zwischenschritte ausgelesen, bestimmt die zeitliche Trägheit des Empfängers M_{Dt}

Dann kann in erster Näherung die zeitliche MTF durch eine Tiefpasscharakteristik nach (2.16) mit der Kippfrequenz f_D beschrieben werden:

$$M_{Dt} = \frac{1}{\sqrt{1 + (f/f_D)^2}} \; . \tag{6.9}$$

Diese Funktion hat keine Nullstelle und ist in Abb. 2.8 dargestellt. In Beispiel 6.2 wird die Abstimmung von M_{Dg} und M_{Dt} für einen Einelementempfänger demonstriert.

Das Funktionsprinzip der Empfänger beeinflusst ebenfalls die Übertragungsfunktion. Diese Einflüsse sind sensorspezifisch. Auf diese zusätzlichen Übertragungsfunktionen wird nur eingegangen, wenn die hier angegebenen M_D-Funktionen das Übertragungsverhalten nicht ausreichend beschreiben.

6.2 Thermische Empfänger

Thermische Empfänger setzen die einfallende Strahlung in Wärme um. Die damit verursachte Temperaturänderung ΔT bewirkt eine Änderung des elektrischen Signals. Aufgrund dieses Wirkprinzips sind thermische Empfänger im Wesentlichen wellenlängenunabhängig. Begrenzend wirken vor allem die Abschlussfenster. Aufgrund dieses Funktionsschemas können im spektralen Arbeitsbereich $\lambda_1 \leq \lambda \leq \lambda_2$ Empfindlichkeit und Detektivität thermischer Empfänger als konstant vorausgesetzt werden:

$$R_D(\lambda) \approx R_{Dth} = \text{const.} \qquad \text{und} \qquad D^*(\lambda) \approx D_{th}^* = \text{const} . \tag{6.10 a,b}$$

In den meisten Anwendungen werden thermische Empfänger kostengünstig ohne Kühlung betrieben. Messsysteme werden mit einer thermischen Stabilisierung des Empfängers ausgestattet. Moderne FPA-Lösungen sind in (Kruse 2001) dargestellt.
Auch bei thermischen Empfängern lässt sich die ihre Detektivität durch Kühlung erheblich steigern. Aus festkörperphysikalischen Überlegungen folgt die theoretische Maximaldetektivität thermischer Empfänger zu

$$D^*_{\lim th} = \frac{1}{4\sqrt{k \cdot \sigma \cdot T^5}} , \tag{6.11}$$

wenn T die Betriebstemperatur, σ die Stefan-Konstante und k die Boltzmann-Konstante ist. Spitzenempfänger erreichen 1/10 dieses Wertes.

6.2.1 Arten thermischer Einelementempfänger

Thermische Detektoren in Einelementausführung sind sehr preisgünstig herzustellen und kommen in Strahlungsmessgeräten ohne Bildauflösung zum Einsatz. Typische Anwendungen sind Pyrometer, Spektralphotometer und Leistungsmesser. Die hier genutzten drei Wirkprinzipien finden auch in modernen Wärmebildgeräten Anwendung. Bolometer wandeln die Temperaturänderung ΔT in eine Widerstandsänderung ΔR, Thermosäulen wandeln die Temperaturänderung ΔT in eine Spannungsänderung ΔU, und pyroelektrische Empfänger wandeln die Temperaturänderung ΔT in eine Ladungsänderung ΔQ.

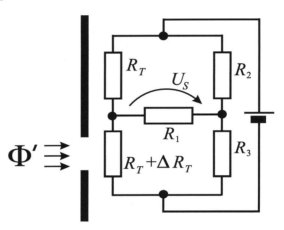

Abb. 6.8: Funktionsprinzip eines Bolometers

Das Bolometer hat als Grundbaustein zwei temperaturempfindliche Widerstände (Ther-mistoren) R_T, die mit der Temperatur ihre Leitfähigkeit ändern. Die Thermistoren mit gleichem Temperaturgang befinden sich in einer Brückenschaltung. Fällt keine Strahlung auf das Bolometer, ist die Brücke über die Widerstände R_2, R_3 abgeglichen. Gelangt Strahlung auf den offenen Thermistor, ändert sich dessen Widerstand um ΔR_T. Damit verstimmt sich die Brücke. Maßverkörperung für den einfallenden Strahlungsfluss Φ' ist der Spannungsabfall über R_1. Bei Temperaturänderungen ohne Strahlungseinfall verstimmt sich die Brücke nicht, da beide Thermistoren den gleichen Temperaturgang haben. Thermistormaterialien für den Normaltemperaturbereich sind Mn-, Co-, Ni- und V-Oxidschichten. Supraleitungsbolometer auf Metall- oder Halbleiterbasis arbeiten bei extrem tiefen Temperaturen und erreichen höchste Detektivitäten in sehr breiten Spektralbereichen. Bolometer reagieren sowohl auf Gleich- als auch Wechsellicht und benötigen eine Vorspannung. Typische Daten enthält Tab. 6.1.

Thermoelemente (thermocouple) und Thermosäulen (thermopile) verwenden als Grundbaustein die Verbindungsstelle zweier Metalle. Aufgrund des Seebeck-Effektes entsteht bei Erwärmung dieser Verbindungsstelle an den Metallenden eine Thermospannung ΔU. Eine der häufigsten Metallkombinationen ist Sb-Bi. Mit der Modifikation $Bi_{0,87}Sb_{0,13}$-Sb als Thermopaar werden Detektivitäten bis 10^9 Jones erreicht (Müller 1997). Die Hintereinanderschaltung mehrerer Thermoelemente führt zur Thermosäule. Dabei muss jedes Thermopaar mit der warmen Verbindungsstelle auf dem absorbierenden Detektorchip und mit der kalten Verbindungsstelle auf der Bezugsfläche angebracht werden (vgl. Abb. 6.9). Thermoelemente werden ohne Vorspannung betrieben und reagieren auf Gleich- und Wechsellicht.

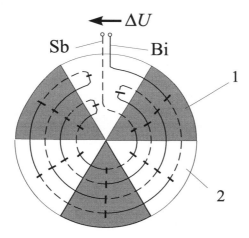

Abb. 6.9: Ausführungsform der Thermosäule Pyrgeometer (Foot 1986)
------ Sb-Thermoschenkel, ——— Bi-Thermoschenkel
1 Empfängersegment (warm, absorbierend), 2 Bezugssegment (kalt, reflektierend)

Tab 6.1: Typische Daten thermischer Einelementempfänger

Detektorart	R_D in V/W bei 500 K-Strahler	D^* (500K) in Jones	t_D in ms	Betriebstemperatur
Thermistorbolometer	100 ... 5000	$\leq 8 \cdot 10^8$	0,6 ... 20	300 K
Supraleitungsbolometer (Ge)		$3000 \cdot 10^8$	0,2 ... 1	2,1 K
Thermoelement	5	$\leq 15 \cdot 10^8$	1,0 ... 100	300 K
Thermosäule	20 ... 500	$10^8 ... 20 \cdot 10^8$	15 ... 40	300 K
pyroelektrische Empfänger	150 ... 1500	$3 \cdot 10^8 ... 15 \cdot 10^8$	2 ... 40	300 K

Pyroelektrische Empfänger (pyroelectrics) wirken wie strahlungsempfindliche Kondensatoren. Ihr Grundbaustein ist ein Kristall mit stark asymmetrischem Aufbau, der zu einem Dipolcharakter führt. Damit verfügt der Kristall über eine permanente elektrische Polarisation. Typische Kristallmaterialien sind TGS (Triglyzinsulfat), $LiNbO_3$, $LiTaO_3$ sowie PDVF (Polyvinylidenflourid). Eine

Änderung der Temperatur verursacht eine Änderung der Polarisation, die am Kristall durch Elektroden als Ladungsänderung ΔQ abgegriffen werden kann (vgl. Abb. 6.10). Das Überdeckungsgebiet der Elektroden bildet die empfindliche Fläche A_D. Die für die Entladung des Kondensators notwendige Spannung wird verstärkt und liefert ein auswertbares Signal. Die Verstärkerschaltung muss mit einer Betriebsspannung von außen versorgt werden.

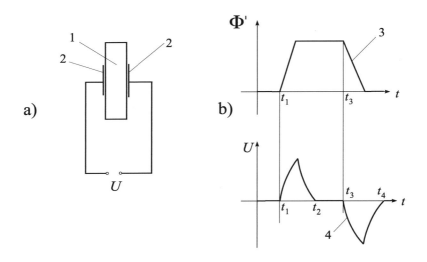

Abb. 6.10: Wirkprinzip des pyroelektrischen Einelementempfängers
a) grundsätzlicher Aufbau mit A_D als Überdeckungsgebiet der Elektroden
b) zeitliche Änderung des einfallenden Strahlungsflusses Φ' und der zum Ladungsausgleich notwendigen Spannung U
1 pyroelektrischer Kristall, 2 Elektroden, 3 Strahlungsfluss Φ', 4 Signalspannung U

Da sich die Polarisation im Kristall mit dem auftreffenden Strahlungsfluss ändert, reagieren pyroelektrische Empfänger nur auf Wechsellicht. In Abb. 6.10 ist der prinzipielle Spannungsverlauf bei Änderung des einfallenden Strahlungsflusses dargestellt. Der im Empfänger integrierte Vorverstärker unterdrückt entweder die negative Spannung oder richtet sie gleich.

6.2.2 Pyroelektrisches Vidikon

Das pyroelektrische Vidikon (auch Pyrikon genannt) ist ein besonderer Typ von Fernsehaufnah-meröhre. Als strahlungsempfindliches Element dient ein Target, welches aus pyroelektrischem Material hergestellt ist. Abb. 6.11 zeigt den grundsätzlichen Aufbau eines Pyrikons.

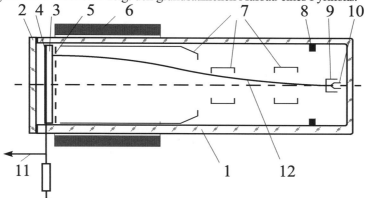

Abb. 6.11: Prinzipieller Aufbau eines Pyrikons
1 Glaskolben (typischer Durchmesser 26 mm, Länge 160 mm), 2 IR-transparentes Eintrittsfenster, 3 pyroelektrisches Target, 4 Signalelektrode, 5 ausgleichendes Gitter, 6 magnetisches Ablenksystem, 7 Anoden, 8 regelbare Ionenquelle, 9 Katode, 10 Glühfaden, 11 Videosignal, 12 Elektronenstrahl

Das Eintrittsfenster (Dicke ca. 2 mm) ist IR-durchlässig. Etwa 1,5 mm hinter dem Fenster befin-det sich das pyroelektrische Target (Durchmesser 17 ... 18 mm), auf dessen Vorderfläche die Signalelektrode aufgedampft ist.

Als Targetmaterial wird meist TGS mit einer Wärmeleitfähigkeit $k_T = 0,6 \ \mathrm{W \cdot cm^{-1} \cdot K^{-1}}$ einem pyroelektrischen Koeffizienten $\rho_P = 2,8 \cdot 10^{-4} \mathrm{cal \cdot cm^{-2} \cdot K^{-1}}$, und einer Dielektrizitätskonstante $\varepsilon_r = 43$ benutzt. Das Target ist mit rechtwinklig verlaufenden Gräben durchzogen, die aber den elektrischen und thermischen Kontakt der einzelnen Pixel nicht völlig unterbrechen. Dadurch kommt es zu einem Zerfließen des Ladungsbildes. Diese Verschlechterung der räumlichen Auflö-sung wird durch ein sehr dünnes Targetmaterial (ca. 30 µm) verringert. Die Targetrückseite wird von einem Elektronenstrahl abgetastet, dessen Erzeugung, Steuerung und Ablenkung wie beim normalen Fernsehvidikon erfolgt.

Das Videosignal wird in folgenden Etappen erzeugt (vgl. Abb. 6.12):

1. Das optische System erzeugt auf der Vorderseite des Targets ein Infrarotbild, welches eine Temperaturverteilung auf dem pyroelektrischen Kristall hervorruft.

2. Nur wenn sich die Temperatur ändert, bewirkt der pyroelektrische Effekt eine Änderung der elektrischen Ladungsverteilung ΔQ in den einzelnen Pixeln.

3. Dieses elektrische Ladungsbild wird auf der Rückseite des Targets mit dem Elektronenstrahl abgetastet.

4. Während der Abtastung ändert sich der Entladungsstrom entsprechend des Ladungsbildes, damit wird das Ladungsbild auf dem Target gelöscht.

5. Der Entladungsstrom enthält die Information über das IR-Bild.

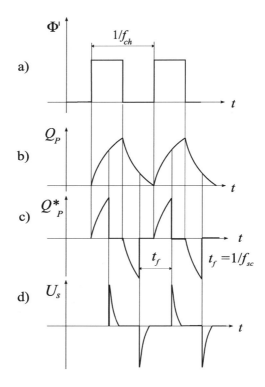

Abb. 6.12: Zeitlicher Verlauf der Signalerzeugung im Pyrikon (chopping-Mode)
a) Einfallender Strahlungsfluss
b) Oberflächenladung ohne Abtastung
c) Entladung der Oberflächenladung durch Elektronenstrahlabtastung
d) Spannung an der Signalelektrode

Ausgehend vom physikalischen Arbeitsprinzip ergeben sich folgende Besonderheiten für den Einsatz eines Pyrikons: 1. Gleichmäßige Empfindlichkeit in einem großen Spektralbereich, der durch die Transmission des Eintrittsfensters und durch die Absorption des Targets begrenzt wird; 2.

Funktion ohne spezielle Kühlsysteme bei Umgebungstemperatur; 3. TV-kompatibles Ausgangssignal; 4. nur für Temperaturänderungen empfindlich.

Der pyroelektrische Effekt, nur Änderungen des Strahlungsflusses zu registrieren, begründet zwei Arbeitsprinzipien des Pyrikons: den panning-Modus und den chopping-Modus.

Im panning-Modus wird auf optomechanischem Wege das abgebildete Feld auf dem Target um eine kleine Strecke bewegt. Die Optimalgeschwindigkeit dieser Verschiebung hängt von den Targetparametern und der Bildstruktur ab. Das Maximalsignal entsteht bei einer Relativgeschwindigkeit v_r auf dem Target von 2 ... 5 mm/s. Am einfachsten wird der panning-Modus durch Bewegen der Kamera realisiert. Das Pyrikon spricht auf zeitliche Änderungen der Objekttemperatur und auf Bewegungen in der Objektszene an. Die Berechnung einer Temperaturdifferenz in der Objektszene aus dem Pyrikonsignal ist im panning-Modus mit vielen Unsicherheiten behaftet.

Im chopping-Modus wird der einfallende Strahlungsfluss durch einen mechanischen Zerhacker (Chopper) unterbrochen. Das Chopperrad befindet sich unmittelbar vor dem Pyrikon. Seine zum Pyrikon gewandte Seite dient als Normierungsszene. Beim Öffnen erwärmt der Strahlungsfluss das Target. Es entsteht ein positives Signal. Das Unterbrechen des Strahlungsflusses bewirkt eine Abkühlung, es entsteht ein negatives Signal. Ein gut auswertbares Signal wird erreicht, wenn am Ende der Offen- und der Zuphase der Elektronenstrahl das gesamte Ladungsbild abtastet und damit entlädt (vgl. Abb. 6.12). Um ein TV-gerechtes Bild mit 50 Hz Bildfrequenz zu erreichen, muss die Chopperfrequenz 25 Hz betragen. Im chopping-Modus können damit unbewegte Szenen zur Anzeige gebracht werden.

Für die optimale Nutzung des Pyrikons müssen einige Empfängergrößen angepasst werden. Die Empfindlichkeit folgt aus der Wärmeleitungsgleichung des pyroelektrischen Targets. Bei Strahlungseinfall erwärmt sich das Target um die Temperatur

$$\Delta T = \frac{E \cdot t_f \cdot \alpha_P}{\rho_P \cdot c_P \cdot e_P}$$

mit E Targetbestrahlungsstärke, t_f Bildabtastzeit, α_P Absorptionsgrad des Pyroelektrikums, ρ_P dessen Dichte und c_p dessen spezifische Wärme, e_P Targetdicke. Aufgrund des pyroelektrischen Effektes entsteht auf der Targetoberfläche eine elektrische Ladung mit der Flächendichte $\Delta Q = p_p \cdot \Delta T$ mit p_P als pyroelektrische Konstante des Targets. Beim Abtasten des Targets entsteht der Signalstrom $I = \Delta Q_p \cdot A_D / t_f$, wenn A_D die empfindliche Targetfläche ist. Die Stromempfindlichkeit entsprechend Gl. (6.1) wird damit

$$R_D = \frac{p_P \cdot \alpha_P}{\rho_P \cdot c_P \cdot e_P} \,. \tag{6.12}$$

Für das Material TGS gelten die Werte $p_P = 3{,}5 \cdot 10^{-4}$ cal m^{-2} K^{-1}, $\alpha_P = 0{,}8$, $\rho_P = 1{,}7$ g/cm^3, $c_P = 1{,}5 \cdot 10^{-3}$ Ws kg^{-1}K^{-1}. Mit der Targetdicke von 30 μm ergibt sich eine theoretische Empfindlichkeit von 3,7 μA/W.

Die Zeitkonstante des Pyrikons wird durch Wärmeübergangsprozesse im Target bestimmt, die eine nichtvollständige Ladungsauslesung aus dem Target verursachen. Für TGS wird $t_D = 5...6\,\mathrm{s}$.

Das Rauschen des Pyrikons wird vor allem durch das Rauschen des Targets und des Vorverstärkers bestimmt, die sich nichtkorreliert überlagern. Für die spezifische Detektivität gilt der Zusammenhang

$$D*(\lambda) = \frac{\sqrt{A_D \cdot \overline{\Delta f}}}{I_d} R_D(\lambda) \tag{6.13}$$

mit dem Dunkelstrom I_d der in guten Konstruktionen mit 0,4 nA bei einer Rauschbandbreite von 2 MHz anzusetzen ist. Mit den Daten auf Tab. 6.4 kann damit die zu erwartende spezifische Detektivität berechnet werden.

Tab. 6.2: Pyrikondaten verschiedener Hersteller

Typ	Herstellerland	Target-durchmesser	Empfindlich-keit in µA/W	Auflösung: TV/Linien auf dem Target
LI 426	UdSSR	17	3	180
LI 492-1	Russland	17	5	300
LI 492-3	Russland	17	5	280
LI 505	Russland	17	3	350
P 8092	UK	18	4	300
TH 9840	Frankreich	18	3,5	150
M-IDRT	Japan	18	2,5	200
58 X0	USA	18	5	250

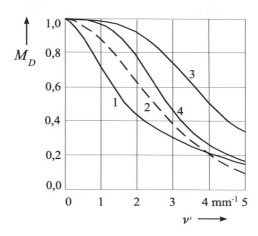

Abb. 6.13: Modulationsübertragungsfunktion von Pyrikons mit verschiedenen Betriebsarten mit $a_P = 3 \cdot 10^7$ m²/s und $t_f = 0{,}04$ s: 1 v = 2 mm/s panning-Mode, 2 v = 4 mm/s
panning-Mode, 3 $f_{ch} = 25$ Hz chopping-Mode, 4 $f_{ch} = 12{,}5$ Hz chopping-Mode

Die Übertragungsfunktion der Pyrikons unterscheidet sich infolge des Funktionsprinzips von Gl.
(6.8). Insbesondere die beiden verschiedenen Modulationsarten müssen sich auswirken. Die Ü-
bertragungseigenschaften lassen sich mit den folgenden Funktionen beschreiben (Kolobrodov
1995). Im panning- bzw. chopping-Modus sind die Beziehungen

$$M_D^p(v') = \frac{\sin(\pi \cdot v \cdot t_f \cdot v')}{\pi \cdot v \cdot t_f \cdot v' \sqrt{1 + \left(2\pi \dfrac{a_P}{v} v'\right)^2}} \ , \tag{6.14 a}$$

$$M_D^{ch}(v') = \frac{f_{ch}\left[1 - \exp\left(-2\pi^2 \cdot \dfrac{a_P}{f_{ch}} v'^2\right)\right]}{\pi^2 \cdot v'^2 \cdot a_P \left[1 + \exp\left(-2\pi^2 \dfrac{a_P}{f_{ch}} v'^2\right)\right]} \ . \tag{6.14 b}$$

anwendbar. In diesen Formeln ist v die Verschiebegeschwindigkeit des abgebildeten Objektes
auf dem Target, t_f der Kehrwert der Auslesefrequenz f_{sc}, v' die Ortsfrequenz auf den Target,
a_P die Temperaturleitfähigkeit des Pyrikonmaterials in m²/s und f_{ch} die Chopperfrequenz. In
Abb. 6.13 sind Übertragungsfunktionen für beide Betriebsarten dargestellt.
Berechnungsbeispiel 6.3 demonstriert die Bestimmung von Größen für den Pyrikon-Betrieb in
Thermokameras.

6.2.3 Thermische Empfängerarrays

Thermische Empfängerarrays haben in den letzten Jahren eine stürmische Entwicklung erfahren (Hofmann 1997). Sie nähren die Hoffnung, preiswerte Thermokameras ohne Kühlung und ohne optomechanische Abtastung für den LIR-Bereich herstellen zu können. Neben messtechnischen Spezialanordnungen sind für die bildgebende IR-Technik Zeilen und Matrizen mit über 100 Pixeln in einer Dimension von besonderem Interesse. Alle drei Wirkprinzipien (Bolometer, Thermosäule und Pyroelektrikum) werden gezielt zu Kamera-Arrays weiterentwickelt. Tab. 6.3 weist einige erprobte Beispiele aus.

Tab. 6.3: Daten von thermischen Empfängerarrays für ungekühlte Thermokameras für eine Bildfolgefrequenz 25 ... 50 Hz bei 300 K Betriebstemperatur (Detektivitäten entsprechend Berechnungsbeispiel 6.4 ermittelt)

Format	Pitch	Prinzip	Empfänger-material	geometrische MTF	D^* (300K) in Jones	Hersteller
1 x 128	100 μm	pyroe-lektrisch	LiTaO$_3$	0,6 bei 3 mm^{-1}	$1,0 \cdot 10^7$	DIAS Dresden
328 x 245	48,5 μm	pyroe-lektrisch	BaSrTi	0,6 bei 5 mm^{-1}	$7,7 \cdot 10^7$	Texas Instruments
100 x 100	100 μm	pyroe-lektrisch	PbSkTa	0,8 bei 3 mm^{-1}	$2,6 \cdot 10^7$	GEC Marconi
384 x 288	40 μm	pyroe-lektrisch	PbSkTa	0,8 bei 5 mm^{-1}	$6,5 \cdot 10^7$	GEC Marconi
336 x 240	50 μm	Bolo-meter	VO$_x$	0,9 bei 5 mm^{-1}	$1,0 \cdot 10^8$	Honeywell
327 x 245	46 μm	Bolo-meter	VO$_x$	0,9 bei 5 mm^{-1}	$1,1 \cdot 10^8$	Loral
128 x 128	100 μm	Bolo-meter	p/n-Poly-Si	0,9 bei 3 mm^{-1}	$2,2 \cdot 10^6$	NEC
320 x 240	50 μm	Mikro-cantilaver	Bimetall TiW auf SiC	0,8 bei 5 mm^{-1}		Sarcon Micro-systems

Die Werte der pyroelektrische Zeile werden bei vier Akkumulationen und einer Chopperfrequenz von 128 Hz erreicht. Wie beim Pyrikon führt die Chopperung zu einer zusätzlichen MTF, die neben der rein geometrisch begründeten sinc-Funktion und der Tiefpasswirkung der Zeitkonstante zu berücksichtigen ist. Bei Rechteckchopperung gilt für die Zeile (Budzier et al. 1992)

$$M_D^{ch} = \frac{f_{ch}}{\pi^2 a_P \nu'^2} \tanh \frac{\pi^2 a_P \nu'^2}{f_{ch}} \ . \tag{6.15}$$

a_P ist dabei wieder die Temperaturleitfähigkeit des pyroelektrischen Materials. Zeilensensoren ermöglichen die Bildauflösung in einer Richtung ohne mechanische Abtastung. Für eine ganze Reihe von Messaufgaben (Drehrohrofen, gleichförmig bewegte Güter) ist der Zeilenempfänger ausreichend.

Bei pyroelektrischen Matrixempfängern stellt sich das Problem der optimalen Chopperanpassung an die Sensorgeometrie und an das Ausleseregime. Ein theoretisch begründeter und praktisch erprobter Weg ist von Koepernik (1997) dargelegt und führt zu Chopperrädern mit geschwungenen Kanten.

Typisch für die in Tab. 6.3 aufgeführten pyroelektrischen Mehrelementsensoren ist die Hybridtechnik, bei der die IR-empfindlichen Pixel mit CCD-Ausleseschaltkreisen auf Si-Basis gekoppelt sind. Die dazu sehr aufwendige Verbindungstechniken sollen mit pyroelektrischen Dünnschichten auf PVDF umgangen werden.

Die in Tab. 6.3 aufgeführten Bolometer-Arrays sind quasi monolithisch ausgeführt. Eine mikromechanisch hergestellte Brückenstruktur vereinigt in jedem Pixel alle Elemente eines Bolometers. Die Widerstandsschicht aus Vanadium-Poly-Oxid hat einen Temperaturgang von etwa $-2\%/K$. Diese Arrays sind auch gleichlichtempfindlich.

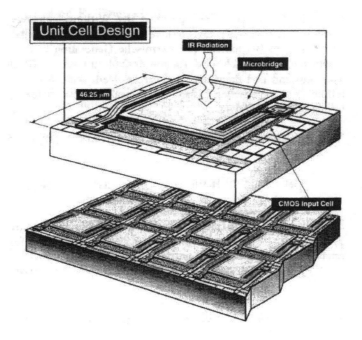

Abb. 6.14: Ausschnitt aus einem Bolometerarray (Butler et al. 1995)

In Abb. 6.14 ist ein Ausschnitt aus dem Mikrobolometerarray dargestellt. Während pyroelektrische Pixel ohne äußere Quelle ihr Signal induzieren, fordert das Bolometerprinzip immer eine Vorspannung, die zu einer „Verlustleistung" führt. An der Synthese von verlustfreier Spannungsinduktion (im pyroelektrischen Array realisiert) mit der Monolithbauweise des Mikrobolometerarrays wird gearbeitet.

Die jüngsten thermischen FPAs sind Erfolge der Mikromechanik MEMS. So genannte Mikrocantilever sind als Bimetallstreifen aufgebaut, die sich beim Auftreffen von IR-Strahlung verbiegen. Sie bilden eine Elektrode eines Plattenkondensators. Das Verbiegen der Deckelektrode führt zu einer Kapazitätsänderung, die elektronisch leicht zu detektieren ist. Das erhaltene elektrische Signal ist proportional zum auftreffenden Strahlungsfluss. Der Plattenkondensator hat Abmessungen von etwa 40 x 20 μm², so dass Pixelabstände von 50 μm erreicht werden. Die erwartenden Empfindlichkeiten sind zehnmal höher als von Mikrobolometerarrays.

6.3 Quantenempfänger

IR-Quantenempfänger (auch Photonen- oder Halbleiterempfänger genannt) nutzen den inneren fotoelektrischen Effekt und fungieren als Photonenzähler. Zum Strahlungsnachweis muss eine Energieschwelle ΔW überwunden werden, bevor eine Spannung induziert wird. Strahlung wird nachgewiesen, wenn die Energie der einfallenden Photonen $h \cdot v = h \cdot c / \lambda > \Delta W$ ist. h ist dabei das Plancksche Wirkungsquantum, v die Frequenz der einfallenden Strahlung und c die Lichtgeschwindigkeit. Damit haben Quantenempfänger eine obere Grenzwellenlänge (cut-off), die mit λ_2 bezeichnet wird. Typischerweise hängen Empfindlichkeit (vgl. Abb. 6.1) und Detektivität (Abb. 6.15) bei Quantenempfängern stark von der Wellenlänge ab. Moderne Entwicklungen verschiedener Empfängerverbindungen sind in (Rogalski et al. 2000) zusammengefasst.

6.3.1 Grundlegende Eigenschaften

Quantenempfänger werden mit den drei Eigenschaften schnell (Zeitkonstante t_D zehn bis tausendmal kürzer als bei thermischen Empfängern), empfindlich (zwei bis 10^6 mal höher als bei thermischen) und rauscharm (zehn bis tausendmal höhere spezifische Detektivität) in Verbindung gebracht. Dabei ist zu berücksichtigen, dass diese Werte nur bei tiefen Betriebstemperaturen (z. B. 77 K, Siedepunkt von Stickstoff) zu erreichen sind.

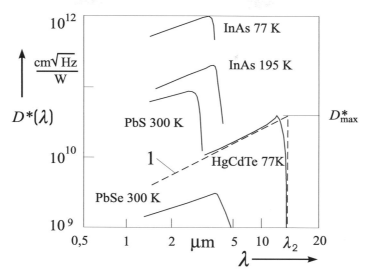

Abb. 6.15: Spezifische Detektivität von Einelementquantenempfängern in Abhängigkeit von der Wellenlänge bei verschiedenen Betriebstemperaturen
1   Dreiecksapproximation für einen bei 77 K betriebenen HgCdTe (MCT mercury-cadmium-telluride)-Empfänger

Ausgehend von Messergebnissen ist es für Abschätzungen zweckmäßig, die spektralen Abhängigkeiten von Empfindlichkeit und Detektivität mit einer Dreiecksverteilung zu nähern. Quantenempfänger werden zweckmäßig beschrieben mit

$$R_D(\lambda) \approx \begin{cases} \dfrac{\lambda}{\lambda_2} R_{D\max} & \text{für } \lambda \leq \lambda_2 \\[2mm] 0 & \text{für } \lambda > \lambda_2 \end{cases} \quad \text{und} \quad D^*(\lambda) \approx \begin{cases} \dfrac{\lambda}{\lambda_2} D^*_{\max} & \text{für } \lambda \leq \lambda_2 \\[2mm] 0 & \text{für } \lambda > \lambda_2 \end{cases}. \quad (6.16 \text{ a,b})$$

λ_2 ist die cut-off-Wellenlänge (vgl. Abb. 6.15).

Die maximal erreichbare Detektivität von Quantenempfängern folgt aus festkörperphysikalischen Überlegungen (Hudson 1969). Die für den praktischen Betrieb der Empfänger notwendigen Größen sind in der Gleichung

$$D^*_{\lim q} = \frac{1}{\sqrt{\dfrac{2hc}{\lambda} \sigma \cdot T^4 \cdot f(\lambda_0) \cdot \sin^2 u_D}} \qquad (6.17)$$

enthalten. Neben der typischen Wellenlängenabhängigkeit und der Betriebstemperatur T gibt $f(\lambda_0)$ die materialabhängige fotoelektrische Schwelle und u_D den Öffnungswinkel an, mit dem das Strahlenbündel auf den Empfänger einfällt. Der Ausdruck $\sin^2 u_D$ repräsentiert den wirksamen Raumwinkel $\pi \cdot \sin^2 u_D \Omega_0$, der nach Gl. (3.19) die Bestrahlungsstärke auf dem Empfänger bestimmt. Damit ergibt sich die Notwendigkeit, den vom Empfänger erfassten Raumwinkel auf die zur Abbildung unbedingt notwendige Größe zu begrenzen. Bei gekühlten Empfängern wird dazu eine kalte Blende CS (cold stop) benutzt (vgl. Abb. 6.16).

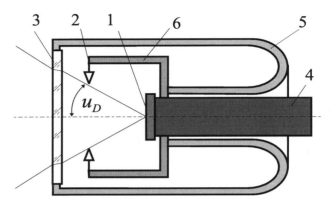

Abb. 6.16: Grundlegender Aufbau eines Quantenempfängers
1 Empfängerchip, 2 kalte Blende CS, 3 Eintrittsfenster, 4 Kühlvorrichtung „kalter Finger",
5 evakuierter Behälter zur thermischen Isolation, 6 thermischer Kontakt zur kalten Blende

Das stellt besondere Anforderungen an das optische System. Kleine Linsendurchmesser und Öffnungsbegrenzung durch CS führen zu optischen Anordnungen mit reellen Zwischenbildebenen.
Besonders rauscharme Quantenempfänger werden als BLIP-Detektoren (background limited infrared photodetection) bezeichnet. Diese Empfänger haben ein solches geringes Eigenrauschen, dass ihr Rauschsignal durch die Schwankungen der Objekthintergrundstrahlung begrenzt ist. Nach Gl. (6.17) nimmt das Rauschen proportional zur Wurzel des Raumwinkels zu, mit dem der Empfänger das Objekt sieht. Um eine aperturunabhängige Detektivitätsangabe zu erhalten, wird die Größe

$$D^{**}(\lambda, T) = D^*(\lambda, T) \cdot \sin u_D \quad (\text{in } \frac{\text{cm} \cdot \sqrt{\text{Hz}} \cdot \sqrt{\text{sr}}}{\text{W}}) \tag{6.18}$$

definiert. u_D ist der Öffnungswinkel des Strahlenkegels, der von der kalten Blende CS begrenzt wird.

6.3.2 Funktionsprinzipien von IR-Quantenempfängern

Die Spannungsgenerierung von Einelementempfängern wie von Arrays sind durch festkörperphysikalische Wirkprinzipien zu veranschaulichen.

Fotoleiter (photoconductive, abgekürzt pc) werden nach Eigenfotoleitern (intrinsic) und Störstellenfotoleitern (extrinsic) unterschieden. Ihre Leitfähigkeit steigt, wenn Lichtquanten der Energie $h \cdot \dfrac{c}{\lambda} > \Delta W$ auf den Halbleiter fallen und dabei Elektronen ins Leitungsband gehoben werden. Die im Valenzband entstandenen Löcher tragen ebenfalls zur Leitfähigkeitserhöhung bei (Abb. 6.17).

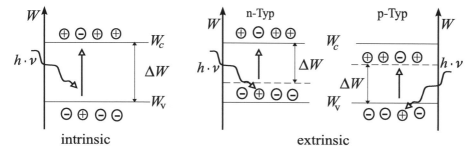

Abb. 6.17: Bändermodell der Fotoleitungsmechanismen

W_v Energieniveau des Valenzbandes, W_c Energieniveau des Leitungsbandes,

ΔW vom Elektron zu überwindende Energielücke, $h \cdot \nu$ Energie des einfallenden Photons,
− Elektronen, + Defektelektronen

Vertreter der intrinsischen Fotoleiter im IR-Bereich sind PbS, PbSe, InSb, HgCdTe. Bei extrinsischen Fotoleitern bewirkt das Dotieren des Halbleitergrundmaterials eine Erhöhung des Valenzbandniveaus oder eine Absenkung des Leitungsbandniveaus. Mit der verringerten Energielücke ΔW soll erreicht werden, dass die traditionellen Halbleitermaterialien Si und Ge für IR-Strahlung sensibilisiert werden. Typische Vertreter sind Si:Ga, Si:As, Ge:Cu.

Fotovoltaische Empfänger (photovoltaic abgekürzt pv) nutzen die Diffusionsvorgänge an einem p-n-Übergang. Beim Einfall von Strahlung $h \cdot \dfrac{c}{\lambda} > \Delta W$ werden Elektronen ins Leitungsband gehoben.

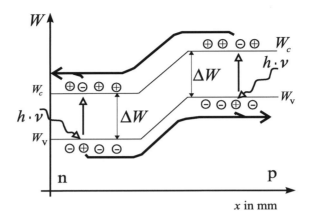

Abb. 6.18: Bändermodell am pn-Übergang
$\rightarrow$ Wanderungsrichtung von Elektronen $-$ und Defektelektronen $+$

Tab. 6.4: cut-off-Wellenlängen λ_2 von Quantendetektoren bei verschiedenen Betriebstemperaturen (Norton 1991)

	Betriebstemperatur		
Empfängermaterial	300 K	195 K	77 K
PbS	3,0 µm	3,3 µm	3,6 µm
PbSe	4,4 µm	5,4 µm	6,5 µm
InSb	7,0 µm	6,1 µm	5,5 µm
PtSi	—	—	4,8 µm
HgCdTe(pv)	1 ... 3 µm	1 ... 5 µm	3 ... 12 µm
HgCdTe(pc)	1 ... 11 µm	3 ... 11 µm	5 ... 25 µm

Aufgrund der unterschiedlichen Energieniveaus diffundieren die Elektronen ins n-Gebiet und die Defektelektronen ins p-Gebiet, so dass sich ein Potential ausbildet. Wird an den p-n-Übergang in Sperrrichtung ein Feld angelegt, erhält man eine Fotodiode, deren Strom proportional der Anzahl der einfallenden Photonen ist. Fotovoltaische Detektoren haben eine noch kürzere Zeitkonstante als Fotoleiter. Typische Materialien sind die Mischkristallegierungen HgCdTe, InAs, InSb.

Schottky-Barrieren-Detektoren (SBD) nutzen den Fotoeffekt am Halbleiter-Metall-Übergang. Das IR-typische Material PtSi wird mit p-Si verbunden. Beim Strahlungseinfall entstehen Defektelektronen im Halbleitermaterial (vgl. Abb. 6.19). PtSi ist für $\lambda < 5$ µm sensibel und eignet sich besonders für Mehrelementsensoren.

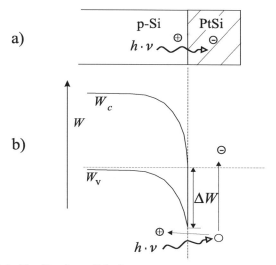

Abb. 6.19: Schottky-Barrieren-Prinzip
a) Räumliche Darstellung der Grenzzone zwischen Halbleiter und Metall
b) Energieniveaus in der Grenzzone

Sehr gute Ergebnisse werden inzwischen mit Matrizen aus Quantentopf-Strukturen (engl. QWIP, von quantum well infrared photodetection) erreicht (Schneider et al. 2002). Durch die Einführung von Tunnel-Barriere-Zonen wird das Rauschen entscheidend reduziert. Dabei ist sowohl die fotoleitende als auch die schnellere fotovoltaische Ladungsgenerierung möglich. Die Grundanordnung der Quantentopf-Strukturen bildet ein AlGaAs-Kristall, in dem GaAs-Zellen als Pixel eingebracht sind. Die Abtrennung der Pixel kann durch eine 1 ... 2 nm dicke nichtleitende AlAs-Schicht erfolgen, durch die die angeregten Elektronen in den Grundkristall infolge des Tunneleffekts hindurchtreten (Levine 1992).

Erste Auswahlkriterien für Sensoren sind die obere Grenzwellenlänge und die Betriebstemperatur. In Tab. 6.4 wird die Tendenz deutlich, dass mit tieferen Temperaturen die cut-off-Wellenlänge steigt.

6.3.3 Ausführungsformen

Quantendetektoren sind von Anfang an militärisch genutzt worden. Damit sind neben den klassischen Empfängerarchitekturen Einelement, Zeile und formatfüllendes Array noch andere Anordnungen entstanden, um mit dem aktuellen Empfängerentwicklungsstand eine maximale Reichweite der Wärmebildgeräte zu erreichen.

Aufgrund der kurzen Zeitkonstanten können mit Einelementempfängern durch zweidimensionale optomechanische Abtastung Echtzeitbilder erzeugt werden. Daten typischer Einelementempfänger sind in Tab. 6.5 zusammengestellt. Die obere Gruppe ist nur MIR-Bereich empfindlich.

Tab. 6.5: Daten ausgewählter Einelement - Quantenempfänger

Empfänger-material	$R_{D\,max}(\lambda_2)$ in 1000 V/W	$D^*_{\,max}(\lambda_2)$ in Jones	t_D in µs	λ_2 in µm	Betriebs-temperatur
PbS(pc)	300	$6,5 \cdot 10^9$	200	3,0	298 K
	1300	$1,5 \cdot 10^{10}$	5000	4,0	77 K
PbSe(pc)	6	$2,5 \cdot 10^8$	1	4,8	298 K
	50	$1,8 \cdot 10^9$	50	7,0	77 K
InSb(pv)	20 ... 100	$7 ... 10 \cdot 10^9$	0,5	5,5	77 K
PtSi		$8 \cdot 10^9$	0,01 ... 0,05	4,6	< 70 K
HgCdTe(pc)	5 ... 10	$5 ... 40 \cdot 10^8$	0,1 ... 0,4	12 ... 21	77 K
HgCdTe(pv)		$1,7 ... 9,5 \cdot 10^9$	0,01 ... 0,1	5,5 ... 12	77 K
Ge:Cu		$2 \cdot 10^9$	0,01	20	4,2 K

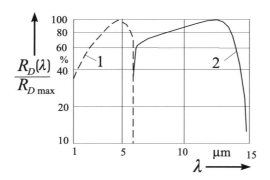

Abb. 6.20: Relative spektrale Empfindlichkeit des "Sandwich"-Empfängers InSb & HgCdTe der Firma InfraRed Associates, Inc.: 1 InSb-Schicht, 2 MCT-Schicht

Eine besondere Ausführung der Einelementdetektoren sind "Sandwich"-Empfänger. Sie bestehen aus zwei übereinander liegenden Detektorkristallen mit unterschiedlicher spektraler Empfindlichkeit. Das obere Element ist im kurzwelligen Strahlungsbereich empfindlich und wird im langwelligen transparent. Für Industrieanwendungen ist die Kombination Ge & InSb mit den maximalen Empfindlichkeiten bei 1,5 µm und 4 µm interessant. Die beiden atmosphärischen Fenster des thermischen IR werden von der Kombination InSb & HgCdTe erfasst, bei der die maximalen Empfindlichkeiten bei 4,0 μm und 13 μm liegen (vgl. Abb. 6.20). Dieser Quantenempfänger für beide atmosphärischen Fenster benötigt ein optisches System, welches sowohl für den MIR- als auch für den LIR-Bereich optimiert ist.

Quantenempfänger in Zeilen- und Matrizenform sind reine Festkörperanordnungen. Monolithische Detektoren realisieren in einer Materialkombination die Signalaufnahme und den Auslesemechanismus. PtSi und Si-dotierte Materialien verbinden die klassische Si-Auslesetechnik mit der IR-Empfindlichkeit.

Die Mehrzahl der Mehrelementquantenempfänger sind Hybridkonstruktionen. Bei der Verbindung der IR-Empfängerpixel mit den Si-Ausleseschaltkreisen müssen die unterschiedlichen Wärmeausdehnungskoeffizienten beider Materialien kompensiert werden, da zwischen Betriebs- und Lagertemperatur Differenzen von 200 K und mehr liegen können. Eine Lösung ist das Aufbringen von Indium-Kügelchen (bumps) unter jedem Pixel, die die Verbindung zur Speicherkapazität herstellt. In Abb. 6.21 werden die Größenverhältnisse vor dem Aufbringen der IR-Pixel deutlich.

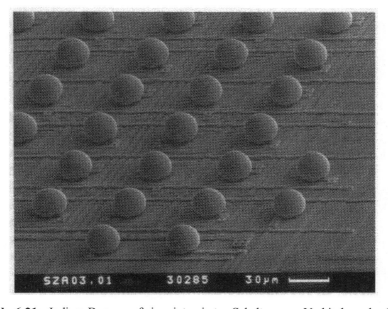

Abb. 6.21: Indium Bumps auf einer integrierten Schaltung zur Verbindung der (nicht dargestellten) IR-empfindlichen Pixel mit der Ausleseschaltung in Si-Technik (Nothaft 1994)

Tab. 6.6: Typische Daten von Mehrelementquantenempfängern

Material	InSb	PtSi	HgCdTe	Si:Ga
Spektral-bereich	3...5 μm	3...5 μm	3...5 μm 8...12 μm	5...20 μm
Pixelzahl $p_D \cdot q_D$	1 x 128 ..... 480 x 640	1 x 4096 ..... 1040 x 1040	1 x 128... .... 480 x 640	58 x 62
Empfindlichkeits-streuung	2 %	1 %	7 %	6 %
Betriebs-temperatur	77 K	70 K	175 K 77 K	25 K

In Tab. 6.6 sind typische Daten von Mehrelementempfängern verschiedener Hersteller zusammengestellt. Die Pixelabmaße reichen von 24 x 24 μm^2 bis 200 x 200 μm^2. Höchste Integrationsdichten werden mit PtSi erreicht.

In Tab. 6.7 sind verschiedene Mehrelementquantenempfänger eines Herstellers zusammengestellt. Die Berechnung der spezifischen Detektivität erfolgt dabei auf Grundlage der NETD, wie sie in Berechnungsbeispiel 6.4 ausgeführt ist.

Tab. 6.7: Mehrelementquantenempfänger mit verschiedenen Wirkprinzipien eines Herstellers, die bei 77 K betrieben werden (AIM 1998)

Empfänger-material	Funktions-prinzip	Pixelanzahl $p_D \cdot q_D$	Pixelpitch in μm	cut-off λ_2	D^*_{max} bei λ_2 in Jones	t_D in ns
GaAs	QWIP	256 x 256	40	10 μm	$1{,}2 \cdot 10^{10}$	10
HgCdTe	pv	128 x 128	40	5 μm	$1{,}4 \cdot 10^{11}$	18
HgCdTe	pv	128 x 128	40	10 μm	$5{,}9 \cdot 10^{10}$	18
HgCdTe	pv	288 x 384	24	5 μm	$2{,}2 \cdot 10^{11}$	10
HgCdTe	pv	512 x 640	24	5 μm	$2{,}2 \cdot 10^{11}$	10
HgCdTe	pv	256 x 256	40	5 μm	$1{,}4 \cdot 10^{11}$	10
HgCdTe	pv	256 x 256	40	10 μm	$5{,}9 \cdot 10^{10}$	10
PtSi	SBD	256 x 256	24	5 μm	$8{,}7 \cdot 10^{9}$	20
PtSi	SBD	486 x 640	24	5 μm	$8{,}7 \cdot 10^{9}$	13

Eine Sonderform der bildauflösenden Quantendetektoren sind die SPRITE (signal processing in the element) Empfänger. Sie funktionieren in Kombination mit der optomechanischen Bildabtastung. SPRITE-Empfänger sind elektrisch vorgespannte streifenförmige Fotoleiter (Abb. 6.22), in denen die Driftgeschwindigkeit der Ladungsträger v'_U gleich der Geschwindigkeit v'_h ist, mit der vom optomechanischen Scanner der Ausschnitt aus der Objektszene IFOV (vgl. Kap. 5.1.4) über die Empfängerfläche geführt werden.

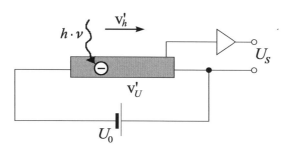

Abb. 6.22: Zur Arbeitsweise eines SPRITE-Empfängers
U_0 Vorspannung, U_s Signalspannung, v'_h Geschwindigkeit des IFOV auf dem Detektorstreifen, v'_U Geschwindigkeit der elektrischen Ladung auf dem Detektorstreifen

Typische Daten eines SPRITE-Sensors sind: HgCdTe bei 77 K, 62,5 x 700 μm^2, Vorspannungsfeld 30 V/cm, Auslesegeschwindigkeit: 1,8 $\cdot$ 10^6 Pixel/s, $R_{D\max}$ (500 K, 20 kHz) = 6 V/W; $D^*_{\max}$ (500 K, 20 kHz) > 1,1 $\cdot$ 10^{11} Jones.

6.4   Empfängerkühlung

Grundsätzlich verbessern sich die Empfängereigenschaften, wenn die Betriebstemperaturen niedrig sind. Das betrifft sowohl die spektrale Empfindlichkeit (vgl. Tab. 6.4) als auch das Eigenrauschen, welches sich nach den Gleichungen (6.11) und (6.17) mit sinkender Betriebstemperatur verringert. Typischerweise werden thermische Empfänger nur bei Sonderanwendungen gekühlt. Die hohen Detektivitäten von IR-Quantenempfängern sind in der Regel nur mit sehr tiefen Betriebstemperaturen zu erreichen. An der Entwicklung von Empfängerarrays mit minimalem Kühlaufwand wird gearbeitet (Hofmann 1997).

Verschiedene Kühlprinzipien mit ihren typischen erreichbaren Parametern sind in Tab. 6.8 zusammengestellt. Die Wahl des Kühlprinzips hängt vom Anwendungszweck des Wärmebildgerätes ab. Eine gute Übersicht über die verschiedenen Kühlprinzipien enthält (Miller 1994).

Tab. 6.8: Kühlsysteme für IR-Empfänger

Kühlsystem/ Kürzel	erreichbare Betriebstemperatur	Betriebszeit	Anwendung	Bemerkung
Flüssiggas LCO$_2$, LN$_2$, LHe	CO$_2$: 195 K N$_2$: 77 K H$_2$: 20,6 K He: 4,2 K	10 ... 100 h/l 5 ... 10 h/l	Thermokamera, Labor	hohe Temperaturstabilität, Dewar senkrecht
offene Joule-Thomson-Kühlung JT	N$_2$, O$_2$, Luft einstufig 77 K	5 ... 75 min/l Hochdruckvolumen	Wärmelenkrakete, Thermokamera	effektiv, Betriebstemperatur extrem schnell erreichbar, kurze Betriebszeit, miniaturisierbar
thermoelektrische Kühlung TE	einstufig > 240 K dreistufig > 200 K sechsstufig > 160 K	beliebig	Labor, Thermokamera	erschütterungsfrei, geringe Kälteleistung, zuverlässig
Stirling-Kühlmaschine ST	12 ... 77 K	> 50 000 h	Labor, Militärtechnik	geschlossene Systeme, Wirkungsgrad < 3$_\%$

6.4.1 Flüssiggaskühlung

Die Flüssiggaskühlung ist eine Vorzugsvariante für Laborbedingungen, wobei die beim Verdampfen entstehenden Gase keine explosiven Gemische mit Luft bilden sollten: N$_2$, CO$_2$, He. Als Kurzzeichen hat sich für dieses Kühlprinzip die Bezeichnung LN$_2$ (Liquide Nitrogene) eingebürgert.

Die verflüssigten Gase werden in Spezialbehältern angeliefert und in das Dewar-Gefäß gefüllt. Am Boden des Dewars befindet sich der zu kühlende Sensor. Die beim Strahlungseinfall entstehende Wärme verdampft das verflüssigte Gas. Die Verdampfungswärme des Gases hält die Empfängerfläche konstant auf der Siedetemperatur des Gases. Ein entscheidender Nachteil dieses Verfahrens ist die Senkrechtstellung des Dewarbehälters. Die Strahlungsempfänger sind immer am Boden des Gefäßes angebracht, wobei horizontale oder vertikale Einblickfenster möglich sind. Abb. 6.23 stellt die typischen Komponenten der Flüssiggaskühler vor. Die Glasdewars sind mechanisch empfindlich. Moderne Dewar-Gefäße werden deshalb in Metall ausgeführt, wobei schwierige Materialkombinationen miteinander verbunden werden müssen.

Bei der Inbetriebnahme von Thermokameras mit Flüssiggaskühlung ist der Haut- und Augenkontakt mit dem verflüssigten Gas unbedingt zu vermeiden. Das Gerät ist innerhalb weniger Minuten einsatzbereit. Eine Füllung reicht für 2 ... 4 Stunden Kamerabetrieb.

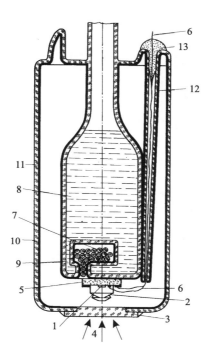

Abb. 6.23: Flüssiggaskühler für IR-Quantendetektoren (Dittmar, Küttner 1983)
1 IR-Quantenempfänger, 2 kalte Blende, 3 Abschlußfenster, 4 einfallende Strahlung,
5 Keramikträger, 6 elektrische Leitung, 7 Absorptionsmittel, 8 flüssiger Stickstoff LN$_2$,
9 Kühlmittelbehälter, 10 äußerer Teil des Dewars aus Glas, 11 Silberschicht,
12 Kapillare, 13 Klebstoff

6.4.2 Joule-Thomson-Kühlung

Die offene Joule-Thomson-Kühlung arbeitet mit einem Kühlgas (N$_2$, Ar, H$_2$, He), das bei Normaltemperatur unter sehr hohem Druck steht (200 ... 300 bar).
Das Kühlgas wird in einer Stahlflasche bereitgestellt. Über einen Reinigungs- und Trockenfilter gelangt das Gas in die JT-Sonde im Dewar. Sie besteht aus einem dünnen, auf einem Zylinder aufgewickelten Gasleitungsrohr mit Kühlkörpern. Das Rohr endet mit der Gasentspannungsöffnung in unmittelbarer Empfängernähe (Abb. 6.24).

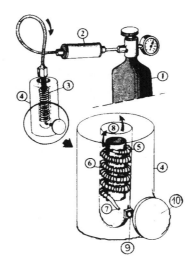

Abb. 6.24: Prinzip des offenen Joule-Thomson-Kühlers
1 Gasflasche unter hohem Druck mit Hahn und Kontrollmanometer, 2 Reinigungsfilter und
Regelventil für den Gasstrom, 3 Joule-Thomson-Sonde, 4 Dewargefäß, 5 Leitungsrohr
für Druckgas, 6 Kühlkörper, 7 Austrittsöffnung, 8 kaltes aufsteigendes Gas,
 9 Empfänger, 10 Abschlussfenster

Strömt das Kühlgas in der Nähe des Empfängers aus, so kühlt es sich infolge des rapiden Druck-
abfalls ab. Das im Dewar aufsteigende Gas kühlt das Gaszuleitungsrohr, so dass das unter Druck
stehende Gas mit immer tieferen Temperaturen ausströmt. Entstehen schließlich Tropfen verflüssigten Gases, ist die Arbeitstemperatur erreicht und die zugeführte Gasmenge kann verringert
werden.

6.4.3 Thermoelektrische Kühlung

Die thermoelektrische Kühlung nutzt den Peltier-Effekt aus. An der Verbindungsstelle zweier Metalle wird Wärme absorbiert, wenn sie von einem Gleichstrom in einer bestimmten Richtung
durchflossen wird. Der schematische Aufbau ist in Abb. 6.25 angegeben. In jeder Etage stellt eine
Verbindungsplatte 5 den thermischen Ausgleich her, wobei die elektrische Isolation gewährleistet
sein muss. Typischerweise ist der größte Temperatursprung in der obersten Stufe der Pyramide
zu erreichen. Eine Betriebsdauer bis 20 Jahre kann realisiert werden.

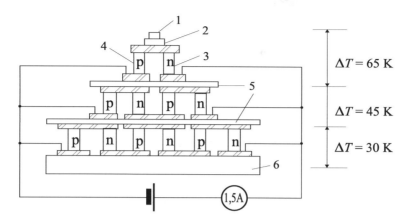

Abb. 6.25: Schema eines dreistufigen thermoelektrischen Kühlers
1 Empfänger; 2 kalte Empfängermontageplatte; 3 n-dotiertes Bi_2Te_3,
4 p-dotiertes Bi_2Te_3, 5 Etagenplatte aus eloxiertem Al; 6 warme Verbindungsplatte

Die praktische Ausführung thermoelektrischer Kühler ist in Abb. 6.26 im Maßstab 1:1 dargestellt. Aufgrund ihrer Dimensionen und ihrer Autonomie eignen sich TE-Kühler gut zur thermischen Stabilisierung von Empfängermatrizen.

Abb. 6.26: Ausführung thermoelektrischer Kühler im Maßstab 1:1 (Marlow 1991)
1 fünfstufig mit kleiner Kühlfläche, 2 einstufig mit großer Kühlfläche,
3 zweistufig mit kleiner Kühlfläche

6.4.4 Stirling-Kühler

Von allen mechanische Kältemaschinen mit geschlossenem Kreislauf hat der Stirling-Kühler die größte Bedeutung erlangt. Wie bei den anderen Verfahren (Gaussorgues 1984) werden durch Kolbenbewegungen thermodynamische Kreisprozesse in Gang gesetzt, mit denen kontinuierlich Kälte erzeugt werden kann. Aufgrund der Autonomie der Verfahren hat die Militär- und Raumfahrttechnik die Entwicklung dieser Kühlverfahren maßgeblich vorangetrieben.

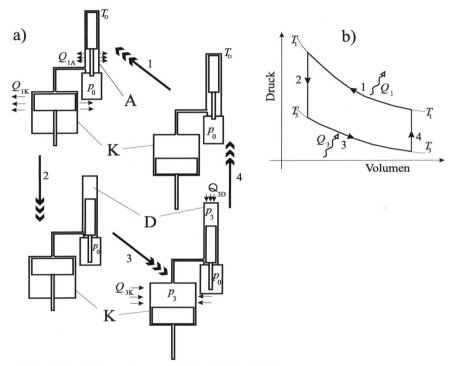

Abb. 6.27: Schema eines gesplitteten Stirling-Kühlers
a) Geräteausführung, b) idealisierter Carnotscher Kreisprozess
1 Kompression des Kühlgases bei konstanter Temperatur T_1, 2 Kühlung des Kühlgases bei konstantem Volumen, 3 Expansion des Kühlgases bei konstanter Temperatur $T_3 < T_1$, 4 Erwärmung des Kühlgases bei konstantem Volumen, D zu kühlender Zylinder „kalter Finger", K Kompressor, A Wärmeaustauscher, p_0 konstanter Druck im Wärmeaustauscher, p_3 Druck des Kühlgases in der isothermischen Expansionsphase,
Q_1 an die Umgebung abgegebene Wärme $Q_1 = Q_{1K} + Q_{1A}$,
Q_3 dem Kühlgas von der Umgebung zugeführte Wärme $Q_3 = Q_{3D} + Q_{3K}$,
Q_{3D} dem Empfänger entzogene Wärme

Die ersten Kühlmaschinen wurden durchweg von Rotationsmotoren angetrieben. Dabei musste die Translationsbewegung der Kolben über ein Kurbelgetriebe erzeugt werden. Mit der Verwendung von Linearantrieben hat sich die Vibrationsbelastung verringert.

In Abb. 6.27 ist der prinzipielle Aufbau eines gesplitteten Stirling-Kühlers dargestellt. Gesplittet heißt, dass die beiden bewegten Kolben in getrennten Gehäusen untergebracht sind. Die Kühlzone kann dann als „kalter Finger" in das Isolationsgefäß des Empfängers eingebracht werden (vgl. Abb. 6.16). Bei integrierten Stirling-Kühlern befinden sich beide Kolben in einem Gehäuse. Beide Kolben laufen um 90° phasenverschoben. Der Zyklus ist in vier Phasen darstellbar: In der Phase 1 erfolgt die Kompression des Kühlgases bei konstanter Temperatur T_1, dabei wird die Wärmemenge Q_1 an die Umgebung abgegeben. In Phase 2 strömt das Kühlgas aus dem Wärmeaustauscher A in den zu kühlenden Zylinder D. In Phase 3 wird das Volumen im Zylinder D vergrößert, so dass mit der vom Empfänger kommenden Wärmemenge Q_{3D} die Kühlgastemperatur T_3 konstant bleibt. In Phase 4 strömt das Kühlgas in den Kompressor K über und erwärmt sich auf T_1. Durch die Verwendung von Ventilen wird dieser Kreisprozess möglich.

Mit modernen Stirling-Kühlern werden 1 W Kühlleistung mit 40 W elektrischer Leistung erreicht. Die Abkühlzeit von Normaltemperatur bis 77 K dauert etwa 20 min. Durch den Einsatz von Linearmotoren werden Betriebszeiten bis 80 000 Stunden möglich. Abb. 6.28 zeigt eine praktische Ausführung eines gesplitteten Stirling-Kühlers.

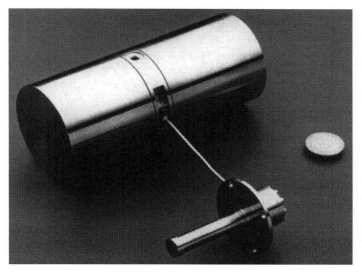

Abb. 6.28: Gesplitteter Stirling-Kühler mit 2 W Kühlleistung und Fünfpfennigstück als Größenreferenz (AIM 1998)

6.5   Berechnungsbeispiele

Beispiel 6.1

Wo liegen sinnvolle Grenzen für die Pixelgröße von IR-Strahlungsempfängern?

1. Abb. 6.6 zeigt, dass immer kleinere Pixelabmaße die Übertragung immer höherer Ortsfrequenzen erlauben. Neben den technologischen Problemen der Realisierung kleiner IR-Pixel stellt die erreichbare räumliche Auflösung eine natürliche Grenze dar.

2. Die maximale räumliche Auflösung wird durch die beugungsbedingte Unschärfe festgelegt. Die PSF-Bilder in Abb. 2.2 und 2.3 stellen das Problem anschaulich dar. Der Durchmesser $2r'_{min}$ aus Gl. (2.4) ist ein sinnvolles Vergleichsmaß für die Pixelgröße.
Wenn $x_D = y_D \approx 2r'_{min}$ gefordert wird, liegen bei kreisförmiger Pupille über 95 % der Energie der Beugungsfigur auf dem Pixel. Mit Gl. (2.4) folgt für die sinnvolle Pixelgröße die Grenze

$$x_D = y_D > \frac{\lambda}{NA'} \; .$$

3. Die Umrechnung der empfängerseitigen numerischen Apertur $NA' = \sin u'_O$ in die anschaulichere Größe Blendenzahl $k = \dfrac{f'_O}{D_O}$ erfolgt unter Benutzung von Gl. (5.16). Zur Abschätzung soll die am häufigsten gebrauchte Objektentfernung Unendlich, d. h. $\beta' = 0$, benutzt werden. Mit der Gleichsetzung von Sinus und Tangens des Öffnungswinkels ergibt sich die häufig gebrauchte Näherung

$$NA' = \frac{1}{2k} \; . \tag{6.19}$$

Tab. 6.9: Kleinste sinnvolle Pixelseitenlänge infolge der Auflösung der Optik

Auflösung der Optik festgelegt durch Beugung bei Blendenzahl	kleinste Seitenlänge des Pixels	
	MIR mit $\lambda_0 = 4$ μm	LIR mit $\lambda_0 = 10$ μm
$k = 5$	40 μm	100 μm
$k = 2$	16 μm	40 μm

4. Beugungsbegrenzte Optiken sind mit vertretbarem Aufwand für Blendenzahlen $k > 5$ herzustellen. Beispiel 5.4 und (Arnold 1997) bestätigen diese Aussage. Durch erheblichen Mehraufwand

sind auch beugungsbegrenzte Auflösungen mit $k = 2$ konstruierbar. Die kleinsten sinnvollen Pixel-maße $2\,k \cdot \lambda$ sind für das MIR und LIR in Tab. 6.9 zusammengestellt.

Beispiel 6.2

Bei einer Einelementanordnung mit zweidimensional arbeitendem optomechanischen Scanner wird die zeitliche MTF des Empfängers durch dessen Zeitkonstante t_D bestimmt. Gesucht ist ein ein-heitlicher Ausdruck für die Gesamt-MTF, wenn die Abtastung in x-Richtung erfolgt.

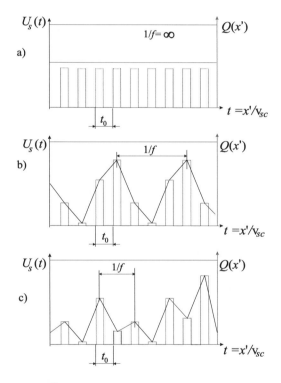

Abb. 6.29: Zeitliche Änderung der Signalspannung $U_s(t)$ und akkumulierte Ladung $Q(x')$ in den einzelnen Pixeln bei unterschiedlicher Modulation der Objektszene a) Gleichförmig strahlende Szene mit Signalfrequenz $f = 0$, b) Typische Modulation wie in Abb. 2.10, c) Maximale Signalfrequenz durch alternierende maximale und minimale Bestrahlungsstärke $f_{\max} = 1/2\,t_0$

1. Gl. (6.8a) ist mit der Tiefpassgleichung (6.9) nach Einsetzen der Kippfrequenz zu kombinieren. Ortsfrequenz und Zeitfrequenz sind über Gl. (5.26) miteinander verknüpft. Danach gilt

$p'_x \cdot v'_x = t_0 \cdot f$ mit der Verweilzeit des Empfängerpixels auf einem Objektszenenelement t_0. Beim Einelementempfänger kann $p'_x = x_D$ gesetzt werden, so dass für das Produkt aus räumlicher und zeitlicher MTF folgt:

$$M_D(f) = \frac{\sin(\pi \cdot f \cdot t_0)}{\pi \cdot f \cdot t_0 \sqrt{1 + (2 \cdot t_D \cdot f)^2}}$$

2. Die letzte Gleichung legt nahe, t_0 und t_D sinnvoll aufeinander abzustimmen. Der notwendige zu übertragende Frequenzbereich ist in Abb. 6.29 veranschaulicht. Ausgehend vom Abtastverhalten nach Abb. 2.10 sind akkumulierte Ladung in den einzelnen Pixeln und die Änderung der Signalspannung über der Zeit dargestellt. Wird eine gleichförmig strahlende Szene abgebildet, sind die akkumulierten Ladungen im Idealfall gleich und die Signalfrequenz Null. Die maximal mögliche Signalfrequenz ist durch t_0 festgelegt. Damit folgt der zu übertragende Frequenzbereich zu

$$0 \leq f \leq \frac{1}{2t_0}. \tag{6.20}$$

3. Setzt man $f_{max} = f_D$, ergibt sich ein Zusammenhang zwischen Verweilzeit und Empfängerzeitkonstante: $t_0 = \pi \cdot t_D$. Diese Forderung ist zwar nicht streng zu realisieren, sie gibt aber eine zweckmäßige Orientierung für die Empfängerwahl. Mit dieser Forderung und der Hilfsvariablen $X = f \cdot t_0$ folgt für die Gesamtübertragungsfunktion des Empfängers

$$M_{D0} = \frac{\sin \pi \cdot X}{\pi \cdot X \sqrt{1 + (2X)^2}}.$$

4. Diese Gleichung kann günstig mit einer Gauß-Funktion aus Tab. 5.6 approximiert werden. Für den technisch relevanten Bereich $0 \leq X \leq 1$ sind die Werte der Ausgangsfunktion in Tab. 6.10 eingetragen. Zu finden ist derjenige Wert X_1, bei dem die Summe

$$S = \frac{1}{m} \sum_{i=1}^{m} \left(M_{D0}(X_i) - M_{Dapp}(X_i) \right)^2$$

minimal wird. Dabei ist m die Anzahl der überprüften Werte. Hilfreich ist dabei das Einsetzen der Berechnungsvorschrift für den Koeffizienten a aus Tab. 5.6, woraus sich die Approximationsfunktion

$$M_{Dapp} = \left(\frac{1}{M_{D0}(X_1)} \right)^{-\left(\frac{X}{X_1}\right)^2}$$

ergibt. Numerische Untersuchungen führen zu einem minimalen S für $X_1 = 0{,}425$. Damit lautet die Approximationsfunktion

$$M_{Dapp}(X) = 1,802^{-\left(\frac{X}{0,425}\right)^2}.$$

Tab. 6.10: Approximation der Empfänger-MTF mit angepasster Zeitkonstante durch eine Gauß-Funktion

X	0,0	0,1	0,2	0,3	0,4	0,5	0,6	0,7	0,8	0,9	1,0
M_{D0}	1,000	0,965	0,869	0,736	0,591	0,450	0,323	0,214	0,124	0,053	0,000
M_{Dapp}	1,000	0,968	0,878	0,746	0,593	0,443	0,309	0,202	0,124	0,071	0,038

5. Die Zahlenwerte der Approximationsfunktion sind ebenfalls in Tab. 6.10 eingetragen. Ausgehend vom gemeinsamen Startwert $M(0) = 1$ werden für $X < 0,425$ zu große Werte dargestellt, für $0,425 < X < 0,800$ zu kleine Werte und für $X > 0,800$ wieder zu große Werte. Zur Darstellung der Gesamtwirkung von Rechteck-Einelement-Empfänger und angepasstem Tiefpass ist diese Approximation ausreichend.

Beispiel 6.3

Zu bestimmen ist die notwendige Bandbreite, für die der Videosignalverstärker ausgelegt sein muss, wenn das Pyrikon LI 492-1 als Empfänger verwendet wird. Das Pyrikon wird kompatibel zur CCIR-Fernsehnorm betrieben (Bildformat 4:3, Zeilenzahl 625, Bildfolgefrequenz 50 Hz pro Halbbild).

1. Die notwendige Bandbreite eines Videosignalverstärkers ist durch die zu übertragenden Bildstrukturen festgelegt: Von der gleichförmigen Szene bis zu alternierenden Bestrahlungsstärkewerten von Pixel zu Pixel. Damit gilt Gl. (6.20), wobei t_0 die Zeit zur Ladungsgenerierung in einem Empfängerpixel ist. Die notwendige Bandbreite wird damit

$$\overline{\Delta f} = \frac{1}{2t_0} . \tag{6.21}$$

2. t_0 ist durch den Pixelmittenabstand p'_x und die Abtastgeschwindigkeit v auf dem Pyrikontarget festgelegt: $t_0 = \dfrac{p'_x}{v}$. Aus Tab. 6.2 folgen die notwendigen geometrischen Größen. Mit dem Targetdurchmesser 17 mm und der Auflösungsforderung von 300 TV-Linien auf dem Target wird $p'_x = 17$ mm/300 = 56,7 µm, wobei eine gleichmäßiger Pixelabstand in x-und y-Richtung vorausgesetzt ist.

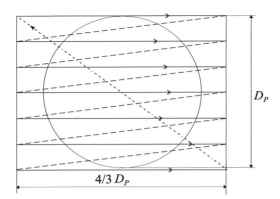

Abb. 6.30: Schematische Darstellung der Abtastung des Pyrikontargets mit Fernsehnorm
– – – Abtastschritt, ------ Rücksprungschritt

3. Die Abtastgeschwindigkeit ist $v = l_l / t_l$, wenn l_l die Länge der abgetasteten Zeile und t_l die Zeit zur Abtastung der Zeile ist. Für die CCIR-Norm wird $l_l = 4/3 \cdot 17 \text{ mm} = 22,67 \text{ mm}$.

4. Die Fernsehnorm legt die Zeit für die Abtastung einer Pyrikonzeile fest. Mit der Bildfolgefrequenz $f_f = 25 \text{ Hz}$ und den 625 Fernsehzeilen wird $t_l = \dfrac{\eta_l}{f_f} \dfrac{1}{625}$, wenn $\eta_l < 1$ die Abtasteffektivität entlang der Zeile angibt. Zeilenüberlauf und Zeilenrücksprung führen zu einem realistischen Wert von $\eta_l = 0,82$.

5. Mit Gl. (6.21) folgt die Rauschbandbreite nach dem Einsetzen der einzelnen Beziehungen für t_0 zu

$$\overline{\Delta f} = \frac{1}{2\,t_0} = \frac{625}{2} \frac{f_f \cdot l_l}{p'_x \cdot \eta_l} = \frac{625}{2} \frac{25\,\text{Hz} \cdot 22,67\,\text{mm}}{56,7\,\mu\text{m} \cdot 0,82} = 3,8\,\text{MHz} \; .$$

Beispiel 6.4

Seit Mitte der 90er Jahre wird die Detektivität von Strahlungsempfängern immer öfter verschlüsselt in Form der NETD (Noise Equivalent Temperature Difference) angegeben, wobei dieser Wert an bestimmte Betriebsbedingungen geknüpft ist. Die Zusammenhänge für thermische Empfänger und Quantenempfänger werden in den folgenden Unterpunkten erläutert.

1. Die NETD ist die im Objekt gerade noch auflösbare Temperaturdifferenz nach Gl. (5.12), wenn folgende Abbildungsbedingungen eingehalten werden: 1. Objektentfernung groß gegenüber der Brennweite, d.h. $\beta' \to 0$, 2. Das Objekt ist ein schwarzer Strahler, d. h. $\varepsilon(\lambda) \to 1$, 3.

vernachlässigbare Transmissionsverluste durch die Atmosphäre, d. h. $\tau_A \to 1$. Damit folgt aus (5.12) die Definitionsgleichung der NETD zu

$$\text{NETD} = \frac{4k_{eff}^2}{\int\limits_{\lambda_1}^{\lambda_2} D*(\lambda) \cdot \tau_O(\lambda) \cdot \frac{\partial M_\lambda(\lambda,T)}{\partial T} d\lambda} \sqrt{\frac{\overline{\Delta f}}{A_D}} \quad \text{(in K)}. \tag{6.22}$$

2. Für die Bewertung von Empfängern wird die Transmission der Optik idealisiert: $\tau_O(\lambda) \to 1$. Damit erfordert eine Detektivitätsangabe durch die NETD immer eine Spezifikation der effektiven Blendenzahl k_{eff}, der Sensorfläche A_D, der effektiven Bandbreite $\overline{\Delta f}$, des spektralen Arbeitsgebietes $\lambda_1 ... \lambda_2$ und der Temperatur des Schwarzen Strahlers T.

3. Für thermische Empfänger kann die Näherung (6.10) vorausgesetzt werden. Damit ergibt sich die Detektivität zu

$$D*_{th} = \frac{4k_{eff}^2}{\text{NETD} \cdot \int\limits_{\lambda_1}^{\lambda_2} \frac{\partial M_\lambda(\lambda,T)}{\partial T} d\lambda} \sqrt{\frac{\overline{\Delta f}}{A_D}}. \tag{6.23}$$

Das Integral ist für verschiedene Temperaturen und Spektralbereiche in Tab. 3.4 berechnet worden. Die $D*$-Werte in Tab. 6.3 ergeben sich für eine Strahlertemperatur von 300 K und ein Gesamtstrahlungsgerät mit $\lambda_1 \to 0$ und $\lambda_2 \to \infty$. A_D ist die Pixelfläche. Die Bandbreite berechnet sich aus der Bildfolgefrequenz. Nach Gl. (6.21) folgt sie aus der Verweilzeit eines Pixels auf einem Element der Objektszene IFOV. Für Arrays, die die gesamte Szene erfassen, ist t_0 durch die Bildfolgefrequenz f_f festgelegt: $\overline{\Delta f} = \dfrac{f_f}{2}$.

3. Für Quantenempfänger kann die Näherung (6.16) benutzt werden. Für die partielle Ableitung des Planckschen Strahlungsgesetzes nach der Temperatur wird die Näherung (3.22) eingesetzt, so dass sich die linearen λ-Glieder wegkürzen. Die maximale Detektivität des Quantenempfängers ergibt sich zu

$$D*_{max} = \frac{4k_{eff}^2 \cdot T^2 \cdot \lambda_2}{c_2 \cdot \text{NETD} \cdot \int\limits_{\lambda_1}^{\lambda_2} M_\lambda(\lambda,T) \cdot d\lambda} \sqrt{\frac{\overline{\Delta f}}{A_D}}. \tag{6.24}$$

λ_2 ist die cut-off-Wellenlänge des Empfängers. Da die Dreiecksnäherung für $0 < \lambda < \lambda_2$ gilt, wird auch dieser Bereich zur Berechnung des Integrals im Nenner herangezogen. Für die Empfänger mit 10 µm cut-off folgt der Wert unmittelbar aus dem Stefan-Boltzmann-Gesetz und der Kenntnis, dass 25 %der Strahlungsleistung vor dem Wienschen Maximum ausge strahlt wird. A_D ist wieder die Pixelfläche. Die Bandbreite folgt diesmal aus der Integrationszeit t_i, die der Hersteller angegeben hat. Sie kann als Verweilzeit pro Objektelement interpretiert werden. Mit Gl. (6.21) folgt

$$\overline{\Delta f} = \frac{1}{2 \cdot t_i} \, .$$

Beispiel 6.5

Welches maximale thermische Auflösungsvermögen ist beim Einsatz eines BLIP-Quantenempfängers zu erwarten?

1. Das thermische Auflösungsvermögen ist das Reziproke der kleinsten im Objekt auflösbaren Temperaturdifferenz δT nach Gl. (5.12). Die allgemeine Gleichung für das in K^{-1} gemessene thermische Auflösungsvermögen wird damit

$$AV_{th} = \frac{1}{\delta T} = \frac{1}{4k_{eff}^2 \cdot (1 - \beta'/\beta'_P)^2} \sqrt{\frac{A_D}{\overline{\Delta f}}} \int_{\lambda_1}^{\lambda_2} \tau_A \cdot \tau_O \cdot \varepsilon \cdot \frac{\partial M_\lambda}{\partial \lambda} \cdot D^*(\lambda) \cdot d\lambda \, . \qquad (6.25)$$

2. BLIP-Empfänger erlauben die Nutzung mehrerer Näherungsgleichungen. Zunächst gilt die Dreiecksnäherung für die spektrale Abhängigkeit der Detektivität nach Gl. (6.16b). Außerdem können diese sehr rauscharmen Empfänger durch die Größe D^{**} nach Gl. (6.18) charakterisiert werden. Der Vergleich beider Beziehungen führt zu einer neuen Definition der Spitzendetektivität des BLIP-Empfängers $D^*_{max} = D^{**}_{max} / \sin u_D$ mit dem empfängerseitigen Öffnungswinkel u_D.

3. Die wirksame Spitzendetektivität kann nur ausgenutzt werden, wenn der Raumwinkel des Sensors kleiner oder gleich dem Raumwinkel der Optik ist, mit der die Szene abgebildet wird. Im günstigsten Fall ist der bildseitige halbe Öffnungswinkel des Objektivs u'_O gleich u_D. Der Zusammenhang zur Blendenzahl ist über Gl. (5.16) gegeben:

$$\sin u'_O \approx \frac{1}{2k(1 - \beta'/\beta'_P)} \, .$$

4. Für die Ableitung des Planckschen Strahlungsgesetzes nach der Wellenlänge ist zweckmäßig die Näherung (3.22) einsetzbar. Damit ergibt sich für das maximal erreichbare thermische Auflösungsvermögen

$$AV_{th} = \frac{c_2 \cdot D^{**}_{max}}{2k_{eff}(1 - \beta'/\beta'_P) \cdot T^2 \cdot \lambda_2} \sqrt{\frac{A_D}{\Omega_0 \cdot \overline{\Delta f}}} \int_{\lambda_1}^{\lambda_2} \tau_A \cdot \tau_O \cdot \varepsilon \cdot M_\lambda \cdot d\lambda \, .$$

Beispiel 6.6

Welcher Teil des Sandwich-Detektors nach Abb. 6.20 bestimmt das optische System, wenn Szenen von 300 K und 750 K beobachtet werden sollen?

1. Ausgangspunkt sind die typischen Empfängerdaten nach Tab. 6.5. Die Spitzendetektivitäten für beide Materialien sind in Tab. 6.11 eingetragen.

2. Die Durchmesser der Optik werden entscheidend vom Wert MD nach Gl. (5.46) beeinflusst. Je größer dieser Wert, desto kleinere Linsendurchmesser können gewählt werden, um dieselbe thermische Auflösung zu erreichen. Da beide Sensoren das gleiche Objekt auflösen sollen, kann zur Abschätzung $\varepsilon(\lambda) \to 1$ und $\tau_A(\lambda) \to 1$ vorausgesetzt werden. Als Abschätzgröße ergibt sich für die beiden Quantenempfänger

$$MD = \frac{c_2 \cdot D^*_{max}}{\lambda_2 \cdot T^2} \int\limits_{\lambda_1}^{\lambda_2} M_\lambda(\lambda, T) d\lambda \,,$$

die von der Spitzendetektivität, der Szenentemperatur und dem Spektralband abhängt. Die Werte sind in Tab. 6.11 eingetragen.

Tab. 6.11: Abschätzung der Optik für einen Sandwich-Empfänger

Material	λ_2	D^*_{max} in Jones	MD (300 K)	MD (750 K)
InSb	5,5 µm	$9 \cdot 10^{10}$	$2{,}87 \cdot 10^6 \; \dfrac{\sqrt{Hz}}{K \cdot cm}$	$3{,}77 \cdot 10^8 \; \dfrac{\sqrt{Hz}}{K \cdot cm}$
HgCdTe	12,5 µm	$1 \cdot 10^{10}$	$2{,}41 \cdot 10^6 \; \dfrac{\sqrt{Hz}}{K \cdot cm}$	$1{,}46 \cdot 10^7 \; \dfrac{\sqrt{Hz}}{K \cdot cm}$

3. Für 300 K entstehen fast gleiche Anforderungen an den optischen Kanal. Für beide Objekttemperaturen bestimmt der HgCdTe-Empfänger die kritischen Werte und damit den Mindestdurchmesser der Optik.

7 Signalverarbeitung

In diesem Kapitel wird auf einige Besonderheiten der Signalverarbeitung eingegangen, die bei der Visualisierung thermischer Szenen auftreten. Sie legen die Randbedingungen für die Auslegung des elektronischen Übertragungskanals fest. Ausgangspunkt ist dabei das Empfängersignal, dessen Rauschen durch die Kombination von elektronischer Auslesung und optomechanischer Abtastung beeinflussbar ist.

Die Gesetze der Schaltungstechnik werden nicht behandelt. Die moderne elektronische Schaltungstechnik ist meist in der Lage, die vom Empfänger gelieferten Signale genügend schnell weiterzuverarbeiten. Dabei kommen sowohl analoge als auch digitale Bildverarbeitungstechniken mit unterschiedlichen Algorithmen zum Einsatz. Exemplarisch werden einige Möglichkeiten aufgezeigt. Kritischer Punkt in der elektronischen Übertragungskette der Wärmebildgeräte bleibt das Empfängersignal.

7.1 Elektrisches Signal am Empfängerausgang

Das verarbeitbare Empfängersignal wird gekennzeichnet durch das Nutzsignal U_s und das Signal-Rausch-Verhältnis SNR nach Gl. (6.5). Mit der Definition der Empfindlichkeit nach Gl. (6.1) und der Empfängerbestrahlungsstärke E_0 nach Gl. (5.9) folgt das Nutzsignal zu

$$U_s = \frac{A_D}{4 k_{eff}^2 (1 - \beta'/\beta'_P)^2} \int_{\lambda_1}^{\lambda_2} \varepsilon(\lambda) \cdot \tau_A(\lambda) \cdot \tau_O(\lambda) \cdot M_\lambda(T,\lambda) \cdot R_D(\lambda) \cdot d\lambda \ . \qquad (7.1)$$

Diese Formel suggeriert ein auswertbares Signal oberhalb einer bestimmten Mindesttemperatur der Szene. Dabei sind T die Objekttemperatur und ε der Emissionsgrad des Objektelements. Bei der Interpretation dieser und der folgenden Formel muss das Wirkprinzip des Empfängers berücksichtigt werden. Im Berechnungsbeispiel 7.1 wird ein System mit Quantenempfänger und im Berechnungsbeispiel 7.2 ein System mit pyroelektrischem Empfänger vorgestellt.

Entscheidend für die elektronische Weiterverarbeitbarkeit des Signals ist das Signal-Rausch-Verhältnis. Es ergibt sich aus Gl. (6.5) nach Einsetzen der Bestrahlungsstärkeformel (5.9) zu

$$\text{SNR} = \frac{1}{4\,k_{eff}^2\,(1-\beta'/\beta'_P)^2}\sqrt{\frac{A_D}{\Delta f}}\int_{\lambda_1}^{\lambda_2}\varepsilon(\lambda)\cdot\tau_A(\lambda)\cdot\tau_O(\lambda)\cdot M_\lambda(T,\lambda)\cdot D^*(\lambda)\cdot d\lambda\ . \quad (7.2)$$

Beide Formeln haben eine gleiche Struktur und zeigen die Komplexität der Zusammenhänge, um letztendlich eine Aussage über die Objektszenentemperatur T zu erhalten. Die Empfindlichkeit korrespondiert mit der spezifischen Detektivität und die Empfängerfläche mit der Wurzel aus dem Quotienten von Empfängerfläche und Bandbreite. Die optischen und strahlungstechnischen Parameter gehen in gleicher Weise ein. Auch das thermische Auflösungsvermögen nach Gl. (6.25) hat diese Formelstruktur. Im Vergleich zum SNR ist dort das Plancksche Strahlungsgesetz durch dessen partielle Ableitung $\partial M_\lambda/\partial T$ ersetzt.

Bei der Auswertung dieser Gleichungen unterscheiden sich Geräte mit thermischem Empfänger von Geräten mit Quantenempfänger infolge der unterschiedlichen spektralen Abhängigkeiten der Empfindlichkeit und der Detektivität. Nach den Gleichungen (6.10) und (6.16) kann bei thermischen Empfängern von konstanten Werten ausgegangen werden. Bei Geräten mit Quantenempfängern können Empfindlichkeit und Detektivität durch eine Rampenfunktion approximiert werden. Damit sind sowohl Signalspannung als auch Signal-Rausch-Verhältnis proportional der Hilfsgröße X, die als vom Empfänger wahrgenommene Objektstrahlung interpretiert werden kann. Sie unterscheidet sich für thermische Empfänger und Quantenempfänger:

$$X_{th}(T,\lambda) = \int_{\lambda_1}^{\lambda_2} M_\lambda(T,\lambda)\cdot d\lambda \ \ \text{und} \ \ X_q(T,\lambda) = \frac{1}{\lambda_2}\int_{\lambda_1}^{\lambda_2}\lambda\cdot M_\lambda(T,\lambda)\cdot d\lambda\ . \quad (7.3\ \text{a,b})$$

Die Auswirkungen sind für vergleichbare Bedingungen in Abb. 7.1 dargestellt.

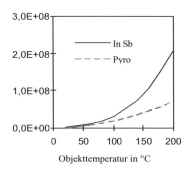

Abb. 7.1: Änderung des Signalrauschverhältnisses bei unterschiedlicher Objekttemperatur Ordinate: $D^*(\lambda)\cdot X$ in $\text{Hz}^{0,5}\cdot\text{cm}^{-1}$:

1 InSb-Quantenempfänger mit Optik nach Berechnungsbeispiel 7.1, $\text{SNR} \sim D^*_{max}\cdot X_q$, $D^*_{max} = 7\cdot 10^9$ Jones, $3\,\mu m < \lambda < 5\,\mu m$, 2 Pyroelektrischer Empfänger mit Optik nach Berechnungsbeispiel 7.2, $\text{SNR} \sim D^*_{th}\cdot X_{th}$, $D^*_{max} = 3\cdot 10^8$ Jones, $2\,\mu m < \lambda < 30\,\mu m$

Basierend auf den Berechnungsbeispielen 7.1 und 7.2 wird die Änderung des Signal-Rausch-Verhältnisses für unterschiedliche Objekttemperaturen dargestellt. Charakteristischerweise ändert sich das SNR bei Quantenempfängern stärker und nichtlinearer als bei thermischen Empfängern. Der gleiche Unterschied ist beim Empfängersignal festzustellen, da die Gleichungen (7.3) in U_s (T) in gleicher Weise eingehen.

Eine entscheidende Gestaltungsgröße für den Gesamtaufbau von Wärmebildgeräten offenbart die SNR-Gleichung (7.2): nämlich die Bandbreite $\overline{\overline{\Delta f}}$. Während alle anderen Größen durch die Abbildungsbedingungen und die Materialauswahl festgelegt sind, ist die Bandbreite durch die Kombination von elektronischer Auslesung und optomechanischer Abtastung dem Anwendungszweck entsprechend variierbar. Allgemein gilt der Zusammenhang

$$\text{SNR} \sim \frac{1}{\sqrt{\overline{\overline{\Delta f}}}}. \tag{7.4}$$

Diese Art der Verbesserung der Leistungsparameter von Wärmebildgeräten wird als Time Delay Integration TDI bezeichnet. Im Abschnitt 7.4.3 wird darauf eingegangen.

7.2 Einstellung und Korrektur der Temperaturskala auf analogem Wege

Beim Gebrauch von Thermokameras spielt die Signalübertragungsfunktion $U_v(T)$ eine entscheidende Rolle. Sie ergibt sich aus Gl. (7.1) nach Multiplikation mit dem Verstärkungsfaktor der analogen Übertragungsstrecke C_e

$$U_v(T) = C_e \cdot U_s(T). \tag{7.5}$$

Für deren Messung sind bestimmte Voraussetzungen einzuhalten: Als Strahler wird ein Schwarzer Körper vorausgesetzt, und die atmosphärischen Transmissionsverluste können im Labor vernachlässigt werden (vgl. Berechnungsbeispiel 7.2). Der Index v kennzeichnet das Videosignal, dem die am Display verfügbaren Graustufen bzw. die verfügbare Farbpalette zugeordnet werden muss. Abb. 7.2 stellt dieses Problem dar.

Das Videosignal hat wie das SNR bezüglich der Objekttemperatur ϑ (in °C) einen nichtlinearen Verlauf. In Abb. 7.2 b ist die Anpassung der Graustufen- bzw. Farbpalette an den auf dem Display gewünschten Temperaturbereich auf analogem Wege dargestellt. Soll beispielsweise der Temperaturbereich ϑ_1 bis ϑ_3 präsentiert werden, sind die Verstärkung und der Pegel des Videosignals U_v dem darstellbaren Bereich auf dem Display anzupassen. Das Displaysignal U_S (Index

S für screen) präsentiert die gesamte Graustufen- bzw. Farbpalette von Schwarz bis Weiß. Um ϑ_1 Schwarz und ϑ_3 Weiß auf dem Display erscheinen zu lassen, muss der Konstantanteil des Videosignals U_{vk} unterdrückt werden. Videosignale oberhalb des Weißsignals werden auf das Niveau Weiß gesetzt. Der Winkel α kennzeichnet in erster Näherung die Verstärkung des Video-signals zum Display-Signal: $\Delta U_S = \Delta U_v \cdot \cot \alpha_{1-3}$. Diese beiden Einstellungen sind beim Gebrauch jeder Thermokamera vorzunehmen und beispielsweise durch die Attribute „level" und „range" (AGEMA 1985) gekennzeichnet. Soll ein anderer Temperaturbereich $\Delta\vartheta$ dargestellt werden, müssen beide Einstellungen von Neuem gewählt werden. Die unterschiedlichen Beispiele in Abb. 7.2 demonstrieren die Neueinstellungen. Unterschiedliche Farbdarstellungen für ein und dieselbe thermographische Szene präsentiert Abb. 12.7.

Die Nichtlinearität der Graustufen- bzw. Farbpalette im Temperaturbereich $\Delta\vartheta$ muss durch eine nichtlineare Zuordnung der Temperaturskala kompensiert werden. Nachdem ϑ_{min} und ϑ_{max} feststehen, wird auf die Approximation der Übertragungsfunktion $\dfrac{A}{C \cdot \exp\dfrac{B}{T} - 1}$ mit den Koeffi-zienten *A*, *B*, *C* zurückgegriffen und den Graustufen zugeordnet. Diese Formel lässt unschwer das Plancksche Strahlungsgesetz (3.16) erkennen. In den Koeffizienten *A*, *B*, *C* werden die Parameter der Optik, des Empfängers und des elektronischen Übertragungskanals berücksichtigt.

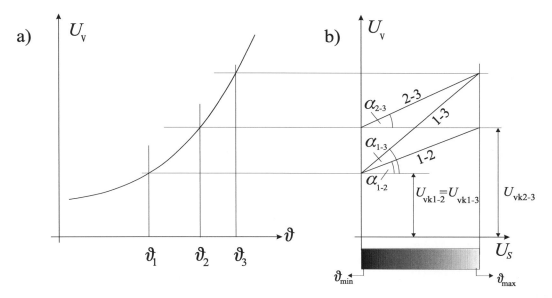

Abb. 7.2: Zuordnung des Videosignals zur Graustufen- bzw. Farbpalette
a) Übertragungsfunktion, b) Zuordnung des Videosignals zu den Graustufen

Eine auf analogem Wege realisierte Funktion ist das Skimming. Es dient der Unterdrückung des Hintergrundrauschens und hat in den neunziger Jahren für extrem rauscharme Quantenempfänger Bedeutung erlangt. Ziel dieser Funktion ist die Eliminierung des vom Empfänger ebenfalls regist-rierten Hintergrundrauschens vor der Übergabe an digitale Signalverarbeitungschritte. Damit kann der Dynamikbereich der nachfolgenden Verarbeitungsstufen optimal genutzt werden. Dazu wird vor der Anpassung des Analogsignals an den AD-Wandler der Hintergrundstrahlungsanteil vom Analogsignal abgezogen.

Dieser Hintergrundstrahlungsanteil wird durch einen Referenzstrahler mit konstanter Temperatur ermittelt, der mindestens einmal pro IR-Bildsequenz auf mindestens ein Empfängerpixel eingespie-gelt wird. Ändert sich die Temperatur in der Umgebung des Empfängers und damit die Hinter-grundstrahlung, wird auch auf den Referenzpixeln ein anderer Strahlungsfluss registriert. Dessen Differenz zum Sollwert wird von jedem „normalen" Pixel abgezogen. Dieses Prinzip muss nicht auf die Kompensation der Hintergrundstrahlung beschränkt bleiben, sondern kann durch Vorgabe anderer Sollwerte der zu beobachtenden Objektszene angepasst werden.

7.3   Möglichkeiten der digitalen Bildbearbeitung

Mit der Digitalisierung des verstärkten Videosignals sind eine Vielzahl von Verarbeitungsmöglich-keiten gegeben, die den Einsatz von Wärmebildgeräten über die Darstellung einer thermischen Szene hinaus maßgeblich erweitern. Voraussetzung dafür ist die schnelle analogdigitale (AD) Sig-nalwandlung des interessierenden Anteils des Videosignals. Zwischenspeicherungen, Mischungen, Filterungen, Mittelungen und Korrelationsrechnungen werden je nach Verwendungszweck mög-lich.

Die vom AD-Wandler zu realisierende Bit-Rate berechnet sich aus der Anzahl der Pixel des thermographischen Bildes $N_I = p_I \cdot q_I$ mit p_I als Bildpunktzahl in x- und q_I in y-Richtung, f_f der Bildfolgefrequenz und N_d der bit-Tiefe des Signals. Soll das anliegende Messsignal in 1024 Stufen diskretisiert werden, wird $N_d = 10$ ($2^{10} = 1024$). Die Bit-Rate des AD-Wandlers ist

$$Br = N_I \cdot N_d \cdot f_f \qquad \text{(in bit/s).} \tag{7.6}$$

Für ein typisches Thermokamerabild mit 320 x 240 Pixeln und 8 bit Signalauflösung ergibt sich für den normalen Echtzeitbetrieb ($f_f = 25\,\text{Hz}$), $Br = 15$ Mbit/s. Wird für spezielle Anwendungen (Duchâteau, Kürbitz 1997) die räumliche Auflösung des HTDV-Fernsehens mit 1920 x 1152 Pixeln in Echtzeit bei 14 bit Signaltiefe benötigt, steigt die vom AD-Wandler zu bewältigende Bit-rate auf 774 Mbit/s. Hier begrenzt die moderne Schaltungstechnik die Leistungsfähigkeit des Wärmebildgerätes. Durch Parallelisierung des Bildverarbeitungsprozesses (Oelmaier, Eberhardt 1997) können technisch realisierbare Lösungen gefunden werden. Nach der Digitalisierung des für die Anwendung interessanten Teils des Analogsignals stehen alle Möglichkeiten der digitalen Bildverarbeitung zur Verfügung. Exemplarisch sollen einige Beispiele vorgestellt werden, die immer den konkreten Einsatzbedingungen des Wärmebildgerätes angepasst sind.

Die Subtraktion aufeinander folgender Bilder zeigt Bewegungen in der Objektszene an. Für Überwachungsaufgaben müssen dann noch Fehlalarmquellen wie bewegte Bäume ausgeschaltet werden.

Die Speicherung mehrerer Bilder und die Mittelwertbildung in jedem Pixel ist eine Grundfunktion aller kommerziellen Thermokameras. Sie dient in erster Linie der Rauschunterdrückung, wobei sich nach Gl. (2.26) das Rauschen mit $\sqrt{m}$ verringert, wenn m die Anzahl der summierten Messungen ist. Das angezeigte Bild weist entsprechend der verwendeten Grau- oder Farbskala intensiv und wenig strahlende Partien der Objektszene aus.

Die Erstellung von Histogrammen einzelner Bildausschnitte wird meist nach der Mittelung mehrerer Bilder ein und derselben Objektszene sinnvoll. Kritische Strahlungsverteilungen können statistisch analysiert und verglichen werden.

Der Vergleich mit bekannten Objekten hat besonders bei militärischen Anwendungen Bedeutung (Doll et al. 1998). Typische Ausstrahlungseigenschaften von Flugkörpern werden gespeichert und mit den kritischen Objekten der Szene verglichen.

Die Darstellung von Profilschnitten dient der Analyse von besonders interessanten Abschnitten der IR-Szene. Dabei werden Änderungen der spezifischen Ausstrahlung registriert, die ihre Ursache sowohl in der unterschiedlichen Temperatur als auch im unterschiedlichen Emissionsgrad haben. Die Aussagen zum Strahlungskontrast in Kap. 3.5.4 müssen berücksichtigt werden.

Die Kompensation des Emissionsgrades zur Ermittlung der wahren Szenentemperatur stellt für messende Systeme eine besondere Herausforderung dar. Bei der Überwachung von Produktionsprozessen kann die Determiniertheit der Objektszene genutzt werden. Entweder wird ein Referenzstrahler mit bekanntem Emissionsgrad in der Objektszene platziert, der seine Temperatur mit der Objektszene ändert, so dass auf deren Temperatur geschlossen werden kann. Oder es wird in der immer wiederkehrenden Objektszene eine teach-in-Messung bei konstanter Temperatur ausgeführt und aus dem Strahlungssignal und der Szenentemperatur in jedem Pixel der Emissionsgrad berechnet und abgelegt. Da sich der Emissionsgrad nur wenig mit der Temperatur ändert, können im Betriebszustand die Temperaturen in den einzelnen Pixeln aus der detektierten Strahlung berechnet werden. Dieses Verfahren findet vor allem bei der Kontrolle von Leiterplatten Anwendung, wo die einzelnen Bauelemente und Leiterbahnen extrem unterschiedliche Emissionsgrade haben.

Die bispektrale Aufnahme der Objektszene im MIR- und LIR-Fenster dient vor allem der militärischen Aufklärung. Aus der Überlagerung der beiden Wärmebilder können Informationen über die Art des Objektes gewonnen werden. Auch hier liefert der Vergleich mit gespeicherten Objektdaten zusätzliche Informationen. Zusammen mit Emissionsgraddatenbanken können Rückschlüsse auf die Materialien in der Objektszene gezogen werden. Die Kombination mit Multispektralaufnahmen aus dem VIS-Bereich ist eine bewährte Methode der satellitengestützten Aufklärung der Erdoberfläche, die bis zu Ernteprognosen und der Erkundung von Bodenschätzen reicht.

7.4   Abtastung und Rauschbandbreite

Die verschiedenen Empfängerarchitekturen erlauben unterschiedliche optomechanische Abtastva-
rianten, um eine zweidimensionale Temperaturverteilung darstellen zu können (vgl. Tab. 5.4). Die
Auswirkung des Abtastregimes auf die Rauschbandbreite ist deshalb interessant, weil nach Gl.
(6.25) sowohl die thermische Auflösung als auch nach Gl. (7.2) das Signal-Rausch-Verhältnis mit
eingeschränkter Rauschbandbreite verbessert werden.

7.4.1 Abtastung mit Einelementempfängern

Für $p_D = q_D = 1$ ist der Aufbau eines Echtzeitbildes nur mit schnellen Quantendetektoren und
zweidimensionaler optomechanischer Abtastung möglich. Die Ablenkung entlang einer Bildzeile
realisieren rotierende Polygone, die Zeilenablenkung ist mit Schwingspiegeln möglich. Durch die
kontinuierliche Abbildung des Empfängers in die Objektszene ergibt sich eine lückenlose Erfassung des gesamten Feldes. Zur Kennzeichnung der einzelnen Objektelemente sind diese in Abb.
7.3 als verkleinerte Rechtecke dargestellt.

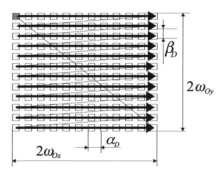

Abb. 7.3: Abtastung einer 12 x 12-Szene mit Einelementempfänger, dargestellt im Winkelmaß $2\omega_{Ox} \cdot 2\omega_{Oy}$ erfasste Objektszene FOV, $\alpha_D \cdot \beta_D$ in der Objektszene wirksame
Empfängerfläche IFOV, $\rightarrow$ Szenenabtastung, --- Rücksprung

Die Abtasteffektivität η_{sc} wurde in Kap. 5.1.4 eingeführt und setzt sich aus einem Zeilen- und
einem Bildablenkungsanteil zusammen: $\eta_{sc} = \eta_l \cdot \eta_f$. η_l (*l* für line) berücksichtigt den Zeilen-
rücklauf und das Abtasten der Ränder rechts und links des Objektfeldes, η_f (*f* für frame) den

Bildrücksprung und die Ränder oberhalb und unterhalb des Objektfeldes. Beide Werte sind kleiner Eins.

Die Rauschbandbreite folgt über (6.21) durch Einsetzen der Verweilzeit pro Pixel t_0 nach (5.25) zu

$$\overline{\Delta f} = \frac{f_f}{2\eta_f \cdot \eta_l} N_I .$$
(7.7)

$N_I = p_I \cdot q_I$ ist die Anzahl der Pixel, aus denen das thermographische Bild zusammengesetzt ist. Bei diesen Einelementanordnungen wird das thermische Auflösungsvermögen über die Rauschbandbreite durch die Bildfolgefrequenz und durch die Pixelanzahl begrenzt. η_I und η_f sind nur in geringem Maße variierbar. Im Berechnungsbeispiel 7.5 werden für verschiedene optomechanische Lösungen Werte angegeben.

7.4.2 Abtastung mit Zeilenempfängern

Hier entsteht das zweidimensionale thermographische Bild durch die Kombination von elektronischer und mechanischer Abtastung. Ziel ist die Erhöhung der Verweilzeit t_0 bei vorgegebener Bildfolgefrequenz f_f. Die wichtigsten Prinzipien sind in den folgenden Abbildungen dargestellt.

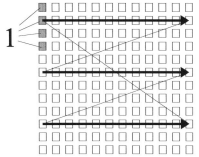

Abb. 7.4: Scheinbare Bewegung von Zeilenempfängern über die Objektszene (N_I = 12 x 12) bei paralleler Abtastung mit $p_D = 1$, $q_D = 4$; 1 Empfängerelemente, Verweilzeit t_0 bei gleichem N_I und f_f etwa q_D-mal größer als mit Einelementempfänger

Die Parallelabtastung durch q_D Pixel (siehe Abb. 7.4) erfordert immer noch eine zweidimensionale optomechanische Ablenkung. Die Zahl der Abtastschritte vermindert sich um den Faktor q_D, so dass die Verweilzeit t_0 q_D-mal größer als bei Einelementempfängern gewählt werden kann. η_I und η_f bleiben gegenüber dem Einelementsensor unverändert. Eine günstige Realisierungsvariante sind Spiegelpolygone zur Horizontablenkung, deren Facetten unterschiedlich geneigt sind und somit die Vertikalablenkung mit übernehmen. Dann wird mit einer Polygondrehung das gesamte Bildfeld abgescannt (vgl. Abb. 5.15d). An den Zeilenempfänger werden hohe Forderungen gestellt, da sich Pixelausfälle als fehlende Linien im Bildaufbau auswirken.

Die serielle Abtastung durch p_D-Pixel erfordert die gleiche Anzahl mechanischer Abtastschritte wie ein Einelementsensor. Alle p_D Zeilenpixel werden nacheinander über jedes Objektelement geführt. Über eine Verzögerungsschaltung werden die Pixelinformationen aufsummiert, so dass die pro Objektelement wirksame Verweildauer um den Faktor p_D größer ist. Die Abtasteffektivität entlang der Zeile sinkt durch den notwendigen Überlauf an den Zeilenenden gegenüber Einelementempfängern. Für das in Abb. 7.5 dargestellte Beispiel wird $\eta_l < \dfrac{12}{12+3+3}$, η_f bleibt im Vergleich zum Einelementsensor unverändert. Ungleichmäßigkeiten der Sensorzeile wirken sich nicht aus. Die seriell abtastende Zeile mit p_D Elementen kann vorteilhaft durch einen SPRITE-Sensor ersetzt werden.

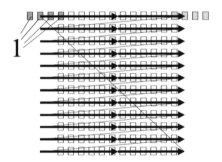

Abb. 7.5: Scheinbare Bewegung von Zeilenempfängern über die Objektszene (N_I = 12 x 12) bei serieller Abtastung mit $p_D = 4$, $q_D = 1$; 1 Empfängerelemente, Verweilzeit t_0 bei gleichem N_I und f_f etwa p_D- mal größer als mit Einelementempfänger wegen des Überlaufs an den Zeilenenden

Die Kombination von serieller mit paralleler Abtastung (dargestellt in Abb. 7.6) stellt einen zweckmäßigen Kompromiss zwischen Sensoranforderungen und mechanischer Abtastung dar. Er ist durch Matrixempfänger oder mehrere nebeneinander angeordnete SPRITE-Sensoren realisierbar, wobei die zweidimensionale Abtastung durch ein Spiegelpolygon übernommen wird. Die Rauschbandbreite mit Mehrelementempfängern folgt über die Gln. (6.21) und (5.25) zu

$$\overline{\Delta f} = \frac{f_f}{2 \cdot \eta_l \cdot \eta_f} \frac{N_I}{p_D \cdot q_D} \quad . \tag{7.8}$$

Vergleicht man Einelementsensoren und Zeileneinsatz für gleiche Bildfolgefrequenzen f_f und gleiche Bildpixelzahlen N_I, so ist eine Verbesserung der thermischen Auflösung und des Signal-Rausch-Verhältnisses um einen Faktor kleiner als $\sqrt{p_D \cdot q_D}$ zu erwarten.

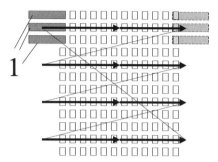

Abb. 7.6: Scheinbare Bewegung von Zeilenempfängern über die Objektszene ($N_I = 12 \times 12$) bei einer SPRITE-Matrix $p_D = 4$, $q_D = 3$; 1 Empfängerelemente, Verweilzeit t_0 bei gleichem N_I und f_f weniger als $p_D \cdot q_D$-mal größer als mit Einelementempfänger wegen Überlauf an den Zeilenenden

7.4.3 Bildaufnahme mit Matrixempfängern

Matrixempfänger mit einer Pixelanzahl $p_D = p_I$ und $q_D = p_I$ liefern ein thermographisches Bild ohne optomechanische Abtastung. Praktische Beispiele sind pyroelektrische Vidikons, Bolometermatrizen und pyroelektrische Matrizen, die ohne Kühlung betrieben werden können, sowie gekühlte PtSi-, InSb- und HgCdTe-Matrizen. Die Rauschbandbreite wird durch die Taktfrequenz des Auslesemechanismus f_c (clock frequency) festgelegt. Die maximale Signalfrequenz kann nur halb so groß wie die Auslesefrequenz für ein Pixel sein: $f_{max} = 0,5 \cdot f_c$. Die Bandbreite der thermographischen Szene reicht von der gleichförmigen Strahlungsverteilung ($f_{min} = 0$) bis zur maximalen Modulation: $\overline{\Delta f} = 0,5 f_c$. Das gesamte Bild wird in der Zeit $t_f = (p_D \cdot q_D)/f_c = 1/f_f$ ausgelesen. Die Rauschbandbreite folgt durch Einsetzen der letzten Beziehungen unter Berücksichtigung von $N_I = p_D \cdot q_D$ zu

$$\overline{\Delta f} = \frac{f_f}{2 \cdot \eta_{el}} \cdot N_I, \tag{7.9}$$

wobei mit $\eta_{el} \leq 1$ die zeitliche Scaneffektivität der elektronischen Auslesung bezeichnet ist. Sie ist das Verhältnis der reinen Auslesezeit für ein Bild zur Gesamtzeit einschließlich Synchronisations- und Steuersignalen, die zur Auslesung eines Bildes notwendig sind. Während Gl. (7.8) die Möglichkeit zur Verringerung der Rauschbandbreite durch Mehrelementempfänger unter Nutzung der optomechanischen Abtastung verdeutlicht, legt Gl. (7.9) eine Grenze fest, wenn auf jegliche optomechanische Abtastung verzichtet wird.

Die Konzeption besonders rauscharmer Wärmebildgeräte setzt hier an, um in der Kombination von optomechanischer Abtastung und Matrixempfängern das thermische Auflösungsvermögen weiter zu steigern. Diese TDI (Time Delay and Integration)-Technik erhöht die Verweilzeit t_0 eines Empfängerpixels auf einem Element der Objektszene, indem die serielle Abtastung mit Matrizen praktiziert wird. Eine Vielzahl von technischen Realisierungsmöglichkeiten sind denkbar, die anwendungsspezifisch und nach dem Stand der Technik ausgelegt werden (Holst 1998). Spezielle schaltungstechnische Vorkehrungen sorgen für die Addition der Signale, die den einzelnen Bildpixeln zugeordnet werden. Bei dieser Zuordnung kann auch die skimming-Funktion (vgl. Kap. 7.2) mit berücksichtigt werden. Erfolgt wie in Abb. 7.5 die serielle Summierung in x-Richtung, muss die Pixelzahl der Empfängermatrix q_D ganzzahlig teilbar sein durch die Pixelzahl des thermographischen Bildes q_I. Wenn der Überlauf auf beiden Seiten der Objektszene m_x Elemente beträgt, verringert sich die Rauschbandbreite um weniger als den Faktor $\sqrt{p_D \cdot q_D}$. Wird eine solche Scanbewegung für eine nahezu formatfüllende Matrix realisiert, spricht man von Mikro-Scan-Technik.

Kleinere Matrizen mit ganzzahligen Quotienten p_I / p_D und q_I / q_D zeichnen in der Kombination mit einem Polygonspiegel mit verschieden geneigten Facetten das Bildformat voll aus. Wenn dessen Facettenzahl N_P gerade dem Quotienten q_I / q_D entspricht, wird mit einer Polygonumdrehung das gesamte Bild abgetastet. Ist dann die Drehzahl das Vielfache m_r von 25 Hz, können Echtzeitbilder durch Aufsummieren gewonnen werden, wobei sich das thermische Auflösungsvermögen um den Faktor $\sqrt{m_r}$ verbessert.

7.5   Berechnungsbeispiele

Beispiel 7.1

Zu berechnen ist die Signalübertragungsfunktion $U_v(\vartheta)$ im Temperaturbereich 0 ... 200 °C der auch zu Messzwecken einsetzbaren Thermokamera "AGA Thermovision 782 SW" für Laborbedingungen. Aus den Datenblättern sind folgende Größen bekannt: Optik 1,8/70 mit $\overline{\tau}_O = 0{,}8$, L N$_2$-gekühlter InSb-Einelementempfänger mit 80 x 80 µm² Kantenlänge, großer Arbeitsabstand, NETD = 1 K.

1. Die Signalübertragungsfunktion ist nach Gl. (7.5) festgelegt. Neben den unmittelbar in der Aufgabenstellung gegebenen Größen sind folgende Parameter bekannt: $k_{eff} = 1{,}8$; SW für „short wave" legt $3\,\mu\mathrm{m} \leq \lambda \leq 5\,\mu\mathrm{m}$ fest. Damit kann für $\tau_A \to 1$ gesetzt werden. Unter Laborbedingungen wird ein Strahler mit $\varepsilon \to 1$ zur Messung der Signalübertragungsfunktion verwendet. Der große Arbeitsabstand bedeutet $\beta' = 0$. Damit wird die Bestimmungsgleichung

$$U_{\mathrm{v}}(T) = \frac{A_D \cdot C_e \cdot \tau_O}{4 k_{eff}^2} \int_{\lambda 1}^{\lambda 2} R_D(\lambda) \cdot M_\lambda(\lambda, T) d\lambda .$$

Um einen Vergleich mit Beispiel 7.2 zu ermöglichen, wird für die Verstärkung des Empfängersignals $C_e = 40$ gewählt.

2. Die Empfindlichkeit von Quantendetektoren ist wellenlängenabhängig nach Gl. (6.16). Die Spitzenempfindlichkeit wird Tab. 6.5 entnommen. Ein mittlerer Wert ist $R_{D\max} = 60\,000$ V/W.

3. Die Signalübertragungsfunktion folgt durch numerische Auswertung der Gleichung

$$U_{\mathrm{v}} = \frac{(0{,}008\ \mathrm{cm})^2 \cdot 40 \cdot 0{,}8}{4 \cdot 1{,}8^2 \cdot 5 \cdot 10^{-3}\ \mathrm{mm}}\, 6 \cdot 10^4\, \frac{\mathrm{V}}{\mathrm{W}} \int_3^5 \lambda \cdot M_\lambda(\lambda, \vartheta + 273\,\mathrm{K}) \cdot d\lambda .$$

Es ergibt sich eine Kurve, deren Anstieg mit zunehmender Objekttemperatur wächst. Sie ist in Abb. 7.7 dargestellt. Den gleichen Verlauf weist das SNR in Abb. 7.1 auf.

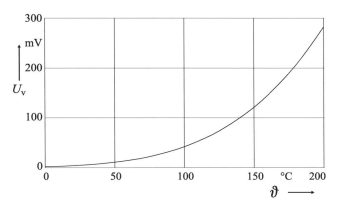

Abb. 7.7: Berechnete Signalübertragungsfunktion $U_{\mathrm{v}}(\vartheta)$ im Temperaturbereich 0 ... 200 °C der Thermokamera AGA Thermovision 782 SW

Beispiel 7.2

Zu berechnen ist die Signalübertragungsfunktion $U_v(\vartheta)$ des Handpyrometers Ursatherm HPN im Temperaturbereich 0 ... 200 °C für Laborbedingungen. Aus den Datenblättern sind folgende Werte bekannt: Scharfpunktabstand 150 mm, Scharfpunktdurchmesser 4 mm, Arbeitsbereich 2 ... 30 μm, Objektiv KRS 5-Linse mit 30 mm Durchmesser und 50 mm Brennweite ohne Entspiegelung, pyroelektrischer Sensor.

1. Beim pyroelektrischen Empfänger ist zu berücksichtigen, dass nur Strahlungsflussdifferenzen vom Empfänger registriert werden und im Chopperbetrieb der Term $\varepsilon \cdot M_\lambda(T)$ in den Gleichungen (7.1) und (7.2) durch die Differenz $\varepsilon \cdot M_\lambda(T) - \varepsilon_{ch} \cdot M_\lambda(T_{ch})$ zu ersetzen ist. Der Index ch bezieht sich auf die bei geschlossenem Chopper auf den Empfänger fallende Strahlung. Der Spiegelchopper des Pyrometers spiegelt in der Zuphase eine geschwärzte Gehäusefläche auf den Empfänger ein, für die $\varepsilon_{ch} = 1$ gesetzt werden kann. Mit der Labortemperatur von 20 °C ergibt sich ein Strahlungsanteil des Choppers von $M_{ch} = 35\,\text{mW/cm}^2$. Dieser Wert berücksichtigt schon den nichtidealen Reflexionsgrad des Spiegels.

2. Die Signalübertragungsfunktion ist nach Gl. (7.5) festgelegt. Die Aufgabenstellung legt die effektive Blendenzahl fest: $k_{eff} = \dfrac{f'_O}{D_O} = \dfrac{50}{30}$. Das Pyrometer wird mit einem Schwarzkörperstrahler geeicht. Damit wird $\varepsilon \to 1$. Für die verstärkte Signalübertragungsfunktion folgt

$$U_v(T) = \frac{A_D \cdot R_D \cdot C_{el}}{4 k_{eff}^2 (1 - \beta'/\beta'_P)^2} \left[\int_{\lambda_1}^{\lambda_2} \tau_A \cdot \tau_O \cdot M_\lambda(T) d\lambda - M_{ch} \right].$$

Mit der Verstärkung $C_e = 1$ ergibt sich der unmittelbar am Sensorausgang zu erwartende Spannungswert.

3. Die Transmission der nichtentspiegelten KRS 5-Linse folgt aus Gleichung (5.35). Für die Brechzahl wird ein typischer Wert des spektralen Arbeitsbereiches angenommen, so dass die Transmission als Konstante angesehen werden kann. Aus Tabelle 5.1 ergibt sich für $\lambda = 10$ μm die Brechzahl 2,371, so dass $\overline{\tau}_O = 0,7$ gesetzt werden kann.

4. Für die atmosphärische Transmission ist zu prüfen, ob für den Arbeitsabstand 150 mm ohne weiteres $\tau_A = 1$ gesetzt werden kann, da im spektralen Arbeitsgebiet starke Absorptionsbande liegen. Ausgehend von den Daten der molekularen Absorption für 0,5 μm < λ < 14 μm soll die Abschätzung vorgenommen werden.

4.1. Der kritische Fall der CO_2-Absorption ist die Bande bei 4,3 μm. Die Umrechnung über Gleichung (4.7) auf die kurze Arbeitsdistanz liefert $\tau_{CO_2} = 0,098^{\frac{0,15}{100}} = 0,997$.

4.2. Der kritische Fall der H_2O-Absorption ist die Bande bei 6,6 μm. Nimmt man eine Temperatur von 20 °C und eine relative Luftfeuchte von 80 $\%$ an, ergibt sich mit Gl. (4.5) eine kondensierbare Wasserdampfsäule von 0,0021 mm. Die Umrechnung der tabellierten Transmission über Gl. (4.6) ergibt $\tau_{H_2O} = 0,960$.

4.3. Die Berechnung der ungünstigsten Banden zeigt für die kurze Arbeitsdistanz noch keine gravierenden Einbrüche. Da die Mehrzahl der τ_{H_2O}- und τ_{CO_2}-Werte im spektralen Arbeitsgebiet Werte $\tau_A = 1$ hat, kann $\overline{\tau}_A = 1$ gesetzt werden. Fehler bei der Wahl der Empfindlichkeit R_D wirken sich wesentlich stärker aus.

5. Der Abbildungsmaßstab ist durch die Lage des "Scharfpunktes", also des objektseitigen Bildes des Empfängerchips, festgelegt. Aus Gl. (5.3) ergibt sich $\beta' = \dfrac{f'_O}{a + f'_O}$, wobei entsprechend der Vorzeichenfestlegung in Abb. 5.1 der Scharfpunktabstand $a = -150$ mm einzusetzen ist. Der Pupillenabbildungsmaßstab wird $\beta'_P = 1$, da die Fassung der KRS 5-Linse die Öffnung des Pyrometers begrenzt und keine weiteren Abbildungen bis zum Sensor erfolgen.

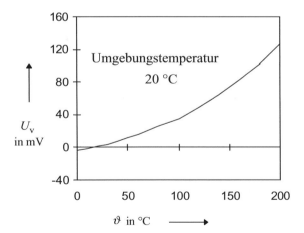

Abb. 7.8: Signalübertragungsfunktion $U_v(\vartheta)$ des Handpyrometers Ursatherm HPN im Temperaturbereich 0 ... 200 °C für Laborbedingungen

6. Für den Empfänger müssen die wirksame Fläche und die Empfindlichkeit bestimmt werden. Die Fläche folgt aus dem Scharfpunktdurchmesser und dem Abbildungsmaßstab:

$$A_D = \beta'^2 \frac{\pi}{4} \cdot (5\,\text{mm})^2 = 3{,}14\,\text{mm}^2 \, .$$

Die Empfindlichkeit für thermische Detektoren ist weitgehend wellenlängenunabhängig. Aus Tabelle 6.1 ergibt sich ein typischer Empfindlichkeitswert $R_D = 600$ V/W für pyroelektrische Detektoren.

7. Die Signalübertragungsfunktion des Pyrometers folgt durch numerische Auswertung der Gleichung

$$U_v(\vartheta) = \frac{0{,}034\,\text{cm}^2 \cdot 1}{4\,\dfrac{25}{9}(1+0{,}5)^2}\, 1 \cdot 0{,}7 \cdot 600\,\frac{\text{V}}{\text{W}} \left[\int_{2}^{30} M_\lambda (\vartheta + 273\,\text{K}) \cdot d\lambda - M_{ch} \right] .$$

In Abb. 7.8 ist die Funktion dargestellt. Es ergibt sich wieder eine Kurve, die mit zunehmender Objekttemperatur einen steileren Anstieg hat.

8. Der Nulldurchgang der Signalübertragungsfunktion kennzeichnet den Fall, wo die Bestrahlungsstärke durch den Chopper und durch das Objekt gleich sind. Die praktische Nutzung des Bereichs unter dem Nulldurchgang setzt voraus, dass die Referenzstrahlung konstant gehalten wird. Miniaturisierte Schwarzkörperstrahler mit geringem Energieverbrauch (InfraTec 1994) könnten diese Funktion übernehmen.

Beispiel 7.3

Die Thermokamera Probeye TVS-200 der Firma AVIO arbeitet mit einer zehnelementigen Joule-Thomson-gekühlten InSb-Zeile im Spektralbereich 3 ... 5,4 µm. Die Pixelgröße ist 80 x 80 µm². Ein zehnflächiger Polygonspiegel mit abgestufter Facettenneigung übernimmt sowohl die Horizontal- als auch die Vertikalabtastung der Objektszene, die in 155 x 100 Bildelemente gegliedert ist. Die Bildfrequenz beträgt 30 Hz.

Welche Anforderungen muss das Objektiv bezüglich Brennweite, Durchmesser und Auflösungsvermögen erfüllen, wenn das in 100 m Entfernung von einem Pixel erfasste Objektfeld mit 22 x 22 cm² angegeben wird? Als kleinste unterscheidbare Temperaturdifferenz eines schwarzen Referenzstrahlers von 330 K wird 0,1 K gefordert.

1. Das Abtastregime legt die Rauschbandbreite fest. Über (7.8) folgt

$$\overline{\Delta f} = \frac{f_f}{2\eta_l \cdot \eta_f} \cdot \frac{100 \cdot 155}{p_D \cdot q_D}$$ mit $p_D = 10$, $q_D = 1$. Die Abtasteffektivität des rotierenden Polygons kann durch geeignete Dimensionierung sehr günstig gehalten werden: $\eta_l = \eta_f = 0,87$. Die Rauschbandbreite wird damit 25,6 kHz.

2. Die Anforderungen an das Objektiv folgen aus den Formeln (5.46) bis (5.50). Zunächst muss der *MD*-Wert bestimmt werden (vgl. Beispiel 6.6). Ein typischer Wert für InSb-Detektoren ist $D^*_{max} = 7 \cdot 10^{10} \sqrt{\text{Hz}} \cdot \text{cm} / \text{W}$ mit der Grenzwellenlänge 5,4 µm. Damit folgt der *MD*-Wert zu

$$MD = \overline{\tau}_A \cdot \overline{\varepsilon} \frac{c_2 \cdot D^*_{max}}{\lambda_2 \cdot T^2} \int\limits_3^{5,4} M_\lambda(T, \lambda) \cdot d\lambda = 3,6 \cdot 10^6 \frac{\sqrt{\text{Hz}}}{\text{cm K}},$$

wobei $\overline{\tau}_A = \overline{\varepsilon} = 1,0$ sowie eine Objekttemperatur von 50 °C vorausgesetzt wird.

3. Zur Sicherung der thermischen Auflösung muss die Forderung

$$OS > \frac{4}{\delta T \cdot MD} \sqrt{\frac{\overline{\Delta f}}{A_D}} = \frac{4 \cdot \text{K} \cdot \text{cm}}{0,1\,\text{K} \cdot 3,06 \cdot 10^6 \sqrt{\text{Hz}}} \sqrt{\frac{25600\,\text{Hz}}{80 \cdot 10^{-6}\,\text{mm}^2}} = 0,262$$

eingehalten werden.

Die Mindestbrennweite nach (5.49) ergibt sich aus der Pixelbreite von $x_D = 80$ µm und der Angabe zum kleinsten auflösbaren Objektelement $\delta\omega = \frac{22\,\text{cm}}{100\,\text{cm}} = 2,2$ mrad : $f'_O \geq 36,5$ mm . Mit der Brennweitenfestlegung laut Prospekt zu 38 mm ergibt sich der minimale Durchmesser des Linsenobjektivs ($\overline{\tau}_O = 0,85$) über (5.50) zu $D_O \geq f'_O \sqrt{\frac{OS}{\overline{\tau}_O}} = 21,0$ mm .

4. Die mit einem Kontrast von 0,5 zu übertragende Winkelauflösung folgt über (5.51) zu $\delta\omega_{0,5} = 3,5$ mrad. Diese Auflösung muss für den äußersten Feldwinkel realisiert werden. Mit den Größen des abgetasteten Bildfeldes ergibt sich der maximale halbe Feldwinkel aus der halben Objektfelddiagonalen und dem Objektabstand zu $\omega_O = \arctan \frac{\sqrt{18^2 + 26^2}}{2 \cdot 100} = 9,0°$.

Beispiel 7.4

Welche Bildformate können mit verschiedenen Einelementsensoren und zweidimensionaler optomechanischer Abtastung aufgebaut werden, wenn die Bildfolgefrequenz 30 Hz beträgt? Das Seitenverhältnis des Bildformats sei 3:4, die Abtasteffektivität $\eta_{sc} = 0,6$.

1. Die optimale Anpassung von Pixelverweilzeit t_0 und Empfängerzeitkonstante t_D wird im Berechnungsbeispiel 6.2 diskutiert. Unter Punkt 3 wird die Empfehlung $t_0 \approx \pi \cdot t_D$ gegeben.

2. Gl. (5.25) legt den Zusammenhang zwischen Verweilzeit und Bildformat fest. Für das geforderte Seitenverhältnis wird $N_I = p_I \cdot q_I = \dfrac{3}{4} q_I^2$.

3. Die möglichen in Echtzeit zu erreichenden Bildformate folgen mit Gl. (5.25) zu $q_I^2 \approx \dfrac{4}{3} \dfrac{\eta_{sc}}{\pi \cdot f_f \cdot t_D}$. Die Ergebnisse für verschiedene Empfänger sind in Tab. 7.1 zusammengestellt. Das hochauflösende TV-Format erfordert extrem kurze Zeitkonstanten.

Tab. 7.1: Mögliche Thermobildformate aufgrund der Zeitkonstanten des Empfängers bei zweidimensionaler optomechanischer Abtastung ohne serielle Auslesung

Empfänger	t_D	Format	Betriebstemperatur
Thermoelement	10 ms	1 x 1	300 K
Pyroelektrikum	2 ms	4 x 3	300 K
PbS	200 µs	8 x 6	300 K
PbSe	50 µs	17 x 13	77 K
HgCdTe (pc)	0,1 µs	388 x 291	77 K
HgCdTe (pv)	0,01 µs	1228 x 921	77 K

Beispiel 7.5

Ein typisches Thermobild kommerzieller Kameras der ersten Generation besteht aus einem Pixelraster von 175 x 100 (horizontal x vertikal). Realisierungsmöglichkeiten für ein Echtzeitbild ($f_f = 25\,\text{Hz}$) sind für verschiedene Empfängerarchitekturen abzuschätzen. Für kommerzielle Thermokameras der ersten Generation sind folgende Empfänger denkbar: Matrix-Sensor 100 x 175, 10-Elementzeile zur Parallelauslesung, 5-Elementzeile in serieller Auslesung, Einelementempfänger.

Tab. 7.2: Mechanische Anforderungen und resultierende Rauschbandbreiten bei der Erstellung eines thermographischen Echtzeitbildes 175 x 100 in Kameras der ersten Generation

Empfänger-architektur $p_D \cdot q_D$	optomechanisches Abtastsystem	Abtast-effektivität	mechanische Parameter für Bild- und Zeilenablenkung		$\overline{\Delta f}$
100 x 175	ohne	$\eta_e = 0{,}8$	entfällt	entfällt	274 kHz
10 x 1	Polygon mit 10 verschieden geneigten Facetten	$\eta_I = 0{,}87$ $\eta_f = 0{,}87$	entfällt	Drehzahl 1500 min^{-1}	29 kHz
5 x 1	8-Flächen-Polygon und Schwingspiegel	$\eta_I = 0{,}95$ $\eta_f = 0{,}50$	Schwingspie-gelperiode 1/25 s	Polygondrehzahl 32 800 min^{-1}	92 kHz
1 x 1	8-Flächen-Polygon und Schwingspiegel	$\eta_I = 0{,}95$ $\eta_f = 0{,}50$	Schwingspie-gelperiode 1/25 s	Polygondrehzahl 32 800 min^{-1}	461 kHz

1. Zur Auswahl des optomechanischen Abtastsystems kann Tab. 5.4 mit den in Kap. 5.3 aufgeführten Scanelementen herangezogen werden. Die formatfüllende Matrix kommt ohne optomechanische Abtastung aus. Die parallelscannende Zeile benötigt zehn verschieden geneigte Polygonflächen entsprechend Gl. (5.41), um das gesamte Bild auszuzeichnen. Serielle Abtastung durch eine Zeile und Einelementempfänger benötigen ein vollständiges zweidimensionales optomechanisches Abtastsystem, das aus einem Spiegelpolygon für die Abtastung entlang der Zeile und einem Schwingspiegel für die Bildablenkung aufgebaut sein kann. In Tab. 7.2 sind die Varianten mit realistischen Abtasteffektivitäten eingetragen.

2. Die Drehzahlen für die optomechanische Abtastung ergeben sich aus der geforderten Bildfolgefrequenz. Das zehnflächige Polygon erfasst mit einer Umdrehung das gesamte Bild, so dass die Bildfolgefrequenz gleich der horizontal wirkenden Drehzahl ist. Die vollständige zweidimensionale optomechanische Abtastung darf für eine Bildabtastung 1/25 s brauchen, in die auch die Rückführung des Spiegels mit eingeht. Die Zeit zur Abtastung einer Zeile durch eine Polygonfläche beträgt $t_I = 1/25$ s : 175, so dass sich die Polygondrehzahl aus $f_f \cdot q_D / N_P$ ergibt.

3. Für das thermische Auflösungsvermögen ist bei gleichen Empfängermaterialien die Rauschbandbreite von entscheidender Bedeutung. Die Gln. (7.9) und (7.8) führen zu den in Tab. 7.2 angegebenen Resultaten.

4. Typischerweise stellt die Parallelscanvariante einen günstigen Kompromiss zwischen mechanischem Aufwand (nur eine Rotationsbewegung) und geringster Rauschbandbreite dar.

8   Anzeigeeinheiten

Die Aufgabe der Anzeigeeinheiten besteht in der zweidimensionale Darstellung der thermographischen Szene. Voraussetzung dafür ist die schnelle Modulierbarkeit, so dass das von Pixel zu Pixel sich ändernde Signal in Helligkeits- und Farbunterschiede umgesetzt wird. Das Grundprinzip aller Anzeigeeinheiten besteht in der elektrischen Anregung phosphoreszierender Farbstoffe, die auf dem Bildschirm nach einem festen Muster verteilt sind. Vorzugsweise kommen dazu Elektronenstrahlröhren (CRT cathode ray tube) und Flüssigkristallanzeigen (LCD liquid crystal display) für farbige oder monochrome Bildwiedergabe zum Einsatz. Darüber hinaus erlangen Plasma-Anzeigen zunehmende Bedeutung (Mac Donald 1997). In Tab. 8.5 sind typische Eigenschaften dieser drei Anzeigearten gegenübergestellt.

Neben der thermographischen Szene müssen mit Text versehene Skalen dargestellt werden, die im einfachsten Falle die Zuordnung der Temperatur zur Farbe oder zur Graustufe bei einem vorgegebenen Emissionsgrad enthält.

8.1   Charakteristika für Anzeigen

Für Anzeigeeinheiten haben sich einige besondere Bezeichnungen eingebürgert, deren Bezug zur radiometrischen Kette hergestellt werden muss.

8.1.1 Größe und Auflösung

Die Größe des Bildschirms wird in „Zoll" angegeben (2,54 cm $\cong$ 1"). Diese Angabe bezieht sich immer auf die Diagonale des Bildschirms, wobei das Seitenverhältnis aus dem Namen des Anzeigeformates folgt. Für rechteckige Bildschirme ergibt sich die „Größe in Zoll" aus den Seitenlängen X_S und Y_S. Der Preis der Anzeigen steigt mit der Länge der Diagonalen stark an.

In Tab. 8.1 sind einige Pixelzahlen von Monitoren zusammengestellt, die als Computer- und Fernsehbildschirme Verwendung finden. Das Seitenverhältnis des traditionellen Fernsehens 4:3 korrespondiert am besten mit dem natürlichen Blickwinkel des Menschen. Neben den angegebenen Formaten werden für kleinere Bildschirme an portablen Geräten Bruchteile von diesen Pixelzahlen verwendet, z. B. HXGA für „halbes XGA" mit 1024 x 384 oder QVGA für viertel (quarter) VGA mit 320 x 240 Pixeln. Letzteres entspricht den Pixelzahlen von IR-Empfänger-Arrays

Tab. 8.1: Typische Bildschirmpixelzahlen

Format	$N_S = p_S \times q_S$	$X_S : Y_S$
EGA (extended graphics adapter)	640 x 400	8:5
VGA (video graphics array)	640 x 480	4:3
SVGA (super video graphics array)	800 x 600	4:3
XGA (extended graphics array)	1024 x 768	4:3
SXGA (super extended graphics array)	1280 x 1024	5:4
HDTV (high definition television)	1920 x 1080	16:9

Die Größe eines „Pixels" auf dem Bildschirm ist eine komplexe Funktion der Konstruktionsparameter, der Auswahl der phosphoreszierenden Farbstoffe und der Betriebsbedingungen. Eine zweckmäßige Näherung dieser vielfältigen Abhängigkeiten ist die Gaußsche Glockenkurve, zumal sie einfach in den Frequenzraum zu transformieren ist (vgl. Tab. 2.2):

$$L_{\mathrm{v}}(r) = L_S \exp\left[-\frac{1}{2}\left(\frac{r}{r_S}\right)^2\right] . \tag{8.1}$$

Wie im Berechnungsbeispiel 2.1 abgeleitet charakterisiert r_S diejenige Entfernung vom Maximum, bei der die Leuchtdichte auf 0,61 ihres Maximalwertes abgefallen ist.

Für den Anschluss der Monitorauflösung an die radiometrische Kette ist der Übergang zur dargestellten thermographischen Szene notwendig. Der Zeilenabstand des Monitors ist $y_l = \dfrac{W_S}{q_S}$, wenn W_S die Monitorhöhe und q_S dessen Zeilenzahl repräsentieren. Soll y_l einem Leuchtdichteabfall auf $10\,\%$ nach beiden Seiten innerhalb der Zeile entsprechen, also

$$0{,}1 = \exp\left[-\frac{1}{2}\left(\frac{y_l/2}{r_S}\right)^2\right]$$

gelten, dann folgt für die Zeilenbreite $y_l = 4{,}29\, r_S$.

Außerdem wird meist nur ein Teil des Monitors zur Anzeige des Thermobildes genutzt. Temperaturskalen und Bedienhinweise schränken die angezeigte Szene ein, so dass für die angezeigte Thermobildhöhe mit η_l als Ausnutzungsgrad des Monitors im Längenmaß $W_l = \eta_l \cdot W_S$ geschrieben werden kann. Das Einsetzen der letzten Formeln liefert für den Zerstreuungskreisradius der Anzeigeeinheit

$$r_S = \frac{0{,}23 \cdot W_I}{\eta_I \cdot q_S} \; . \tag{8.2}$$

Für die Betrachtung des Gesamtsystems wird die Übertragungsfunktion der Anzeigeeinheit benötigt. Die Fourier-Transformation nach Tab. 2.2 und die Normierung auf den Maximalwert Eins bei der Ortsfrequenz Null führt zu

$$M_S = \exp -2(\pi \cdot r_S \cdot v_S)^2 \; . \tag{8.3}$$

v_S ist dabei die Ortsfrequenz in y-Richtung.

8.1.2 Lichttechnische Größen

Zur Charakterisierung des Monitors müssen die V_λ-bewerteten Größen aus Tab. 3.1 benutzt werden. Die Leuchtdichte L_v beschreibt die Helligkeit der Anzeigeeinheit.

Der Begriff des Kontrastes wird für Anzeigen anders als im Kap. 3 definiert benutzt. Hier kennzeichnet er das Verhältnis des Weißsignals zum Schwarzsignal und wird in der Form 200:1 angegeben. Die entsprechende Formel berücksichtigt noch die Reflexe des Hintergrundes:

$$C_S = \frac{L_{wei\beta} + L_b \cdot \rho_S}{L_{schwarz} + L_b \cdot \rho_S} \; . \tag{8.4}$$

Dabei ist ρ_S der Reflexionsgrad des Bildschirms und L_b die Umgebungsleuchtdichte.

Eine weitere wichtige Größe ist der Abstrahlwinkel des Monitors. Er ist als derjenige Winkel gemessen von der Senkrechten zum Bildschirm definiert, bei dem die senkrecht wirkende Leuchtdichte auf 50 % abgefallen ist. Typischerweise variieren diese Winkel etwas in horizontaler und vertikaler Betrachtungsrichtung.

8.1.3 Farbwiedergabe

Die Farbwiedergabe geht vom Prinzip der additiven Farbmischung aus. Danach können mit drei geeigneten Farbauszügen, die dem Betrachter Rot, Grün und Blau erscheinen, fast alle Farben erzeugt werden, die das menschliche Auge wahrnehmen kann (Wyszecki, Stiles 1982). Die prinzipielle spektrale Verteilung der Strahlung der drei Farbkanäle ist in Abb. 8.1 dargestellt. Auf der Abszisse ist die Wellenlänge im visuellen Teil des elektromagnetischen Spektrums aufgetragen, die

Ordinate stellt den auf den Maximalwert normierten spektralen Strahlungsfluss nach Gl. (3.1) dar. Charakteristischerweise liegen die Maxima für Blau bei 460 nm, für Grün bei 550 nm und für Rot bei 630 nm. Der für das Auge wirksame Anteil jeder Farbe wächst mit dem anliegenden elektrischen Signal. Entsprechend werden die dargestellten spektralen Kurven gestaucht oder gestreckt.

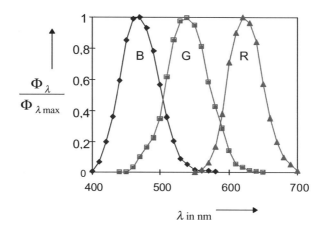

Abb. 8.1: Normierte spektrale Verteilung der Strahlung in den drei Farbkanälen

Sind die drei ausstrahlenden Elemente weit genug vom Auge entfernt, können die einzelnen Farbpunkte nicht mehr separiert werden, so dass eine Mischfarbe wahrgenommen wird. Ihre Helligkeit ist den Flächen unter den einzelnen Kurven proportional. Die Färbung hängt vom Verhältnis der drei Flächen zueinander ab (Kang 1996).

Die klassische räumliche Anordnung der drei Farbkanäle ist in Abb. 8.2 a dargestellt. Als „Pixelgröße" hat sich das Maß l_{tr} eingebürgert, welches die räumliche Ausdehnung der Triade von blau, grün und rot strahlendem Element charakterisiert. Der Bezug zur Approximation durch die Gaußsche Glockenkurve wird in Abb. 8.2 b hergestellt. Die Erzeugung der Mischfarbe Weiß erfordert Anteile aller drei Farbkanäle. Bei geeigneter spektraler Verteilung der Einzelkomponenten können die Leuchtdichten durch Gl. (8.1) beschrieben werden. Der Bezug von l_{tr} zum Radius der Gauß-Funktion folgt aus der Abb. 8.2 zu

$$2r_S = \sqrt{3} \cdot l_{tr} \; . \tag{8.5}$$

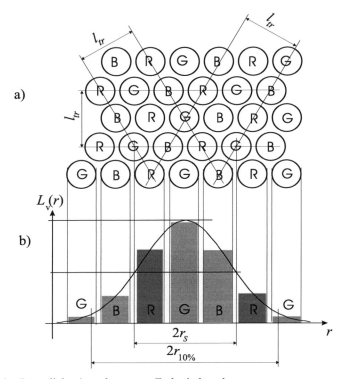

Abb. 8.2: Räumliche Anordnung zur Farbwiedergabe
a) Klassische Anordnung der Farbelemente B, G, R
b) Leuchtdichteverteilung eines weißen Punktes

Wird der Bildschirm direkt betrachtet, empfindet das Auge die räumliche Ausdehnung der Farbtriade als unterschiedlich fein. Die Werte sind in Tab. 8.2 zusammengestellt. Für kleine Bildschirme kann also eine hohe Auflösung weit unterhalb der Formate aus Tab. 8.1 erreicht werden. Wird der Bildschirm mit einem optischen System vergrößert (Lemme 1998), gelten Die Werte aus Tab. 8.2 für das vergrößerte Bild.

Tab. 8.2: Triadengröße und empfundene Auflösung bei direkter Betrachtung

Auflösung	RGB-"Pixel"-Ausdehnung
sehr hoch	$l_{tr} < 0{,}27$ mm
hoch	$l_{tr} = 0{,}27 \ldots 0{,}32$ mm
mittel	$l_{tr} = 0{,}32 \ldots 0{,}48$ mm
niedrig	$l_{tr} > 0{,}48$ mm

8.2   Elektronenstrahlröhre

Elektronenstrahlröhren sind die am längsten benutzten Anzeigeeinheiten für Bilder, die in Echtzeit Änderungen der Szene darstellen können. Mit dem Fernseher und dem Computer haben sie Einzug in jeden Haushalt gefunden. Ihr Funktionsprinzip ist in Abb. 8.3 für eine monochrome Wiedergabe skizziert.

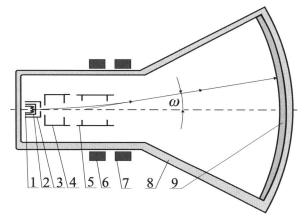

Abb. 8.3: Funktionsprinzip der monochromen Elektronenstrahlröhre
1 Kathodenheizung, 2 Kathode, 3 Steuerelektrode, 4, 5 erste und zweite Anode,
6,7 fokussierendes Ablenksystem, 8 Kolben, 9 Leuchtstoff, ω Ablenkwinkel

Die Elektronenstrahlröhre besteht aus dem evakuierten Kolben 8, in dem durch Heizen der Kathode 2 Elektronen emittiert werden. Über die Steuerelektrode 3 wird die Intensität des Elektronenstrahls für jeden einzelnen Bildpunkt geregelt. Die beiden Anoden 4 und 5 beschleunigen den Elektronenstrahl. Die Fokussierung und die Ablenkung des Elektronenstrahls werden durch Magnetfelder besorgt, welche die Spulensysteme 6 und 7 so schnell ändern, dass innerhalb von 1/25 s oder kürzer der gesamte Bildschirm abgerastert wird. Am Ende der Röhre trifft der Elektronenstrahl auf einen phosphoreszierenden Leuchtstoff, der den Bildpunkt in einer bestimmten Farbe zum Leuchten anregt. Die von den Leuchtstoffen emittierten Farben können für monochrome Bildschirme weiß, orange oder grün sein. Das Nachleuchten der einzelnen Bildpunkte auf dem Kolben erleichtert die Erzeugung eines flimmerfreien Bildes. Im klassischen Fernsehen wird diese Flimmerfreiheit zusätzlich durch das interlace-Prinzip unterstützt: Innerhalb der ersten 1/50 s wird ein Halbbild in die 1., 3., 5., ... , 625. Zeile geschrieben, in der zweiten 1/50 s ein Halbbild in die 2., 4., 6., ... 624. Zeile. Damit ergibt sich hier eine Bildfolgefrequenz von $f_f = 25$ Hz.

Die Bildschirmleuchtdichte der Elektronenstrahlröhre ist nicht linear abhängig von Röhrenspannung U_S :

$$L_S = k \cdot (U_S)^\gamma \tag{8.6}$$

k ist dabei eine Proportionalitätskonstante. Für PAL und SECAM ist $\gamma = 2{,}2$. Diese Nichtlinearität muss während der elektronischen Vorverarbeitung kompensiert werden.

Typische Daten von Elektronenstrahlanzeigeröhren mit magnetischen Ablenksystemen sind in Tab. 8.3 zusammengestellt.

Tab. 8.3: Typische Daten von Elektronenstrahlanzeigeröhren

Eigenschaft	Parameter
Bildschirmform	rund, rechteckig
typische Länge	36 cm
Diagonale	37,5 ... 51 cm
maximaler Ablenkwinkel des Elektronenstrahls ω_{max}	55 ... 110°
Fokussierspannung an der 2. Anode	0 ... 400 V
Beschleunigungsspannung zwischen Anode und Kathode	10 ... 27 kV
Zeilenbreite	5 µm
maximale Leuchtdichte	$L_S > 300$ cd/m²

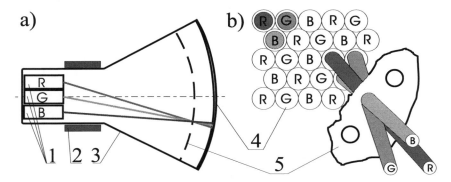

Abb. 8.4: Funktionsweise der klassischen Farbbildröhre
a) Querschnitt,
b) vergrößerte Ansicht von Schattenmaske und Bildschirm von derInnenseite der Röhre
1 Kathodenstrahlquellen für die drei Farben R, G, B,
2 Ablenksystem, 3 Kolben, 4 Bildschirm, 5 Schattenmaske

In Abb. 8.4 ist das Funktionsprinzip der Farbbildröhre dargestellt. Entscheidender Unterschied zur monochromen Anzeige ist die Verwendung von drei Kathodenstrahlquellen für die drei Farben R, G, B und die Verwendung einer Schattenmaske. Jede der drei Farben ist unabhängig in

ihrer Intensität regulierbar. Jedem Farbtripel RGB ist eine Öffnung in der Schattenmaske zuge-
ordnet. Durch diese Öffnung treffen die Elektronenstrahlen ihre zugehörigen RGB-Punkte auf dem
Bildschirm. Diese sind mit rot, grün und blau emittierenden Leuchtstoffen versehen, die von ihren
Elektronenstrahlen angeregt werden und nachleuchten.

Bei der Abrasterung des Bildes wird ein Großteil der Energie der drei Elektronenstrahlen von der
Schattenmaske reflektiert. Nur dann gelangt der Elektronenstrahl vollständig bis zu seinem Farb-
punkt, wenn er genau durch die Mitte der Öffnung in der Schattenmaske gelenkt wird. Deshalb
finden zur Steigerung des Wirkungsgrades der Color-Elektronenstrahlröhren noch andere Schattenmasken Verwendung. Die klassische Lochmaske in   Abb. 8.5 mit den im Dreieck angeordne-
ten Farben wird auch als Delta-Pixel-Anordnung bezeichnet, während für b) und c) der Begriff
Streifen Verwendung findet.

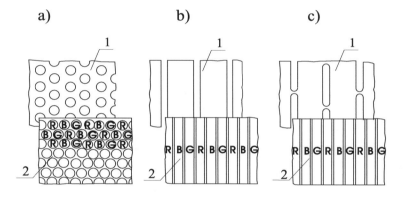

Abb. 8.5: Schattenmaske 1 und Bildschirm 2 mit den Farbzellen RGB
a) Lochmaske, b) Streifenmaske, c) Schlitzmaske

Die Verwendung unterschiedlicher Schattenmasken fordert unterschiedliche Strukturen der phosphoreszierenden Farbstoffe auf dem Bildschirm. Die Anregung durch die drei Elektronenstrahlen
erfolgt nach dem in Abb. 8.4 dargestellten Schema.

8.3   Flüssigkristallanzeigen

Das Arbeitsprinzip der Flüssigkristallanzeigen ist in Abb. 8.6 dargestellt. Eine klassische Lichtquelle 1 sendet sichtbare Strahlung aus. Die Schwingungsrichtung der einzelnen Wellenzüge ist
gleich über alle Azimute 2 verteilt. Danach tritt das Licht durch den ersten Polarisator 3, der nur
die senkrecht schwingenden Komponenten 10 durchlässt. Der zweite Polarisator 4 ist waagerecht
orientiert, so dass die Komponente 7a nicht durchgelassen wird. Zwischen den beiden Polarisati-

onsfiltern befindet sich der Flüssigkristall 6, der beim Anlegen einer Spannung an die Elektroden 11 die Schwingungsrichtung des eintretenden Lichtes dreht. Wird dabei die Schwingungsrichtung des Lichtes aus der Senkrechten herausgedreht wie 7b, gelangt dessen waagerechte Komponente durch den zweiten Polarisator. Die Helligkeitsmodulation des LCD-Lichtpunktes erfolgt also über die spannungsabhängige Drehwirkung des Flüssigkristalls.

Den Abschluss bildet das Deckglas, welches die spektrale Filterung vornimmt. Für Farb-LCD's ist es mit einer Transmissionskurve für R oder G oder B versehen, wobei der resultierende Strahlungsfluss für die drei Farben eine spektrale Verteilung wie in Abb. 8.1 erhält.

Durch Drehung der Polarisationsebene kann die Gesamttransmission beider Polfilter zwischen $0,01\,{}_0/_0$ und $20\,{}_0/_0$ variiert werden, so dass Kontrastverhältnisse nach Gl. (8.4) bis 1:200 möglich werden. Der Transmissionsgrad ändert sich nichtlinear mit dem Drehwinkel φ:

$$\tau_{pol} \approx k_{pol} \cdot \sin{}^2\varphi \ . \tag{8.7}$$

Zusammen mit der Spannungsabhängigkeit des Drehwinkels muss diese Nichtlinearität in der Signalvorverarbeitung kompensiert werden.

Für die Anzeigen werden diese Zellen dicht aneinander in den drei Farben RGB gepackt, so dass die klassische Triade („Delta-Pixel") oder die Streifenstruktur aus Abb. 8.5 entsteht.

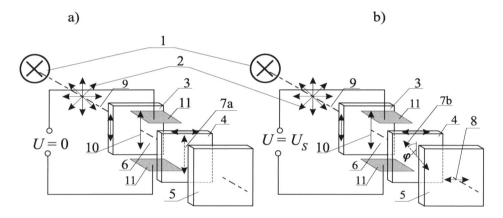

Abb. 8.6: Funktionsprinzip der Flüssigkristallanzeige
a) kein Signal (dunkel), b) Anzeige mit bestimmter Leuchtdichte
1 Lichtquelle, 2 Polarisationsebenen des eintretenden Lichtes, 3 erster Polarisator,
4 zweiter Polarisator, 5 Abdeckfenster mit Farbfilterwirkung, 6 Flüssigkristall,
7 Polarisationszustand des Lichtes nach Passieren des Flüssigkristalls, 8 durchgelassene Komponente, 9 Ausbreitungsrichtung des Lichtes, 10 Polarisationszustand des Lichtes beim Eintritt in den Flüssigkristall, 11 Elektroden zur Steuerung des Flüssigkristalls

Ziel ist die Erreichung der in Tab. 8.2 angegebenen Packungsdichte. Die Ansteuerung der Elektroden übernehmen Transistorenarrays, die direkt auf die Filter aufgedampft werden (Tsukada

1996). Die einzelnen Transistoren sind über Datenleitungen miteinander vernetzt, so dass die einzelnen Bildpunkte mit 40 ... 120 Hz umgeschalten werden können.

Tab. 8.4: Übersicht über große TFT-Flachbildschirme

Diagonale	Format	Pixel-Pitch l_{tr} in mm	maximale Leuchtdichte	Anzeigekontrast nach (8.4)	Abstrahl-winkel	Anbieter
10,4"	VGA	0,33 x 0,33	250 cd/m²	100:1	± 50°	CXT 1998
12,5"	SXGA	0,25 x 0,25	200 cd/m²	200:1	± 55°	Sanyo 1998
14"	XGA	0,28 x 0,28	200 cd/m²	150:1	± 50°	NEC 1998-1
14,5"	XGA	0,29 x 0,29	200 cd/m²	200:1	± 50°	CXT 1998
18"	SXGA	0,28 x 0,28	200 cd/m²	150:1	± 80°	NEC 1998-1

Dieses als aktives TFT (thin film technology) bezeichnete Verfahren zur Farbwiedergabe nutzt inzwischen zwei Arten von Lichtquellen: kleine Leuchtstoffröhren hinter dem LCD-Array in Durchlicht oder Umgebungslicht, welches durch die Zwischenräume der Farbpunkte hinter das Array gelangt und dort reflektiert wird. Auch die Kombination beider Verfahren ist für portable Geräte aufgrund des geringeren Strombedarfs interessant. Der Gesamttransmissionsgrad beider Polfilter und der Farbfilter beträgt maximal 6 %. Die typische Leistungsaufnahme großer LCD-Bildschirme liegt bei 30 ... 80 W, im Sparmodus werden ca. 8 W benötigt.

8.4   Plasma-Bildschirme

Plasma-Bildschirme nutzen das Prinzip der Gasentladungsröhre. In einem evakuierten Volumen, an dessen Enden Elektroden angeschlossen sind, entsteht beim Anlegen einer Spannung eine ionisierte Gassäule, die Strahlung aussendet. Die Umsetzung dieses Prinzips für die Colorbildwiedergabe ist in Abb. 8.7 dargestellt.

Zwischen den Glassubstraten 1 befinden sich die evakuierten Zellen, für die sich ein Elektrodenabstand von ca. 0,2 mm ergibt. Durch Anlegen einer Hochspannung zwischen den Elektroden 2 wird die Gasentladung 3 hervorgerufen. Diese sendet vorwiegend ultraviolette Strahlung aus, die durch das Blitzsymbol dargestellt ist. Diese UV-Strahlung regt die phosphoreszierenden Leuchtstoffe R, G, B an. Deren Strahlung passiert die Farbfilter 4, wobei die endgültige Anpassung an die spektrale Verteilung der einzelnen Farbkanäle entsprechend Abb. 8.1 vorgenommen wird. Zur Verbesserung des Kontrastverhältnisses ist das obere Deckglas mit einer Antireflexschicht belegt. Die oberen Elektroden 2 werden extrem dünn ausgeführt, um die Lichtverluste zu minimieren. Die Stege zwischen den R-, G-, B-Entladungskammern werden zur Sichtseite hin mit absorbierenden Streifen 5 abgedeckt, so dass das Umgebungslicht zusätzlich gedämpft wird. Die Anordnung der Farbpunkte entspricht der Schlitzmaskenstruktur von Elektronenstrahlröhren.

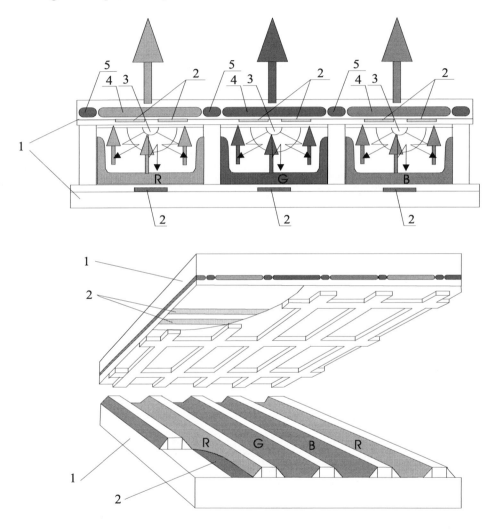

Abb. 8.7: Wirkprinzip und Aufbau einer Plasmafarbanzeige
1 Glassubstrate, 2 ultradünne durchsichtige Elektroden, 3 Gasentladung, 4 Farbfilter,
5 absorbierende Streifen

Typische Parameter von Plasmaanzeigen sind in Tab. 8.5 angegeben. Sie zeigen den deutlich höheren Stromverbrauch, so dass sie im stationären Betrieb zum Einsatz kommen. Aufgrund ihrer extrem großen Bildfläche sind sie besonders zu Demonstrationszwecken geeignet, wenn mehrere Beobachter gleichzeitig die Szene betrachten sollen. Der Pixel-Pitch begrenzt den kleinsten Betrachtungsabstand vom Auge zum Bildschirm auf 1 m.

Tab. 8.5: Vergleich der Eigenschaften moderner Farbdisplays

	Elektronenstrahlröhre	Flüssigkristallanzeige	Plasma-Bildschirm
Außenmaße in mm	447 x 462 x 482	450 x 560 x 252	1050 x 648 x 89
Bildschirmdiagonale	19 "	18 "	42 "
Masse	24 kg	9 kg	19 kg
Auflösung p_S x q_S	1600 x 1200	1280 x 1024	853 x 480
Pixel-Pitch (H) x (V)	0,26 mm x 0,26 mm	0,28 mm x 0,28 mm	1,08 mm x 1,08 mm
Seitenverhältnis	4:3	5:4	16:9
Leistungsaufnahme	100 W	77 W	1200 W
max. Leuchtdichte	350 cd/m²	200 cd/m²	250 cd/m²
Kontrast	1:1000	1:150	1:350
Abstrahlwinkel	$\pm$ 80 °	$\pm$ 60 °	$\pm$ 80 °
Hersteller	NEC 1998–3	NEC 1998–1	NEC 1998–4

Elektronenstrahlröhre und Flüssigkristallanzeige lassen Betrachtungsabstände bis 0,3 m zu, ohne dass die einzelnen Pixel wahrgenommen werden. Bei gleicher Bildschirmgröße zeichnet sich die Flüssigkristallanzeige durch eine geringere Masse und durch eine geringere Leistungsaufnahme aus. Der Elektronenstrahlbildschirm erscheint heller.

9 Gesetze der visuellen Wahrnehmung

Unter Wahrnehmung wird der gesamte Prozess der Widerspiegelung der Objektszene einschließlich ihres Hintergrundes verstanden, der bei der Wechselwirkung des Lichtes mit dem Auge abläuft. Dieser mehrstufige Prozess unterscheidet die Entdeckung und die Erkennung des Objekts in der Szene. Unter Entdeckung (Index d von detection) wird die Wahrnehmung eines Objekts im Hintergrundrauschen verstanden, ohne dass dessen Form oder Kennzeichen erkannt werden. Die Erkennung (Index r von recognition) eines Objektes setzt dessen Klassifikation nach bestimmten Kennzeichen voraus.

Der Prozess der visuellen Wahrnehmung umfasst die Stufen Umwandeln der Lichtreize durch das menschliche Auge in elektrische Impulse, Übertragen der elektrischen Impulse zum Gehirn, Verarbeiten dieser Impulse im Gehirn, Fällen dieser oder jener Entscheidung durch den Bediener. Bei Wärmebildgeräten liefert der Bildschirm die Information über die thermische Szene einschließlich ihres Hintergrundes. Dieses Bild unterscheidet sich maßgeblich vom gewohnten visuellen Eindruck unserer Umwelt. Alle Körper strahlen, es gibt kaum Schatten, und die Reflexions- und Transmissionsgrade der Körper unterscheiden sich von den Erfahrungswerten des visuellen Strahlungsbereiches. Diese Gegebenheiten müssen berücksichtigt werden, um dem Bediener effektiv die Entdeckung und Erkennung von Zielen in der thermographischen Szene zu ermöglichen.
In diesem Kapitel wird auf die Eigenschaften des menschlichen Auges und auf die Verarbeitung der optischen Reize im Gehirn eingegangen, die zur Erkennung einer thermographischen Szene wichtig sind. Das Zusammenwirken mit den anderen Komponenten der thermographischen Kette wird in Kap. 10 behandelt.

9.1 Grundlegende Eigenschaften des Auges

Über das Auge nimmt der Mensch über 80 % seiner Umwelteindrücke wahr. Dieser wichtigste Rezeptor ist individuell verschieden, so dass sich allgemeingültige Aussagen immer nur auf das international vereinbarte „Normalauge" beziehen können.

9.1.1 Aufbau und Bildentstehung

In Abb. 9.1 sind die wichtigsten Elemente des Auges eingetragen, die für die Beobachtung einer Szene notwendig sind. Der Augapfel des Menschen hat eine Masse von ca. 7 g und ist von Häuten umgeben. Die äußere weiße Lederhaut ist ziemlich fest. Sie ist im vorderen Teil durchsichtig und heißt dort Hornhaut. An der Lederhaut greifen Muskeln an, mit der der Augapfel bewegt werden kann. Die Innenseite der Lederhaut ist mit der Aderhaut ausgekleidet, über deren Blutgefäße die Ernährung des Auges erfolgt. Der Sehnerv tritt am blinden Fleck in das Auge ein, verästelt sich und bildet auf der inneren Seite der Aderhaut die lichtempfindliche Schicht, die Netzhaut. Diese besteht aus mehreren Schichten Rezeptorzellen, den Zäpfchen für das Farbsehen und den Stäbchen für das Hell-Dunkel-Sehen. Ihre Anzahl ist verschieden: Fünf Millionen Zäpfchen und 100 Millionen Stäbchen sind unterschiedlich dicht auf der Netzhaut verteilt. Die höchste Konzentration von Zäpfchen (ca. 15 000) befindet sich im gelben Fleck, der einen Durchmesser von ca. 0,3 mm hat.

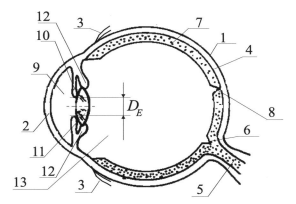

Abb. 9.1: Aufbau des menschlichen Auges
1 weiße Lederhaut, 2 durchsichtige Hornhaut ($n = 1,37$), 3 Muskeln zur Bewegung des Augapfels, 4 Aderhaut, 5 Sehnerv, 6 blinder Fleck, 7 Netzhaut, 8 gelber Fleck oder Foeva, 9 Kammerwasser ($n = 1,34$), 10 Iris mit Pupillendurchmesser D_E, 11 Kristalllinse ($n = 1,40$), 12 Ringmuskel, 13 Glaskörper ($n = 1,34$)

Im vorderen Teil des Auges befindet sich unmittelbar hinter der Hornhaut die Augenkammer, die mit Kammerwasser gefüllt ist. Daran schließt sich die Iris (oder Regenbogenhaut) an, die den Durchmesser der ins Auge eintretenden Strahlenbündel begrenzt. Dieser Durchmesser ändert sich mit der Objekthelligkeit (vgl. Tab. 9.2). Unmittelbar hinter der Iris befindet sich die Kristalllinse bikonvexer Form, die von einem Ringmuskel umschlossen ist. Dieser Ringmuskel verändert die Form der Kristalllinse. Werden ihre Radien enger, steigt die Brechkraft des Auges und näher liegende Objekte können scharf gesehen werden. Der Raum zwischen Kristalllinse und Netzhaut ist mit einem durchsichtigen gallertartigen Stoff gefüllt, der als Glaskörper bezeichnet wird.

Das Auge nimmt die Objekte durch Sammlung der von den Objektpunkten ausgehenden elektromagnetischen Strahlung auf die zugeordneten Netzhautpunkte wahr (vgl. Abb. 9.2). Dabei entsteht ein höhen- und seitenvertauschtes Bild, an das der Mensch von Geburt an gewöhnt ist. Das Gehirn sorgt für die höhen- und seitenrichtige Reaktion des Menschen. Zur Vereinfachung der Lichtbrechung an den verschiedenen Grenzflächen im Auge wird auf das so genannte reduzierte Auge zurückgegriffen. Es besteht aus einer wassergefüllten Glaskugel geringer Wandstärke von 24 mm Durchmesser. Die Empfängerschicht befindet sich auf der Innenseite. Die Brechkraft wird durch eine aufgesetzte Kalotte von 5,7 mm Radius erreicht. Mit dieser Vorstellung können dem Auge die Kardinalelemente der geometrischen Optik wie Hauptebenen, Brennpunkte und Knotenpunkte zugeordnet werden (Hofmann 1980).

Tab. 9.1: Ausgewählte Daten des Auges ohne Fehlsichtigkeit

Augenanspannung		entspannt	Bezugssehweite	starke Akkommodation
Sehweite	a_s	$-\infty$	$-0,25$ m	$-0,10$ m
Brennweite	$f'_E = \overline{H'F'}$	22,8 mm	18,9 mm	18,0 mm
Abstände	$\overline{VA'}$	24 mm	24 mm	24 mm
vom	$\overline{VH}$	1,3 mm	1,7 mm	1,8 mm
Hornhaut-	$\overline{VN}$	7,1 mm	6,6 mm	6,5 mm
Scheitel	$\overline{VEP}$	3,0 mm	2,8 mm	2,7 mm
	$\overline{HH'} = \overline{NN'}$	0,3 mm	0,3 mm	0,3 mm

Das in Abb. 9.2 a) dargestellte entspannte Auge bildet sehr weit entfernte Objekte scharf auf die Netzhaut ab. Diese sehr weite Entfernung wird durch die parallel verlaufenden Strahlenbündel veranschaulicht. Die Gesamtbrennweite des Systems Hornhaut, Kammerwasser, Kristalllinse und Glaskörper ist so abgestimmt, dass dessen Brennpunkt F' auf der Netzhaut liegt. Die Position der anderen Kardinalelemente bezüglich des Hornhautscheitels ist in Tab. 9.1 eingetragen

Da die Baulänge des Auges konstant bleibt, können nur dann Gegenstände in kurzer Entfernung scharf auf die Netzhaut abgebildet werden, wenn sich dessen Brennweite $\overline{H'F'}$ verkürzt. Dieser Vorgang wird als Akkommodation bezeichnet. Dabei verformt der Ringmuskel die Kristalllinse so, dass sie kleinere Radien bekommt. Dadurch verringert sich die Brennweite des Gesamtsystems, so dass F' vor die Netzhaut wandert. Scharf werden jetzt Objekte gesehen, die sich in einer endlichen Sehweite a_s befinden (vgl. Abb. 9.2 b). Da diese Werte sehr variabel sind, wird eine Bezugssehweite

$$a_s = -0,25 \text{ m} \tag{9.1}$$

vereinbart. Diese Sehweite wird von den meisten Menschen ohne Hilfsmittel als angenehme Betrachtungsentfernung für nahe Objekte empfunden.

Die Größenempfindung für das Objekt basiert auf der räumlichen Ausdehnung des Netzhautbildes. Ihr objektseitiges Maß ist die scheinbare Größe

$$\tan \omega_s = \frac{y}{-a_s} . \tag{9.2}$$

Erst im Zusammenspiel mit den im Gehirn abgespeicherten Erfahrungen kann diesem Winkel ω_s die wirkliche Objektgröße y zugeordnet werden. Entfernungen a_s sind erst durch die beidäugige Betrachtung (stereoskopisches Sehen) quantifizierbar, indem die von beiden Augen gelieferten Bilder im Gehirn verglichen werden. Diese Fähigkeit ist bei den Menschen sehr unterschiedlich ausgeprägt.

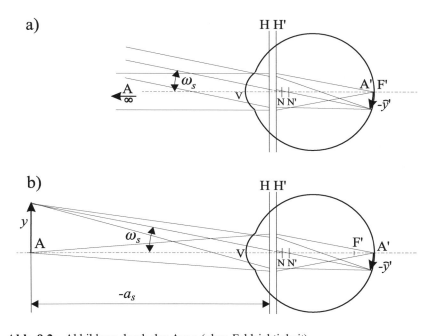

Abb. 9.2: Abbildung durch das Auge (ohne Fehlsichtigkeit)
a) ohne Akkommodation , b) Akkommodation auf die deutliche Sehweite a_s
A Achspunkt des Objektes, A' Achspunkt des Netzhautbildes, H, H' Hauptebenen,
F, F' Brennpunkte; N, N' Knotenpunkte, V Hornhautscheitel, $\tan \omega_s$ scheinbare Größe,
$\hat{y}'$ Netzhautbild

Die Wirkung optischer Instrumente zur Verbesserung der Leistungsfähigkeit des Auges wird durch die Vergrößerung Γ' beschrieben. Sie kennzeichnet das Verhältnis der scheinbaren Größe mit Instrument $\tan \omega'_s$ zur scheinbaren Größe mit bloßem Auge $\tan \omega_s$

$$\Gamma' = \frac{\tan \omega'_s}{\tan \omega_s} \tag{9.3}$$

und wird z. B. als $\Gamma' = 3x$ (sprich dreifach) angegeben. Die Spezifikation der scheinbaren Größen muss den konkreten Bedingungen angepasst werden.

9.1.2 Photometrische Eigenschaften

Die Reaktion des Auges ist stark vom Strahlungsangebot der Umgebung abhängig. Zunächst frappiert die Fähigkeit des menschlichen Auges, 11 Dekaden in der Objektleuchtdichte wahrnehmen zu können. Mit dieser als Adaption bezeichneten Fähigkeit verbinden sich unterschiedlichste Leistungsparameter (vgl. Tab. 9.2). Zu berücksichtigen ist, dass geringe Leuchtdichten erst nach längerer Adaptionszeit wahrgenommen werden können. Sie beträgt bei einer Leuchtdichte von 10^{-5} cd/m² ca. eine halbe Stunde.

Die zweite Zeile der Leistungsparameter gibt die minimale Auflösung von zwei benachbarten Objektpunkten im Winkelmaß wieder. Der im Allgemeinen als typisch angenommene Wert von einer Winkelminute gilt also für das Tagsehen. Je heller die Objekte, desto feinere Details können erkannt werden. Die Schwierigkeit der Maßstabsablesung in der Dämmerung spiegeln sich in der über zehnmal schlechteren Auflösung beim Übergang zum Nachtsehen wieder. Wenn man berücksichtigt, dass uns die Sonne mittags als 30' großes Objekt erscheint, relativiert sich das Sehvermögen bei geringen Leuchtdichten.

Tab. 9.2: Reaktionen des Auges in Abhängigkeit von der Objektleuchtdichte (Naumann, Schröder 1983)

$\lg\left(\dfrac{L_E}{\text{cd/m}^2}\right)$	$-5,5$	$-4,5$	$-3,5$	$-2,5$	$-1,5$	$-0,5$	$+0,5$	$+1,5$	$+2,5$	$+3,5$	$+4,5$	$+5,5$
$\delta\omega_E$		50'	17'	12'	4'	1,5'	1,0'	0,8'	0,6'	0,5'	Blendung	
$L_E/\Delta L_E$	1	2	3	6	15	25	40	50	80	80	60	15
D_E in mm	7,5	7,25	7	7	6	5	4	3	2			
$\bar{\tau}_E$	0,55	0,57	0,59	0,59	0,68	0,77	0,85	0,92	0,97			
	Nachtsehen			Übergangssehen			Tagsehen					

Gleiches gilt für unser Vermögen, Helligkeitsunterschiede wahrnehmen zu können. Bei sehr guter Beleuchtung sind es 80 Graustufen, beim Nachtsehen drei und weniger.

Der Irisdurchmesser D_E passt sich ebenfalls der Objektleuchtdichte an. Durch seine Durchmesseränderung wird aber nur der Faktor acht überbrückt (vgl. Berechnungsbeispiel 9.1). Die entscheidende Ursache für den extremen Dynamikbereich von 10^{11} ist physiologischer Natur: die zwei Arten von Rezeptoren (Stäbchen und Zäpfchen) und deren Fähigkeit, ihre Empfindlichkeit zu ändern.

Geringe Leuchtdichten (10^{-6} cd/m² $< L <$ 16 cd/m²) werden durch die Stäbchen wahrgenommen, die nur Helligkeitsunterschiede und keine Farben registrieren. Die spektrale Empfindlichkeit dieses

Nachtsehens oder skotopischen Sehens ist durch die V'_λ-Kurve mit dem Maximum bei 0,510 µm festgelegt (vgl. Abb. 9.3).

Hohe Leuchtdichten (10^{-2} cd/m² $< L < 10^5$ cd/m²) werden durch die Zäpfchen wahrgenommen, die farbempfindlich sind. Dabei sind drei Arten von Zäpfchen zu unterscheiden: R-, G- und B- empfindliche. Ihre spektrale Empfindlichkeit kommt der in Abb. 8.1 dargestellten sehr nahe. Die spektrale Empfindlichkeit des gesamten Tagsehens oder photopischen Sehens wird durch die V_λ-Kurve mit dem Maximum bei 0,555 µm festgelegt. Eine zweckmäßige Approximation dieser Kurve ist mit der Gaußschen Glockenkurve (Kürzinger 1980) möglich.

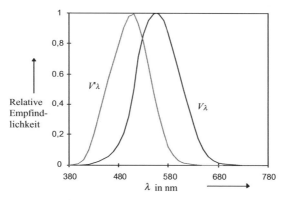

Abb. 9.3: Spektrale Empfindlichkeit des menschlichen Auges
V_λ Tagsehen oder photopisches Sehen mit Farben
V'_λ Nachtsehen oder skotopisches Sehen ohne Farbe

Das Farbempfinden für die verschiedenen Wellenlängenbereiche des elektromagnetischen Spektrums ist in Tab. 9.3 angegeben.

Tab. 9.3: Farbempfinden für Bereiche des elektromagnetischen Spektrums (Tarassow1988)

Falb-Empfinden	violett	dunkel-blau	hellblau	grün	gelb	orange	rot
$\lambda_1 ... \lambda_2$ in µm	0,40 ... 0,45	0,45 ... 0,50	0,50 ... 0,53	0,53 ... 0,57	0,57 ... 0,59	0,59 ... 0,62	0,62 ... 0,75

Bei Leuchtdichten zwischen 10^{-2} cd/m² und 16 cd/m² ändert sich die spektrale Empfindlichkeit des Auges (Übergangssehen) zwischen der V'_λ- und der V_λ- Kurve. Damit verbunden ist ein Wechsel des Farbempfindens. So dominiert beim Wechsel vom Nacht- zum Übergangssehen Blau.

9.1.3 Geometrisch-optische Eigenschaften

Das Gesichtsfeld des Auges ist in verschiedene Zonen unterteilt. So legt die räumliche Ausdehnung des gelben Fleckes den Bereich des scharfen oder direkten Sehens fest.

Aus dem Abstand $\overline{N'A'}$ in Abb. 9.2 und dem Durchmesser des gelben Fleckes von 0,3 mm ergibt sich ein Feldwinkel für das direkte Sehen von $2\omega_E \approx 1°$. Die Angabe im Winkelmaß trägt den unterschiedlichen möglichen Sehweiten Rechnung. Im Berechnungsbeispiel 9.2 ist die Herleitung angegeben. Dieser kleine Winkelbereich scheint unseren praktischen Erfahrungen zu widersprechen. In Abb. 9.4 ist der Bereich des beidäugigen scharfen Sehens eingezeichnet, der etwa $2\omega = 50°$ beträgt. Dieser Bereich wird durch die Abtastbewegung des Augapfels realisiert.

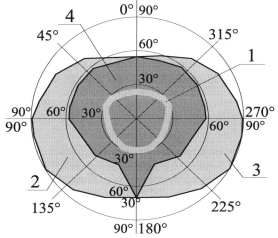

Abb. 9.4: Gesichtsfelder beider Augen
1 scharf gesehenes Feld beider Augen durch Augenbewegung, 2 indirektes Sehens des rechten Auges ohne Augenbewegung, 3 indirekten Sehens des linken Auges ohne Augenbewegung, 4 indirekten Sehens beider Augen ohne Bewegung

Außerdem sieht jedes Auge auch Objekte außerhalb der Netzhautgrube, allerdings mit verminderter Auflösung. Dieser Bereich wird als indirektes Sehen bezeichnet und umfasst für jedes ruhende Auge einen Feldwinkel von $2\omega = 110° ... 150°$ (Schober 1950). Dieser Bereich wird als Gesichtsfeld bezeichnet. In Abb. 9.4 sind die Gesichtsfelder beider Augen und das Gesichtsfeld des beidäugigen Sehens (Hering 1931) dargestellt.

Für die Auflösungsgrenzen des Auges haben sich Standardwerte eingebürgert, die der Reaktion des Auges bei mittleren Leuchtdichten des Tagsehens (vgl. Tab. 9.2) entsprechen. Für die Auflösungsgrenze von zwei Punkten wird der Wert von

$$\delta\omega_E = 1' \tag{9.4}$$

angenommen. Dass diese Winkelminute nicht die Grenze sein muss, zeigt Berechnungsbeispiel 9.2. Für das bequeme Sehen ohne schnelle Ermüdung wird eine Winkeldifferenz von $\delta\omega = 2' \dots 4'$ angenommen. Eine Besonderheit weist die Noniensehschärfe auf: Mit $\delta\omega = 10''$ liegt die Auflösungsgrenze für die Koinzidenz zwei versetzter Linien deutlich unter der Grenze, die die Zäpfchendichte im gelben Fleck setzt. Das ist nur mit der Bildverarbeitung im Gehirn erklärbar. Die verschiedenen Auflösungsgrenzen sind in Abb. 9.5 dargestellt.

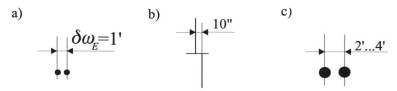

Abb. 9.5: Auflösungsgrenzen im Winkelmaß bei $L_\mathrm{v} \approx 100$ cd/m²
a) für Punkte, b) für Nonienablesung, c) bequemes Sehen

9.2 Übertragungseigenschaften des menschlichen Auges

Zum Anschluss des Auges an die radiometrische Kette muss dessen Übertragungsfunktion bestimmt M_E werden. Um die Vielzahl an physiologischen Veränderungen mit der Objekthelligkeit zu begrenzen, wird hier ausschließlich das Tagsehen bei den typischen Bildschirmleuchtdichten 50 cd/m² $< L_S <$ 500 cd/m² betrachtet.

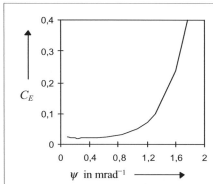

Abb. 9.6: Schwellenkontrast des Auges C_E in Abhängigkeit von der Ortsfrequenz ψ im Winkelmaß

Infolge der Kompliziertheit des Abbildungsvorgangs im Auge wird dessen Übertragungsfunktion experimentell bestimmt. Eine Möglichkeit besteht in der Bestimmung des Schwellenkontrastes C_E bei der Wahrnehmung eines Schwarz-Weiß-Gitters, das z. B. auf einem Display angezeigt wird. Die Grauwerte des Gitters ändern sich nach einer Sinusfunktion mit einer vorgegebenen Periode und einem vorgegebenen Kontrast entsprechend Gl. (5.13).

Zur Bestimmung von C_E wird entweder die Periode des Grauwertbildes auf dem Display variiert und der Kontrast konstant gehalten oder bei konstanter Periode der angezeigte Kontrast verändert. Der Schwellenkontrast ist erreicht, wenn die Hell-Dunkel-Struktur von den Augen nicht mehr unterschieden werden kann. Als Ergebnis dieser Messung erhält man die in Abb. 9.6 dargestellte Abhängigkeit des Schwellenkontrastes von der Ortsfrequenz ψ, die nach Gl. (5.22) definiert ist und in mrad^{-1} gemessen wird. Der Zahlenwert von ψ ist das Verhältnis vom Abstand Display-Auge zur Periodenlänge des betrachteten Gitters.

Für die Bestimmung einer Übertragungsfunktion muss vorausgesetzt werden, dass die lineare Filtertheorie auch auf das Auge anwendbar ist. Für die Abhängigkeit des Schwellenkontrastes heißt das, dass dessen Änderung mit der Ortsfrequenz durch eine Raumfrequenzfilterung entsteht. Diese Filterwirkung wird durch die Übertragungsfunktion $M_E(\psi)$ beschrieben, die ihren Maximalwert Eins beim minimalen Schwellenkontrast hat:

$$M_E(\psi) = \frac{C_{E\min}(\psi_{\min})}{C_E(\psi)} \ .$$ (9.5)

$\psi_{\min}$ ist die Ortsfrequenz beim minimalen Schwellenkontrast. Sie liegt gewöhnlich zwischen 0,1 ... 0,4 mrad^{-1} (Miroschnikov 1983). Die sich aus Abb. 9.6 ergebende Übertragungsfunktion ist in Abb. 9.7 dargestellt. Weitere Methoden zur Bestimmung der Übertragungsfunktion des Auges sind in Discroll 1978 angegeben.

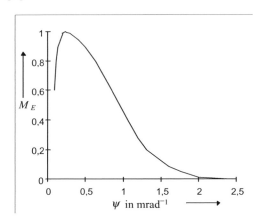

Abb. 9.7: Übertragungsfunktion des Auges berechnet aus dem Schwellenkontrast (Ostrovskaya 1969)

Bei der Anwendung der M_E-Kurven sind ihre vielgestaltigen physiologischen Abhängigkeiten zu berücksichtigen: 1. von der mittleren Leuchtdichte des Hintergrundes, 2. von der Winkelorientierung des beobachteten Gitters, 3. von der Dauer der Beobachtung, 4. von der Reaktion des Auges, optimal auf die zu beobachtende Szene zu adaptieren.

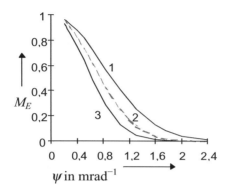

Abb. 9.8: Approximierte Übertragungsfunktionen des Auges nach Gl. (9.7)
1 $\sigma_S = 0{,}20$ mrad, 2 $\sigma_S = 0{,}25$ mrad, 3 $\sigma_S = 0{,}30$ mrad

Als Approximation der Übertragungsfunktion des Auges hat sich folgende Darstellung bewährt:

$$M_E(\psi) = \begin{cases} 0 & \text{für } 0 \leq \psi < 0{,}2 \text{mrad}^{-1} \\ \exp\left(-2\pi^2 \cdot \sigma_S{}^2 \cdot \psi^2\right) & \text{für } \quad \psi \geq 0{,}2 \text{mrad}^{-1} \end{cases}. \tag{9.7}$$

σ_S ist dabei der quadratische Mittelwert der mittleren Schwankungsbreite einer Linie bei der Darstellung auf dem Display des Wärmebildgerätes, für die oft der Wert $\sigma_S = 0{,}25$ mrad angenommen wird. Abb. 9.8 zeigt approximierte Übertragungsfunktionen des Auges.

Mit der Definition einer Übertragungsfunktion für das Auge kann auch die Rauschübertragung einfach beschrieben werden. Nach Gl. (2.19) erfolgt diese mit dem Absolutquadrat der Übertragungsfunktion. Damit kann für das Gesamtsystem Wärmebildgerät-Auge in Anlehnung an Gl. (2.20) eine äquivalente Rauschbandbreite definiert werden, die durch die Gesamtübertragungsfunktion der Komponenten des Wärmebildgerätes M_{TS} und durch M_E bestimmt wird:

$$\overline{\Delta \psi} = \int\limits_0^\infty M_{TS}^2(\psi) \cdot M_E^2(\psi) \cdot d\psi \,. \tag{9.8}$$

Eine zweckmäßige Näherung für die Übertragungsfunktion des gesamten Wärmebildgerätes ist die Gaußsche Glockenkurve in der Form

$$M_{TS} = \exp\left(-2\pi^2 \cdot \sigma_{TS}^2 \cdot \psi^2\right), \tag{9.9}$$

wobei σ_{TS} die Unschärfe der Signalübertragung auf dem Display repräsentiert.

Im Berechnungsbeispiel 9.3 wird die Anpassung der Rauschbandbreiten zur Definition einer sinnvollen Vergrößerung für das gesamte thermographische System genutzt.

9.3 Integrierende Wirkung des Auges

Die bisher aufgeführten Reaktionen des Auges berücksichtigen den geometrischen Aufbau des menschlichen Sehorgans. Die zeitliche Trägheit der Widerspiegelung einer Szene im Gehirn begründet die Fähigkeit, Bilder miteinander zu verknüpfen. Dabei wirkt das Auge wie ein adaptierender Filter, der optimal auf die dargebotene Szene reagiert.

9.3.1 Zeitkonstante des Auges

Die Zeitkonstante t_E beschreibt die Reaktionsfähigkeit des Menschen auf eine Information, die mit dem Auge wahrgenommen wird. Sie entspricht der bekannten „Schreck-Sekunde", die erfahrungsgemäß 0,1 ... 0,2 s beträgt. Für die Beobachtung von Objekten auf dem Bildschirm kann t_E $\approx$ 0,2 s angenommen werden (Meschkov, Matveev 1989).

Die Zeitkonstante eignet sich auch zur näherungsweisen Berechnung der Schwellenleuchtdichte L_E bei unterschiedlichen Beobachtungszeiten t. Die Schwellenleuchtdichte ist die geringste noch wahrnehmbare Objektleuchtdichte. Bei genügend langer Beobachtungszeit entspricht sie der ersten Zeile in Tab. 9.2. Wenn $L_{E\infty}$ die Schwellenleuchtdichte bei zeitlich unveränderlicher Szene ist, kann die Schwellenleuchtdichte bei kürzeren Beobachtungszeiten über

$$L_E(t) = L_{E\infty}(1 + \frac{t_E}{t}) \tag{9.10}$$

abgeschätzt werden.

In Abb. 9.9 ist dieser Zusammenhang dargestellt. So werden sehr kurzzeitige Blitze erst wahrgenommen, wenn sie genügend hell sind. Ein typischer Wert für die Brenndauer eines Blitzlichtes ist 10 µs. Für diesen Fall steigt die Wahrnehmungsgrenze um den Faktor 20 000.

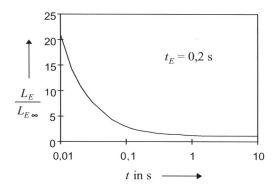

Abb. 9.9: Änderung der minimalen wahrnehmbaren Leuchtdichte L_E mit der Beobachtungszeit t

Die Zeitkonstante ist von entscheidender Bedeutung für die Wahl der Bildfolgefrequenz f_f. Sowohl das angezeigte Bild eines determinierten Objekts als auch das Hintergrundrauschen sind der zeitlichen Integration durch das Auge unterworfen. Die Anzahl der vom Auge integrierten Bilder m ist das Produkt aus dieser Zeitkonstante und der Bildfolgefrequenz. Die Zahl m kann aufgefasst werden als die Anzahl der Wiederholungen von Messwerten mit einem unkorrelierten Rauschanteil. In diesem Fall verbessert sich das Signal-Rausch-Verhältnis um den Faktor $\sqrt{m}$ (vgl. Berechnungsbeispiel 2.4). Für die Bildschirmbetrachtung hat das zur Folge, dass sich das Signal-Rausch-Verhältnis der angezeigten Szene SNR_S durch die Integration des Auges verbessert. Das für das Auge wirksame Signal-Rausch-Verhältnis wird

$$SNR_E = SNR_S \sqrt{f_f \cdot t_E} \ . \tag{9.11}$$

Für eine Bildfolgefrequenz von 25 Hz und die in Abb. 9.9 diskutierte Zeitkonstante des Auges ergibt sich eine Verbesserung um den Faktor 2,2.

9.3.2 Räumliche Integration

Die räumliche Integration des Auges äußert sich darin, dass kleine Objekte erst bei einer höheren Schwellenleuchtdichte wahrgenommen werden als große. Bei der Untersuchung dieses Phänomens ist festgestellt worden, dass dieser räumliche Integrationsvorgang endet, wenn die Objektgröße

$$\omega'_E = 11,6 \text{ mrad} = 40' \tag{9.12 a}$$

überschreitet. Mit der Gesamtvergrößerung des Wärmebildgerätes Γ'_{TS}, auf deren Zusammen-wirken mit dem Auge im Berechnungsbeispiel 9.3 eingegangen wird, ergibt sich die maximale Objektgröße im Winkelmaß, bis zu der diese räumliche Integration wirkt, zu

$$\omega_E = \frac{\omega'_E}{\Gamma'_{TS}}. \qquad (9.12\ b)$$

Der Mechanismus der räumlichen Integration ist informationstheoretisch mit einer schmalbandigen Frequenzfilterung erklärbar, die entsprechend der dargestellten Szene zeitlich parallel für unter-schiedliche Ortsfrequenzen abläuft. Zu ihrer quantitativen Beschreibung eignet sich wieder das Signal-Rausch-Verhältnis. Die praktischen Untersuchungsergebnisse lassen sich approximieren, indem das vom Auge wahrgenommene Signal-Rausch-Verhältnis proportional zur Wurzel der angezeigten Flächen verbessert wird:

$$SNR_E = SNR_S \sqrt{\frac{A_t}{A_n}} = SNR_S \frac{\omega'_t}{\omega'_n}. \qquad (9.13)$$

A_t ist dabei die auf dem Bildschirm angezeigte Fläche des Objektes. Sie ergibt sich aus den ge-ometrischen Verhältnissen der Abbildung durch das Wärmebildgerät, wobei die Bedingung (9.12a) zu berücksichtigen ist. Die ω'-Werte kennzeichnen die mittlere Objektgröße der Flächen A_t und A_n im Winkelmaß.

A_n ist die Fläche des korrelierten Rauschens, die auf der Anzeigeeinheit wirksam wird. Sie ist meist durch die Größe des Empfängerpixels festgelegt (Miroschnikov 1983) und kann über des-sen Größe im Winkelmaß berechnet werden. Die objektseitige Größe des Empfängerpixels im Winkelmaß ist nach Gl. (5.21) festgelegt. Die für das Auge wirksame Empfängergröße ergibt sich mit der Gesamtvergrößerung des Wärmebildgerätes zu

$$\begin{pmatrix} \omega'_{nx} \\ \omega'_{ny} \end{pmatrix} = \Gamma'_{TS} \begin{pmatrix} \alpha_D \\ \beta_D \end{pmatrix},$$

womit bei $\alpha_D \approx \beta_D$ sich die Wurzel aus der Fläche des korrelierten Rauschens zu

$$\omega'_n = \Gamma'_{TS} \cdot \alpha_D \qquad (9.14\ a)$$

ergibt. Ein Zusammenhang mit der äquivalenten Rauschbandbreite $\overline{\Delta f}$ ist über die Gleichungen (5.24) und (7.7) herstellbar, indem die Pixelzahl des thermographischen Bildes N_l eliminiert wird:

$$\alpha_D \cdot \beta_D = \frac{2\omega_{Ox} \cdot 2\omega_{Oy} \cdot f_f}{2 \cdot \eta_f \cdot \eta_l \cdot \overline{\Delta f}}.$$

Mit $\alpha_D \approx \beta_D$ hängt ω'_n vom erfassten Bildfeld $2\omega_{Ox} \cdot 2\omega_{Oy}$, von der Bildfolgefrequenz f_f und von der Abtasteffektivität $\eta_f \cdot \eta_l$ ab. Ausgehend von Gl. (9.14a) ergibt sich

$$\omega'_n = \Gamma'_{TS} \sqrt{\frac{2\omega_{Ox} \cdot 2\omega_{Oy} \cdot f_f}{2 \cdot \eta_f \cdot \eta_l \cdot \overline{\Delta f}}} \,. \tag{9.14 b}$$

9.3.3 Flimmern der angezeigten Szene

Anschauliches Zeichen für die Trägheit des Auges ist die Flimmerfrequenz. Sie kann einfach bestimmt werden, indem eine Konstantlichtquelle mit unterschiedlicher Frequenz gechoppert wird. Wird kein Helligkeitsunterschied zwischen der Hell- und Dunkelphase mehr wahrgenommen, ist die Flimmerfrequenz erreicht. Sie beträgt ca. 25 Hz im Bereich des beidäugigen scharfen Sehens (vgl. Abb. 9.4) und 30 Hz in den äußeren Bereichen des Gesichtsfeldes. Für die Beobachtung bewegter Szenen auf dem Bildschirm ist diese Größe von fundamentaler Bedeutung: Wird die Flimmerfrequenz von der Bildfolgefrequenz unterschritten, ruckt die Szene und eine Echtzeitdarstellung ist nicht mehr gewährleistet. Sinkt die Bildfolgefrequenz unter 3 ... 10 Hz, kann die Szene nicht mehr als Bild erkannt werden.

Liegt die Bildfolgefrequenz f_f höher als die Flimmerfrequenz, ergibt sich die wahrgenommene Bildschirmleuchtdichte nach dem Talbotschen Gesetz als zeitlicher Mittelwert:

$$\overline{L_S} = \frac{1}{t_f} \int_0^{t_f} L_S(t) \cdot dt \,. \tag{9.15}$$

t_f ist dabei die Zeit für den Aufbau eines Bildes: $t_f = 1/f_f$.

Die auch im klassischen Fernsehen genutzte Möglichkeit zum Erhalt flimmerfreier Bilder bei geringen Bildfolgefrequenzen ist das interlace-Prinzip. Ausgehend von einer ungeraden Anzahl von Zeilen werden zwei Halbbilder erzeugt: zuerst wird die erste, dritte und jede weitere ungerade Zeile geschrieben, danach die zweite, vierte und jede weitere gerade. Wenn der Beobachter soweit vom Bildschirm entfernt ist, dass die einzelnen Zeilen vom Auge nicht mehr aufgelöst werden können, werden beide Halbbilder als eines gesehen. Können einzelne Zeilen noch erkannt werden und die Bildfolgefrequenz liegt unter 25 Hz, beginnt das Bild zu flimmern. Bewegte Objekte erscheinen schwimmend. Außerdem entsteht der Eindruck von oben nach unten laufender Linien.

9.4 Wahrnehmung des thermographischen Bildes

Die Wahrnehmung der thermographischen Szene auf dem Bildschirm unterliegt einer Vielzahl von Einflüssen. Das beginnt bei den Charakteristika des Objekts (Signal-Rausch-Verhältnis, Kontrast, Form und Größe, Bewegungsgeschwindigkeit auf dem Schirm), setzt sich fort mit den Eigenschaften des Bildschirms (Format, Umgebungshelligkeit und Bildfolgefrequenz), umfasst die Übertragungseigenschaften des Wärmebildgerätes (Auflösung und Übertragungsfunktion, Temperaturskala, Dynamikbereich) und endet mit den Fähigkeiten des Bedieners (Sehvermögen, Trainingszustand, Intellekt). Da diese Liste von Einflussfaktoren bei weitem nicht vollständig ist, gestaltet sich die Modellierung des Wahrnehmungsprozesses als äußerst schwierig. Deshalb werden für Einzelprobleme vereinfachte Modelle verwendet, die wesentliche Einflüsse quantitativ beschreiben. Endgültige Aussagen sind erst nach der praktischen Erprobung unter den konkreten Einsatzbedingungen möglich (Lloyd 1975). Ausgewählte Aspekte veranschaulichen diese Problematik.

9.4.1 Reaktionen bei der Objektwahrnehmung

Der Beobachter nimmt am Bildschirm unwillkürlich die für ihn optimale Betrachtungsentfernung ein. Diese ist bei bewegten Szenen so gewählt, dass das bequeme Sehen realisiert wird: In Übereinstimmung mit Abb. 9.5 beträgt dann der Winkelabstand 2' zwischen den einzelnen Zeilen. Das gesamte thermographische Bild erreicht schon bei 240 Zeilen eine befriedigende Qualität, 180 Linien sind nicht mehr ausreichend.

Entscheidend für die Wahrnehmbarkeit der Szene ist die Umgebungshelligkeit. Das Auge adaptiert immer auf die mittlere Umgebungsleuchtdichte. Deshalb ist nur dann eine Steigerung der Bildschirmleuchtdichte L_S sinnvoll, wenn die Umgebungsleuchtdichte steigt (z.B. Tageslichtprojektion). In Räumen ohne direkten Einfall des Sonnenlichtes reichen der Leuchtdichten der verfügbaren Anzeigeeinheiten aus. Dieser Effekt kann durch das Verhältnis

$$k_{Sb} = \frac{\overline{L_b}}{\overline{L_S}} \qquad (9.16)$$

beschrieben werden, wenn $\overline{L_b}$ die mittlere Umgebungsleuchtdichte und $\overline{L_S}$ die mittlere Bildschirmleuchtdichte kennzeichnen. Für $0{,}1 < k_{Sb} < 1$ liegen optimale Wahrnehmungsbedingungen vor, für $k_{Sb} < 0{,}1$ nichtbefriedigende und für $k_{Sb} > 1$ die schlechtesten.

Der Prozess der visuellen Objektentdeckung im Bildfeld hängt in entscheidendem Maße von der Geschwindigkeit der Augenbewegung und von der Wiederholfrequenz des Suchprozesses ab.

Das Auge stoppt den freien Suchprozess in der Bildfeldmitte für kurze Zeit, dann rückt die Bildfeldmitte schnell auf einen anderen Punkt, und das Auge fixiert diesen. Dieser Prozess wiederholt sich, bis ein Objekt entdeckt ist. Die Geschwindigkeit, mit der das Auge das Objektfeld verschiebt, ist begrenzt durch die Anzahl der möglichen Fixierungen pro Sekunde und durch den Suchweg in der Szene, der gewöhnlich halb unterbewusst gewählt wird. Die Wiederholfrequenz der Fixierungen beträgt 2,2 ... 4,4 Hz. Die mittlere Dauer der Fixierung dauert ca. 0,28 s, d. h. mit der mittleren Wiederholfrequenz nimmt die Fixierung 85 % der Suchzeit in Anspruch. Die mittlere Zeit für die Bewegung beträgt damit 0,04 s. Der mittlere Abstand zwischen den Fixierungspunkten beträgt ca. 8,6°.

Die Ergebnisse vieler praktischer Untersuchungen lassen sich in folgenden Punkten zusammenfassen (Lloyd 1975):

1. Die maximale Zahl von Fixierungspunkten befindet sich in der Bildschirmmitte.

2. Mit der Vergrößerung der scheinbaren Größe des Bildschirms (gemessen im Winkelmaß) verringert sich die Fixierungszeit. Der Abstand zwischen den fixierten Punkten vergrößert sich.

3. Erscheint der Bildschirm unter einem kleineren Winkel als 9°, verringert sich die Sucheffektivität drastisch. Immer mehr Fixierungspunkte liegen außerhalb des Bildschirms.

4. Im rechten unteren Teil des Bildschirms befinden sich weniger Fixierungspunkte, im linken oberen Teil befinden sich mehr als auf dem restlichen Bildschirm.

Daraus ergibt sich eine optimale scheinbare Größe des Bildschirms von 9°, wenn der gesamte Schirm zur Entdeckung von Objekten benutzt wird. Größere Schirme sind nur dann sinnvoll, wenn der restliche Bereich zur Navigation und Orientierung genutzt wird.

9.4.2 Referenzobjekte

Von der Vielzahl der zu entdeckenden und zu erkennenden Objekte muss auf eine Minimalzahl von Referenzobjekten abstrahiert werden. Umfassende Untersuchungen haben ergeben, dass der wichtigste Parameter für die Sichtbarkeit von Objekten auf dem Bildschirm die Auflösbarkeit von Strichmiren ist, die dem Objekt entsprechen. Dieses Vorgehen ist unabhängig von verschiedensten Einflüssen der Objektszene. Strichmiren sind im sichtbaren helle und dunkle Streifen gleicher Breite. Die Breite eines Streifenpaares b legt die Ortsfrequenz der Mire fest: $R = 1/b$. Im thermischen Infrarot wird die Mire durch Streifenpaare mit einer definierten äquivalenten Temperaturdifferenz ΔT gebildet. Äquivalent bedeutet dabei bezogen auf den Schwarzen Strahler. ΔT kann also entsprechend Gl. (3.18) durch Flächen mit gleichem Emissionsgrad und unterschiedlicher Temperatur oder durch Flächen mit unterschiedlichem Emissionsgrad gebildet werden.

Bei der Abstraktion auf Miren wird vorausgesetzt, dass das wahrzunehmende Objekt eine kritische Größe hat, die von den wesentlichen Objektdetails bestimmt wird. Diese Länge ist in Abb. 9.10 als d_{kri} bezeichnet. Auf dieser Länge sind die Testmiren unterzubringen, mit denen die reale Szene nachgebildet werden soll. Mit $l_{äqu}$ ist die Länge der Testmire bezeichnet. Sie ergibt sich aus der Größe des Objektes auf dem Bildschirm. Die Längen und $l_{äqu}$ stehen senkrecht zur Beobachtungsrichtung.

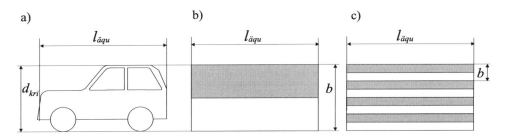

Abb. 9.10: Zuordnung von Testmiren zu einem Objekt
a) Objekt, b) Testmire mit der niedrigsten möglichen Ortsfrequenz $1/d_{kri}$,
c) Größe der Testmire für die Erkennung des Objektes mit der Ortsfrequenz $4/d_{kri}$

Dieses Vorgehen zur Rückführung realer Szenen auf determinierte Laborbedingungen geht auf Johnson (1958) zurück. Es bestimmt auch die notwendige Frequenz der Strichmiren, um ein typisches Objekt zu entdecken bzw. zu erkennen. Dazu wurden Bilder von militärischem Gerät und Menschen in verschiedenen Stellungen analysiert. Die Untersuchungen führen zu der Aussage, dass zur Gewährleistung einer 50 %tigen Entdeckungswahrscheinlichkeit P_d die Mire 1,0 ± 0,25 Strichpaare haben muss, d. h. dem Bild 9.10 b) entspricht. Für die Erkennung des Objektes mit 50 %tiger Erkennungswahrscheinlichkeit P_r sind 4,0 ± 0,8 Strichpaare notwendig (vgl. Abb. 9.10 c).

Diese unmittelbar aus Experimenten gewonnenen Erkenntnisse gelten nicht, wenn die Objekte stark strukturiert sind.

9.4.3 Entdeckungswahrscheinlichkeit

Wenn die Wahrscheinlichkeit zur Entdeckung eines Objektes in einer verrauschten Szene beim ersten Versuch mit P_1 bezeichnet wird, ist dieser Wert ziemlich klein. $(1 - P_1)$ ist dann die Wahrscheinlichkeit der Nichtentdeckung im ersten Versuch. Die Wahrscheinlichkeit, nach m Versuchen das Objekt nicht zu entdecken, wird dann $(1 - P_1)^m$. Wird diese gleich der Differenz $(1 - P_d)$ gesetzt, kann die Entdeckungswahrscheinlichkeit nach

$$P_d = 1 - \exp\left[m \cdot \ln\left(1 - P_1\right)\right] \tag{9.17}$$

berechnet werden. Wird mit t_d die Zeit zur Suche bezeichnet und $m \cdot \ln(1 - P_1) = -m_d \cdot t_d$ gesetzt, kann die Entdeckungswahrscheinlichkeit in Abhängigkeit von t_d und der Zeitkonstanten m_d ermittelt werden:

$$P_d = 1 - \exp\left(-m_d \cdot t_d\right). \tag{9.18}$$

Für die Bestimmung von m_d sind viele praktische Untersuchungen durchgeführt worden, die in verschiedener Weise approximiert werden können. Bei unbewegten Szenen, hohen Leuchtdichten des Hintergrundes und geringem Rauschen auf dem Bildschirm hängt die Zeitkonstante m_d vom Kontrast und von der Empfängergröße ab:

$$\lg m_d = -4{,}3 + 5{,}6\,\frac{L_{St} - L_{Sb}}{L_{Sb}} + 1{,}6\lg\left(\alpha_S \cdot \beta_S\right). \tag{9.19 a}$$

L_{St} und L_{Sb} sind dabei die Bildschirmleuchtdichten von Objekt und Hintergrund, α_S und β_S sind Sehwinkel, unter denen das Empfängerpixels auf dem Bildschirm erscheint. Dessen Wert muss in Gl. (9.19a) in Winkelminuten eingesetzt werden.

Bei einer beliebigen Bildschirmgröße mit dem mittleren Durchmesser ω_S (in Winkelminuten), die die mittlere Leuchtdichte $\overline{L_S}$ aufweist, kann m_d über

$$m_d = k_d \cdot \left(\frac{L_{St} - L_{Sb}}{L_{St}}\right)^2 \cdot \overline{L_S}^{\,-0{,}3} \cdot \frac{\alpha_S^3}{\omega_S^2} \tag{9.19 b}$$

berechnet werden. Die noch nicht genannte Größe charakterisiert darin das Suchvermögen des Beobachters und hat den Wert $k_d = 5{,}8 \cdot 10^4 \text{ s}^{-1} \text{ Winkelmin}^{-1} \cdot (\text{cd/m}^2)^{-3}$.

Bei bewegten Objekten auf dem Bildschirm mit einer Winkelgeschwindigkeit $\Omega \leq 5°/\text{s}$ ist in Gl. (9.18) die Zeitkonstante durch m'_d zu ersetzen. Sie berechnet sich nach

$$m'_d = 0{,}4 \cdot m_d \cdot (1 + 0{,}45 \cdot \Omega^2). \tag{9.19 c}$$

Die Approximation praktischer Resultate (Blackwell 1963) ist eine weitere Möglichkeit zur Berechnung der Entdeckungswahrscheinlichkeit. Danach ist die Entdeckungswahrscheinlichkeit abhängig von der Differenz zwischen maximalen und minimalen Signal-Rausch-Verhältnis, mit dem eine Szene auf dem Bildschirm angezeigt wird:

$$P_d = \frac{1}{\sqrt{2\pi}} \int\limits_{-\infty}^{\text{SNR}_{\max} - \text{SNR}_{\min}} \exp\left(-\frac{1}{2} X^2\right) \cdot dX. \tag{9.20}$$

Die Integrationskonstante X ist das vom Auge wahrgenommene und nach einer Gaußschen Glockenkurve verteilte SNR_E. SNR_{min} ist das Schwellen-Signal-Rausch-Verhältnis, ab dem eine Wahrnehmung möglich ist. Mit SNR_{max} wird das maximale in der Szene auftretende Signal-Rausch-Verhältnis bezeichnet. In Tab. 9.4 ist die Auswertung von Gl. (9.20) zusammengestellt. Die Auswertung zeigt, dass zur Erreichung einer befriedigenden Bildqualität $SNR_{min} > 3,5$ sein muss.

Tab. 9.4: Notwendiges maximales vom Auge wahrgenommenes Signal-Rausch-Verhältnis SNR_{min} zur Gewährleistung der vorgegebenen Entdeckungswahrscheinlichkeit P_d

SNR_{min}	P_d			
	0,8	0,9	0,95	0,99
1	1,8	2,3	2,6	3,3
2	2,8	3,3	3,6	4,3
3	3,8	4,3	4,6	5,3
4	4,8	5,3	5,6	6,3
5	5,8	6,3	6,6	7,3
6	6,8	7,3	7,6	8,3

9.4.4 Erkennungswahrscheinlichkeit

Die Erkennungswahrscheinlichkeit setzt die Entdeckung des Objektes voraus und fordert die Zuordnung des Objektes zu einer bestimmten Klasse. Entscheidend für die Erkennung ist die kritische Länge d_{kri} auf dem Bildschirm (vgl. Abb. 9.10). Im kritischsten Falle ist d_{kri} durch die kleinste räumliche Ausdehnung des Objektes auf dem Bildschirm festgelegt.

Die Erkennungswahrscheinlichkeit P_r wird bestimmt durch die Frequenz der aufgelösten Linienpaare, die dieselbe äquivalente Temperaturdifferenz ΔT haben wie das interessierende Objekt. Eine Formel zur Berechnung der Erkennungswahrscheinlichkeit (Greening 1970) ist

$$P_r = \exp-\left(\frac{\Omega_D}{\Omega}\right)^m \quad \text{mit} \quad m = \begin{cases} 1 & \text{für} \quad \Omega_D/\Omega > 1 \\ 2 & \text{für} \quad \Omega_D/\Omega \le 2 \end{cases} \qquad (9.21\text{ a})$$

und Ω_D als die Größe des Sensors auf dem Bildschirm im Raumwinkelmaß und

$$\Omega = \frac{\Omega_t}{N_r^2} \, , \qquad (9.21\text{ b})$$

wobei Ω_t die Größe des Objekts auf dem Bildschirm im Raumwinkelmaß und N_r die Anzahl der aufzulösenden Details im Objekt sind. Als Testobjekt ist für die Erkennung eine thermische Mire mit vier Streifen notwendig. In Abb. 9.11 ist die Auswertung der Gleichungen (9.21) in Abhängigkeit von N_r dargestellt. Je feiner das Objekt gegliedert ist, desto schwieriger ist dessen Erkennung. Als Parameter wird das Flächenverhältnis auf dem Bildschirm von Objekt zur Pixelfläche benutzt, welches gleich dem Raumwinkelverhältnis Ω_t / Ω_D ist. Dabei zeigt sich, dass durch viele Pixel wiedergegebene Objekte am besten erkannt werden.

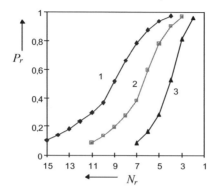

Abb. 9.11: Erkennungswahrscheinlichkeit in Abhängigkeit von der Anzahl der Objektdetails, 1 $\Omega_t / \Omega_D = 100$, 2 $\Omega_t / \Omega_D = 50$, 3 $\Omega_t / \Omega_D = 20$

9.5 Berechnungsbeispiele

Beispiel 9.1

Welcher Dynamikbereich des Auges ist durch die Änderung des Irisdurchmessers zu erwarten?

1. Nach Tab. 9.2 ändert sich der Irisdurchmesser in Abhängigkeit von der Objektleuchtdichte zwischen 2,0 ... 7,5 mm. Gleichzeitig ist eine mittlere Transmission des Auges angegeben, die sich mit größerem Durchmesser verschlechtert: $\overline{\tau}_E = 0{,}99$ ... 0,55. Diese Verschlechterung ist auf Trübungen in der Kristalllinse und im Glaskörper zurückzuführen.

2. Zur Abschätzung des Iris-Einflusses kann die Beleuchtungsstärke auf der Netzhaut benutzt werden. Dazu wird Gl. (5.9) für weit entfernte Objekte ($\beta' \to 0$) spezifiziert:

$E = \dfrac{\overline{\tau}_E \cdot M}{4k_{eff}^2} \sim \overline{\tau}_E \cdot D_E^2$ .Mit den Tabellenwerten folgt $3{,}88 \leq \overline{\tau}_E \cdot D_E^2 \leq 30{,}9$, so dass die Hel-

ligkeitsanpassung durch die Iris einen Faktor acht ermöglicht.

Beispiel 9.2

Welches maximale Auflösungsvermögen legt die Dichte der Zäpfchen im gelben Fleck fest? In welcher Relation steht dieses Auflösungsvermögen zur Abbildungsleistung des optischen Systems des Auges?

1. Die Auflösung wird zweckmäßig im Winkelmaß wie in Gl. (9.4) angegeben. In Anlehnung an Abb. 9.2 folgt dieser Winkel aus dem lateralen Zäpfchenabstand p'_E und dem Knotenpunktstrahl, der ohne Richtungsänderung vom Objekt zur Netzhaut verläuft. Dieser geht objektseitig durch N und bildseitig durch N'. Die objektseitig kleinste auflösbare Winkeldifferenz wird damit

$$\delta\omega_E = \frac{p'_E}{\mathrm{N'A'}} \,.$$

2. Der Abstand der Netzhaut vom Knotenpunkt N' kann mit den Daten aus Tab. 9.1 berechnet werden: $\overline{\mathrm{N'A'}} = \overline{\mathrm{VA'}} - \overline{\mathrm{VN'}} = \overline{\mathrm{VA'}} - (\overline{\mathrm{VN}} + \overline{\mathrm{HH'}})$. Da sich $\overline{\mathrm{VN}}$ mit der Akkommodation ändert, erhält man ein veränderliches Auflösungsvermögen.

3. Der laterale Zäpfchenabstand im gelben Fleck p'_E kann mit der Zäpfchenanzahl von 15000 und dessen Durchmesser von 0,3 mm abgeschätzt werden. Nimmt man eine gleichmäßige Verteilung an, wird der mittlere Zäpfchenabstand $p'_E = \dfrac{0{,}3\,\mathrm{mm}}{\sqrt{15\,000}} = 2{,}5\,\mu\mathrm{m}$. Mit den

Werten aus Tab. 9.1 folgen die in Tab 9.5 eingetragenen empfängerbezogenen Auflösungsgrenzen.

4. Die Zahlenaufstellung zeigt, dass bei Akkommodation das Auflösungsvermögen geringfügig besser wird. Damit wird das Bestreben unterstützt, durch starke Akkommodation kleinste Objektdetails auflösen zu wollen.

Tab. 9.5: Auflösungsgrenzen des Auges bei Akkommodation

a_s	$-\infty$	$-0{,}25$ m	$-0{,}10$ m
$\delta\omega_E$	0,150 mrad	0,146 mrad	0,145 mrad

5. Die Abstimmung des optischen Systems auf den Zäpfchenabstand kann mit der Auflösungsgrenze infolge der Beugung des Lichtes an der Augeniris abgeschätzt werden. Die allgemeine

Formel für die beugungsbedingte Auflösungsgrenze legen Gl. (2.4) bzw. (5.15) fest: $v'_g = \dfrac{2 \cdot NA'}{\lambda}$ mit der numerischen Apertur NA' und der Wellenlänge der maximalen Augenempfindlichkeit $\lambda = 0{,}55\ \mu\text{m}$ NA' ist durch den Durchmesser der Augeniris und der Entfernung Iris-Netzhaut $\overline{VA'} - \overline{VEP}$ nach Abb. 9.2 festgelegt. Wird für den Irisdurchmesser 2 mm eingesetzt, folgt mit den Werten aus Tab. 9.1 $v'_g = 200\ \text{mm}^{-1}$.

Nach Abb. 5.4 entspricht diese Ortsfrequenz dem Kehrwert einer Gitterkonstanten g', innerhalb der zwei Rezeptoren angeordnet sein müssen, um eine Helligkeitsmodulation noch registrieren zu können: $g' = \dfrac{1}{v'_g} = 2 p'_E$. Damit ergibt sich aus der Beugung des Lichtes ein sinnvoller Rezeptorabstand von $p'_E = 2{,}5\ \mu\text{m}$. Die Evolution hat Optik und Empfänger zweckmäßig aufeinander abgestimmt.

Beispiel 9.3

Zu bestimmen ist die sinnvolle Gesamtvergrößerung des Wärmebildgerätes Γ'_{TS}, dessen Unschärfe bei der thermographischen Abbildung durch $\sigma_{TS} = \dfrac{x'_\sigma}{|a_s|}$ gegeben ist. x'_σ ist die mittlere Breite einer Linie auf dem Display, die sich bei der thermographischen Abbildung eines dünnen heißen Drahtes ergibt (vgl. Abb. 9.12). Nach Gl. (9.9) legt σ_{TS} die Übertragungsfunktion des Wärmebildgerätes fest.

1. Gemäß Gl. (9.3) wird als Vergrößerung das Verhältnis der scheinbaren Größen mit Gerät zur scheinbaren Größe ohne Gerät bezeichnet. Für die Betrachtung einer thermographischen Szene ist $\tan \omega'_s$ durch den Abstand des Beobachters vom Display und durch das beobachtete Bild festgelegt (vgl. Abb. 9.12). $\tan \omega'_s$ wird durch den Abstand des Wärmebildgerätes vom Objekt und durch die Objektgröße definiert.

2. Für die Abstimmung werden die Ortsfrequenzen des Wärmebildgerätes ψ betrachtet. Dazu ist die augenseitig verwendete Ortsfrequenz ψ' in den Objektraum zu überführen: $\Gamma'_{TS} = \dfrac{\tan \omega'_s}{\tan \omega_s} \approx \dfrac{\omega_s'}{\omega_s} = \dfrac{\psi}{\psi'}$. ψ' entspricht der in Gl. (9.7) verwendeten Ortsfrequenz, so dass für die Übertragungsfunktion des Auges im Objektraum

$$M_E(\psi) = \begin{cases} 0 & \text{für} & 0 \le \psi < 0{,}2 \cdot \Gamma'_{TS}\ \text{mrad}^{-1} \\ \exp\left[-2\pi^2 \cdot \sigma_S{}^2 \cdot \left(\dfrac{\psi}{\Gamma'_{TS}} \right)^2 \right] & \text{für} & \psi \ge 0{,}2 \cdot \Gamma'_{TS}\ \text{mrad}^{-1} \end{cases}$$

geschrieben werden kann.

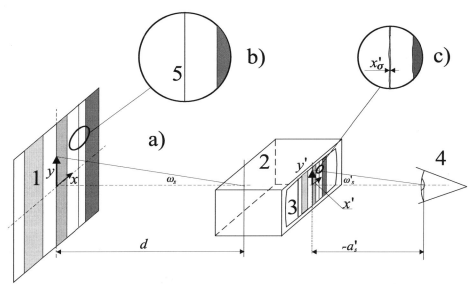

Abb. 9.12: Zur Vergrößerungsdefinition am Wärmebildgerät
a)   Szene mit Wärmebildgerät und Auge, b) Einzelheit der Szene,
c) Einzelheit auf dem Display
1 Objektszene, 2 Wärmebildgerät, 3 Display, 4 Auge, 5 heißes linienförmiges Objekt

3. Die äquivalente Rauschbandbreite des Systems Wärmebildgerät-Auge wird mit Gl.
(9.9)

$$\overline{\Delta\psi} = \int\limits_{0,2\Gamma'_{TS}\,\mathrm{mrad}^{-1}}^{\infty} \exp\left[-4\pi^2\left(\sigma_{TS}^2 + \frac{\sigma_S^2}{\Gamma_{TS}'^2}\right)\psi^2\right]d\psi\,.$$

Mit der Hilfsvariablen $X = 2\pi\sqrt{\sigma_{TS}^2 + \dfrac{\sigma_S^2}{\Gamma_{TS}^2}}\,\psi$ folgt als zu berechnendes Integral

$$\overline{\Delta\psi} = \frac{1}{2\pi\sqrt{\sigma_{TS}^2 + \dfrac{\sigma_S^2}{\Gamma_{TS}'^2}}} \int\limits_{X_0}^{\infty} \exp(-X^2)dX$$

mit der unteren Integrationsgrenze

$$X_0 = 2\pi \sqrt{\sigma_{TS}^2 + \frac{\sigma_S^2}{\Gamma'^2_{TS}}} \cdot 0{,}2\Gamma'_{TS} \text{ mrad}^{-1}.$$

Der Ausdruck $I = \int\limits_{X_0}^{\infty} \exp\left(-X^2\right) dX$ kann mit Hilfe des Wahrscheinlichkeitsintegrals

$\text{erf}(X_0) = \dfrac{2}{\sqrt{\pi}} \int\limits_{0}^{X_0} \exp(-X^2)\, dX$ berechnet werden.

In Übereinstimmung mit Tab. 9.6 wird $\text{erf}(X_0 \to \infty) = 1$.

Tab. 9.6 Zahlenwerte des Wahrscheinlichkeitsintegrals

X_0	0,00	0,10	0,20	0,30	0,40	0,50	0,60	0,70	0,80	0,90	1,00	1,20	1,40	1,70	2,00
$\text{erf}(X_0)$	0,00	0,11	0,22	0,33	0,43	0,52	0,60	0,68	0,74	0,80	0,84	0,91	0,95	0,98	1,00

Außerdem gilt (Bronstein 1967)

$$I = \int\limits_{0}^{\infty} \exp(-X^2)dX - \int\limits_{0}^{X_0} \exp(-X^2)\, dX = \frac{\sqrt{\pi}}{2}\left[1 - \text{erf}(X_0)\right].$$

Damit folgt für die äquivalente Rauschbandbreite des Systems Wärmebildgerät-Auge

$$\overline{\Delta\psi} = \frac{1}{4\sqrt{\pi(\sigma_{TS}^2 + \frac{\sigma_S^2}{\Gamma'^2_{TS}})}}\left[1 - \text{erf}(X_0)\right]. \tag{9.22 a}$$

4. Die äquivalente Rauschbandbreite des Wärmebildgerätes ohne Berücksichtigung des Auges folgt in Anlehnung an Gl. (9.8) zu

$$\overline{\Delta\psi_{TS}} = \int\limits_{0}^{\infty} M_{TS}^2 d\psi = \int\limits_{0}^{\infty} \exp\left(-4\pi^2 \cdot \sigma_{TS}^2 \cdot \psi^2\right) d\psi.$$

Das Ergebnis folgt aus der Spezialisierung von Gl. (9.22a) mit $X_0 \to 0$ und $\sigma_S \to 0$:

$$\overline{\Delta\psi_{TS}} = \frac{1}{4\sqrt{\pi} \cdot \sigma_{TS}}. \tag{9.22 b}$$

5. Zur Bestimmung der optimalen Vergrößerung wird das Verhältnis beider äquivalenter Bandbreiten $\dfrac{\overline{\Delta\psi}}{\overline{\Delta\psi_{TS}}} = \text{fkt}(\sigma_{TS}\Gamma'_{TS})$ in Abhängigkeit vom Parameter $Y = \sigma_{TS}\Gamma'_{TS}$ diskutiert.

Die auszuwertende Gleichung

$$\frac{\overline{\Delta\psi}}{\Delta\psi_{TS}} = \frac{Y}{\sqrt{Y^2 + \sigma_S^2}}[1 - \mathrm{erf}\,(0{,}4\pi\ \mathrm{mrad}^{-1}\sqrt{Y^2 + \sigma_S^2}\,)]$$

ist in Abb. 9.13 für $\sigma_S = 0{,}25$ mrad dargestellt.

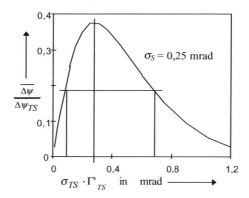

Abb. 9.13: Verhältnis der äquivalenten Rauschbandbreiten

6. Abb. 9.13 zeigt ein Maximum der Funktion bei

$$\Gamma'_{TSopt} = \frac{0{,}25\ \mathrm{mrad}}{\sigma_{TS}}\,, \tag{9.22 c}$$

bei der die Rauschbandbreite nach Gl. (9.22 a)

$$\overline{\Delta\psi}\,(\Gamma'_{TSopt}, \sigma_S = 0{,}25\ \mathrm{mrad}) = \frac{0{,}21\ \mathrm{mrad}^{-1}}{\sigma_{TS}}$$

wird. Lässt man eine Halbierung der äquivalenten Rauschbandbreite bezüglich der optimalen zu, kann die Vergrößerung zwischen den Werten

$$\frac{0{,}08\ \mathrm{mrad}}{\sigma_{TS}} < \Gamma'_{TS} < \frac{0{,}68\ \mathrm{mrad}}{\sigma_{TS}}$$

variieren. Daraus folgt, dass eine erhebliche Abweichung der Vergrößerung Γ'_{TS} von Γ'_{TSopt} zu einer Verschlechterung der Auflösung des Gesamtsystems Wärmebildgerät-Auge führt.

10 Bewertungskriterien für Wärmebildsysteme

Die Bewertungskriterien müssen die Leistungsfähigkeit des thermographischen Systems in seiner Gesamtheit charakterisieren. Deshalb gehen die Kriterien immer von möglichen thermographischen Objekten aus oder von daraus abgeleiteten Referenzobjekten, die typische Eigenschaften realer Objekte repräsentieren.

Die Konzeption für ein thermographisches Gerät geht immer von einem Ansatz als Gesamtsystem aus (Kopeika 1998). Daraus leiten sich unterschiedliche Bewertungskriterien (Holst 2002) ab. An verschiedenen Stellen der thermographischen Kette sind Bewertungen möglich. Am Empfängerausgang werden das spektrale Arbeitsgebiet und die rauschbegrenzten Größen NETD (Noise Equivalent Temperature Difference) und NEI (Noise Equivalent Irradiance) bewertet. Die anderen Bewertungsgrößen berücksichtigen auch die Wirkung der Anzeigeeinheit des Wärmebildsystems. Die Übertragungsfunktion M_{TS} beschreibt die Wirkung der gesamten thermographischen Kette auf Objekte unterschiedlicher Ortsfrequenzen unter Vernachlässigung des Rauschens. Die Bewertungsfunktionen MRTD (Minimum Resolvable Temperature Difference) und MDTD (Minimum Detectable Temperature Difference) kennzeichnen die rauschbegrenzte thermische Auflösung in Abhängigkeit von der Ortsfrequenz unter Berücksichtigung der Augenfunktion.

Eine besondere Kategorie stellen die Reichweitebeziehungen dar. NER (Noise Equivalent Range), MRR (Maximum Recognizable Range) und MDR (Maximum Detectable Range) kennzeichnen Maximalentfernungen, in denen infrarote Objekte mit einer bestimmten Wahrscheinlichkeit vom menschlichen Auge wahrgenommen werden können. Messmöglichkeiten für ausgewählte Bewertungsgrößen werden im Kapitel 11 angegeben.

10.1 Auswahl des spektralen Arbeitsgebietes

Für terrestrische Thermographieanwendungen steht die Frage der geeigneten Wahl des atmosphärischen Fensters. Der Vergleich erfolgt unter folgenden Bedingungen:

– gleiche räumliche Auflösung, also gleiche Pixelmittenabstände $p'_x = p'_y$,
– gleiche Grundparameter des optischen Systems und gleiche Abbildungsmaßstäbe,

- gleiche Signalverarbeitung, also gleiche Rauschbandbreite $\overline{\Delta f}$,
- gleiche mittlere atmosphärische Transmission τ_A ,
- gleiche Objekttemperatur T_t und gleiche mittlere Emissionsgrade des Objektes.

Die einfachste Beschreibung der Leistungsfähigkeit des Thermographiesystems ist das thermische Auflösungsvermögen nach Gl. (6.22). Danach gilt für die kleinste im Objekt auflösbare Temperaturdifferenz

$$\left(\delta T_{\lambda_1}^{\lambda_2}\right)^{-1} \sim \int\limits_{\lambda_1}^{\lambda_2} D*(\lambda)\frac{\partial M_\lambda(\lambda,T)}{\partial T}d\lambda \ .$$

Für den Vergleich des Einsatzes von Quantenempfängern sind die Näherungsformel (3.22) für $\partial M_\lambda / \partial T$ und (6.16 b) für $D*(\lambda)$ benutzbar. Mit den Grenzwellenlängen λ_1, λ_2 und λ_3, λ_4 für die atmosphärischen Fenster und den Spitzendetektivitäten $D*_1, D*_2$ der Detektoren für beide Fenster folgt das Verhältnis der kleinsten auflösbaren Temperaturdifferenzen zu

$$\frac{\delta T_{\lambda_1}^{\lambda_2}}{\delta T_{\lambda_3}^{\lambda_4}} = \frac{\lambda_2 \cdot D*_2(\lambda_4)\int\limits_{\lambda_3}^{\lambda_4} M_\lambda(T,\lambda)\cdot d\lambda}{\lambda_4 \cdot D*_1(\lambda_2)\int\limits_{\lambda_1}^{\lambda_2} M_\lambda(T,\lambda)\cdot d\lambda} \ . \tag{10.1}$$

In Aufgabe 10.1 sind numerische Werte zu vergleichen.

10.2 Übertragungsfunktion

Zur Beschreibung des Übertragungsverhaltens thermographischer Systeme wird die lineare Filtertheorie verwendet. Die Voraussetzungen für ihre Anwendung inkohärente Strahlungsdetektion, lineare Signalverarbeitung, räumlich invariante Abbildung und Rauschfreiheit werden nur teilweise erfüllt. Trotzdem bleibt die lineare Filtertheorie eine geeignete Näherung zur Abstimmung der Einzelkomponenten optisches System, Empfänger, elektronische Verstärkung, Display. Die Informationsübertragung von einem Element der radiometrischen Kette zum nächsten erfolgt inkohärent, so dass die Übertragungsfunktionen der einzelnen Elemente miteinander multipliziert werden können: $M_{TS} = \Pi \, M_i$ mit den Einzelkomponenten optisches System, Detektor, Videoverstärker und Anzeigeeinheit. Geht man davon aus, dass der Videoverstärker im Vergleich zum Empfänger fast trägheitslos arbeitet, kann $M_E = 1$ gesetzt werden. Die unter diesen Voraussetzungen erhaltene

Übertragungsfunktion des thermographischen Systems M_{TS} beschreibt die Kontraständerung in Abhängigkeit von der Raumfrequenz:

$$M_{TS}(\psi) = M_O(\psi) \cdot M_{Dg}(\psi) \cdot M_{Dt}(\psi) \cdot M_S(\psi) \tag{10.2}$$

mit M_O Modulationsübertragungsfunktion der Optik, M_{Dg} geometrische und M_{Dt} zeitliche Modulationsübertragungsfunktion des Empfängers und M_S Modulationsübertragungsfunktion der Anzeigeeinheit. Dabei erweist es sich als sinnvoll, die Ortsfrequenz im Winkelmaß im Objektraum ψ mit der Maßeinheit mrad^{-1} einzusetzen. Für die einzelnen Übertragungsfunktionen ergeben sich unterschiedliche Umrechnungsvorschriften.

Die Modulationsübertragungsfunktion $M_O(\nu')$ des optischen Systems wird zweckmäßigerweise mit einer Gleichung aus Tab. 5.6 approximiert. Die Verknüpfung zur Ortsfrequenz im Empfänger-raum ν' zu ψ ist mit Gl. (5.22) gegeben.

Für die geometrische Übertragungsfunktion des Empfängers M_{Dg} nach Gl. (6.8) liefern die Gln. (5.21) und (5.22) den Zusammenhang

$$\begin{pmatrix} p'_x \cdot \nu'_x \\ p'_y \cdot \nu'_y \end{pmatrix} = \begin{pmatrix} \alpha_D \cdot \psi_x \\ \beta_D \cdot \psi_y \end{pmatrix}.$$

Dabei ist der Füllfaktor über Gl. (2.11) zu berücksichtigen. Mit guter Näherung kann

$$\begin{pmatrix} x_D \\ y_D \end{pmatrix} = \sqrt{ff} \cdot \begin{pmatrix} p'_x \\ p'_y \end{pmatrix}$$

gesetzt werden, womit in Gl. (6.8) $(\pi \cdot \sqrt{ff} \cdot \alpha_D \cdot \psi_x)$ und $(\pi \cdot \sqrt{ff} \cdot \beta_D \cdot \psi_y)$ als Argumente wirksam sind.

Für die zeitliche Übertragungsfunktion des Empfängers nach Gl. (6.9) muss eine Umformung für die Frequenz f gefunden werden. Mit den Gln. (5.22) und (5.26) ergibt sich die Zuordnung zur Raumfrequenz im Winkelmaß

$$f = \frac{\psi_x \cdot p'_x}{(1 - \beta') \cdot f'_O \cdot t_0} \tag{10.3}$$

Dabei wird wieder die x-Richtung als die Abtastrichtung vorausgesetzt. t_0 ist die Verweilzeit pro Pixel auf der IR-Szene (dwelltime). Mit der Zeitkonstanten des Empfängers t_D nach Gl. (6.2) repräsentiert die zeitliche Empfängerübertragungsfunktion eine Tiefpasscharakteristik:

$$M_{Dt} = \frac{1}{\sqrt{1 + (2\pi \cdot t_D \cdot f)^2}} . \tag{10.4}$$

Für die Übertragungsfunktion des Displays nach Gl. (8.3) muss eine Beziehung des Argumentes $r_S \cdot \nu_S$ zur Ortsfrequenz ψ hergestellt werden. Dabei kann Gl. (8.2) genutzt werden. Im Gegensatz zur Ableitung von (10.3) wird jetzt die y-Koordinate senkrecht zur Abtast-Richtung betrachtet. Unabhängig vom Verhältnis der Projektion des Empfängerpixels auf den Bildschirm gilt

$r_S \cdot v_S = r'_S \cdot v'$. Die Ortsfrequenz in der Empfängerebene v' wird dabei mit dem bildschirmäquivalenten Zerstreuungskreisradius

$$r'_S = \frac{0{,}23 \cdot W'}{\eta_I \cdot q_S} \tag{10.5}$$

multipliziert, wobei $W' = q_D \cdot p'_y$ die lineare Szenenhöhe in der Empfängerebene ist (vgl. Abb. 5.2). η_I ist der Ausnutzungsgrad des Monitors für das thermographische Bild, q_S die Zeilenzahl des Monitors. Die Ableitung der Zahl 0,23 ist in Kap. 8.1.1 dargestellt. Der Übergang zur Ortsfrequenz im Winkelmaß erfolgt wieder mit Gl. (5.22). Außerdem wird Gl. (5.7) für die y-Koordinate in linearisierter Form wirksam:

$$2\omega_{Oy} = 2\arctan\frac{q_D \cdot p'_y}{2 f'_O (1 - \beta')} \approx \frac{q_D \cdot p'_y}{f'_O (1 - \beta')} . \tag{10.6}$$

Damit kann für die Übertragungsfunktion des Displays das Argument

$$r_S \cdot v_S = \frac{0{,}23}{\eta_I \cdot q_S} \cdot 2\omega_{Oy} \cdot \psi_y \tag{10.7}$$

eingesetzt werden.

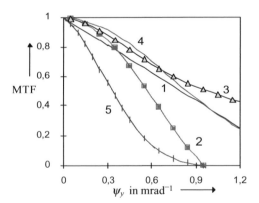

Abb. 10.1: Zusammenwirken der einzelnen Übertragungsfunktionen
1 optisches System mit Brennweite $f'_O = 100\,$mm und Feldwinkel $2\omega = 30°$ mit linearisierter MTF für $M_O = 0{,}5$ bei 0,8 mrad^{-1}, 2 geometrische Empfänger-MTF mit $x_D = 105\,\mu$m, 3 zeitliche Empfänger-MTF mit $t_D = 0{,}1\,\mu$s, 4 Bildschirm-MTF für 600 Zeilen und $\eta_I = 90\,\%$, 5 Gesamtübertragungsfunktion bei einer Verweilzeit pro Pixel von $t_0 = 0{,}31\,\mu$s

In Abb. 10.1 ist das Zusammenwirken der verschiedenen Komponenten dargestellt. Aus den einzelnen Übertragungsfunktionen folgt die Gesamtübertragungsfunktion des Wärmebildgerätes. Sie ist günstig in der Form einer Gaußschen Glockenkurve

$$M_{TS}(\psi_y) = \exp\left[-2\pi^2(\sigma_{TS} \cdot \psi_y)^2\right] \tag{10.8}$$

zu approximieren. Die Bestimmung der Unschärfe im Winkelmaß σ_{TS} kann wie in Berechnungsbeispiel 6.2 erfolgen.

Damit ist auch die Impulsantwort des thermographischen Systems eine Gaußsche Glockenkurve. Nach Tab. 2.2 folgt diese zu

$$h_{TS}(\omega_y) = \exp\left[-\frac{1}{2}\left(\frac{\omega_y^2}{\sigma_{TS}^2}\right)\right] \quad . \tag{10.9}$$

ω_y ist hier die Variablen des Feldwinkels: $0 \leq |\omega_y| \leq \omega_{Oy}$. σ_{TS} charakterisiert die Unschärfe des gesamten thermographischen Systems im Winkelmaß. Im Winkelbereich $\omega_1 - \sigma_{TS} \leq \omega \leq \omega_1 + \sigma_{TS}$ ist die Bildschirmleuchtdichte größer als 0,606 ihres Maximalwertes, die bei ω_1 durch einen Dirac-Impuls erzeugt wird. Die gleiche Betrachtung kann für die x-Koordinate ausgeführt werden. Sie wird dann erforderlich, wenn rechteckige Empfängerpixel unterschiedliche räumliche Auflösungen in beiden Koordinaten verursachen.

10.3 Rauschbegrenzte thermische Auflösung

Während M_{TS} die Übertragungseigenschaften des thermographischen Systems bei unterschiedlichen Ortsfrequenzen unter Vernachlässigung des Rauschens beschreibt, werden hier die rauschbedingten Auflösungsgrenzwerte für großflächige Objekte abgeleitet, die mit $v' \rightarrow 0$ bzw. $\psi \rightarrow 0$ in ihrem Übertragungsverhalten zu charakterisieren sind. Damit erhält man eine einzige Zahl zur Charakterisierung des thermographischen Systems.

Die rauschäquivalente Temperaturdifferenz NETD (Noise Equivalent Temperature Difference) ist die häufigste in der Thermographie angegebene Maßzahl. Sie ist diejenige Temperaturdifferenz in der Objektebene, die am Ausgang eines dem Empfänger nachgeschalteten Referenzfilters ein Nutzsignal erzeugt, dessen Mittelwert gleich dem quadratischen Mittelwert des Rauschsignals ist. Der Referenzfilter bildet die Verstärkerübertragungseigenschaften nach. Als Objekt wird ein Schwarzer Strahler angenommen, die Transmissionsverluste in der Atmosphäre werden vernachlässigt. Die Beziehung für die NETD ist in Beispiel 6.4 abgeleitet:

$$\text{NETD} = \frac{4k_{eff}^2(1-\beta'/\beta'_P)^2}{\int\limits_{\lambda_1}^{\lambda_2} \tau_O(\lambda) \cdot D*(\lambda)\frac{\partial M_\lambda(T,\lambda)}{\partial T}d\lambda}\sqrt{\frac{\overline{\Delta f}}{A_D}} \quad \text{(in K)} \qquad (10.10)$$

Die Diskussion dieser Gleichung weist folgende Wege zur Verbesserung der thermischen Auflösung:

1. Verringerung der effektiven Blendenzahl nach Gl. (5.8),

2. die optimale Abstimmung des spektralen Arbeitsgebietes gemäß Gleichung (5.46) mit einem rauscharmen Empfänger,

3. die Maximierung der optischen Transmission,

4. die Begrenzung der Rauschbandbreite.

Die NETD ist einfach zu berechnen (vgl. Beispiel 10.2), hat aber einige Unzulänglichkeiten:

1. Signale mit SNR = 1 sind direkt nicht messbar,

2. die Übertragungseigenschaften des Videosignalverstärkers und der Anzeigeeinheit werden nur durch einen dem Empfänger nachgeschalteten elektronischen Filter berücksichtigt,

3. die Eigenschaften des Auges bei der Szenenwahrnehmung werden weggelassen.
Bei NETD-Angaben handelt es sich immer um Werte unter Idealbedingungen. Die konkrete kleinste auflösbare Temperaturdifferenz für grob strukturierte Objekte wird durch Gl. (5.12) definiert.
Die rauschäquivalente Bestrahlungsstärke NEI (Noise Equivalent Irradiance) wird dann angegeben, wenn das Infrarotgerät nicht auf die Temperaturbestimmung fixiert ist. Die NEI ist diejenige Bestrahlungsstärke in der Eintrittspupille des Objektivs, welche am Videoverstärkereingang ein Nutzsignal mit SNR = 1 liefert. Die NEI-Formel folgt aus der SNR-Gleichung (6.5), wobei die Empfängerbestrahlungsstärke E in die Bestrahlungsstärke E_P an der Eintrittsöffnung der Optik umgerechnet werden muss. Diese Eintrittsöffnung oder Eintrittspupille hat die Fläche A_P. Für die Umrechnung bietet sich der durchtretende Strahlungsfluss an. Für den auf den Empfänger fallenden Strahlungsfluss gilt

$$\Phi' = E \cdot A_D = \overline{\tau}_O \cdot \Phi = \overline{\tau}_O \cdot E_P \cdot A_P,$$

so dass mit Gl. (6.5) für das Signal-Rausch-Verhältnis

$$\text{SNR} = D* \cdot \overline{\tau}_O \frac{A_P}{\sqrt{\overline{\Delta f} \cdot A_D}}$$

geschrieben werden kann. Für SNR = 1 geht E_P über in die rauschäquivalente Bestrahlungsstärke

$$\text{NEI} = \frac{\sqrt{\Delta f \cdot A_D}}{A_P \cdot \int\limits_{\lambda_1}^{\lambda_2} \tau_O(\lambda) \cdot D^*(\lambda) d\lambda} \qquad (\text{in } \frac{\text{W}}{\text{cm}^2}), \qquad (10.11)$$

wobei für die Eintrittspupillenfläche die eventuell vorhandene Zentralabschattung zu berücksichtigen ist: $A_P = 0{,}25 \cdot \pi \cdot (D_O^2 - D_i^2)$. Entscheidendes Mittel zur Verringerung der NEI ist eine große Eintrittspupillenfläche A_P (vgl. Beispiel 10.3).

10.4 Verbindung von räumlicher und thermischer Auflösung

Die anwendungsbezogene Bewertung der Wärmebildgeräte erfordert eine Verknüpfung des räumlichen Auflösungsvermögens mit den Rauscheigenschaften der Übertragungskette unter Berücksichtigung der Augenfunktion. Für nur langsam bewegte Objekte haben sich zwei Bewertungsfunktionen durchgesetzt: die minimale wahrnehmbare Temperaturdifferenz MDTD (Minimum Detectable Temperature Difference) als Maß für die Entdeckung eines Objektes in der verrauschten Szene und die minimale auflösbare Temperaturdifferenz MRTD (Minimum Resolvable Temperature Difference) als Maß für die Erkennung eines Objektes in der verrauschten Szene. Beide Kriterien sind rauschbegrenzte Temperaturdifferenzen, die von der Objektgröße und damit von der Ortsfrequenz abhängen. Dabei wird die Objektszene als Schwarzer Strahler angenommen, um mit der Angabe von Temperaturdifferenzen eine Charakterisierung zu bekommen, die über die Emissionsgrade einfach auf die konkreten Applikationen umgerechnet werden können.

10.4.1 Ableitung der MDTD-Beziehung

Die MDTD ist als diejenige Temperaturdifferenz in einer verrauschten Objektszene definiert, die bei bekannter Objektlage und beliebig langer Beobachtungszeit die Entdeckung eines Objektes gestattet. Im Gegensatz zur MRTD wird also nur die Existenz eines Objektes bewertet. Als Testobjekt werden Quadrate und Kreise verwendet. Die Ableitung hier bezieht sich auf quadratische

Testobjekte, deren Fläche im Winkelmaß $\xi \cdot \xi$ ist. Die MDTD-Formel wird in folgenden Schritten entwickelt:

1. geeignete Darstellung des Testobjektes unter Berücksichtigung des räumlichen Auflösungsvermögens des Wärmebildgerätes.

2. Berücksichtigung der Augenfunktion über das zur Wahrnehmung notwendige Signal-Rausch-Verhältnis. Als Ausgangspunkt dient die NETD. Das Auge registriert die mittlere Bildschirmleuchtdichte $\overline{L}'$ als Abbild der thermischen Szene. Um diese zu berechnen, muss zunächst die Leuchtdichteverteilung auf dem Bildschirm bestimmt werden. Da Verstärkungs- und Helligkeitsregulierungen möglich sind, wird von der normierten Bildschirmleuchtdichte ausgegangen:

$$L'_n(\omega_{x1},\omega_{y1}) = \frac{\displaystyle\int_{-\infty}^{\infty}\int_{-\infty}^{\infty} L(\omega_x,\omega_y)\cdot h_{TS}(\omega_x-\omega_{x1},\omega_y-\omega_{y1})\cdot d\omega_x \cdot d\omega_y}{\displaystyle\int_{-\infty}^{\infty}\int_{-\infty}^{\infty} L(\omega_x,\omega_y)\,d\omega_x d\omega_y} \quad .$$

Dabei sind ω_x, ω_y die Feldwinkelvariablen in x- und y-Richtung, L die Strahldichte des Testobjektes und h_{TS} die Sprungantwort des thermographischen Systems. Das Einsetzen der in x- und y-Richtung erweiterten Gl. (10.9) mit den Unschärfekreisradien im Winkelmaß ρ_x, ρ_y führt zu

$$L'_n(\omega_{x1},\omega_{y1}) = \frac{1}{\xi^2} \int_{-\xi/2}^{\xi/2}\int \exp\left\{-\frac{1}{2}\left[\frac{(\omega_x-\omega_{x1})^2}{\rho_x^2} + \frac{(\omega_y-\omega_{y1})^2}{\rho_y^2}\right]\right\} d\omega_x \cdot d\omega_y \quad .$$

Zur Bestimmung der mittleren normierten Bildschirmleuchtdichte muss über ein Testobjekt integriert werden, dessen Ränder infolge der Unschärfe nach außen verschoben werden. Nach Vafnadi (1986) wird $\xi_x = \xi + 3,54\,\rho_x$ und $\xi_y = \xi + 3,54\,\rho_y$, so dass sich die normierte mittlere Bildschirmleuchtdichte zu

$$\overline{L}'_n(\omega) = \frac{1}{\xi_x \cdot \xi_y} \int_{-\frac{\xi_x}{2}}^{\frac{\xi_x}{2}} \int_{-\frac{\xi_y}{2}}^{\frac{\xi_y}{2}} L'_n(\omega_{x1},\omega_{y1})\cdot d\omega_{x1} \cdot d\omega_{y1} \tag{10.12}$$

ergibt. Die Lösung dieses Integrals nach Einsetzen der Sprungantwort des Systems h_{TS} ist nur mit Hilfe tabellierter Integrale möglich.

Mit dem in Tab. 9.6 ausgewerteten Wahrscheinlichkeitsintegral

$$\mathrm{erf}(X_0) = \frac{2}{\sqrt{\pi}} \int_0^{X_0} \exp(-X^2)dX \quad \text{und} \quad \int \mathrm{erf}(X_0)\cdot dX_0 = X_0 \cdot \mathrm{erf}(X_0) + \frac{2}{\sqrt{\pi}}\exp(-X_0^2)$$

erhält man unter der Voraussetzung, dass $\rho_x = \rho_y = \rho$ und $\xi_x = \xi_y = \xi_\rho$ gelten,

$$\overline{L}'_n(\omega) = \frac{1}{\xi_\rho^2}\left\{(\omega + 1{,}77\rho)\,\mathrm{erf}\left(\frac{\omega + 1{,}77\rho}{\sqrt{2}\rho}\right) + \sqrt{\frac{2}{\pi}}\rho\,\exp\left[\frac{-(\omega + 1{,}77\rho)^2}{2\rho^2}\right] - 1{,}46\rho\right\}^2.$$

(10.13)

Im Bild 10.2 ist die numerische Auswertung dieser Gleichung in Abhängigkeit vom Argument ξ/ρ dargestellt.

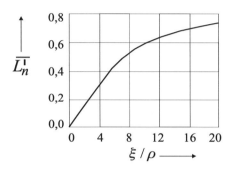

Abb. 10.2: Numerische Auswertung von Gl. (10.13)

Die Berücksichtigung der Wahrnehmungsmechanismen des Auges (vgl. Kap. 9) erfolgt über das Signal-Rausch-Verhältnis. Dazu werden Faktoren eingeführt, die das Signal-Rausch-Verhältnis beeinflussen. Für das SNR gilt die Proportionalität

$$\mathrm{SNR} \sim \frac{\overline{L}'_n \cdot \Delta T}{\mathrm{NETD}}$$

(10.14)

mit ΔT Temperaturdifferenz im Testobjekt. Die NETD verkörpert das Rauschen des thermographischen Systems am Ausgang des Referenzfilters mit der effektiven Rauschbandbreite $\overline{\Delta f}$, die normierte Leuchtdichte dessen räumliche Auflösung.

Um die Proportionalität (10.14) in eine Gleichung für das Signal-Rausch-Verhältnis des Monitorbildes SNR_S zu überführen, muss die Änderung der Rauschbandbreite infolge der Signalumformung vom Empfänger über den Videoverstärker zur Anzeigeeinheit berücksichtigt werden. Die Rauschleistung pflanzt sich mit dem Quadrat der Übertragungsfunktion der einzelnen Komponenten fort, so dass als Rauschbandbreite

$$\int_0^\infty \mathrm{NPS}(f) \cdot M_{el}^2(f) \cdot M_S^2(f) \cdot df$$

mit dem Rauschleistungsspektrum NPS des Empfängers nach Abb. 6.4 wirksam wird. Da sich das Signal-Rausch-Verhältnis nur mit der Wurzel der Rauschbandbreite ändert [vgl. Gl. (6.5)], gilt für das Monitorbild des Testobjektes

$$\text{SNR}_S = \frac{\overline{L'}_n \cdot \Delta T}{\text{NETD}} \sqrt{\frac{\overline{\Delta f}}{\int\limits_0^\infty \text{NPS}(f) \cdot M_{el}^2(f) \cdot M_S^2(f) \cdot df}} \, . \tag{10.15}$$

Bei der Bestimmung des Signal-Rausch-Verhältnisses SNR_d, welches mit einer bestimmten Wahrscheinlichkeit die Entdeckung des Testobjektes in der verrauschten Szene garantiert, wird wieder von der Proportionalität (10.14) ausgegangen. Die Funktionsweise des Auges verursacht drei Zusatzfaktoren, die mit den Exponenten 0,5 das Signal-Rausch-Verhältnis verändern:

1. Die zeitliche Integration mit einer Periodendauer von $t_E = 0,2 \, s$ erlaubt die Anwendung von Gl. (9.11). Damit verbessert sich das vom Testobjekt verursachte Signal-Rausch-Verhältnis um den Faktor $\sqrt{f_f \cdot t_E}$.

2. Die räumliche Integration des Auges entlang einer Koordinate des rechteckigen Testobjektes legt dessen Modulationsübertragungsfunktion nach Gl. (9.13) fest. Sie ergibt sich für die Integration in x-Richtung zu

$$M = \frac{\sin(\pi \, \xi_x \psi_x)}{\pi \, \xi_x \psi_x} \tag{10.16}$$

mit der Testobjektbreite im Winkelmaß ξ_x. Damit kann die Änderung der Rauschbandbreite gegenüber der NETD berechnet werden: Sie setzt sich infolge der erweiterten Übertragungskette aus NPS, M_{el}^2, M_S^2 und M_E^2 zusammen und wird im Rauschbandbreitenfaktor

$$k_{\Delta f} = \frac{1}{\Delta f} \int\limits_0^\infty \text{NPS}(f) \cdot M_{el}^2(f) \cdot M_S^2(f) \cdot M_E^2(f) \cdot df \tag{10.17}$$

berücksichtigt. Er verringert das Signal-Rausch-Verhältnis und geht mit dem Exponenten $-0,5$ ein.

3. Die räumliche Integration entlang der y-Koordinate verbessert das Signal-Rausch-Verhältnis, wenn das Verhältnis Testobjekthöhe zur äquivalenten Empfängerlänge groß ist. Da diese Verbesserung flächenproportional ist, verbessert sich das Signal-Rausch-Verhältnis um

$$\sqrt{\xi_y / \beta_D} \, .$$

Für das Signal-Rausch-Verhältnis zur Wahrnehmung eines Objektes in der verrauschten Szene folgt damit

$$\text{SNR}_d = \frac{\overline{L}'_n \cdot \Delta T}{\text{NETD}} \sqrt{\frac{f_f \cdot t_E \cdot \xi_y}{k_{\Delta f} \cdot \beta_D}} \ . \tag{10.18}$$

Das notwendige Signal-Rausch-Verhältnis zur Entdeckung eines Objektes ist bekannt (Vafiadi 1986). Z. B. ist für eine Testobjektgröße von $\xi = 5{,}6$ mrad und eine Wahrnehmungswahrscheinlichkeit von 0,9 ein SNR_d von 6,4 erforderlich. Setzt man solche Zahlenwerte ein, geht ΔT in die gesuchte Größe MDTD über.

Für den praktischen Gebrauch haben sich folgende Vereinfachungen bewährt:

1. Zerstreuungskreise des Wärmebildsystems sind viel kleiner als die quadratischen Testobjekte. Mit $\rho << \xi$ wird $\xi_\rho \approx \xi$.

2. Für den allergrößten Teil der Arbeitsbandbreite wird weißes Rauschen vorausgesetzt, welches vom Videosignalverstärker und vom Monitor nicht verändert wird:

$$\int_0^\infty \text{NPS}(f) \cdot M_{el}^2(f) \cdot M_S^2(f) \cdot df \overset{!}{=} 1 \ .$$

Damit vereinfacht sich (10.17). Mit der Einführung der zeitlichen Frequenz über (5.27) in die Übertragungsfunktion des Auges ergibt sich

$$k_{\Delta f} = \frac{1}{\overline{\Delta f}} \int_0^\infty \text{sinc}^2 (\pi \cdot \frac{\xi_x}{\alpha_D} t_0 \cdot f) \cdot df \ .$$

Dieses Integral lässt sich mit $\displaystyle\int_0^\infty \frac{\sin^2 bx}{x^2} = \frac{\pi}{2} |b|$ zu

$$k_{\Delta f} = \frac{\alpha_D}{2 \xi_x \cdot t_0 \cdot \overline{\Delta f}} \tag{10.19}$$

lösen. Damit folgt die wahrnehmbare Temperaturdifferenz in der Objektebene zu

$$\Delta T(\xi) = \frac{\text{NETD} \cdot \text{SNR}_d}{\overline{L}'_n} \sqrt{\frac{\alpha_D}{2 \xi_x \cdot t_0 \cdot \overline{\Delta f}} \frac{\beta_D}{\xi_y} \frac{1}{f_f \cdot t_E}} \ . \tag{10.20}$$

Da für das Testquadrat $\xi_x = \xi_y = \xi$ ist und dessen Winkelausdehnung als Teil des Gitters der Raumfrequenz $\psi = \frac{1}{2\xi}$ aufgefasst werden kann, ergibt sich für $\text{SNR}_d = 6{,}4$ die gesuchte ortsfrequenzabhängige Bewertungsfunktion

$$\text{MDTD}(\psi) = \frac{9 \, \text{NETD}}{\overline{L}'_n(\psi)} \psi \sqrt{\frac{\alpha_D \cdot \beta_D}{\overline{\Delta f} \cdot t_0 \cdot f_f \cdot t_E}} \quad \text{(in K)}. \tag{10.21}$$

Sie beschreibt die Änderung der wahrnehmbaren Temperaturdifferenz in der Testebene in Abhängigkeit von der Raumfrequenz im Winkelmaß.

10.4.2 Minimal auflösbare Temperaturdifferenz MRTD

Die MRTD ist heute die am weitesten verbreitete Funktion zur Kennzeichnung von Wärmebildgeräten. Sie ist diejenige Temperaturdifferenz in der verrauschten Objektebene, die die Erkennung einer Strichmire mit einer bestimmten Ortsfrequenz durch das Auge ermöglicht.

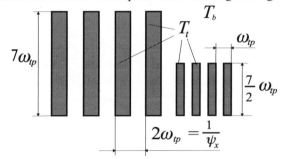

Abb. 10.3: MRTD-Testgitter
ω_{tp} Streifenbreite im Winkelmaß, ψ_x Ortsfrequenz im Winkelmaß,
T_t Objekttemperatur, T_b Hintergrundtemperatur

Strichmiren verschiedener Ortsfrequenzen verkörpern als Fourierzerlegung die Struktur des zu erkennenden Objektes. In Abb. 10.3 sind Testmiren dargestellt. Die Struktur von 4 Balken mit gleichbreiten Zwischenräumen und einem Seitenverhältnis von 7:1 garantiert eine definierte Periodizität in x-Richtung, die als weitgehend unabhängig von der y-Ausdehnung angesehen werden kann. Diese thermischen Rechteckgitter werden durch zwei hintereinanderliegende Metallplatten mit einem Emissionsgrad $\varepsilon \rightarrow 1$ realisiert. Jede einzelne Platte hat konstante Temperatur. In die vordere Platte sind die Rechteckschlitze eingebracht. Wird die Temperaturdifferenz zwischen den Platten geändert, erscheint auf dem Monitor der Thermokamera ab einer bestimmten Temperaturdifferenz die Streifenmire. Je dichter die Streifen liegen, desto größer muss die Temperaturdifferenz $\Delta T = |T_t - T_b|$ sein, um eine Anzeige zu erhalten. Eine subjektive Prüfmethode besteht darin, Testpersonen registrieren zu lassen, wann bei Vergrößerung der Temperaturdifferenz die Testmire erscheint und wann bei Verringerung der Temperaturdifferenz das Mirenbild auf dem Monitor verschwindet. Der Mittelwert beider Temperaturdifferenzen ist dann der MRTD-Wert für die durch die Schlitze dargestellte Ortsfrequenz.

Die Ableitung der MRTD-Formel erfolgt in den gleichen Schritten wie in Kap. 10.4.1. Dabei wird die periodische Struktur in x-Richtung gewählt. Zur Beschreibung des Testobjektes wird statt $\overline{L}'$ die Übertragungsfunktion des gesamten thermographischen Systems nach Gl. (10.7) genutzt. Da diese aber für ein Gitter mit sinusförmiger Änderung der spezifischen Ausstrahlung definiert ist und die MRTD-Testmire durch ein thermisches Rechteckgitter verkörpert wird, muss eine Anpassung über eine Fourier-Zerlegung vorgenommen werden. Aus der Zerlegung von periodischen Funktionen in Fourier-Koeffizienten (z. B. Fritzsche 1987) folgt, dass die Amplitude der 1. Harmonischen eines Rechtecksignales um den Faktor $4/\pi$ größer ist als die eines Sinusgitters gleicher Periode. Zusätzlich muss berücksichtigt werden, dass das Auge die mittlere Leuchtdichte des Rechtecks auf dem verrauschten Hintergrund registriert: der Mittelwert für die Halbperiode der 1. Harmonischen des Rechtecksignals ist um den Faktor $2/\pi$ größer als die Amplitude. Damit folgt die für das Auge wirksame Übertragungsfunktion des Testobjektes

$$M_{tp}^E = \frac{8}{\pi^2} M_{TS}(\psi_x).$$ (10.22)

Sie ist der $\overline{L}'_n$-Formel bei der MDTD-Ableitung adäquat. Dementsprechend gilt auch die Proportionalität (10.14) in abgewandelter Form:

$$\text{SNR} \sim \frac{M_{tp}^E \cdot \Delta T}{\text{NETD}}.$$ (10.23)

Die integrierende Wirkung des Auges wird wieder über die Änderung des Signal-Rausch-Verhältnisses berücksichtigt. In die MRTD geht das Signal-Rausch-Verhältnis SNR_r ein, welches mit einer bestimmten Wahrscheinlichkeit die Erkennung der Testmire in der verrauschten Szene garantiert. Analog zur MDTD-Ableitung können drei Faktoren unterschieden werden, die mit der Potenz 0,5 das Signal-Rausch-Verhältnis verändern:

1. Die zeitliche Integration vergrößert die rechte Seite von Formel (10.23) um den Faktor

$$\sqrt{f_f \cdot t_E}.$$

1. Die räumliche Integration des Auges entlang der x-Koordinate führt zu einer um den Faktor $k_{\Delta f}$ nach Gl. (10.17) vergrößerten Rauschbandbreite. Sie verringert das Signal-Rausch-Verhältnis der Objektstriche mit T_t um $k_{\Delta f}^{-0,5}$.

2. Die räumliche Integration entlang der y-Koordinate verursacht eine Signal-Rausch-Verhältnis-Verbesserung im Verhältnis von Objektausdehnung zu Sensorgröße nach

$$\sqrt{7 \cdot \omega_{tp} / \beta_D}.$$

Mit diesen Festlegungen ergibt sich das Signal-Rausch-Verhältnis zur Erkennung der Strich-mire in der verrauschten Szene zu

$$\text{SNR}_r = \frac{\Delta T}{\text{NETD}} \cdot 2{,}144 M_{TS}(\psi_x) \sqrt{\frac{f_f \cdot t_E \cdot \omega_{tp}}{k_{\Delta f} \cdot \beta_D}}.$$ (10.24)

Das notwendige Signal-Rausch-Verhältnis zur Erkennung der Strichmire ist experimentell be-stimmt worden. Z. B. ist für die Erkennungswahrscheinlichkeit 0,9 ein SNR_r von 4,5 notwendig (Lloyd 1975). Setzt man diesen Zahlenwert in (10.24) ein, gibt ΔT die gesuchte MRTD für die Ortsfrequenz ψ_x an.

Für den praktischen Gebrauch hat sich die Vereinfachung bewährt, indem im Arbeitsbereich des Thermographiesystems weißes Rauschen vorausgesetzt wird. Damit wird für $k_{\Delta f}$ Gleichung (10.19) wirksam. Mit der Strichbreite der Testmire $\omega_{tp} = (2\psi_x)^{-1}$ folgt

$$k_{\Delta f} = \frac{\psi_x \cdot \alpha_D}{t_0 \cdot \overline{\Delta f}} \quad .$$

Schließlich liefert das Einsetzen von $SNR_r = 4,5$ die gesuchte Endformel

$$MRTD(\psi_x) = \frac{3 NETD}{M_{TS}(\psi_x)} \psi_x \sqrt{\frac{\alpha_D \cdot \beta_D}{\overline{\Delta f} \cdot t_0 \cdot f_f \cdot t_E}} \quad \text{(in K)}.$$

(10.25)

Der Bezug zur MDTD ist einfach mit (10.21) herstellbar:

$$MRTD(\psi_x) = \frac{\overline{L'}_n(\psi_x)}{3 M_{TS}(\psi_x)} MDTD(\psi_x) \quad , \tag{10.26}$$

wobei die MRTD die Erkennung einer Strichmire und die MDTD die Entdeckung eines Recht-eckobjektes in einer verrauschten Objektszene beschreibt.

Die Gl. (10.25) zeigt gute Übereinstimmung mit praktischen Messungen. Sie gestattet die Analyse der einzelnen Parameter des thermographischen Systems bezüglich ihrer Wirkung sowohl auf die räumliche als auch auf die thermische Auflösung. Beispielsweise wirkt sich die Bildfolgefrequenz f_f überhaupt nicht auf die MRTD aus, da nach Kap. 7.4 auch bei verschiedensten Abtastme-chanismen $\overline{\Delta f} \sim f_f$ ist.

Andererseits liefert (10.10) die Proportionalität

$$NETD \sim \sqrt{f_f} \quad ,$$

so dass die MRTD unabhängig von der Bildfolgefrequenz ist.

Die Bedeutung der MRTD als Bewertungsfunktion für das gesamte thermographische System besteht in der Darstellung der thermischen Auflösung im Objekt als Funktion von der Größe der Objektdetails. Damit berücksichtigt sie die gesamte Abbildungskette einschließlich der Rauschei-genschaften und der Erkennungsmechanismen des Bedieners. Nachteilig ist, dass die Übertra-gungsfunktion des Auges und die Systemvergrößerung "Objekt-Wärmebildsystem-Bediener" nicht berücksichtigt werden.

10.5 Reichweite von Wärmebildsystemen

Wärmebildsysteme mit großer Reichweite repräsentieren eine ganz wesentliche Entwicklungsrichtung. Die Detektion und Verfolgung militärischer Ziele, die Lenkung und Steuerung von Flugzeugen und Raketen und die Lagemessung und Lageregelung von Satelliten wird mit Infrarotsystemen ohne die Benutzung eigener Strahlungsquellen möglich. Sämtliche Reichweitenformeln basieren auf photometrischen Abschätzungen. Durch die variable Entfernung zu den Objekten d ändert sich der von einem Empfängerpixel erfasste Objektausschnitt. Als Ausweg bleibt die Bestimmung desjenigen Strahlungsflusses, der vom zu detektierenden Objekt auf ein Empfängerpixel gelangt. Die maximale Größe des bei der Reichweitenberechnung erfassten Objektfeldes ist durch

$$\left.\begin{array}{l} \xi_x \leq \alpha_D \\ \xi_y \leq \beta_D \end{array}\right\} \tag{10.27}$$

festgelegt. Alle Größen in Gl. (10.27) werden im Winkelmaß angegeben. Aufbauend auf den photometrischen Abschätzungen legen die verschiedenen Wahrnehmungsstrategien die unterschiedlichen Reichweitenmodelle fest.

Zur Reichweitenberechnung können die allgemeinen Formeln zur Beschreibung der Strahlungsausbreitung vereinfacht werden. Das Grundmodell ist in Abb. 10.4 angegeben.

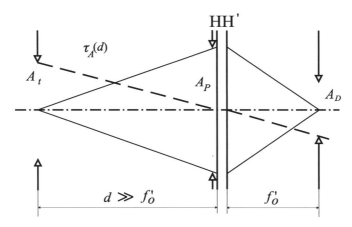

Abb. 10.4: Anpassung auf Systeme mit großer Reichweite

A_t Ausschnitt aus der Objektfläche (in m^2), A_P Eintrittspupillenfläche der Optik (in mm^2),

A_D Fläche eines Sensorpixels (in mm^2), d Objektentfernung (in km),

f'_O Brennweite der Optik (in mm), τ_A entfernungsabhängige atmosphärische Transmission, HH' Hauptebenen der Optik

Charakteristisch für diese Anwendungen ist die große Objektentfernung $d \gg f'_O$, so dass für den Abbildungsmaßstab $\beta' = 0$ folgt. Da die zu detektierenden Objekte gut im Längenmaß beschreibbar sind, werden einige Umformungen sinnvoll. Sie folgen aus Abb. 10.4. Der gestrichelte Strahl legt die Proportionalität $A_t : A_D = (d : f'_O)^2$ fest. Weiterhin gilt für die Eintrittspupillenfläche mit Gl. (5.8) $A_P = 0,25\pi (D^2_O - D^2_i) = 0,25\pi (f'_O / k_{eff})^2$, so dass der Nenner in Gl. (5.9) in folgender Weise umgeformt werden kann:

$$4 k_{eff}^2 (1 - \beta' / \beta'_P)^2 = \frac{\pi}{A_P} \cdot \frac{A_D}{A_t} d^2 \quad . \tag{10.28}$$

Bei der Festlegung von A_t ist die Bedingung (10.27) zu berücksichtigen.

Da Entfernungsabhängigkeiten beschrieben werden sollen, muss die Änderung der atmosphärischen Transmission $\tau_A(d)$ geeignet dargestellt werden. Ausgangspunkt ist die Vereinbarung, dass sich im spektralen Arbeitsgebiet $\lambda_1 \ldots \lambda_2$ die mittlere Absorptionskonstante κ_A nach Gl. (4.1) nicht ändert. Der entfernungsabhängige Transmissionsgrad der Atmosphäre ist mit

$$\tau_A = \exp(-\kappa_A \cdot d) \tag{10.29}$$

zweckmäßig beschrieben. Zur Erleichterung der numerischen Auswertung werden für das spektrale Arbeitsgebiet der Emissionsgrad der Objektszene ε_t und der Transmissionsgrad der Optik τ_O als konstant vorausgesetzt.

Analog zur thermischen Auflösung können verschiedene Reichweiten definiert werden. Die NER (Noise Equivalent Range) ist die rauschbegrenzte Reichweite ohne Berücksichtigung der Augenfunktion. Für die Entdeckungsreichweite MDR (Maximum Detectable Range) werden zwei Formeln abgeleitet: eine in Anlehnung an die MDTD-Gleichung, eine zweite unter Berücksichtigung der Kontrastempfindlichkeit des Auges. Beide beschreiben die Maximalentfernung, in der die Existenz eines Objektes mit einer bestimmten Wahrscheinlichkeit wahrgenommen werden kann. Die Erkennungsreichweite MRR (Maximum Recognizable Range) gibt an, in welcher maximalen Entfernung eine Objektstruktur noch erkennbar ist.

10.5.1 Rauschäquivalente Reichweite NER

Mit dieser Größe wird die Maximalentfernung bestimmt, in der ein Objekt der Temperatur T_t vor einem Hintergrund der Temperatur T_b vom Empfänger aufgelöst werden kann. Die Augenfunktion bleibt unberücksichtigt.

Ausgangspunkt ist der mit einem Signal-Rausch-Verhältnis von eins vom Sensor noch unterscheidbare Bestrahlungsstärkeunterschied $\delta E = E_t - E_b$ nach Gl. (6.6). Objekt- und Hintergrundbestrahlungsstärke können mit Gl. (5.9) in die Ausstrahlung der Objektszene umgerechnet werden. Das Einsetzen von Gl. (10.28) liefert

$$\delta E = \frac{A_t \cdot A_P}{\pi \cdot A_D} \tau_O \frac{\tau_A(d)}{d^2} (M_t - M_b) \ .$$

Die Empfängergrößen werden über Gl. (6.6) eingeführt. Für die spezifischen Ausstrahlungen ist Gl. (3.18) einzusetzen, so dass sich die rauschbegrenzte Reichweite d_n zur Auflösung eines Objektes aus dem Hintergrund aus der transzendenten Gleichung

$$d_n^2 \cdot \exp(\kappa_A \cdot d_n) = \frac{A_t \cdot A_P}{\sqrt{A_D \cdot \overline{\Delta f}}} \frac{\tau_O}{\pi} \int_{\lambda_1}^{\lambda_2} \left[\varepsilon_t M_\lambda(T_t) - \varepsilon_b M_\lambda(T_b) \right] D*(\lambda) d\lambda \qquad (10.30)$$

ergibt. Mit dieser Gleichung können konkrete Anwendungsfälle analysiert werden. Die Auswertung ist in folgenden Schritten sinnvoll:

1. Zusammenstellung aller Ausgangsdaten bezüglich Objekt und Hintergrund $(T_t, \varepsilon_t, A_t \ T_b, \varepsilon_b)$ Atmosphäre $(\vartheta_A, \varphi_d, d_v)$, Optik (τ_O, A_P) und Empfänger $(A_D, \overline{\Delta f}, D*)$,

2. Berechnung der Absorptionskonstanten κ_A nach Gl. (4.4),

3. Berechnung des Integrals nach Kap. 3.5.2,

4. Berechnung der rechten Seite von Gl.(10.30) als d_n-unabhängigen Funktionswert Y,

5. Lösung der Gleichung $d_n^2 \exp(\kappa_A \cdot d_n) = Y$ nach einem geeigneten Iterationsverfahren. In Kap. 10.6 ist ein Berechnungsbeispiel angeführt.

10.5.2 Entdeckungsreichweite unter Berücksichtigung der Integration durch das Auge MDR$_1$

Die Bewertungsfunktion ist in Anlehnung an die MDTD für den Vergleich unterschiedlicher Systeme definiert und geht von einem Emissionsgrad in der Objektebene $\varepsilon_t = 1$ aus. Ausgangsgleichung ist (10.20) mit $\xi = \frac{1}{2\psi_x}$:

$$\Delta T \left(\frac{1}{2\psi_x} \right) = \frac{\text{NETD} \cdot \text{SNR}_d}{\overline{L}'(\psi_x)} \psi_x \sqrt{\frac{\alpha_D \cdot \beta_D}{\overline{\Delta f} \cdot t_0 \cdot f_f \cdot t_E}} \ .$$

Für die NETD muss die Ausgangsgleichung (5.12) mit der Anpassung für weit entfernte Objekte nach (10.28) eingesetzt werden. Damit ergibt sich das rauschbegrenzte Temperaturauflösungsvermögen aus

$$(\delta T)^{-1} = \frac{A_P \cdot A_t \cdot \tau_A \cdot \tau_O \cdot \varepsilon_t}{\sqrt{A_D \cdot \overline{\overline{\Delta f}}} \cdot \pi \cdot d^2} \int\limits_{\lambda_1}^{\lambda_2} \frac{\partial M_\lambda}{\partial T} D^* \, d\lambda \quad .$$

(10.31)

Für $\varepsilon_t = 1$ geht δT in die NETD über, die in obige Ausgangsgleichung einzusetzen ist. Die Bestimmungsgleichung für die Entdeckungsreichweite d_d wird damit

$$d_d^2 \exp(\kappa_A d_d) = \Delta T \frac{\overline{L}'_n(\psi_x)}{\mathrm{SNR}_d \cdot \psi_x} \sqrt{\frac{t_0 \cdot f_f}{2\alpha_D \cdot \beta_D \cdot A_D}} \frac{A_P \cdot A_t}{\pi} \tau_O \int\limits_{\lambda_1}^{\lambda_2} \frac{\partial M_\lambda}{\partial T} D^* \, d\lambda \quad .$$

(10.32)

Darin ist ΔT die Temperaturdifferenz im Objekt, welches d_d entfernt ist. Die Berechnung der d_d-Zahlenwerte erfolgt in Anlehnung an die Methodik von 10.5.1:

1. Zusammenstellung der Ausgangsparameter für Objekt $(A_t, \zeta, T_t, \Delta T)$, Atmosphäre $(\vartheta_A, \varphi_d, d_v)$, Optik (τ_O, A_P), Abtastregime (t_0, f_f), Empfänger (A_D, D^*) und die Entdeckungswahrscheinlichkeit P_d,

2. wie in 10.5.1 angeben,

3. Berechnung des Integrals nach dem Vorbild von Beispiel 6.4,

4. Bestimmung von $\overline{L}'_n(\psi_x = \dfrac{1}{2\xi_x})$ über Abb. 10.2,

5. Bestimmung des zur Erkennung notwendigen SNR_d über Tab. 9.4 für ein Signal-Rausch-Verhältnis von drei,

6. Berechnung der rechten Seite von Gl. (10.32) als Konstante Y,

7. Lösung der transzendenten Gleichung $d_d^2 \cdot \exp(\kappa_A \cdot d_d) = Y(d_d)$ nach einem geeigneten Iterationsverfahren, wobei sich auch Y ändern kann.
In Kap. 10.6 ist ein Berechnungsbeispiel ausgeführt.

10.5.3 Entdeckungsreichweite unter Berücksichtigung der Kontrast-empfindung MDR$_2$

Die Funktion von Überwachungssystemen mit Fernsehtechnik (Gryazin 1988) ist Grundlage zur Formelableitung. Dabei wird vom Signal-Rausch-Verhältnis am Empfängerausgang ausgegangen, dann das Signal-Rausch-Verhältnis am Monitor berechnet und schließlich der Schwellenkontrast des Auges berücksichtigt.

Das Signal-Rausch-Verhältnis am Empfängerausgang SNR$_D$ kann aus Gl. (10.31) berechnet werden, indem man das rauschbedingte Temperaturauflösungsvermögen um eine Temperaturdifferenz ΔT in der Objektebene erweitert:

$$\text{SNR}_D = \frac{\Delta T}{\delta T} = \frac{A_P \cdot A_t \cdot \tau_A \cdot \tau_O \cdot \varepsilon_t}{\sqrt{A_D \cdot \overline{\overline{\Delta f}}}\,\pi \cdot d^2}\,\Delta T \int_{\lambda_1}^{\lambda_2} \frac{\partial M_\lambda}{\partial T} D* d\lambda \ .$$

Für die Signalübertragung vom Empfänger zum Bildschirm wird vorausgesetzt, dass kein zusätzliches Rauschen eingeführt wird. Für die Bildschirmausstrahlung gilt Gl. (8.6), so dass

$$\text{SNR}_D = \left(\frac{M_d}{M_n}\right)^{\frac{1}{\gamma}} = \left(\frac{L_d}{L_n}\right)^{\frac{1}{\gamma}}$$

geschrieben werden kann. L_d ist dabei die Entdeckungsleuchtdichte und L_n die Leuchtdichte des Rauschpegels auf dem Bildschirm, M_d, M_n die entsprechenden spezifischen Ausstrahlungen des Bildschirms. Da die meisten Bildschirme γ-korrigiert sind, kann für den Nichtlinearitätsfaktor oft $\gamma = 1$ gesetzt werden.

Unter dieser Voraussetzung ist $\text{SNR}_D = L_d / L_n$. Für die Wahrnehmung des Fernsehbildes wird der Schwellenkontrast berücksichtigt. Mit der Schwellenkontrastempfindlichkeit $S_{th} = \lg\frac{L_d}{L_n}$ wird $\text{SNR}_D = 10^{S_{th}}$. Damit ergibt sich mit der ersten SNR_D-Formel die Berechnungsgleichung für die Entdeckungsreichweite unter Berücksichtigung der Kontrastempfindlichkeit:

$$d_d^2 \exp(\kappa_A \cdot d_d) = \frac{A_P \cdot A_t \cdot \tau_O \cdot \varepsilon_t}{\pi\sqrt{A_D \cdot \overline{\overline{\Delta f}}}} 10^{-S_{th}}\,\Delta T \int_{\lambda_1}^{\lambda_2} \frac{\partial M_\lambda}{\partial T} D* d\lambda \ . \tag{10.33}$$

ΔT ist der Temperaturunterschied in der Objektszene. Die Schwellenkontrastempfindlichkeit des Auges S_{th} unterliegt verschiedenen Einflüssen. Diese können in Form von Zusatzfaktoren berücksichtigt werden:

$$S_{th} = S_{th}^0 \cdot f_{c1} \cdot f_{c2} \ . \tag{10.34}$$

Der Ausgangswert $S_{th}^0 = 0,01$ gilt unter den Bedingungen eines rauschfreien Bildes, einer großen Objektausdehnung, einer Entdeckungswahrscheinlichkeit $P_d = 0,5$ und einer langen Beobachtungszeit. Der Faktor $f_{c1}(P_d)$ vermittelt den Einfluss der Entdeckungswahrscheinlichkeit. Empirisch ist der in Abb. 10.5 darstellte Zusammenhang gefunden worden.

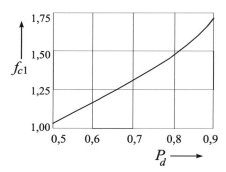

Abb. 10.5: Grafik zur Bestimmung des Zusatzfaktors f_{c1} für die Schwellenkontrastempfindlichkeit

Der Zusatzfaktor $f_{c2}(\xi'_t)$ beschreibt die Wirkung der Objektgröße auf dem Bildschirm. Sie kann mit der Formel

$$f_{c2}(\xi'_t) = 1 + \frac{24}{\xi_t^{1,2}} \tag{10.35}$$

beschrieben werden, wobei die Objektgröße auf dem Bildschirm ξ'_t in Winkelminuten einzugeben ist. Weitere Einflussgrößen wie die Dauer der Sichtbarkeit des Objektes, das Verhältnis zwischen Adaptationsleuchtdichte und mittlerer Bildschirmleuchtdichte und die Höhe des Rauschpegels verändern S_{th} nur wenig (Gryazin 1988), so dass deren Einflussfaktoren gleich eins gesetzt werden.

Die Methodik zur Bestimmung der Entdeckungsreichweite MDR_2 lehnt sich an das Vorgehen in 10.5.1 an:

1. Zusammenstellen der Ausgangsparameter für Objekt $(A_t, \varepsilon_t, \Delta T, T_t)$, Atmosphäre $(\vartheta_A, \varphi_d, d_v)$, optisches System (τ_O, A_P), Empfänger $(A_D, D^*, \overline{\Delta f})$ und der Beobachtungsbedingungen am Bildschirm (P_d, ξ'_t),

2. wie in 10.5.1.,

3. Berechnung des Integrals wie in Beispiel 6.4,

4. Bestimmung der Schwellenkontrastempfindlichkeit mit (10.34),

5. Berechnung der rechten Seite von (10.33) als Funktionswert Y,

6. Lösung der transzendenten Gleichung $d_d^2 \exp(\kappa_A \cdot d_d) = Y(d_d)$ mit einem geeigneten Iterationsverfahren, wobei Y auch von d_d abhängt. Im Kap. 10.6 ist ein Berechnungsbeispiel ausgeführt.

10.5.4 Erkennungsreichweite MRR

Die Erkennungsreichweite d_r kennzeichnet die potentiellen Möglichkeiten eines Wärmebildsystems, Objekte mit einer vorgegebenen Wahrscheinlichkeit P_r zu erkennen. Grundlage für eine entsprechende Gleichung ist die MRTD-Ableitung in Kap. 10.4.2 und das Johnson-Kriterium (vgl. Abb. 9.10). Letzteres besagt, dass zur Erkennung eines Objektes die kritische Länge d_{kri} in vier Perioden von Strichmiren zerlegbar sein muss. Das entspricht einer Raumfrequenz im Winkelmaß von

$$\psi_x = \frac{4 \cdot d}{d_{kri}} \text{ (in mrad}^{-1}) \tag{10.36}$$

mit der Objektentfernung $d \gg f'_O$. Ausgangspunkt zur Formelableitung ist Gl. (10.24). Mit der vereinfachten $k_{\Delta f}$-Formel und (10.36) folgt als Zwischenergebnis

$$\text{SNR}_r = \frac{\Delta T}{\text{NETD}} 0{,}379 \frac{M_{TS} \cdot d_{kri}}{d} \sqrt{\frac{\overline{\Delta f} \cdot t_0 \cdot f_f \cdot t_E}{\alpha_D \cdot \beta_D}} \ .$$

Für NETD^{-1} kann die modifizierte Formel der thermischen Auflösung (10.31) eingesetzt werden. Mit den eingangs getroffenen Vereinbarungen bzgl. der Transmissions-, Emissions- und Absorptionsgrade im Arbeitsbereich $\lambda_1 \dots \lambda_2$ folgt die Erkennungsreichweite d_r aus

$$8{,}29 \frac{d_r^3 \exp(\kappa_A \cdot d_r)}{M_{TS} \left(\dfrac{4 d_r}{d_{kri}}\right) \cdot d_{kri}} = \frac{\Delta T \cdot A_P \cdot A_t}{\text{SNR}_r(P_r)} \sqrt{\frac{t_0 \cdot f_f \cdot t_E}{\alpha_D \cdot \beta_D \cdot A_D}} \tau_O \varepsilon_t \int_{\lambda_1}^{\lambda_2} \frac{\partial M_\lambda}{\partial T} D^* d\lambda \ . \tag{10.37}$$

Die Lösung dieser transzendenten Gleichung liefert die maximale Entfernung d_r, in der ein Objekt mit der Wahrscheinlichkeit P_r noch erkannt werden kann. Die Methodik zur MRR-Bestimmung gliedert sich in folgende Schritte:

1. Zusammenstellung der Ausgangsdaten für Objekt $(A_t, \varepsilon_t, d_{kri}, \Delta T, T_t)$, Atmosphäre $(\vartheta_A, \varphi_d, d_v)$, optisches System (τ_O, A_P), Abtastregime (t_0, f_f), Empfänger

$(\alpha_D, \beta_D, A_D, D^*)$, Übertragungsfunktion $M_{TS}\left(\dfrac{4\,d_r}{d_{kri}}\right)$, Integrationszeit t_E, Erkennungswahr-

scheinlichkeit P_r,

2. Bestimmung der mittleren atmosphärischen Absorptionskonstanten κ_A nach Gl. (4.4),

3. Berechnung des Integrals wie in Beispiel 6.4,

4. Berechnung von SNR_r nach der geforderten Erkennungswahrscheinlichkeit,

5. Berechnung der rechten Seite von Gl. (10.37) als Konstante Y,

6. Lösung der transzendenten Gleichung $8{,}29\,\dfrac{d_r^3 \exp(\kappa_A \cdot d_r)}{M_{TS}\left(\dfrac{4\,d_r}{d_{kri}}\right)d_{kri}} = Y$ nach einem geeigneten Itera-

tionsverfahren. Schrittweise muss die Annäherung an den gesuchten Wert d_r erfolgen, wobei in jedem Iterationsschritt die neuen $M_{TS}(d_r)$-Werte eingesetzt werden müssen. Ein Berechnungsbeispiel ist in 10.6 ausgeführt.

10.6 Berechnungsbeispiele

Beispiel 10.1

Zu berechnen ist die Modulationsübertragungsfunktion des Wärmebildsystems Pyrikon-03-01. Es verwendet ein Objektiv 1,0/70 mit einer räumlichen Auflösung $v'_r = 10\ \text{mm}^{-1}$ nach Gl. (2.24) und einer Transmission von 0,7 für den Spektralbereich 8 ... 14 µm. Als Empfänger wird das pyroelektrische Vidikon LI 492 verwendet, welches im panning-Modus betrieben wird. Die Anzeige erfolgt durch eine Elektronenstrahlröhre.

1. Die Übertragungsfunktion des Gesamtsystems folgt über Gl. (10.2). Zunächst wird die Modulationsübertragungsfunktion des Objektivs für Ortsfrequenzen im Winkelmaß modifiziert.

Für die Approximation von M_O als Gaußsche Glockenkurve folgt mit $v'_r = \dfrac{1}{2\pi \cdot r'_0}$ die optische Übertragungsfunktion

$$M_O = \exp\left[-\frac{1}{2}\left(\frac{v'}{v'_r}\right)^2\right].$$

Zur Umrechnung der Ortsfrequenzen ins Winkelmaß wird Gl. 5.22) benutzt. Für den Abbildungsmaßstab $\beta' = 0$ ergibt sich $M_O = \exp(-1{,}020 \, \text{mrad}^2\psi^2)$, wenn ψ in mrad^{-1} eingesetzt wird.

2. Das Produkt aus räumlicher und zeitlicher Übertragungsfunktion eines pyroelektrischen Vidikons ist durch die Gl. (6.14a) gegeben. Für die Beschreibung des panning-Modus sind folgende Zusatzinformationen notwendig: optimale Bildverschiebegeschwindigkeit auf dem Pyricon LI 492 $v' = 4$ mm/s, Bildfolgefrequenz $f_f = 25$ Hz, Temperaturleitfähigkeit des Pyroelektrikums $a_P = 3\cdot 10^{-7} \, \dfrac{\text{m}^2}{\text{s}}$. Mit der Umrechnung der Ortsfrequenz nach Gl. (5.22) ergibt sich aus (6.14a) mit $f_f = 1/t_f$ zu

$$M_D = M_{Dg} \cdot M_{Dt} = \frac{\sin 7{,}18 \, \text{mrad} \cdot \psi}{7{,}18 \, \text{mrad} \cdot \psi} \cdot \frac{1}{\sqrt{(1 + 45{,}3 \, \text{mrad}^2\psi^2)}}.$$

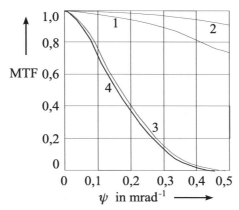

Abb. 10.6: Übertragungsfunktion des Wärmebildsystems Pyricon 3.01
1 Objektiv M_O, 2 pyroelektrisches Vidikon im panning-Modus M_D, 3 Monitor M_S,
4 Gesamtsystem M_{TS}

3. Die Modulationsübertragungsfunktion der Anzeigeeinheit ist mit Gl. (8.3) definiert. Mit der Gl. (10.5) kann das Argument $(r_S \cdot v_S)$ in geometrische Größen des Empfängerraumes umgerechnet werden. Diese sind durch die Empfängerfläche des Pyrikons gegeben: Durchmesser 17 mm, ein Ausnutzungsgrad des Displays durch das thermographische Bild von 0,92, Monitorzeilenzahl 625.

Damit wird $r'_S = \dfrac{0,26}{\eta_s \cdot p_s} W' = \dfrac{0,26}{0,92 \cdot 625} \cdot 18 \text{ mm} = 8,14 \ \mu\text{m}$. Die Ortsfrequenz v' wird mit Gl. (5.22) ins Winkelmaß umgerechnet. Damit ergibt sich die Monitorübertragungsfunktion zu

$$M_S(\psi) = \exp\left(-0,267 \text{ mrad}^2 \psi^2 \right) .$$

4. In Abb. 10.6 sind die einzelnen Übertragungsfunktionen sowie die Gesamtübertragungsfunktion dargestellt. Sie wird entscheidend von M_S geprägt.

5. Zur Interpretation der Gesamtübertragungsfunktion wird diese entsprechend Gl. (10.8) approximiert: $M_{TS}(\psi) = \exp-2(\pi \cdot \rho \cdot \psi)^2$. Mit Hilfe von Tab. 2.4 kann ρ bestimmt werden. Ausgehend von den Ortsfrequenzen ψ_i bei den Kontrastwerten $M_{TS} = 0,9; 0,8; ...; 0,2; 0,1$ wird

$\rho_i = \dfrac{v'_1 \cdot r'_0}{\psi_i}$ für jeden Ordinatenwert bestimmt und anschließend gemittelt. Es ergibt sich

$$M_{TS}(\psi) = \exp[-2\pi^2 (1,17 \text{ mrad})^2] .$$

Der Zerstreuungskreisradius des Wärmebildsystems Pyricon 3.01 beträgt damit $\rho = 1,17 \text{ mrad}$. Unter Verwendung des Schade-Kriteriums nach Gl. (2.24) wird $\psi_r = 0,136 \text{ mrad}^{-1}$.

Beispiel 10.2

Zu berechnen ist die NEI eines Wärmebildgerätes mit folgenden Parametern:
Objektiv 1,0/100 mit $\tau_O = 0,7$, abzutastendes Bildfeld 4° x 3° in Echtzeit ($f_f = 25$ Hz) , Einelementempfänger mit $x_D = y_D = 50 \ \mu\text{m}$ und $D^*(\lambda) = 2 \cdot 10^{10}$ Jones bei 12 μm, und einer Abtasteffektivität von 0,64.

1. Für das Einsetzen in (10.11) sind folgende Größen zu bestimmen: äquivalente Rauschbandbreite $\overline{\Delta f}$, Empfängerfläche A_D , EP-Fläche A_P , wirksame Detektivität $\overline{D}^*$.

2. Die Eintrittspupillenfläche des optischen Systems folgt aus der angegebenen Blendenzahl und der Brennweite, wobei die niedrige Transmission und der Eintrittspupillendurchmesser $D_O = 1,0 \cdot 100 \text{ mm}$ ein typisches Linsensystem mit $D_i = 0$ charakterisieren: $A_P = 78,5 \text{ cm}^2$.

3. Die Rauschbandbreite wird durch die Pixelanzahl des thermographischen Bildes, die Abtasteffektivität und die Bildwiederholfrequenz nach Gl. (7.7) festgelegt. Die Pixelanzahl ist das Verhältnis des gesamten Bildfeldes zum Bildfeld eines Pixels nach Gl. (5.24), wobei das IFOV über Gl. (5.21) folgt. Für Objektentfernungen $\gg f'_O$ wird

$$N_I = \frac{12 \cdot (17{,}45 \text{ mrad})^2}{(0{,}5 \text{ mrad})^2} = 14\,616 \,.$$

Die Rauschbandbreite ergibt sich damit zu $\overline{\Delta f} = \dfrac{14\,616 \cdot 25 \text{ Hz}}{2 \cdot 0{,}64} = 286 \text{ kHz}$.

4. Die wirksame Detektivität des Quantendetektors im Spektralbereich $\lambda_1 \dots \lambda_2$ ergibt sich in Analogie zur mittleren Transmission nach Gl. (4.4) aus $\overline{D*} = \dfrac{1}{\lambda_2 - \lambda_1} \displaystyle\int_{\lambda_1}^{\lambda_2} D*(\lambda)\,d\lambda$. Quantendetektoren werden günstig durch Gl. (6.16) beschrieben. Damit folgt für das hintere atmosphärische Fenster $\overline{D*} = \dfrac{\lambda_1 + \lambda_2}{2 \cdot \lambda_2} D*(\lambda_2) = 1{,}67 \cdot 10^{10}$ Jones . Die rauschäquivalente Bestrahlungsstärke ergibt sich mit (10.11) zu $\text{NEI} = 2{,}9 \cdot 10^{-12} \dfrac{\text{W}}{\text{cm}^2}$.

Beispiel 10.3

Das Wärmebildsystem "Taiga-2" dient zur Erkennung von Brandherden und Glutnestern im Waldboden von Flugzeugen und Hubschraubern aus. Es hat folgende Parameter: NETD = 2,5 K, stickstoffgekühlter PbSe-Einelementempfänger 0,2 x 0,2 mm², Objektivbrennweite 100 mm, eindimensionale Abtastung senkrecht zur Flugrichtung (line-scanner) für ein Feld von 120°, Fluggeschwindigkeit 200 km/h, Flächen von 10 x 10 m² sollen aus 500 m Flughöhe erkannt werden. Zu bestimmen ist die MDTD für den kritischen Fall.

1. Die MDTD-Funktion ist nach Gl. (10.21) zu bestimmen. Mit der Rauschbandbreite nach Gl. (7.7) ergibt sich

$$\text{MDTD}(\psi) = \frac{9\,\text{NETD} \cdot \psi}{\overline{L'}_n(\psi)} \sqrt{\frac{2 \cdot \alpha_D \cdot \beta_D}{f_f \cdot t_E}} \,.$$

Dabei werden maximale Abtasteffektivitäten vorausgesetzt. Die einzelnen Größen müssen noch bestimmt werden.

2. Die normierte Bildschirmleuchtdichte wird mit Hilfe von Abb. 10.2 bestimmt. Dazu muss die Abtastgeometrie des line-scanners (vgl. Abb. 12.20) berücksichtigt werden. Kritisch ist offen-

sichtlich die Auflösung in den äußersten Feldpunkten bei $\pm 60°$. Dabei wird in x-Richtung die Empfängerfläche noch stärker vergrößert [vgl. Gl. (12.8)]. Die zu erkennende Objektgröße im Winkelmaß in x-Richtung wird damit $\xi_x = \dfrac{\bar{x}_D \cdot \cos 60°}{h / \cos 60°} = 5 \text{ mrad}$. Für den Zerstreuungskreisradius des Wärmebildsystems sei 0,25 mrad angenommen. Aus $\xi / \rho = 20$ folgt mit Abb. 10.2 für die Objektgröße $\psi = \dfrac{1}{2 \xi_x} = 0,1 \text{ mrad}^{-1}$ und damit $\overline{L}'_n (0,1 \text{ mrad}^{-1}) = 0,75$. Die Winkelmaße des Empfängers folgen aus Gl. (12.9) zu $\alpha_D = \beta_D = \dfrac{0,2 \text{ mm}}{100 \text{ mm}} = 2 \text{ mrad}$.

3. Das Produkt $f_f \cdot t_E$ muss bei eindimensionaler Abtastung neu definiert werden. Es bestimmt die Anzahl der vom Auge summierten bzw. integrierten Einzelbilder. Geht man von einer lückenlosen Abtastung des Objektfeldes aus, ist die Anzahl der von einem Objekt erzeugten Einzelbilder $\dfrac{\xi_y}{\beta_D} = \dfrac{1}{\beta_D} \dfrac{\bar{y}_D}{h / \sin 60°} = 5$. Diese Videosignale werden in der Zeit $t' = 5 \cdot t_l$ erzeugt, wenn t_l die Dauer einer Zeilenabtastung ist. t_l errechnet sich aus der Forderung nach lückenloser Objektfelderfassung, d.h. die Abtastgeschwindigkeit v' ist an die Fluggeschwindigkeit gekoppelt:

$$v' = \frac{W}{t_l} = \frac{h \cdot \beta_D}{t_l} = \frac{h}{t_l} \cdot \frac{y_D}{f'_O} .$$

Aus den gegebenen Größen folgt die Dauer einer Abtastung zu

$$t_l = \frac{h}{v'} \frac{y_D}{f'_O} = \frac{500 \text{ m} \cdot 5 \cdot 3,6 \text{ s}}{200 \text{ m}} \frac{0,2 \text{ mm}}{100 \text{ mm}} = 0,018 \text{ s} .$$

Da $t' = 5 \cdot 0,018 \text{ s} = 0,09 \text{ s} < t_E$ ist, tritt keine zusätzliche Integration durch das Auge ein. Für den Faktor $f_f \cdot t_E$ ist 5 zu setzen.

4. Die MDTD für ein Objekt von 10 mrad Ausdehnung wird

$$\text{MDTD} (0,1 \text{ mrad}^{-1}) = \frac{9 \cdot 2,5 \text{ K} \cdot 0,1 \text{ mrad}^{-1}}{0,75} \sqrt{\frac{2 \cdot 2 \cdot 2 \text{ mrad}^2}{5}} = 3,8 \text{ K} .$$

Beispiel 10.4

Gesucht wird die NETD und die MRTD für ein Wärmebildsystem mit folgenden Parametern bei einer Objekttemperatur von 300 K: Gesichtsfeld $2\omega_{Ox} \cdot 2\omega_{Oy} = 8° \cdot 6°$, Blendenzahl 2, mittlere Transmission der Optik 0,6; MCT-Zeilenempfänger mit 128 Pixeln, Bildfolge-frequenz 25 Hz, einer Pixelgröße von 50 x 50 μm^2 und einer Spitzendetektivität von $3 \cdot 10^{10}$ Jones, spektraler

Arbeitsbereich 8 ... 12 μm, Parallelabtastung für jede 2. Zeile, Abtast-effektivität 0,64, 256 aktive Bildzeilen.

1. Die Anwendung von Gl. (10.10) setzt die Kenntnis der Rauschbandbreite voraus. Für die Zeilenabtastung gilt Gl. (7.8) mit $p_D = 1$, $q_D = 128$, $q_I = 256$, $f_f = 25\,\text{Hz}$, $\eta_{sc} = 0,64$. Die Pixelanzahl in der Zeile des thermographischen Bildes p_I folgt aus dem Bildformat. Bei quadratischen Empfängerpixeln gilt $2\omega_{Ox} : 2\omega_{Oy} = p_I : q_I$. Damit wird $p_I = 341$ bzw. $\overline{\Delta f} = 13,3\,\text{kHz}$.

2. Zur NETD-Berechnung muss das Integral im Nenner von Gl. (10.10) wie in Beispiel 6.4 gelöst werden. Mit Tab. 3.3 folgt $I = \dfrac{c_2 \cdot D*(12\,\mu\text{m})}{12\,\mu\text{m} \cdot 300^2\,\text{K}^2} \cdot 12,1 \cdot 10^{-3} \cdot \dfrac{\text{W}}{\text{cm}^2} \cdot = 4,84 \cdot 10^6\,\dfrac{\sqrt{\text{Hz}}}{\text{cm}\,\text{K}}$.

Einsetzen in die Definitionsgleichung (10.10) ergibt NETD = 0,13 K.

3. Die MRTD ist durch Gl. (10.25) definiert. Außer der NETD müssen die einzelnen Variablen noch bestimmt werden. Aus Gl. (6.21) folgt $\overline{\Delta f} \cdot t_0 = 0,5$. Für die Integrationszeit des Auges wird $t_E = 0,2\,\text{s}$ gesetzt, so dass $f_f \cdot t_E = 5$ Bilder vom Auge integriert werden. Damit geht die Ausgangsgleichung über in $\text{MRTD}(\psi_x) = \dfrac{3 \cdot \text{NETD}}{M_{TS}(\psi_x)} \psi_x \sqrt{\dfrac{\alpha_D \cdot \beta_D}{0,5 \cdot 5}}$.

4. Die Empfängergröße im Winkelmaß ist durch Gl. (5.21) festgelegt. Da weder Objektabstand noch Abbildungsmaßstab angegeben sind, wird eine Objektentfernung $\gg f'_O$ angenommen: $\beta' = 0$. Die fehlende Brennweite folgt aus der Länge der Empfängerzeile und der Größe des abgetasteten Bildes. Hätten die Pixel keinen Zwischenraum, würde von einer Zeilenlänge gerade ein Bildfeld von $3°$ erfasst. Gleichung (5.7) beschreibt diesen Zusammenhang: $128 \cdot 50\,\mu\text{m} = y' = f'_O \tan\dfrac{2\omega_{Oy}}{2} = f'_O \cdot \tan 3°$. Damit ergibt sich die Objektivbrennweite zu 122,1 mm. Die Pixelgröße im Winkelmaß wird mit (5.21) $\alpha_D = \beta_D = 0,41\,\text{mrad}$.

5. Für den Unschärfekreisradius des thermographischen Systems werden $\rho_x = \rho_y = 0,25$ mrad angenommen. Damit ergibt sich die gesuchte Funktion zu

$$\text{MRTD}(\psi_x) = \dfrac{1\,\text{mrad} \cdot \text{K}}{100\,\psi_x} \exp(1,23\,\text{mrad}^2 \cdot \psi_x^2)\,.$$ Ihr Kurvenverlauf ist in Abb. 10.7 dargestellt.

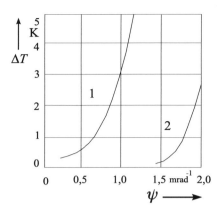

Abb. 10.7: Berechnete MRTD-Kurven: 1 nach Aufgabe 10.5, 2 nach Beispiel 10.4

Beispiel 10.5

Die rauschbegrenzte Reichweite NER der beiden Kanäle des Wärmebildsystems Thermovision 880 Dual ist zu vergleichen. Aus dem Prospekt sind die in Tab. 10.1 zusammengestellten Daten bekannt.

Mit diesem Thermographiesystem sollen zwei Objekte mit den Temperaturen 32 °C und 300 °C vor einem gleichförmigen Hintergrund mit 300 K beobachtet werden. Objekte und Hintergrund seien schwarze Strahler. Für die Atmosphäre werden folgende Parameter angenommen: Sichtweite 20 km, Lufttemperatur 27 °C, relative Luftfeuchte 80 %, kein Nebel und keine Niederschläge.

1. Zur Berechnung der NER ist von Formel (10.30) auszugehen. Mit den Festlegungen zum Objekt und der typischen Näherung $D^*(\lambda)$ für die Quantendetektoren (6.16) gilt

$$d_n^2 \exp(\kappa_A \cdot d_n) = \frac{A_t \cdot A_P \cdot \tau_O \cdot D^*_{max}}{\pi \sqrt{A_D \cdot \overline{\Delta f}} \; \lambda_2} \int\limits_{\lambda_1}^{\lambda_2} \lambda \left[M_\lambda(T_t) - M_\lambda(T_b) \right] d\lambda \, .$$

Für die d_n-Berechnung fehlen einige Größen, die durch die NETD-Angabe verschlüsselt sind.

2. Die NETD nach Gl. (10.10) repräsentiert die folgenden Systemgrößen:

$$\text{NETD}^{-1} = \frac{1}{4 \, k_{eff}^2} \sqrt{\frac{A_D}{\overline{\Delta f}}} \cdot \tau_O \, \frac{c_2 \cdot D^*_{max}}{\lambda_2 T_{ref}^2} \int\limits_{\lambda_1}^{\lambda_2} M_\lambda(T_{ref}) \, d\lambda \, .$$

Dabei wird $T_{ref} = 273$ K $+ 30$ K $= 303$ K diejenige Temperatur, für die NETD berechnet ist.

3. Mit der gegebenen NETD sind die Systemgrößen $D^{*}{}_{max} \cdot \tau_O \cdot \lambda_2^{-1} \cdot \overline{\Delta f}^{-0,5}$ zur d_n-Berechnung nicht mehr notwendig. Des weiteren gilt (10.27) mit $d = d_n$ für $\beta' \rightarrow 0$, so dass die rauschbedingte Reichweite aus

$$\exp(\kappa_A \cdot d_n) = \frac{T_{ref}^2 \int_{\lambda_1}^{\lambda_2} \lambda [M_\lambda(T_t) - M_\lambda(T_b)] d\lambda}{\text{NETD} \cdot c_2 \int_{\lambda_1}^{\lambda_2} M_\lambda(T_{ref}) d\lambda}$$

berechnet werden kann. Zur d_n-Berechnung müssen κ_A und die Integrale bestimmt werden.

Tab. 10.1: Daten des AGEMA-Wärmebildsystems Thermovision 880 Dual

	MIR	LIR
Objektiv	1,0/110	1,0/110
Bildfeld	7°	7°
räumliche Auflösung der Kanäle	175 Elemente/Zeile bei 50 %Modulation	175 Elemente/Zeile bei 50 %Modulation
Bildabtastung	70 Zeilen mit 25 Hz	70 Zeilen mit 25 Hz
Bildformat	175 x 280	175 x 280
NETD bei 30 °C	0,1 K	0,05 K
Spektralbereich	2 .... 5 µm	8 ... 12 µm
LN$_2$-gekühlter Einelementempfänger	InSb	HgCdTe

4. Die Bestimmung des atmosphärischen Extinktionskoeffizienten erfolgt in Beispiel 4.2. Die Ergebnisse sind für das MIR-Fenster $\kappa_A = 1,13 \text{ km}^{-1}$ und für das LIR-Fenster $\kappa_A = 0,363 \text{ km}^{-1}$.

5. Zur Berechnung von d_n müssen Integrale des Planckschen Strahlungsgesetzes gelöst werden. Zweckmäßigerweise nutzt man die Tabellen 3.3 und 3.5. Die Zwischenwerte ergeben sich aus linearer Interpolation.

6. Die Bestimmungsgleichung für d_n ist direkt auflösbar. Das Einsetzen von I_3, $T_{ref} = 303 \text{ K}$ und κ_A liefert die Werte in Tab. 10.2. für $T_b = 300 \text{ K}$.

Die größere Reichweite des LIR-Kanals ist ein Resultat der geringeren NETD. Für das heiße Objekt wird der Unterschied beider Kanäle geringer, da das Maximum der Objektausstrahlung im MIR-Bereich liegt.

Tab. 10.2: Rauschbegrenzte Reichweiten NER des Systems Thermovision 880 Dual

NER	MIR	LIR
$\vartheta_t = 32\ °C$	5,99 km	12,1 km
$\vartheta_t = 300\ °C$	16,3 km	24,7 km

Beispiel 10.6

Zu berechnen ist die Entdeckungsreichweite eines Wärmebildsystems, welches ein Objekt 0,5 x 0,5 m^2 mit einem Temperaturunterschied von 2 K vor einem gleichförmigen Hinter-grund von 300 K erkennen soll. Folgende Daten sind bekannt: Optik 1,0/300 mit einer mittleren Transmission von 0,5, MCT-Zeilenempfänger mit 128 Pixeln und einer Pixelfläche von 50 x 50 $µm^2$, spektrales Arbeitsgebiet 8 ... 12 µm, Bildfolgefrequenz 25 Hz, Zeilenzahl 128, Bildformat 4:3. Die atmo-sphärischen Randbedingungen sind die Gleichen wie in Beispiel 10.5.

1. Die Entdeckungsreichweite folgt aus Gl. (10.32). Folgende Größen sind unmittelbar aus der Aufgabenstellung gegeben: $\Delta T = 2\ K$, $\tau_O = 0,5$, $f_f = 25\ Hz$, $t_E = 0,2\ s$, $\kappa_A = 0,38\ km^{-1}$. Zu bestimmen sind damit folgende Größen: das Integral, die Eintrittspupillenfläche A_P, die Empfän-gerfläche A_D sowie dessen Pixelgröße im Winkelmaß α_D und β_D, die Verweilzeit t_0, die wirk-same Objektfläche A_t, die normierte mittlere Leuchtdichte $\overline{L'_n}$ und das Signal-Rausch-Verhältnis SNR_d.

2. Eine sinnvolle Größe für das Integral in (10.32) folgt aus der Multiplikation der Näherung (3.22) mit der typischen Wellenlängenabhängigkeit der Quantenempfänger (6.16) zu

$$\int_8^{12} D^*(\lambda) \frac{\partial M_\lambda(300\ K)}{\partial T}\, d\lambda = 5,5 \cdot 10^6\ \frac{\sqrt{Hz}}{cm\ K}.$$

3. Die Eintrittspupillenfläche folgt aus den Objektivdaten. Die geringe Transmission lässt auf ein Linsenobjektiv schließen, so dass $A_P = \frac{\pi}{4} D_O^2 = \frac{\pi}{4}\left(\frac{f'_O}{k_{eff}}\right)^2 = 707\ cm^2$ wird.

4. Das IFOV folgt aus den Pixelmaßen zu $\alpha_D = \beta_D = \dfrac{50\,\mu m}{f'_O} = 0{,}167\,\text{mrad}$.

5. Die Verweilzeit t_0 ergibt sich aus dem Abtastregime nach Gl. (5.25). Ein sinnvoller Wert für die Abtasteffektivität bei vollständiger Erfassung der gesamten y-Ausdehnung des thermographischen Bildes durch die Empfängerzeile ist $\eta_{sc} = 0{,}8$. Mit dem Formatfaktor

$$k_f = \frac{p_I}{q_I} = \frac{4}{3} \text{ wird } t_0 = \frac{\eta_{sc} \cdot p_D \cdot q_D}{f_f \cdot k_f \cdot p_I^2} = 0{,}1875\,\text{ms} .$$

6. Für die Nutzung aller Reichweitenformeln muss geklärt werden, welcher Zahlenwert für die Objektfläche A_t einzusetzen ist [vgl. Bedingung (10.27)]. Die Fläche $A_t = 0{,}5 \times 0{,}5\,\text{m}^2$ kann in Gl. (10.32) eingesetzt werden, wenn $\xi = \dfrac{0{,}5\,\text{m}}{d_d} \le \alpha_D$ bzw. $d_d \ge 3\,\text{km}$ ist. Für den ersten Berechnungsschritt wird diese Bedingung als erfüllt vorausgesetzt.

7. Die Bestimmung der mittleren Strahldichte erfolgt über Bild 10.2. Notwendig dafür ist die Kenntnis des Verhältnisses von Objektgröße ξ zum Zerstreuungskreisradius des thermographischen Systems ρ. Da in ξ aber die gesuchte Entfernung d_d eingeht, muss ein nullter Näherungswert für die Erkennungsreichweite angenommen werden: $d_d^{(0)} = 5\,\text{km}$.

7.1. Die Objektgröße im Winkelmaß legt gleichzeitig die Ortsfrequenz ψ_x in Gl. (10.32) fest:

$$\psi_x = \frac{1}{2\xi_x} = \frac{d_d}{2 \cdot 0{,}5\,\text{m}} . \text{ Für die nullte Näherung wird } \psi_x^{(0)} = 5\,\text{mrad}^{-1} .$$

7.2. Für den Zerstreuungskreisradius des thermographischen Systems wird vorausgesetzt, dass dessen Größe vor allem durch die räumliche Übertragungsfunktion des Empfängers bestimmt ist:

$M_{TS}(\psi_x) \approx M_{Dg}(\psi_x) = \dfrac{\sin(\pi \cdot \alpha_D \cdot \psi_x)}{\pi \cdot \alpha_D \cdot \psi_x}$. Die Approximation der sinc-Funktion mit der Systemübertragungsfunktion (10.8) liefert den gesuchten ρ_x-Wert. Setzt man voraus, dass beide Kurven bei dem Modulationswert 0,5 den gleichen Abszissenwert haben, folgt mit Tab. 2.4 das Argument $0{,}187 = \rho_x \cdot \psi_x$ für die Gauß-Funktion und mit Tab. 5.7 das Argument $\alpha_D \cdot \psi_x = 0{,}60$ für die sinc-Funktion. Damit wird der Systemzerstreuungskreis

$$\rho_x = \frac{0{,}187}{0{,}60} \cdot \alpha_D = 0{,}05\,\text{mrad} .$$

7.3. Die mittlere normierte Strahldichte folgt aus Bild 10.2 für die nullte Näherung der Erkennungsreichweite mit $\xi / \rho_x = \dfrac{0{,}5\,\text{m}}{5\,\text{km}} : 0{,}05\,\text{mrad} = 2$ zu $\overline{L}_n(\psi_x = 5\,\text{mrad}^{-1}) = 0{,}16$.

8. Das Signal-Rausch-Verhältnis SNR_d für eine Erkennungswahrscheinlichkeit $P_d = 0,9$ und ein Schwellen-Signal-Rausch-Verhältnis $\mathrm{SNR}_{th} = 3$ wird nach Tab. 9.4 $\mathrm{SNR}_d = 4,3$.

9. Mit den gefundenen Parametern kann die Ausgangsgleichung in folgender Form geschrieben werden:

$$d_d^3 \cdot \exp(0,38\, d_d) = \Delta T \cdot \frac{\overline{L'}_n(\psi_x)}{\mathrm{SNR}_d} \cdot 2 \cdot 0,5\,\mathrm{m} \sqrt{\frac{t_0 \cdot f_f \cdot t_E}{2 \cdot \alpha_D \cdot \beta_D \cdot A_D}} \cdot$$

$$\cdot \frac{A_P \cdot A_t}{\pi} \tau_O \int_{\lambda_1}^{\lambda_2} D^*(\lambda) \frac{\partial M_\lambda}{\partial T} d\lambda = 298\,\mathrm{km}^3$$

Die Lösung dieser transzendenten Gleichung ist $d_d^{(1)} = 6,8$ km.

10. Die weitere Präzisierung des Wertes von d_d geht von einer Objektgröße im Winkel-maß $\xi^{(1)} = \dfrac{0,5\,\mathrm{m}}{6,8\,\mathrm{km}} = 0,074$ mrad aus. Damit wird der Abszissenwert in Bild 10.2 $\xi^{(1)}/\rho_x = 1,48$ und die normierte mittlere Strahldichte $\overline{L'}_n = 0,11$. Einsetzen entsprechend Pkt. 9 liefert $d_d^{(2)} = 6,2$ km. Weitere Näherungsschritte bringen keine neuen Erkenntnisse. Eher täuschen sie eine Genauigkeit vor, die aufgrund der Annahmen nicht erreichbar ist.

Beispiel 10.7

Zu berechnen ist die Erkennungsreichweite für einen LKW 2×3 m^2 mit einer kritischen Länge $d_{kri} = 2$ m und einer effektiven Temperaturdifferenz von 2 K. Das Fahrzeug befindet sich vor einem gleichförmigen Hintergrund mit 300 K. Die Erkennungswahrscheinlichkeit betrage 90%. Für die Atmosphäre und das Wärmebildsystem gelten die gleichen Parameter wie in Beispiel 10.5.

1. Die Erkennungsreichweite d_r ergibt sich aus Gl. (10.37). Für die Auswertung dieser Gleichung sind aus der Aufgabenstellung folgende Größen unmittelbar gegeben:

$$I = \int_8^{12} D^*(\lambda) \frac{\partial M_\lambda}{\partial T}(\lambda, T_b = 300\,\mathrm{K})\, d\lambda = 5,5 \cdot 10^6 \frac{\sqrt{\mathrm{Hz}}}{\mathrm{cm\,K}} \ ,$$

$\kappa_A = 0,38$ km^{-1}, $\quad A_t = 6 \cdot 10^4$ cm², $\quad \mathrm{SNR}_r \ (P_r = 0,9) = 4,3$, $\quad \Delta T = 2\mathrm{K}$, $\quad A_P = 707$ cm²,

$\tau_O = 0,5$, $\quad \varepsilon_t = 1$, $\quad t_E = 0,2$ s, $\quad t_0 = 0,1875$ ms, $\quad f_f = 25$ Hz, $\quad \alpha_D = \beta_D = 0,167$ mrad , $\quad A_D =$

$2{,}5 \cdot 10^{-5}$ cm^2. Bevor Gl. (10.37) gelöst werden kann, muss noch die Übertragungsfunktion des Wärmebildgerätes bestimmt werden.

2. Die Übertragungsfunktion M_{TS} wird nach Pkt. 7.2 in Beispiel 10.6 durch eine Gaußsche Glockenkurve genähert, die die sinc-Funktion der räumlichen Empfängerübertragungsfunktion approximiert: $M_{TS} = \exp(-2\pi^2 \rho_y^2 \cdot \psi_y^2)$ mit dem Zerstreuungskreisradius $\rho_y = \dfrac{0{,}187}{0{,}60} \cdot \beta_D$. Die Ortsfrequenz für die Erkennungsreichweite ist durch die kritische Länge nach Gl. (10.36) festgelegt: $\psi_y = \dfrac{4 d_r}{d_{kri}}$. Damit folgt die Übertragungsfunktion $M_{TS} = \exp{-(\overline{v} \cdot d_r)^2}$ mit der Ortsfrequenz $\overline{v} = 0{,}462$ km^{-1}.

3. In der d_r-Bestimmungsgleichung (10.37) wird zunächst der konstante Wert der rechten Seite bestimmt. Aus den gegebenen Größen folgt $Y = 1{,}99 \cdot 10^8$ km^2. Für die linke Seite ergibt sich $\dfrac{8{,}29}{2\mathrm{m}} \cdot d_r^{\,3} \exp(\kappa_A \cdot d_r + \overline{v}^2 \cdot d_r^2) = Y$. Für die Lösung mit dem Newtonschen Näherungsverfahren bietet sich $f(d_r) = d_r^3 \cdot \exp(\kappa_A \cdot d_r + \overline{v}^2 \cdot d_r^2) - 48{,}0 \cdot 10^3\,\mathrm{km}^3 \overset{!}{=} 0$ mit der Ableitung $\dfrac{\partial f(d_r)}{\partial d_r}$ an. Mit dem Startwert $d_r^{(0)} = 6{,}2$ km (vgl. Pkt. 10 in Beispiel 10.6) folgt nach sechs Iterationsschritten $d_r = 4{,}58$ km.

10.7 Aufgaben zur selbständigen Lösung

Aufgabe 10.1

Berechnen Sie das Verhältnis der kleinsten auflösbaren Temperaturdifferenzen für ein Objekt mit $T_t = 300$ K, wenn für das mittlere atmosphärische Fenster 3,5 ... 5 µm ein hintergrundbegrenzter Quantenempfänger mit einer Spitzendetektivität von $1{,}09 \cdot 10^{11}$ Jones und für das hintere atmosphärische Fenster 8 ... 14 µm ein hintergrundbegrenzter Quantendetektor von $3{,}27 \cdot 10^{10}$ Jones zur Verfügung steht.

Ergebnis: $\delta T_{3,5}^{5} : \delta T_{8}^{14} = 5 \quad \rightarrow$ hinteres Fenster günstiger.

Aufgabe 10.2

Bestimmen Sie die NETD für ein Thermographiesystem mit folgenden Parametern: EP-Durchmesser 20 cm, Objektivtransmission 0,8; MCT-Zeilenempfänger mit den Pixelabmessungen 50 x 50 µm² und 150 Elementen, spektraler Arbeitsbereich von 8 ... 11,5 µm und einer Spitzendetektivität bei 11,5 µm von $2 \cdot 10^{10}$ Jones.

Das Objektfeld von 300 x 400 mrad wird parallel abgetastet, wobei abwechselnd die 1., 3., 5., ... , 299. und dann die 2., 4., 6., ... , 300. Zeile mit einem IFOV von 1 mrad x 1 mrad Bildzeile erfasst wird. Die Bildfolgefrequenz beträgt 30 Hz.

Ergebnis: NETD = 0,36 K.

Aufgabe 10.3

Die Firma AGEMA Infrared Systems gibt 1988 für ihr Wärmebildsystem „Scanner 880 LWB" folgende Daten an: MCT-Sensor 8 ... 12 µm, NETD = 0,07 K bei 30 °C, $f_f = 25$ Hz, Zeilenfrequenz 2500 Hz, Zeilenzahl 280, Auflösung 175 Pixel pro Zeile bei 50 % Kon trast, Objektiv mit $f'_O = 65$ mm und 1,2 mrad Auflösung bei 50 % Kontrast, maximaler Feldwinkel 12°, Öffnung 1:1, $\tau_O = 0,8$. Zu berechnen sind

1. die Abmessungen des quadratischen Einelementempfängers,
2. die Gesamtübertragungsfunktion M_{TS} aus der Auflösung in der Zeile,
3. die Spitzendetektivität des MCT-Sensors.

Ergebnisse: $x_D = y_D = 50$ µm aus Feldwinkel, Zeilenzahl und Brennweite,

$M_{TS}(\psi) = \exp\left(-8,19\,\text{mrad}^2\psi^2\right)$ über Tab. 2.4, $D^*_{\max} = 8,3 \cdot 10^9$ Jones über die Rauschbandbreite von 875 kHz.

Aufgabe 10.4

Berechnen Sie die NEI des Wärmebildsystems „Pyrovidikon 3.01", welches ein Pyricon LI 492 und ein Objektiv OGS-70 mit folgenden Daten benutzt: Öffnungsverhältnis 1:1, Brennweite 70 mm, Auflösung 10 mm⁻¹, mittlerer Transmissionsgrad 0,7. Das Gerät hat eine maximale Auflösung bei 125 Fernsehzeilen auf dem Durchmesser der Empfängerfläche. Benutzen Sie die Ergebnisse von Beispiel 6.3. Die Detektivität im spektralen Arbeitsgebiet beträgt $4,5 \cdot 10^7$ Jones, die Rauschbandbreite 3,73 MHz.

Ergebnis: NEI $= 2,5 \cdot 10^{-6}\,\dfrac{\text{W}}{\text{cm}^2}$.

Aufgabe 10.5

Das für medizinische Beobachtungen bestimmte Wärmebildgerät „Raduga-MT" hat folgende Charakteristika: NETD = 0,2 K; Bildfeld $2\omega_{Ox} \cdot 2\omega_{Oy} = 20° \cdot 17° 30'$; Bildfolge-frequenz 25 Hz; Bildformat 140 x 132: InSb-Zeilensensor mit 11 Pixeln ($q_D = 11$) und einer Spitzendetektivität von 10^{11} Jones bei 5,5 μm; mittlerer Zerstreuungsradius des gesamten Systems $\rho_x = \rho_y = 0,25$ mrad. Zu berechnen ist die Gesamtübertragungsfunktion M_{TS} und die MRTD. Ergebnis: $M_{TS} = \exp(-1,23 \, \text{mrad}^2 \psi^2)$, $\text{MRTD}(\psi) = 0,91 \, \text{K} \cdot \text{mrad} \cdot \psi \cdot \exp(1,23 \, \text{mrad}^2 \psi^2)$ über $\alpha_D = 2,49$ mrad und $\beta_D = 2,31$ mrad, Darstellung in Abb. 10.7.

11   Prüfung von Wärmebildsystemen

Hier werden Methoden zur Messung einiger in Kap. 10 abgeleiteter Bewertungsgrößen angegeben. Auf die Vielzahl anwendungspezifischer Testbedingungen, wie sie zur Überprüfung der Produktionsreife einzelner Komponenten notwendig sind, kann nicht eingegangen werden. Allgemeiner Trend bei diesen Meßmethoden ist die Objektivierung des Messablaufs, d.h. die rein subjektive Bewertung durch den Menschen wird zunehmend durch technische Mittel ersetzt.

Neben der üblichen Ausrüstung von Messlaboren mit elektronischen Messgeräten stellt die Testung von Wärmebildsystemen besondere Anforderungen an die Simulation definierter Objektszenen, an die Realisierung großer Arbeitsabstände und an die Simulation der Augenfunktion. Für große Objektabstände ergibt sich eine allgemeingültige Grundanordnung zur Testung von Wärmebildsystemen unter Laborbedingungen, die in Abb. 11.1 dargestellt ist. Das thermische Testobjekt (z. B. MRTD-Mire nach Abb. 10.3, Spalt, Kalibrierstrahler) wird in der Brennebene eines off-axis-Kollimatorspiegels angeordnet. Die Form dieses Metalloberflächenspiegels ist ein Paraboloidausschnitt, dessen freie Öffnung größer als die Eintrittsöffnung der Optik ist. Mit dieser Spiegelform wird eine nahezu ideale Abbildung kleiner Felder des Testobjektes nach Unendlich erreicht. Die Metallbeschichtung des Spiegels garantiert minimale Strahlungsverluste im gesamten IR-Bereich.

Die IR-Optik projiziert das Testbild in ihrer Brennebene, wo sich der Strahlungsempfänger des Wärmebildsystems befindet. Die Größe des Testbildes im Längenmaß wird

$$\begin{pmatrix} V' \\ W' \end{pmatrix} = \left| \frac{f'_O}{f'_{koll}} \right| \begin{pmatrix} V \\ W \end{pmatrix}, \tag{11.1}$$

wenn V, W die Testobjektgröße in der Kollimatorbrennebene in x- bzw. y-Richtung charakterisieren. Die messtechnische Bewertung von Wärmebildsystemen erfolgt vor allem an zwei Stellen in der radiometrischen Kette:

1. die Bewertung des Videosignals als Ausgangsgröße hinter den IR-spezifischen Komponenten Optik, Scanner und Empfänger,

2. die Bewertung des Monitorbildes unter Einsatz technischer Mittel.

Im ersten Fall reicht eine elektronische Analyse des Videosignals aus. Soll im zweiten Falle von der subjektiven Bewertung durch das menschliche Auge abgegangen werden, muß ein räumlich abtastendes Photometer (scanning photometer) die Augenfunktion simulieren. Auf die technischen Einzelheiten wird bei der Messung der einzelnen Größen eingegangen.

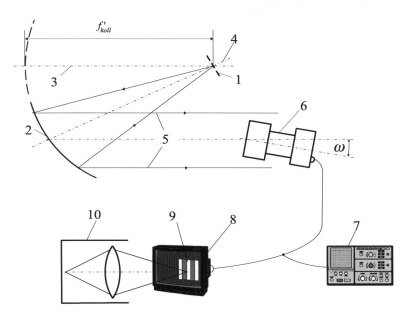

Abb. 11.1: Grundanordnung zur Testung von Wärmebildsystemen unter Laborbedingungen
1 thermisches Testobjekt, 2 off-axis-Oberflächenspiegel, 3 Symmetrieachse des Rotationsparaboloiden, 4 Achse des einfallenden Bündels, 5 abschattfreies Testbündel, 6 zu testendes Wärmebildsystem mit einstellbarem Feldwinkel ω, 7 Videosignalanalysator, 8 Anzeigeeinheit, 9 angezeigtes Testobjekt, 10 räumlich abtastendes Photometer

11.1 Messung des Videosignals

Die Leistungsfähigkeit von Wärmebildsystemen entscheidet sich im Zusammenwirken von optischem System, Abtastmechanismus und Empfängersignal. Neben den Kenngrößen NETD und NEI ist auch die Signalübertragungsfunktion $U_v(T_t)$ durch dieses Zusammenwirken bestimmt.

11.1.1 Signalübertragungsfunktion

Gl. (7.5) gibt die Signalübertragungsfunktion an, mit der am Eingang der Anzeigeeinheit zu rechnen ist. Über die elektrische Verstärkung C_e und die Blendenzahl k_{eff} ist ihr Anstieg regulierbar. Für die Messung unter Laborbedingungen werden folgende Vereinfachungen sinnvoll: die atmosphärischen Transmissionsverluste sind vernachlässigbar $\tau_A \rightarrow 1$, als Testobjekt wird ein Kalibrierstrahler mit bekannter Temperatur T_t und konstantem bekannten Emissionsgrad nahe eins $\varepsilon(\lambda) = \varepsilon_{ref} \rightarrow 1$ und Lambertscher Abstrahlcharakteristik verwendet, C_e und k_{eff} werden so eingestellt, dass im interessierenden Temperaturbereich $T_1 < T_t < T_2$ optimale Messbedingungen für U_v herrschen. Damit kann von der Gültigkeit des theoretischen Zusammenhangs

$$U_v(T_t) = \frac{A_D \cdot C_e \cdot \varepsilon_{ref}}{4\, k_{eff}^2 \left(1 - \beta'/\beta'_P\right)^2} \int_{\lambda_1}^{\lambda_2} \tau_O \cdot R_D \cdot M_\lambda(T_t, \lambda) \cdot d\lambda \qquad (11.2)$$

ausgegangen werden. Abb. 7.7 und Abb. 7.8 den typischen nichtlinearen Verlauf der Signalübertragungsfunktion sowohl bei thermischen Empfängern als auch bei Quantenempfängern. Charakteristischerweise ist die Nichtlinearität bei letzteren stärker ausgeprägt.

Die Messbedingungen leiten sich aus Abb. 11.1 ab. Als Testobjekt wird ein Kalibrierstrahler verwendet. Ausgewertet wird der zeitliche Mittelwert der Videosignalspannung vor dem Eingang in die Anzeigeeinheit in Abhängigkeit von der Strahlertemperatur.

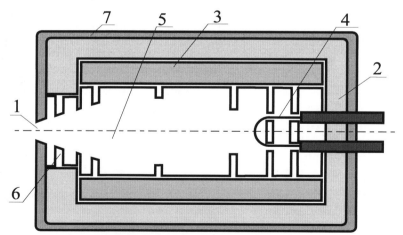

Abb. 11.2: Aufbau eines klassischen Hohlraumstrahlers
1 aktive Fläche, 2 Isolation, 3 Heizwicklung, 4 Thermoelement, 5 Hohlraum, 6 Blenden, 7 Mantel

Technische Ausführungsformen von Kalibrierstrahlern streben einen hohen Emissionsgrad an. Bei ebener Abstrahlfläche wird dieser durch Schwarzschichten (nichtglänzender Lack, Metalloxide, Ruß) realisiert. Ist die Oberfläche nicht strukturiert, werden Werte von 0,90 ... 0,94 erreicht. Beste Ergebnisse erreicht man mit einer hexagonalen Trichterstruktur, deren Öffnungen wie Bienenwaben aneinandergrenzen: $\varepsilon_{ref} = 0,998 \pm 0,002$. Auf der Abstrahlfläche muss die Temperatur konstant gehalten werden. Das geschieht durch Heiz- bzw. Kühlsysteme hinter der Strahlerfläche. Mit Flüssigkeiten oder Gasen betriebene Strahler nutzen die spezifische Wärme und Phasenübergangszustände des umgepumpten Mediums, so dass eine weitgehend homogene Temperaturverteilung erreicht wird. Ein Kontaktthermometer an der Strahlerfläche zeigt dessen wahre Temperatur an.

Hohlraumstrahler nutzen die Kirchhoffsche Erfahrung, dass die Strahlung in einem geschlossenen Hohlraum mit konstanter Wandtemperatur dem Planckschen Strahlungsgesetz entspricht. Wird eine kleine Öffnung in diesen Hohlraum geschnitten, tritt dort (fast) Schwarzkörperstrahlung aus. Die strahlenden Flächen sind gegenüber den Flächenstrahlern kleiner, ihr Temperaturbereich in weiten Grenzen variierbar. In Tab. 11.1 sind typische Werte von Hohlraumstrahlern angegeben. Der typische Aufbau eines Hohlraumstrahlers ist in Abb. 11.2 dargestellt.

Tab 11.1: Typische Parameter von Hohlraumstrahlern (LOT 1986)

Typ	BB 50	BB 120
Temperaturbereich	– 20 ... 100 °C	+ 20 ... 1200 °C
Durchmesser der aktiven Fläche	50 mm	33 mm
Temperaturkonstanz	0,1 K	1 K
Emissionsgrad	0,99	> 0,99

11.1.2 Rauschsignal

Die moderne Elektronik erlaubt eine bequeme Analyse des Rauschverhaltens. Bei konstanter Temperatur des Kalibrierstrahlers (z.B. $\vartheta_{ref} = 30\,°C$) wird die Videosignalspannung zeitaufgelöst über den Zeitraum $t_2 - t_1$ registriert. Der zeitliche Mittelwert der Signalspannung $\overline{U}_s$ kennzeichnet den Messwert zur Aufnahme der Signalübertragungsfunktion, die Standardabweichung um den Mittelwert ist die mittlere Rauschspannung U_n (vgl. Abb. 11.3):

$$\overline{U}_s = \frac{1}{t_2 - t_1} \int_{t_1}^{t_2} U_s(t) \cdot dt\,, \quad U_n^2 = \frac{1}{t_2 - t_1} \int_{t_1}^{t_2} \left[U_s(t) - \overline{U}_s \right]^2 \cdot dt\,. \tag{11.3}$$

Die Fourier-Transformierte $\tilde{g}(f)$ der Funktion $g(t)=\left[U_s(t)-\overline{U}_s\right]^2$ liefert das Rauschleistungsspektrum: $NPS \cong \tilde{g}(f)$. Es zeigt Leistungsverteilung der einzelnen Frequenzen im Rauschen und ist ein Maß für die relative Häufigkeit, mit der die einzelnen Frequenzen im Rauschen vorhanden auftreten. Typisch für Thermokameras mit optomechanischer Abtastung sind deutlich hervortretende Spitzen, die von Fehlern im Abtastsystem herrühren (vgl. Abb. 11.3).

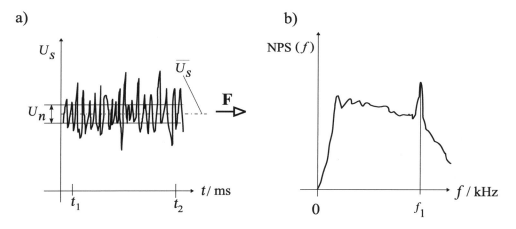

Abb. 11.3: Videosignalanalyse bei konstanter Temperatur des Kalibrierstrahlers
a) zeitliche Spannungsverteilung, b) Rauschleistungsspektrum mit Frequenzspitze bei f_1 durch den mechanischen Scanner, **F** Fourier-Transformation

11.1.3 Rauschäquivalente Temperaturdifferenz

Die NETD ist zwar die häufigste angegebene Maßzahl von Thermographiesystemen, aber die Resultate praktischer Messungen sind nur selten in Firmenschriften zu finden. Meistens werden die Rechenwerte nach Gl. (10.10) veröffentlicht. Die traditionelle Meßmethode geht von einem grobstrukturierten Testobjekt mit räumlich konstantem Emissionsgrad ε_{ref} aus, auf dem eine definierte Temperaturdifferenz $\Delta T = T_t - T_b$ erzeugt werden kann (vgl. Abb. 11.4).

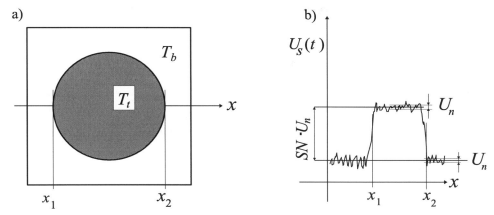

Abb. 11.4: Traditionelle Messung der NETD

a) Testobjekt mit räumlich konstantem Emissionsgrad ε_{ref}

b) Videosignalspannung über der Koordinate x

Zur Messung des Videosignals wird ein Oszilloskop am Empfängerausgang angeschlossen. Nach Einstellen der NETD-Bezugstemperatur ϑ_{ref} für Objekt und Hintergrund wird am Oszilloskop ein verrauschtes Videosignal sichtbar, aus dem die Rauschspannung U_n bestimmt werden kann. Danach wird T_t soweit erhöht, bis der mittlere Signalpegel im Temperaturbereich T_t um den Faktor $SN \approx 10$ mal höher ist als im Temperaturbereich T_b. Ausgehend von Gl. (10.10) ergibt sich der experimentelle NETD-Wert zu

$$\text{NETD} = \frac{\varepsilon_{ref}}{SN}(T_t - T_b) \quad . \tag{11.4}$$

Modernere Testmethoden nutzen ausschließlich die Signalübertragungsfunktion (Bell 1993). Zunächst wird im Bereich der Referenztemperatur T_{ref} die Signalübertragungsfunktion $\overline{U}_S(T)$ aufgenommen und durch einen funktionellen Zusammenhang approximiert (vgl. Abb. 11.5).

Danach wird für die Referenztemperatur die Rauschspannung $U_n(T_{ref})$ entsprechend Gl. (11.3) bestimmt. Trägt man sie symmetrisch um den berechneten Wert $\overline{U}_s(T_{ref})$ an, ergibt sich die NETD aus den Schnittpunkten mit der Approximationskurve zu

$$\text{NETD} = \varepsilon_{ref}(T_2 - T_1) . \tag{11.5}$$

Damit kommt dieses Verfahren ohne strukturiertes Testobjekt aus.

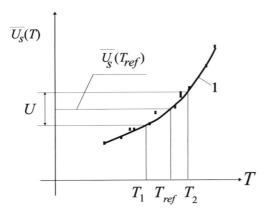

Abb. 11.5: NETD-Bestimmung über Videosignalanalyse
Punkte: zeitlich gemittelte Spannungswerte bei verschiedenen Temperaturen,
1 approximierte Signalübertragungsfunktion

11.2 Messung der Modulationsübertragungsfunktion

Die Modulationsübertragungsfunktion ist die Fouriertransformierte der Sprungantwort des gesamten thermographischen Systems. Sie kann nur am Systembildschirm gemessen werden. Wieder
zeigt Abb. 11.1 die notwendigen Geräte. Praktische Hinweise sind in (Boremann 2001) angegeben.

Eine günstige Realisierungsmöglichkeit der Sprungfunktion am Systemeingang ist die strahlende
Linie. Diese wird günstig durch einen glühenden Widerstandsdraht realisiert, der in der Brennebene des off-axis-Spiegels senkrecht zur Achse 4 angeordnet wird. Der Kollimatorspiegel bildet
den Draht abschattfrei nach Unendlich ab. Das Wärmebildsystem erzeugt auf dem Monitor ein
verwaschenes Linienbild, welches zu Messzwecken horizontal oder vertikal auf dem Monitor
orientiert wird. Die relative Leuchtdichteverteilung durch den Glühdraht auf dem Bildschirm heißt
Linienbildverwaschungsfunktion LSF (Line Spread Function) und wird in ganz entscheidendem
Maße durch die Übertragungsfunktion des Thermographiesystems geprägt. Die LSF entsteht aus
der Point Spread Function nach Gl. (2.3), wenn viele auf einer Linie angeordnete PSF überlagert
werden.

Zur Analyse der LSF wird das Monitorbild auf eine senkrecht zum Linienbild auf dem Monitor
angeordnete CCD-Zeile oder eine CCD-Matrix abgebildet. Diese misst die LSF und führt die
Daten einem PC zur Auswertung zu, wobei die gemessene Strahlungsverteilung als Schnitt durch

die Mitte der PSF interpretiert wird. Moderne abtastende Photometer (Sira 1991) bilden das Monitorbild im Abbildungsmaßstab von etwa (−1) auf peltiergekühlte 1024-elementige CCD-Zeilen mit 13 μm Pixelabstand ab. Die Signale werden mit 12 bit Auflösung ausgelesen. Wählbare Integrationszeiten von 0,16 ... 4,8 s und V_λ-Filter erlauben die Simulation der Augenfunktion. Die Anforderungen an den Messaufbau ergeben sich aus der linearen Filtertheorie. Zunächst muss garantiert sein, dass das Wärmebildsystem und das abtastende Photometer (Übertragungsfunktion M_{SP}) ihre linearen Arbeitsbereiche maximal ausnutzen. Die vom CCD-Empfänger registrierte LSF_m ist das Resultat der Faltungen des Glühdrahtes an den einzelnen Elementen: $LSF_m = h_t * h_{koll} * h_{TS} * h_{SP}$.

Die relative räumliche Strahlungsverteilung des Glühdrahtes h_t längs der Abtastrichtung kann durch eine Rechteckfunktion approximiert werden, die bei der Fourier-Transformation in eine (sin X)/X-Funktion mit dem Argument $X = \pi \cdot v_t \cdot w_t$ mit dem Drahtdurchmesser w_t übergeht. Die Ortsfrequenz in der Kollimatorbrennebene ist mit der Ortsfrequenz in der Detektorebene des Wärmebildsystems über Gl. (11.1) verknüpft: $v' = \left| f'_{koll} / f'_O \right| v_t$.

Die Signalübertragung über den Kollimator in das Wärmebildsystem erfolgt kohärent, so dass bei der Fourier-Transformation $\mathbf{F}\left\{h_{koll} * h_{TS}\right\}$ keine Multiplikation der Einzelübertragungsfunktion möglich ist. Vielmehr muss vorausgesetzt werden, dass die Abbildung durch den off-axis-Spiegel ideal erfolgt. Für kleine Bereiche um die Achse 4 in Abb. 11.1 um den Brennpunkt ist diese Voraussetzung tolerierbar. Damit wird $\mathbf{F}\left\{h_{koll} * h_{TS}\right\} = H_{TS}$.

Schließlich beeinflusst die Sprungantwort des abtastenden Photometers h_{SP} die Registratur der Intensität des Thermobildes. Die Übertragungsfunktion des abtastenden Photometers M_{SP} ist das Produkt der Modulationsübertragungsfunktion dessen Optik und der (sin X)/X-Funktion der CCD-Zeilengeometrie mit $X = \pi \cdot v_{SP} \cdot w_c$ (w_c-Pixelabstand). M_{SP} muss so gut sein, dass im interessierenden Ortsfrequenzbereich keine Nullstelle auftritt.

Im PC wird die registrierte LSF_m fouriertransformiert, so dass mit den obigen Voraussetzungen die gemessene Übertragungsfunktion des Wärmebildsystems zu

$$M_{TS} = \frac{\mathbf{F}\{LSF_m\}}{H_t \cdot H_{SP}} \tag{11.6}$$

folgt.

11.3 Objektive MRTD- und MDTD-Messung

In diese Bewertungsfunktionen gehen neben den Parametern des Wärmebildsystems physische und physiologische Effekte ein. Deshalb erscheint zunächst die subjektive Prüfung durch Testpersonen wie in Kap. 10.4.2 angedeutet als legitim.

Die Praxis zeigt, dass mit verschiedenen Testpersonen die MRTD-Werte um $\pm 30\,\%$ schwanken. Bei ein und derselben Testperson treten Schwankungen von $\pm 10\,\%$ auf, die auch durch Lerneffekte begründet sind: bei Wiederholungen werden die Testmiren bei kleineren Temperaturdifferenzen erkannt.

Schon seit langem laufen Bemühungen um objektive Testmethoden (Williams 1985). Ihr grundlegender Aufbau ist wieder durch Abb. 11.1 gegeben. Als Testobjekt für die MRTD wird die Vierbalkenmire nach Abb. 10.3 in der Brennebene des off-axis-Kollimators positioniert. Das Arbeitsprinzip eines thermischen Testgenerators ist in Abb. 11.6 skizziert. Eine thermoelektrisch heiz- und kühlbare Platte realisiert die Objekttemperatur T_t. Die Hintergrundtemperatur wird durch eine davor angebrachte dünne Platte mit gleichem Emissionsgrad realisiert. In diese Platte sind Aussparungen eingefräst, die die Balkenstruktur der MRTD-Testmire repräsentieren. Sollen andere Raumfrequenzen untersucht werden, wird die dünne Platte gewechselt. Da ein Temperaturfehler von $\pm 0{,}01$ K innerhalb eines Arbeitsbereichs von $|T_t - T_b| < 5$ K garantiert wird, werden mit Kontaktfühlern die Temperaturen beider Platten überwacht und nachgeregelt.

Die Analyse des Wärmebildsystems erfolgt entsprechend Abb. 11.1 an der Anzeigeeinheit durch ein abtastendes Photometer. Es misst die Leuchtdichteverteilung auf dem Bildschirm, die eine Testmire bei der Temperaturdifferenz $\Delta T = T_t - T_b$ erzeugt. Wählbare Integrationszeiten am Scanningphotometer können unterschiedliche Beobachter simulieren.

Die Schritte zur objektiven MRTD-Bestimmung sind in Abb. 11.7 mit den Buchstaben a ... e gekennzeichnet. Ausgangspunkt a ist die Bezugstemperatur $T_{ref} = T_t - T_b$, bei der das Photometer entlang der x-Koordinate des Bildschirms ein verrauschtes konstantes Signal registriert. Für die gewählte Integrationszeit t_E wird entsprechend Gl. (11.3) das Rauschsignal U_n errechnet.

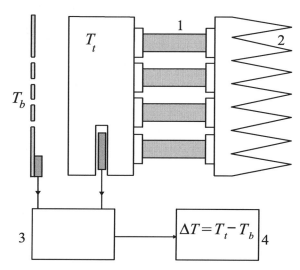

Abb. 11.6:   Arbeitsprinzip eines MRTD-Objektgenerators (Sira 1992)
1 thermoelektrischer Heizer und Kühler, 2 Wärmesenke,
3 Temperaturcontroller, 4 Temperaturanzeige

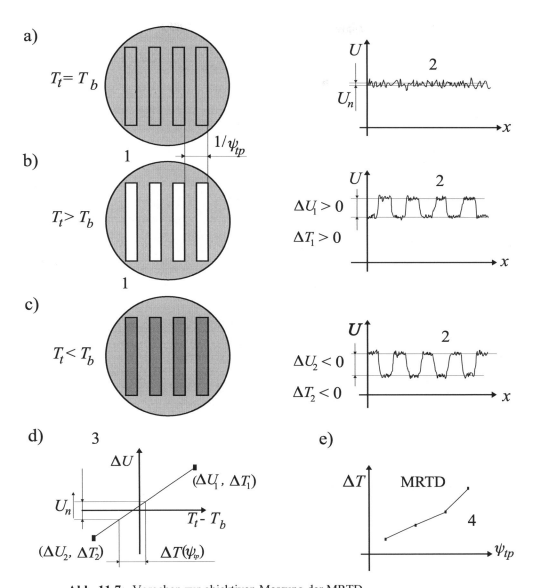

Abb. 11.7: Vorgehen zur objektiven Messung der MRTD
1 Objektszene, 2 Photometerspannung über Displaykoordinate x, 3 Auswertung,
4 grafische Darstellung

Im Schritt b und c wird die Objekttemperatur T_t erhöht und verringert, bis sich eine signifikante Balkenstruktur auf dem Monitor des Wärmebildsystems zeigt. Das Signal des abtastenden Photometers wird so analysiert, dass für die Maxima und Minima räumliche und zeitliche Mittelwerte gebildet werden, die die Pegeldifferenz ΔU_1 und ΔU_2 festlegen.

Im Schritt d wird aus der Rauschspannung U_n die rauschäquivalente Temperaturdifferenz $\Delta T\,(\psi_{tp})$ als ein Wert der MRTD-Kurve bestimmt. Grundlage dafür ist die mit den Punkten $(\Delta U_1, \Delta T_1)$ und $(\Delta U_2, \Delta T_2)$ festgelegte Proportionalität zwischen Testobjekttemperaturdifferenz $T_t - T_b$ und der Pegeldifferenz ΔU. Diese Messwerte legen eine Gerade fest, an die U_n angetragen werden kann. Unabhängig vom Signalpegel ergibt sich immer der gleiche ΔT-Wert. Er hängt vor allem von der Raumfrequenz ψ_{tp} der Testmire ab. Die Messung und Auswertung in den Schritten a ... d wird für verschiedene Testmiren wiederholt. Aneinandergesetzt ergeben sie die gemessene MRTD-Funktion entsprechend Abb. 11.7 e). Durch die Wahl anderer Aussparungen in der vorderen Platte des Testobjektgenerators (z.B. Quadrate oder Kreise) kann die MDTD nach dem gleichen Messablauf objektiv gemessen werden.

11.4 Weiterentwicklung von Messmöglichkeiten

Einerseits ist die Weiterentwicklung verbunden mit dem Ziel, auch dynamische Änderungen der Infrarotszene zu messen. Als wesentliches Hilfsmittel kann der dynamische IR-Szenenprojektor dienen (SBIR 2000), dessen Grundbaustein ein 320 x 240 Pixel-Widerstands-Emitter-Array ist und IR-Szenen mit 200 Hz Bildfolgefrequenz anbietet. Damit werden bewegte Objektszenen in einem Wellenlängenbereich bis 14 µm computergeneriert angeboten. Wird dieser Modulator in die Brennebene des off-axis-Kollimators gebracht, können computergenerierte Szenen Bewegungsabläufe simulieren, wie sie dem praktischen Einsatz nahe kommen. Auch die Reichweiten von Wärmebildgeräten ohne Berücksichtigung der atmosphärischen Transmission entsprechend Kap. 10.5 können auf diesem Wege unter Laborbedingungen messbar werden.

Eine zweite Entwicklungsrichtung ist die Schaffung von Messeinrichtungen für konkrete Einsatzbedingungen. Damit einher geht eine Miniaturisierung der Messgeräte, die Steigerung ihrer Robustheit sowie die Steigerung der Universalität. Ein Beispiel für diese Entwicklungsrichtung ist das portable MRTD-Testset (Sira 1993), welches auf drei ausgewählte Raumfrequenzen und auf Objektivdurchmesser < 200 mm festgelegt ist. Die Weiterentwicklung von Prüfmitteln unter Feldbedingungen ist in (Sicard 1999) zusammengefasst. Die Überprüfung der Fertigungsreife von Gerätesystemen fordert solche Prüfmöglichkeiten.

Ein grundsätzliches Problem tritt bei der Bewertung von Wärmebildgeräten auf, wenn die Nyquist-Frequenz ψ_N überschritten wird. Diese ist nur bei Geräten mit Empfängerarrays ohne optomechanische Abtastung definiert. Der rein informationstheoretisch begründete Abbruch der Bewertung für $\psi > \psi_N$ führt zu einer zu schlechten Beurteilung dieser als starrend bezeichneten Geräte gegenüber denen mit optomechanischer Abtastung. Einen Ausweg bietet das von Wittenstein (1999) vorgestellte und praktisch erprobte Modell der MTDP (Minimum Temperature Difference Perceived). Es trägt der praktischen Erkenntnis Rechnung, dass auch in einem unterabgetasteten Bild noch brauchbare Informationen enthalten sind. Diese sind vor allem dann nutzbar, wenn bewegte Objekte detektiert werden.

12 Anwendungen

An Einzelbeispielen werden typische Einsatzgebiete der berührungslosen Strahlungsmessung auf-geführt, wobei die Anforderungen an die Gerätelösungen anwendungsbezogen stark variieren. Eine weiterführende Darstellung grundlegender Probleme der Temperaturmessung bietet (Bern-hard 2004).

12.1 Pyrometrie

Die Pyrometrie ist die berührungslose Bestimmung der absoluten Temperatur durch Messung der Körpereigenstrahlung ohne räumliche Abtastung des Objektfeldes (De Witt, Nutter 1988). Die hierbei auftretenden Probleme spielen auch bei der flächenhaften Auswertung des Strahlungsbil-des eine entscheidende Rolle.

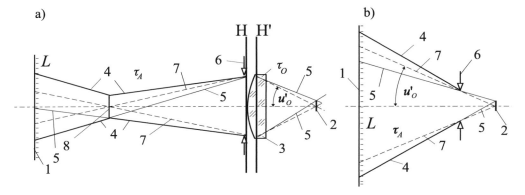

Abb. 12.1: Pyrometeranordnungen: a) mit Fixfokusoptik, b) ohne Optik
1 Objekt mit Strahldichte L,   2 Empfänger mit Bestrahlungsstärke E,
3 sammelnde Optik mit der Transmission τ_O,
4 minimaler Messfelddurchmesser, 5 Bündel zum äußersten Empfängerpunkt,
6 Öffnungsblende, 7 Achsbündel, 8 Scharfpunkt

12.1.1 Messproblem

Aufgrund der geringen Anforderungen an die räumliche Auflösung sind Pyrometer mit Einelementsensoren ausgerüstet. Die Objektstrahlung gelangt durch einfache sammelnde Optiken oder ohne
Optik auf den Empfänger, dessen Spektralbereich dem Anwendungszweck angepasst ist. In Abb.
12.1 sind die Pyrometeranordnungen skizziert, die zu typischen Messfeldcharakteristiken führen.
Diese geben an, wie groß das Messfeld in verschiedenen Abständen vom Pyrometer mindestens
sein muss, damit der Empfänger nur dessen Strahlung registriert.

Werden sammelnde Optiken verwendet, ergibt sich der kleinste Messfleck („Scharfpunkt") aus
der Projektion des Empfängerchips in den Objektraum. Liegt das Messobjekt vor oder hinter
dem Scharfpunkt, wird vom Empfänger der Strahlungsfluss von einem größeren Objektausschnitt
registriert. Das kleinstmögliche Messfeld wird durch die Linien 4 festgelegt. Pyrometer ohne Optik oder mit einer Empfängerposition innerhalb der einfachen Brennweite haben keinen „Scharfpunkt". Eine vollständige optische Markierung dieser Messfeldcharakteristik in jeder beliebigen
Messentfernung mittels Laserdiodenlicht und holographischer Strahlaufteilung ist von Postalski
(1999) realisiert worden.

Voraussetzung für eine exakte Temperaturbestimmung ist die Einhaltung eines konstanten Raumwinkels, mit dem die Strahlung vom Messobjekt auf den Empfänger fällt. Dieser wird nach Gl.
(3.10) am Pyrometer definiert: $\Omega_D = \pi \cdot \sin^2 u_O \cdot \Omega_0$. Fixfokusanordnungen haben den Vorteil,
dass die Fassung der Optik bei beliebigen Objektlagen den Raumwinkel konstant hält. Die Empfängerbestrahlungsstärke und damit das elektrische Signal am Empfängerausgang ergibt sich aus
$U_s \sim E = L \cdot \tau_O \cdot \tau_A \cdot \Omega_D$.

Voraussetzung für Messungen bei einem geringen Einfluss der Atmosphäre ist ein spektraler Arbeitsbereich in den atmosphärischen Fenstern $\tau_A \to 1$.

Die Wirkung der spezifischen Ausstrahlung des Objektes auf das Empfängersignal ergibt sich
unter der Voraussetzung einer Lambertschen Abstrahlcharakteristik zu $U_s \sim M$. Für die exakte
Temperaturbestimmung muss geklärt werden, aus welchen Bestandteilen sich diese spezifische
Ausstrahlung zusammensetzt. Unter der Voraussetzung, dass die Messobjekte strahlungsundurch-
lässig sind, wird

$$M = \int_{\lambda_1}^{\lambda_2} \varepsilon(\lambda) \cdot M_\lambda(T_t)\, d\lambda + M_b \qquad (12.1\ \text{a})$$

mit T_t als zu bestimmende Objekttemperatur und M_b als reflektierter Anteil der Umgebungsstrahlung. Dieser ergibt sich für undurchlässige Messobjekte zu

$$M_b = \int_{\lambda_1}^{\lambda_2} [1 - \varepsilon(\lambda)] \cdot M_\lambda(T_b) \cdot d\lambda \qquad (12.1\ \text{b})$$

mit der Umgebungstemperatur T_b. Die Zuordnung der als elektrisches Signal registrierten spezifischen Ausstrahlung M zur gemessenen Temperatur T_m folgt über das Plancksche Strahlungsgesetz:

$$M = \int_{\lambda_1}^{\lambda_2} M_\lambda (T_m) d\lambda \, . \tag{12.1 c}$$

Das Messproblem besteht also in der Ermittlung der Objekttemperatur T_t aus der gemessene Schwarzkörpertemperatur T_m unter Berücksichtigung der Umgebungstemperatur T_b und des Emissionsgrades ε.

Für die praktische Realisierung haben Wechsellichtverfahren entscheidende Vorteile. Sie gestatten die Einspiegelung einer Referenzstrahlung (z.B. der Umgebungstemperatur) und die elektrische Verarbeitung von Wechselsignalen. Als Strahlungssensoren eignen sich besonders pyroelektrische Empfänger.

12.1.2 Schmalbandige Messung

Bei genügend großem Strahlungsangebot kann die Messung in einem Spektralbereich $\Delta\lambda$ vorgenommen werden. Für diesen Fall werden Bedingungen abgeleitet, damit die gemessene Temperatur T_m der Objekttemperatur T_t entspricht. Den Ausgangspunkt bildet die Wiensche Näherung des Planckschen Strahlungsgesetztes, mit der für den Spektralbereich $\Delta\lambda$ aus Gl. (12.1)

$$\exp\left(\frac{-c_2}{\lambda_r \cdot T_m}\right) = \varepsilon_r \exp\left(\frac{-c_2}{\lambda_r \cdot T_t}\right) + (1 - \varepsilon_r)\exp\left(\frac{-c_2}{\lambda_r \cdot T_b}\right) \tag{12.2}$$

folgt. ε_r ist der mittlere Emissionsgrad für $\Delta\lambda$ (Bandemissionsgrad), λ_r die Arbeitswellenlänge im Spektralbereich. Die gesuchte Temperatur des Messobjektes ergibt sich nach Umformung zu

$$\frac{1}{T_r} = \frac{1}{T_m} + \frac{\lambda_r}{c_2}(\ln \varepsilon_r - \ln F_b) \tag{12.3 a}$$

mit dem Faktor der Umgebungsstrahlung

$$F_b = 1 - (1 - \varepsilon_r)\exp\left[\frac{c_2}{\lambda_r}\left(\frac{1}{T_m} - \frac{1}{T_b}\right)\right]. \tag{12.3 b}$$

Die Auswertung der Gln. (12.3) ist in Abb. 12.2 für den Messfehler $\Delta T = T_m - T_t$ bei einer Umgebungstemperatur von $\varepsilon_r = 300$ K vorgenommen worden. Für $\varepsilon_r = 1$ wird immer die richtige Temperatur gemessen; je kleiner ε_r wird, desto stärker werden die Fehlereinflüsse. Die Umgebungsstrahlung wirkt sich nicht auf die Messtemperatur aus, wenn $T_t = T_b$ ist. Praktisch wird

diese Möglichkeit durch Beheizung des Hintergrundes genutzt, um geringe Messfehler zu erreichen.

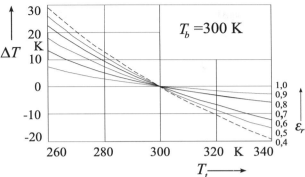

Abb. 12.2: Auswertung von Gl. (12.3) mit dem Messfehler $\Delta T = T_m - T_t$ als Funktion
der Temperatur des Messobjektes T_t und des Bandemissionsgrades bei der
Umgebungstemperatur $T_b = 300$ K

Über das Diagramm hinaus bietet die Diskussion der Gleichungen weitere Möglichkeiten zur Verringerung der Messunsicherheit:
Nach (12.3a) verringert eine kurze Betriebswellenlänge λ_r den Einfluss des Emissionsgrades und
der Umgebung.
Für $T_m \gg T_b$ wird der Hintergrund vernachlässigbar, da $F_b \rightarrow 1$ strebt.

Es bleibt die Messunsicherheit infolge des Emissionsgrades. Da der Emissionsgrad nur unter Laborbedingungen auf mehr als zwei geltende Ziffern genau bestimmt werden kann, ist die Auswirkung dieser Unsicherheit auf den Messfehler interessant. Bei konstanter Messtemperatur folgt aus
Gl. (12.3)

$$\Delta T_t = -\frac{\lambda_r}{c_2} T_t^2 \frac{\Delta \varepsilon_r}{\varepsilon_r} \quad , \tag{12.4}$$

d. h. die Emissionsgradschwankungen wirken sich umso stärker auf den Temperaturfehler aus, je
kleiner ε_r ist. Besonders kritisch sind Messungen an Metallen, deren Emissionsgrad durch Oxi-
dation der Oberfläche starken Änderungen unterliegt und nicht im voraus bestimmt werden kann.

Praktische Anwendung findet die schmalbandige Pyrometrie in Prozessen mit hohem Strahlungsangebot und hohem Emissionsgrad (vgl. Tab. 12.1). Konsequent müssen die Absorptionsbanden
der Materialien genutzt werden.

Tab. 12.1:   Spektralbereiche der schmalbandigen Pyrometrie

Messobjekt	Spektralbereich $\Delta\lambda$
Glas	4,8 ... 5,5 µm
Polyäthylen	3,4; (6,8); 13,8 µm
Nylon	3,0; 3,4 µm
Flammen	4,4 µm
Temperung von Si-Scheiben	3,6 ... 4,4 µm
PUR-Lack	4,4; (5,8); (6,5); 8,0 µm

Das Problem der eingeschränkten atmosphärischen Transmission (Wellenlängen in Klammern in Tab. 12.1) soll für die Flammenpyrometrie erläutert werden. In Abb. 12.3 sind die atmosphärische Transmission und die Emission der Flammen im Spektralbereich 3 ... 6 µm eingezeichnet. Infolge der starken Absorptionsbande der CO_2-Moleküle in der Luft bei   4,3 µm kann das Hauptemissionsmaximum nicht genutzt werden.

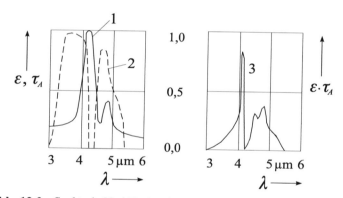

Abb. 12.3: Spektrale Verhältnisse bei der Flammendetektion durch die Atmosphäre
1 Emissionsspektrum $\varepsilon(\lambda)$ der Flammen (CO_2 + heiße feste Partikel),
2 atmosphärische Transmission $\tau_A(\lambda)$, 3 detektierbares Flammenspektrum $\varepsilon(\lambda) \cdot \tau_A(\lambda)$

12.1.3 Eliminierung des Emissionsgrades

Für eine genaue pyrometrische Temperaturbestimmung bleibt der Emissionsgrad der größte Unsicherheitsfaktor. Mit einer multispektralen Messung in mehreren Spektralbändern wird versucht, den Emissionsgrad zu beherrschen. Das Grundproblem bleibt aber erhalten. Bei der Messung in N spektralen Bändern sind $N + 1$ Unbekannte zu bestimmen: N Bandemissionsgrade und die Objekttemperatur T_t. Nur zusätzliche Informationen über die Bandemissionsgrade führen zu einer Lösung. Am Beispiel des mit zwei Spektralbändern $\Delta\lambda_a, \Delta\lambda_b$ arbeitenden Verhältnispyrometers soll das Vorgehen veranschaulicht werden. Für die Spektralbänder gelten die Bandemissionsgrade $\varepsilon_a, \varepsilon_b$ mit den Arbeitswellenlängen λ_a, λ_b. Für die Erläuterung des Prinzips wird der Einfluss der Umgebungsstrahlung als vernachlässigbar vorausgesetzt: $T_b \ll T_m$. Ausgehend von Gl. (12.2) wird das Verhältnis der spezifischen Ausstrahlungen in beiden Spektralbändern gebildet. Da T_m und T_t in beiden Bändern gleich sind, folgt für das Verhältnispyrometer

$$\frac{1}{T_t} = \frac{1}{T_m} + \frac{1}{c_2} \frac{\lambda_a \cdot \lambda_b}{\lambda_a - \lambda_b} \ln \frac{\varepsilon_b}{\varepsilon_a}. \tag{12.5}$$

Statt der exakten Kenntnis des Bandemissionsgrades wie in Gl. (12.3a) ist „nur" das Emissionsgradverhältnis für die Bestimmung der Objekttemperatur notwendig. Kann das Messobjekt als grauer Strahler angenommen werden ($\varepsilon_a = \varepsilon_b$), wird die wahre Körpertemperatur vermessen. Praktische Anwendungen haben Verhältnispyrometer in einem Temperaturbereich von 700 ... 3000 °C (Walzstraßen, Kristallzucht) gefunden, wobei die Spektralbänder im kurzwelligen IR liegen.

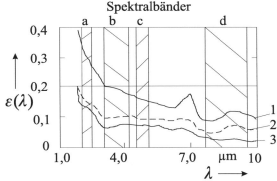

Abb. 12.4: Spektraler Emissionsgrad verschiedener Aluminiumproben und Spektralbänder des Inframatric -Pyrometers:
1 Al 99,5 oxidiert und verölt, 2 Al 99,5, 3 Al 99,5 Gießblech

Für die Überwachung industrieller Fertigungsprozesse an Objekten mit kleinem Emissionsgrad werden weitere spektrale Kanäle hinzugenommen. Die Emissionsgradrelationen werden in einem teach-in-Prozess ermittelt, bei dem T_t über eine Kontaktmessung bestimmt wird. Das Inframatic-Pyrometer (Schiewe 1992) arbeitet mit 4 Kanälen, in denen laufend die Gültigkeit der eingelernten ε -Relationen überprüft und eventuell den geänderten Messbedingungen angepasst werden. Änderungen während des Fertigungsprozesses können somit korrigiert werden. Für dieses Messgerät ist in Abb. 12.4 der spektrale Emissionsgrad einer Al-Legierung mit unterschiedlicher Oberflächenbeschaffenheit eingetragen. Schon das Verhältnis der Bandemissionsgrade $\varepsilon_a : \varepsilon_b : \varepsilon_c : \varepsilon_d$ bleibt für die drei Oberflächenzustände fast konstant.

12.1.4 Breitbandige Messung

Pyrometer für den Niedertemperaturbereich benötigen wegen des geringen Strahlungsangebotes ein breites Spektralband. Man spricht von Gesamtstrahlungspyrometern, wenn im spektralen Arbeitsbereich mehr als 90 % der Strahlung des Messobjektes emittiert wird. In diesem Falle kann für die Lösung der Integralgleichung (12.1) das Stefan-Boltzmann-Gesetz verwendet werden. Es ergibt sich

$$T_m^4 = \varepsilon_{ges} \cdot T_t^4 + (1 - \varepsilon_{ges})T_b^4 \tag{12.6}$$

mit dem Gesamtemissionsgrad ε_{ges} als Mittelwert für das Spektralband. Da aus energetischen Gründen die Arbeitswellenlängen festliegen, besteht keine Möglichkeit, durch Ausweichen auf kürzere Wellenlängen die Emissionsgrad- und Umgebungseinflüsse zu verringern. Wenn die Umgebungstemperatur genügend klein und der Emissionsgrad genügend groß ist, kann in (12.6) der hintere Term vernachlässigt werden. Die Bedingung für diese Vernachlässigung wird im Berechnungsbeispiel 12.1 abgeleitet. Auch unter Vernachlässigung der Hintergrundstrahlung wirkt sich die Unsicherheit des Emissionsgrades auf die gemessene Temperatur aus. Aus (12.6) folgt

$$\Delta T_t = -\frac{\Delta \varepsilon_{ges}}{4 \varepsilon_{ges}} T_t . \tag{12.7}$$

Wie beim Schmalbandverfahren ist der relative Temperaturfehler proportional dem relativen Fehler des Emissionsgrads [vgl. Gl. (12.4)].

Gesamtstrahlungspyrometer finden in der medizinischen Diagnose Anwendung für Krankheitsbilder, die sich durch Änderung der Hauttemperatur äußern. Beispielsweise können Durchblutungsstörungen, Entzündungen und allergische Hautreaktionen entdeckt werden. Besonders günstig sind die Verhältnisse der menschlichen Haut mit einem Emissionsgrad von $\varepsilon_{ges} = 0{,}98 \pm 0{,}01$ für $\lambda > 2$ µm. Da auch die Umgebungsstrahlung gezielt beeinflusst werden kann, sind hohe Temperaturauflösungen erreichbar (vgl. Beispiel 12.2). Kombiniert mit anderen Diagnoseverfahren ist die berührungslose Temperaturmessung ein effektives Hilfsmittel in der Human- und Veterinärmedizin.

12.2 Thermographische Diagnose

Hauptziel der thermographischen Diagnose ist neben der berührungslosen Temperaturbestimmung vor allem die Anzeige von Unterschieden in der spezifischen Ausstrahlung innerhalb des Objektfeldes. Die Interpretation der gewonnenen Infrarotbilder, der sog. Thermogramme, erfordert anwendungsspezifisches Spezialwissen. Die thermographische Diagnose ist eine Ergänzung zu anderen Prüfmethoden.

a)

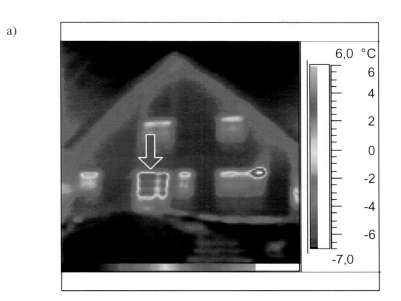

b)

Abb. 12.5: Thermographische Analyse eines neuerbauten Wohnhauses im Winter
a) Außenthermogramm mit normaler Isolierverglasung (Pfeil) statt der projektierten
Wärmeschutzverglasung, geöffnetes Fenster deutlich erkennbar (Krüll 1999)
b) Fotografie des Objekts (Krüll 1999)

a)

b)   c)

Abb. 12.6: Fachwerk unter Putz sichtbar gemacht mit verschiedenen Einelement-Messkameras mit gekühltem Empfänger

a) Thermogramm eines verputzten Fachwerkhauses (InfraTec 1999)

b) Schloss Gesamtansicht (Krüll 1999)

c) Thermogramm des Bildausschnittes über dem zweiten Torbogen von rechts (Krüll 1999)

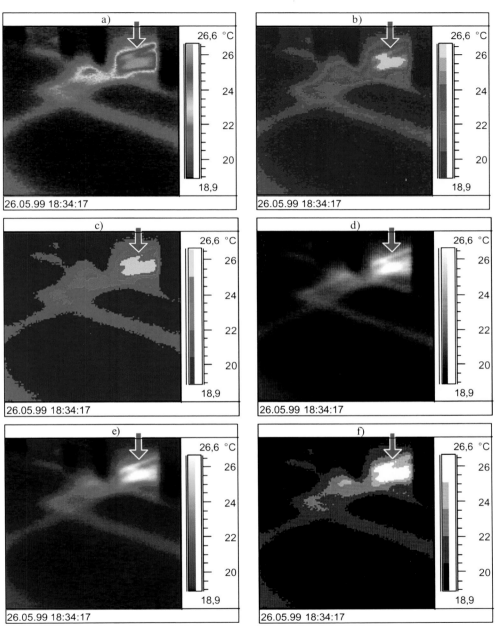

Abb. 12.7: Darstellungsmöglichkeiten von Infrarotbildern (Krüll 1999)
Leckstelle einer Wasserleitung durch Pfeil markiert, a) Falschfarbendarstellung (256 Farben),
b) 10-Farbendarstellung, c) 5-Farbendarstellung, d) Grauwertdarstellung,
e) 256-Farbendarstellung, f) Grauwertdarstellung in 5 Graustufen

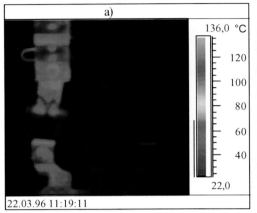
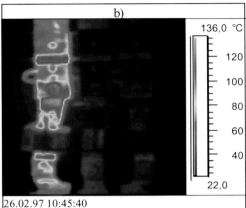

Abb. 12.8: Erwärmung einer elektrischen Schaltanlage im Betriebszustand bei gleichbleibender Belastung innerhalb eines Jahres (Krüll 1997)

a) Ausgangszustand, b) Erwärmung des Al-Cu-Überganges nach einem Jahr,

c) Fotografie mit Cu- und Al-Bauteilen

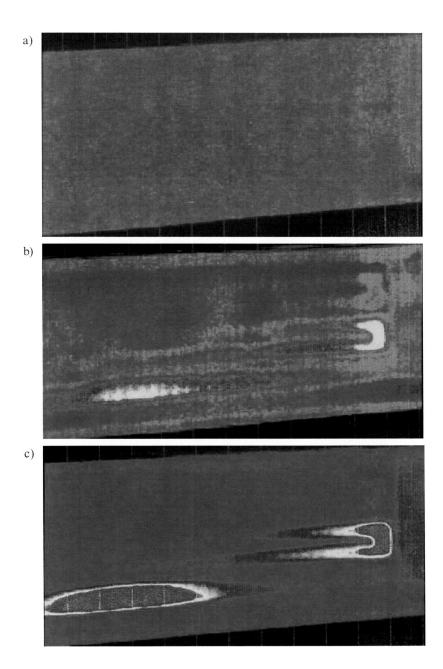

Abb. 12.9: Lock-in-Thermographie an Flugzeugturbinenschaufeln zur Prüfung der Wanddicke der Kühlkanäle (Zenzinger 1997)
a) 0,9 mm unkritisch, b) 0,6 mm, c) 0,3 mm kritisch

a)

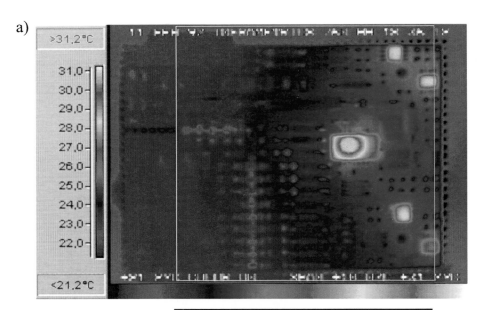

b)

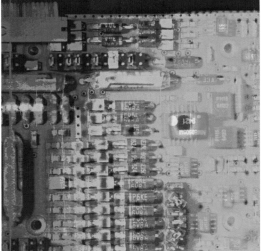

Abb. 12.10: Kombination von Thermogramm und hochaufgelöstem VIS-Bild (Nagel 1998) zur Inspektion einer Leiterkarte
a) Thermogramm ohne ε-Kompensation (Quadrat markiert den in b) dargestellten Ausschnitt
b) Thermogrammausschnitt mit unterlegtem VIS-Grauwertbild

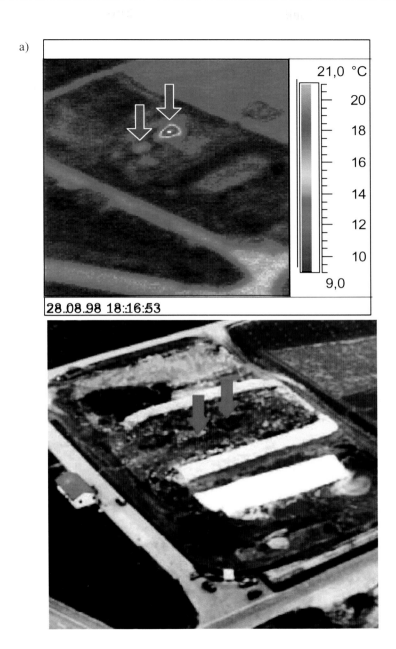

Abb. 12.11: Detektion eines Schwelbrandes im Inneren einer Mülldeponie durch thermographische Aufnahmen aus dem Hubschrauber (Krüll 1998)
a) Thermogramm, b) Fotografie

Abb. 12.12: Frontansicht einer Hubschrauberoptik (Büchtemann 1994)
oben: Eintrittsoptik für weitreichendes Wärmebildgerät und Laserentfernungsmesser
unten: Sendeoptik für CO_2-Laser

12.2.1 Bauthermographie

Ein Hauptanwendungsgebiet der ortsaufgelösten berührungslosen Strahlungsmessung ist das Bauwesen. Ihre wichtigsten Aufgaben lassen sich in den Nachweis von Wärmeverlusten an Bauwerken, die Bauzustandsanalyse und den Nachweis von Wärmelecks an Industrieanlagen gliedern.

Die Thermogramme werden von einem festen Standpunkt aus aufgenommen. Parallel dazu empfiehlt sich die fotografische Aufnahme des Messobjektes vom gleichen Betrachtungspunkt aus (vgl. Abb. 12.5, 12.6). Die Eindämmung von Wärmeverlusten in Wohn- und Industriegebäuden stellt einen wichtigen Beitrag zum rationellen Energieeinsatz dar.

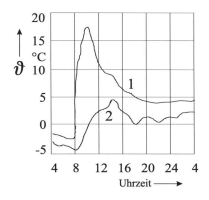

Abb. 12.13: Zeitliche Temperaturverläufe einer nach Osten orientierten Ziegelwand an einem Wintertag bei Sonneneinstrahlung,
1 Temperatur der Wandoberfläche, 2 Lufttemperatur

Für die Aufdeckung von Wärmebrücken müssen stationäre Verhältnisse am Gebäude vorliegen. In Abb. 12.13 sind die Temperaturverläufe eines Wintertages bei Sonneneinstrahlung an einer nach Osten gerichteten Ziegelwand dargestellt. Stationär bleibt hier nur die Nachtphase. Verallgemeinernd lassen sich folgende meteorologische Forderungen zur effektiven Bauwerksanalyse ableiten (Hermann, Walther 1990): Außentemperaturen wenig über dem Gefrierpunkt, Raumtemperatur 19 ... 24 °C, Windstille, keine Sonneneinstrahlung. Vor allem die direkte Sonneneinstrahlung führt zur Verfälschung. Als Verfahren wird meist die Außenthermographie angewendet, wo mit wenigen Thermogrammen ganze Häuserfronten aufgenommen werden. Wärmelecks sind dann besonders gut als warme Stellen zu erkennen, wenn der Luftdruck im Gebäudeinnern höher als draußen ist. Die Innenthermographie erfasst maximal eine Zimmerwand pro Thermogramm.

In Abb. 12.5 wird der klassische Fall von Materialbetrug an einem neu erbauten Einfamilienhaus nachgewiesen. Der Besitzer wollte wissen, ob die in der Ausschreibung vorgegebene Wärmeschutzverglasung wirklich eingebaut wurde. Während alle Fenster (außer dem geöffneten unten rechts) und die Wände eine exzellente Wärmedämmung bestätigen, schneidet die Haustür wesentlich schlechter ab. Hier ist eine normale Isolierverglasung mit einem mehr als doppelt so hohen Wärmeleitwert eingesetzt worden. Dieses Thermogramm dient als Basis für die Mängelregulierung.

Die Bauzustandsanalyse nutzt die unterschiedlichen Wärmeleitwerte im Mauerwerk. Wasser hat einen etwa 25-fach höheren Wärmeleitwert als Luft, so dass feuchte Wände thermographisch detektiert und Isolationsmaßnahmen abgeleitet werden können.

Eine weitere Anwendung ist die Ortung von Fachwerk. Aufgrund unterschiedlicher Wärmeleitwerte von Balken und Mauerwerk wird die nicht sichtbare Fachwerkstruktur erkennbar. Abb. 12.6 zeigt zwei Beispiele. Deutlich tritt in den Thermogrammen das unter Putz liegende Fachwerk als dunkle Streifen hervor. Sie beweist die gute Wärmedämmung durch das Holz. Die Hauptursache für die Wärmeverluste sind die Fenster und in Abb. 12.6 a die Dachpartien unterhalb der obersten Fensterreihe.

Mehrere Thermogramme aneinandergereiht wie in Abb. 12.6 c liefert die Grundlage für eine erste statische Berechnung des verputzten Fachwerkes. Es ist Ausgangspunkt für die Projektplanung zum Ausbau des Obergeschosses.

Besonders effektiv wird die Lecksuche an verdeckten Leitungen. In der Regel tritt das Wasser weit entfernt von der Leckstelle aus dem Mauerwerk aus. In Abb. 12.7 ist mittels thermographischer Analyse die undichte Stelle einer im Fußboden verlegten Wasserleitung gefunden worden, die Leckverluste von mehreren Litern pro Stunde haben. Somit muss nur an der betreffenden Stelle der Fußboden geöffnet und die Leitung repariert werden.

Thermokameras für das Bauwesen sollten eine thermische Auflösung $\delta T \le 0{,}5$ K bei 275 K Objekttemperatur haben. Echtzeitbilder sind nicht notwendig, eine Ortsauflösung von 2 mrad bei $M_{TS} = 0{,}5$ und der Objektentfernung unendlich sind typisch.

12.2.2 Medizinthermographie

Die grundlegend günstigen Emissionseigenschaften der menschlichen Haut sind schon in Kap. 12.1.4 genannt worden. Hinzu kommt, dass sich im stationären Zustand bei ruhender Luft die von der Körperoberfläche übertragenen Wärmemengen durch Strahlung, Verdunstung und Wärmeleitung wie 1:0,3:0,1 verhalten.

Ziel der thermographischen Untersuchung ist die Feststellung abnormer Temperaturverteilungen auf der Körperoberfläche, aus denen Rückschlüsse auf Krankheiten im Körperinneren gezogen werden können. Dabei ist die Detektion in die Tiefe gering, weil ab 20 mm Tiefe die Körperkerntemperatur vom Organismus konstant gehalten wird. In Abb. 12.14 ist der Temperaturverlauf bei jungen Schweinen in Abhängigkeit vom Abstand zur Hautoberfläche dargestellt. Auf den äußersten 10 mm tritt der deutliche Abfall zur typischen Hauttemperatur auf. Die Verhältnisse beim

Menschen sind ähnlich. Damit folgt als Voraussetzung für eine Krankheitsdetektion, dass der verursachte Temperaturgradient bis zur Hautoberfläche reicht. Dementsprechend beschränken sich die Anwendungen auf den oberflächennahen Bereich: Früherkennung von Brustkrebs, Erkennung von Tumoren, Metastasen, Verbrennungen und Erfrierungen, Wundheil- und Durchblutungsstörungen, rheumatische Erkrankungen. Eine praktische Anwendung ist die Bekämpfung der SARS-Epidemie in Asien: Mit einer kleinen Kamera im LIR-Bereich (Land 2003) werden unbemerkt die Gesichter an Flughäfen thermographiert. Ein kleiner Referenzstrahler im Gesichtsfeld dient als Temperaturnormal, so dass erhöhte Hauttemperaturen sicher detektiert und so Verdachtsfälle im Passantenstrom erkannt werden.

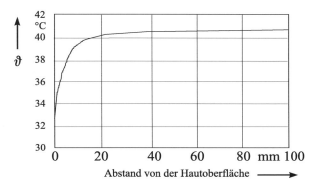

Abb. 12.14: Körperinnentemperatur bei jungen Schweinen in Abhängigkeit vom Abstand bis zur Hautoberfläche

Die subjektive Beurteilung des Thermogramms am Monitor ergänzt andere Diagnoseverfahren. Die Verfolgung des Krankheitsbildes kann durch Aufnahmen der betroffenen Körperstellen an verschiedenen Tagen erfolgen, wobei der Krankheitsverlauf durch Subtraktion der elektronisch gespeicherten Bilder sichtbar wird. Typisch für die Humanmedizin ist die Subtraktion zweier gleichzeitig aufgenommener Thermogramme von der rechten und linken Körperhälfte zur Erkennung von Ungleichmäßigkeiten.

Die Thermokamera für medizinische Zwecke muss eine thermische Auflösung $\delta T \leq 0,1$ K bei ϑ = 32 °C und eine Ortsauflösung von mindesten 1 mm^{-1} bei $M_{TS} = 0,15$ auf dem Messobjekt haben; das Thermogramm sollte mindestens aus 150 x 200 Pixeln bestehen, Echtzeitbilder sind wünschenswert.

12.2.3 Vorbeugende Instandhaltung

In der vorbeugenden Instandhaltung ist die Thermographie dort besonders effektiv, wo Wärmeentwicklung im normalen Betrieb auf Fehlfunktionen hinweist.

Für die Elektroenergieversorgung von der Erzeugung bis zur Verteilung ist die thermographische Diagnose ein nahezu ideales Hilfsmittel zur Anlagenüberwachung und Instandhaltung, weil die Kontrolle ohne Abschaltungen und berührungslos erfolgen kann. Die Kosten für eine vorbeugende thermographische Kontrolle sind vernachlässigbar im Vergleich zu den Schäden, die bei einer Havarie auftreten. Neben unmittelbaren Brandschäden an der Anlage treiben vor allem Folgeschäden durch die Unterbrechung der Energieversorgung die Kosten in die Höhe. So honorieren Versicherungsunternehmen die regelmäßige thermographische Inspektion von Energieanlagen mit einer niedrigeren Risikoklasse. Der Thermokamerapreis ist im Vergleich zum Anlagevermögen ebenfalls gering. Da die funktionsbedingten Messgeräte des Versorgungsnetzes die Betriebsparameter liefern, beschränken sich die Unsicherheiten der thermographischen Analyse auf den Emissionsgrad der Objekte.

Allgemein sind folgende Bedingungen einzuhalten: die Anlage muss mehrere Stunden in Betrieb sein; die Stromstärke muss mindestens 50 % des Wertes betragen, für den die Anlage dimensioniert ist; kein Regen, kein Nebel und Windgeschwindigkeiten < 6 m/s; keine direkte Sonneneinstrahlung am Messobjekt.

Als Untersuchungsobjekte kommen alle Schaltgeräte (Trenner, Leistungsschalter), Transformatoren, Wandler, Isolatoren, Klemmverbindungen und natürlich Freileitungen in Betracht. Letztere werden vorteilhaft vom Hubschrauber aus thermographiert, so dass die Störungen durch den Himmelshintergrund wegfallen. Die Überprüfung von Eisenbahnoberleitungen einschließlich der Isolatoren erfolgt effektiv vom fahrenden Zug aus. Generell liegt bei der Prüfung von Freileitungssystemen aus der Luft der Hauptarbeitsaufwand in den organisatorischen Vorbereitungen (Fluggenehmigung, Landeplätze, Registratur der Thermogramme, Abstimmung der thermographischen Aufnahmen mit den Messungen am Netz), die alle nur bei günstigen meteorologischen Bedingungen Erfolg haben.

Abb. 12.8 zeigt die im Abstand von einem Jahr aufgenommenen Thermogramme und das Foto einer Abzweigung von einer Stromschiene auf drei Unterverteilungen im Betriebszustand. Der linke Abzweig zeigt schon bei der ersten Messung höhere Temperaturen. Nach einem Jahr sind die Temperaturunterschiede von 20 K auf 100 K angewachsen, so dass der linke Abzweig ausgewechselt werden muss. Erschwerend kommt hinzu, dass die elektrische Elementbildung am Al-Cu-Übergang durch die erhöhte Temperatur zu einer deutlich schnelleren Korrosion der Verbindungsstelle führt.

Forderungen an Thermokameras für solche Inspektionen sind Temperaturauflösungen von $\delta T = 1\,\mathrm{K}$ bei einer Objekttemperatur von 300 K, eine Ortsauflösung von 1 mrad und ein Bildformat von mindestens 100 x 200 Pixeln in Echtzeit. Besondere Anforderungen werden an die Robustheit, an die Portabilität und an die bequeme in-situ-Kennzeichnung der Thermogramme gestellt.

Günstige Verhältnisse zur vorbeugenden Instandhaltung bestehen bei der Prüfung von Radlagern und Radreifen der Eisenbahnwagen. Die Messobjekte sind leicht zugänglich und die Emissionsgrade nach einer Einlaufphase der Wagen nahezu konstant. An spanischen Hochgeschwindigkeitsstrecken (Eisenbrand 1994) sind Systeme installiert worden, die Heißläufer während des Zugbetriebes herausfinden. Zur verbesserten Detektionssicherheit bei höchsten Geschwindigkeiten werden diese Systeme mit thermoelektrisch gekühlten HgCdTe-Zeilen mit vier Elementen ausgestattet (Münzberg, Pähler 1997).

12.2.4 Lock-in-Thermographie

Die Beobachtung der Ausbreitung von thermischen Impulsen, die mit einer dem Anwendungszweck angepassten Frequenz in den Prüfling eingebracht werden, eröffnet die Möglichkeit zur thermographischen Fehleranalyse im oberflächennahen Bereich. Strahlungseinbringung und Bildaufnahme erfolgen in einer starren Phasenkopplung (lock-in-Prinzip). Mit dieser Technik lassen sich gegenüber der statischen Thermographie um Größenordnungen höhere Empfindlichkeiten erreichen (Breitenstein, Altmann 1999), wenn die zu untersuchende Szene in m Perioden aufgenommen und die Bildinformationen dann gemittelt wird. Entsprechend Gl. (2.25) verringert sich das Rauschen um den Faktor $\sqrt{m}$.

Die zu detektierenden Fehler müssen sich in unterschiedlichen Ausbreitungsgeschwindigkeiten der eingestrahlten Energie äußern. Die mathematische Beschreibung dieser Technik beruht auf der Lösung der Wärmeleitungsgleichung

$$pc\frac{dT}{dt} - \Lambda \cdot \Delta T = q(t) \tag{12.8}$$

mit pc Wärmekapazität, Λ Wärmeleitfähigkeit, T Temperatur und $q(t)$ als Term, der die Energieeinbringung beschreibt (Walle et al. 1997).

Die Nutzung dieser Technologie ist inzwischen von Kunststoffen (Busse et al. 1993) auf Metalle (Schuster 2001) ausgeweitet worden, weil genügend schnelle Thermokameras zur Verfügung stehen.

Ein Hauptproblem der Lock-in-Thermographie ist das Einblitzen der energiereichen Strahlung auf das zu untersuchende Objekt. Die sich danach sehr schnell ändernde Eigenstrahlung muss in einer kurzen Aufnahmezeit registriert werden. Die stärksten Veränderungen treten unmittelbar nach dem Auslösen der thermischen Welle auf. Die typische Zeit für das Einblitzen der Energie auf Metallteile liegt unter 20 ms (Zenzinger 1997).

Als Lichtquellen kommen für große Flächen Blitzlampen in Betracht, die ihre Pulsenergie aus Kondensatorbatterien beziehen. Sollen kleine Flächen untersucht werden, können Impulslaser ausreichen. Entscheidend für den Erfolg des Verfahrens ist die vollständige spektrale Trennung der eingestrahlten Energie vom IR-Aufnahmekanal. Da die Strahldichte der anregenden Quelle um mehrere Größenordnungen höher ist als die zu detektierende Eigenstrahlung, spielt die Störstrahlungsunterdrückung eine entscheidende Rolle. Unter Umständen blendet eine mit Wasser gefüllte Küvette unerwünschte spektrale Banden aus.

Die Interpretation der Ergebnisse ist sehr objektspezifisch. Zunächst müssen die Thermogramm-sequenzen eines fehlerfreien Werkstückes und eines Werkstückes mit den typischen Fehlern ana-lysiert und deren Differenzbilder verglichen werden. Das kontrastreichste Differenzbild legt die Zeitdifferenz fest, bei dem nach dem Blitzen die Bildaufnahme am Prüfling erfolgt. In weiteren Schritten kann ein quantitativer Zusammenhang zwischen dem zu detektierenden Fehler und der angezeigten Temperaturdifferenz hergestellt werden. In Abb. 12.9 werden Flugzeugturbinen-schaufeln auf diesem Wege analysiert. Kritisch ist hier die minimale Wandstärke in den Kühlkanä-le. Wird diese an einigen Stellen unterschritten, treten im Differenzthermogramm deutliche Kon-traste auf.

12.2.5 Kombination von visuellen Bildern und Thermogrammen

Die digitale Bildaufnahme im visuellen Strahlungsbereich hat den Massenmarkt Fotografie revolu-tioniert. Werden 2001 deutschlandweit noch dreimal so viele Analogkameras mit klassischem Film wie Digitalkameras verkauft, haben sich die Anteile 2003 fast umgekehrt: Fünf Millionen Digitalkameras stehen 2,25 Mio. verkaufte Analogsysteme gegenüber, Tendenz steigend. Digital-kameras mit fünf Millionen Pixeln findet man inzwischen in jedem Fotogeschäft. Die Konsequen-zen für thermographische Systeme sind stark anwendungsbezogen.

Grundsätzlich ist die hohe räumliche Auflösung von VIS-Systemen mit Thermokameras nicht er-reichbar (vgl. Beispiel 6.1). Andererseits eröffnet die Kombination des elektronisch gewonnenen VIS-Bildes mit dem Thermogramm neue Möglichkeiten:

1. Die unmittelbare Registrierung der thermographierten Szene, wie sie vom Auge wahrgenom-men wird. Im einfachsten Fall wird eine handliche Industriekamera an der Thermokamera befes-tigt und auf die Szene ausgerichtet. Entscheidend ist die richtige Abstimmung der Sichtfelder von VIS- und IR-Kanal. Preiswerte Geräte mit VIS- und IR-Kanal in einem Gehäuse nutzen thermi-sche Empfängerarrays im QVGA-Format, während das VIS-Bild etwa die doppelte räumliche Auflösung hat (I. S. I. Group 1998). Die softwaretechnische Implementierung der thermischen Szene in das hochaufgelöste VIS-Bild erleichtert die Thermogrammauswertung (LAND 2002).

2. Eine prozessspezifische Auswertung des visuellen und des thermographischen Bildes nutzt die Vorteile beider Aufzeichnungsmöglichkeiten. So kann die photogrammetrische Auswertung von Thermogrammen die vorbeugende Instandhaltung von Industrieanlagen ergänzen. Ein praktisches Beispiel ist in Abb. 12.10 dargestellt: Das normale Thermogramm einer Leiterkarte lässt nur schwer Rückschlüsse auf die einzelnen Bauelemente zu. Wird das visuelle Bild als Grauwertdar-stellung dem farbigen Thermogramm unterlegt, ist diese Zuordnung sehr gut möglich.

12.3 Temperaturkontrolle in technologischen Prozessen

Die Qualität vieler Produkte hängt entscheidend von der Einhaltung des thermischen Regimes bei der Herstellung ab. Das Hauptziel der thermographischen Diagnose hier ist die Einhaltung eines prozesstypischen Temperaturverlaufes. Dabei hat sich die Thermographie als zusätzliches Werkzeug der Qualitätssicherung etabliert.
Die prozessspezifischen Gerätelösungen sind sehr vielfältig. Exemplarisch werden einzelne Anwendungen vorgestellt.

Ein typisches Anwendungsfeld ist die Ziegelherstellung, wo Inhomogenitäten in der verarbeiteten Masse sehr gut mit Thermokameras sichtbar gemacht werden können (Kloft 2000). Daraus leiten sich dann Rückschlüsse für die Optimierung des technologischen Prozesses ab, um den Wirkungsgrad zu steigern und Energie zu sparen.

Grundsätzliche Aussagen zur Gestaltung des Tiefziehprozesses von Metallteilen sind mit Thermogrammen gewonnen worden (Thamm 1999). Hierbei gilt es, extreme Veränderungen im Emissionsgrad infolge von Oberflächenveränderungen und Schmiermitteln im Herstellprozess zu kompensieren.

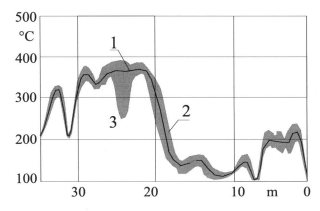

Abb. 12.15: Temperaturverlauf längs eines Drehrohrofens aufgenommen mit einer pyroelektrischen Zeilenkamera (Hermann et al. 1991)
1 technologische Sollkurve, 2 Schwankungsbreite innerhalb eines Tages, 3 Anomalie

Eine klassische Überwachungsaufgabe ist die thermographische Beobachtung von Drehrohröfen in der Zementindustrie. Die Zeileninformation entlang des Ofens liefert sowohl Rückschlüsse über die Einhaltung des technologischen Regimes als auch über den Zustand des Ofens. Lokale Überhitzungen weisen auf Verschleißerscheinungen hin. Der Zeittakt kann je nach Überwachungsauf-

gabe in weiten Grenzen variiert werden (Untersuchung des Ofenmantels, Einhaltung des technologischen Tagesregimes). In Abb. 12.15 ist die Überwachung des Tagesregimes mit einer pyroelektrischen Zeilenkamera dargestellt. Die Messwerte schwanken über den Tag verteilt um die
vorgegebene Sollkurve.

Thermogramme erleichtern Grundlagenuntersuchungen von technologischen Prozessen. Als Beispiel ist in Abb. 12.16 das Thermogramm der graphitierten Rückseite eines 2 mm dicken Stahl-
blechs beim Laserstrahlschweißen im Spektralbereich 3 ... 5 µm dargestellt.

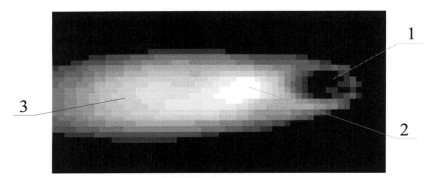

Abb. 12.16 MIR-Thermogramm beim Laserstrahlschweißen (Schlebeck 1994)
ohne Emissionsgradkompensation, Objektgröße 6,5 x 4,5 mm^2
1 Durchtrittsöffnung (key-hole), 2 oxidiertes heißes Metall, 3 Abkühlzone

Die Kamera ist 15 cm vom Objekt entfernt. Im Sichtbaren wird die gesamte Szene vom grellen
Lichtbogen überstrahlt, den das flüssige Metall in der unmittelbaren Strahldurchtrittsöffnung (key-
hole) erzeugt. Das flüssige Metall emittiert ein kurzwelliges Bandenspektrum im UV und VIS,
welches die Thermokamera nicht sieht. Im key-hole herrscht eine Temperatur von ca. 3000 K.
Sie erscheint infolge des niedrigen Emissionsgrades von 0,2 des nicht oxidierten Stahls kälter als
die unmittelbare Umgebung. Damit wird der key-hole-Durchmesser messbar. Die Relativbewegung des Laserstrahles erfolgt von links nach rechts. Hinter dem key-hole oxidiert das Metall und
der Emissionsgrad erhöht sich auf 0,7. Die Abkühlung mit zunehmender Entfernung vom Laser-
strahl ist deutlich erkennbar.

Speziell angeboten werden Thermographieprüfeinrichtungen für die Kontrolle von Leiterkarten,
die auch die Inspektion von einzelnen Schaltkreisen ermöglichen (AGEMA 1991). Die thermische
Analyse von Schaltkreisen erfordert ein thermographisches Mikroskop, wobei räumliche Auflösungen bis 15 µm im Schaltkreis erreicht werden. Die thermische Analyse dieser Objekte birgt
zwei besondere Schwierigkeiten: Die stark variierenden Emissionsgrade im Objektfeld (vom
blanken Metall bis zur matten Isolation) und die Reflexion von Umgebungsstrahlung. Die Ausschaltung dieser Unsicherheiten erfordert eine ausgefeilte Bildverarbeitungstechnik und eine Tem-

periereinrichtung für das Messobjekt. Soll die Erwärmung einer Leiterkarte angezeigt werden, sind drei Messschritte erforderlich:

1. Temperierung der Karte auf eine konstante bekannte Temperatur T_1 und Aufnahme eines Thermogramms. Aus T_1 wird für jedes Pixel der Emissionsgrad berechnet und für jedes Pixel einzeln abgelegt,

2. Inbetriebnahme der Leiterkarte und Aufnahme des Thermogramms,

3. Berechnung der wahren Temperatur in den einzelnen Pixeln unter Berücksichtigung der Emissionsgrade im Objektfeld.

Soll zusätzlich noch der Einfluss der Umgebungsstrahlung kompensiert werden, sind zwei Referenztemperaturen T_1, T_2 notwendig. Im Berechnungsbeispiel 12.3 sind die Grundlagen für dieses Verfahren abgeleitet.

12.4 Sicherheits- und Militärtechnik

Die Fortschritte der Infrarottechnik kommen zum großen Teil aus der Militärforschung. Hier sind berührungslos arbeitende Wärmebildgeräte für extreme Bedingungen (Portabilität, mechanische Stabilität, große Reichweite) entwickelt worden. Auf der Tagesordnung steht die verstärkte zivile Nutzung dieser Errungenschaften. Verstärkt werden diese Errungenschaften auch zivil genutzt.

12.4.1 Objekt- und Brandschutz

Die verbreitetste zivile Anwendung von IR-Komponenten sind die Bewegungsmelder. Ihr Grundbaustein ist ein pyroelektrischer Empfänger mit einer Optik von geringer räumlicher Auflösung, die die Strahlung aus dem LIR-Bereich sammelt. Aufgrund des Funktionsprinzips des Empfängers werden Veränderungen in der Ausstrahlung der erfassten Objektszene registriert. Daran anschließend können je nach Art der Überwachungaufgabe geeignete Maßnahmen (Zuschalten von Licht oder Videokamera, Alarmauslösung) getroffen werden.
Hauptaugenmerk der weiteren Entwicklung gilt dem Vermeiden von Fehlalarm. Denn vom Wind bewegte Äste, Kleintiere wie Katzen und einsetzender Regen verändern die LIR-Ausstrahlung

der Szene. Die Mehrfachabbildung (mehrere Kunststofflinsen auf einem Träger bilden die Szene auf Matrixempfänger ab) gekoppelt mit a priori-Informationen über die möglichen Eindringlinge kann die Auslösung von Fehlalarmen verringern (Zapp et al. 1997).

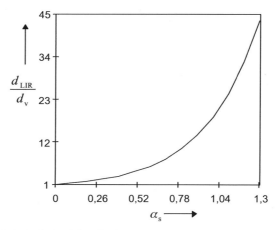

Abb. 12.17: Verhältnis der Reichweite im LIR-Fenster zur visuellen Sichtweite bei dominanten Streuverlusten in der Atmosphäre

Die flächenhafte Visualisierung der Körpereigenstrahlung mit thermographischen Mitteln gestattet Beobachtungen ohne zusätzliche Strahlungsquelle in absoluter Dunkelheit. Aufgrund der Hauttemperatur des menschlichen Körpers von 32 °C und ihres Emissionsgrades von 0,98 werden IR-Kameras mit hoher Reichweite effektiv zur Objekt- und Grenzüberwachung eingesetzt. Sie kommen als sowohl als Standgeräte als auch als mobile Einheiten zum Einsatz, die auf Hubschraubern oder auf Fahrzeugen montiert sind. Neben der Sichtbarkeit aufgrund der sichtbar gemachten Eigenstrahlung spricht ein zweiter Effekt für den Einsatz der LIR-Systeme: Infolge der geringeren Streuung der LIR-Strahlung an den Luftmolekülen im Vergleich zur sichtbaren Strahlung verbessert sich die Reichweite des Wärmebildgerätes gegenüber der visuellen Sichtweite d_v. Die Größe dieses Effektes kann mit Gl. (4.9) abgeschätzt werden. Setzt man den bei schlechten Sichtverhältnissen dominierenden Einfluss der Streuung in der Atmosphäre voraus (vgl. Berechnungsbeispiel 4.3), dann ergibt sich mit Gl. (4.1) das Verhältnis von LIR-Reichweite und Sichtweite zu

$$\frac{d_{\mathrm{LIR}}}{d_v} = \left(\frac{10\,\mu\mathrm{m}}{0{,}55\,\mu\mathrm{m}}\right)^{-\alpha_s} . \tag{12.9}$$

In Abb. 12.17 ist dieses Verhältnis für relevante Werte des Selektivitätskoeffizienten $\alpha_s = 0 \ldots 1{,}3$ dargestellt. Die dazu korrespondierenden Wetterbedingungen sind in Tab. 4.7 zusammengefasst. Bei schlechtesten Sichtverhältnissen ($\alpha_s = 0$) bringt auch das IR keine Verbesserungen. Doch schon bei $\alpha_s = 0{,}2$ wird die verbesserte Reichweite spürbar.

Zunehmend kommen Überwachungssysteme zum Einsatz, die neben dem LIR-Kanal einen VIS-Kanal mit wesentlich höherer Pixelauflösung und Zoomoptik nutzen. Die Zentrale des Objektschutzes hat damit die Möglichkeit, Details im Überwachungsbereich zu beurteilen (Raytheon 1998). Im Rahmen der Terrorismusabwehr werden sensible Objekte zunehmend mit solchen dualen Systemen gesichert, wobei die LIR-Strahlung mit Mikrobolometer-FPA oder pyroelektrischen FPA detektiert wird (Hardin 2003).

Abgeleitet von der guten Sichtbarkeit lebender Objekte im Dunkeln wird die IR-Kameratechnik auch in der Automobilbranche schrittweise eingeführt: Im Jahre 2000 sind erste Cadillac-Modelle mit einer Miniaturthermokamera mit thermischen FPA neben dem Hauptscheinwerfer vorgestellt worden, deren Objektfeld dem des Fahrers entspricht. Die IR-Szene wird auf einem LCD-Display in Helligkeiten umgesetzt und so auf die Innenseite der Frontscheibe projiziert, dass der Fahrer neben seiner gewohnten Straße noch ihr LIR-Bild sieht. Besonders Radfahrer und Tiere werden erheblich schneller wahrgenommen.

Die ältesten IR-Kameras für den Feuerwehreinsatz sind tragbare Pyriconkameras (EEV 1986), die die Szene auf ein monochromes Display abbilden, welches mit beiden Augen bequem beobachtet werden kann. Durch die Relativbewegung zwischen Objekt und Kamera bei der Brandbekämpfung kann auf eine Chopperung der einfallenden Strahlung verzichtet werden. Da Hitze und Rauchentwicklung die Haupthindernisse für eine optimale Brandbekämpfung sind, wirken sich zwei Eigenschaften von IR-Kameras positiv aus:
1. die verbesserte Sichtweite durch den Rauch hindurch. Infolge der großen Wellenlängen ist die Streuung an den Rauchpartikeln im IR-Bereich geringer, so dass mit einer Verdreifachung der Sichtweite gegenüber dem Sichtbaren gerechnet werden kann.
2. die Sichtbarkeit lokaler Überhitzungen, auch wenn der Brand schon gelöscht scheint. So können Glutnester im Waldboden oder Schwelbrände hinter Verkleidungen gezielt beseitigt werden.
Mikrobolometer-FPA-Kameras sehr kompakter Bauart gehören inzwischen zur Standardausrüstung von Feuerwehren (Wittmer 2003).

Einen weiteren IR-Kamera-Einsatz zur Brandbekämpfung zeigt Abb. 12.11. Durch Feuchtigkeit und Druck haben sich Seegrasmatratzen im Inneren einer Mülldeponie entzündet und einen Schwelbrand mit extremer Geruchsbelästigung verursacht. Klassische Löschversuche zeigen über Wochen keinen Erfolg. Schließlich wird die Deponie vom Hubschrauber aus thermographiert. Die Lage der Brandherde sind aus ca. 100 m Höhe gut erkennbar, so dass die Feuerwehr gezielt Löschsonden in die Tiefe der Deponie einbringt. Damit wird der Brand gelöscht.

12.4.2 Passive Aufklärung

Große Anstrengungen sind unternommen worden, um für Militärs eine portable Gefechtsfeld-überwachung zu entwickeln. Der prinzipielle Aufbau bei der Verwendung von Einelementempfän-gern geht aus Abb. 12.18 hervor. Die Szene wird zweidimensional abgetastet, wobei die Abtast-elemente im parallelen Strahlengang angeordnet sind. Die Empfängerbestrahlungsstärke wird in ein elektrisches Signal umgewandelt, welches eine Lichtemitterdiode LED moduliert. Zur Rekon-struktion der IR-Szene wird die LED-Strahlung zweidimensional abgelenkt, wobei die Drehbe-wegung des Abtastpolygons genutzt wird. Infolge der Augenträgheit erscheint dem Nutzer ein vollständiges monochromes Bild.

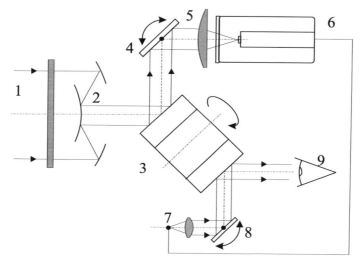

Abb. 12.18: Funktionsprinzip eines portablen passiven Nachtsichtgerätes
1 eintretende IR-Strahlung, 2 afokale Eintrittsoptik, 3 rotierendes Spiegelpolygon,
4 Schwingspiegel zur Abtastung über der Bildhöhe, 5 Fokussieroptik,
6 gekühlter IR-Empfänger, 7 Lichtemitterdiode,
8 Schwingspiegel zur Wiedergabe über der Bildhöhe, 9 Auge

Inzwischen sind diese aufwändigen Systeme durch miniaturisierte Thermokameras mit pyroelektri-schen FPA als Bildaufnehmer und LCD-Anzeigeeinheit abgelöst, die am Helm befestigt und über Spezialbrillen eingespiegelt werden.

Eine klassische Militäranwendung verbirgt sich hinter der Abkürzung FLIR (forward looking infrared). Ziel ist die weitgehend wetterunabhängige Frühwarnung vor herannahenden Flugkör-pern und die Erkennung von Szenen beim Navigieren von Flugzeugen ohne selbst ein Signal aussenden zu müssen. Das unterscheidet die passive IR-Technik grundsätzlich vom Radar. Die ersten Wärmebildgeräte auf Flugzeugen sind in Flugrichtung ausgerichtet und haben die Abkürzung FLIR hervorgebracht. Jetzt wird diese Technik in allen Beobachtungsrichtungen eingesetzt. Die wahlweise Einspiegelung des VIS- und IR-Bildes über spezielle Brillen sollen den Piloten ein weitgehend unabhängiges Agieren ermöglichen. Alle diese Wärmebildgeräte verwenden gekühlte Quantenempfänger, wobei alle Mittel zur Verringerung des Rauschens genutzt werden. Da in allen Reichweitenformeln (vgl. Kap. 10.5) die Eintrittsfläche des Objektivs A_P im Zähler vorkommt, haben die FLIR-Optiken die größten technologisch beherrschbaren Frontlinsendurchmesser. Mit dem Einsatz des Beschichtungswerkstoffes DLC (vgl. Tab. 5.2) kann deren Standzeit erheblich verbessert werden. Abb. 12.12 zeigt die Vorderansicht einer Geräteausführung, wobei neben dem weitreichenden Wärmebildgerät auch ein Laserentfernungsmesser für den LIR-Bereich zum Einsatz kommt.

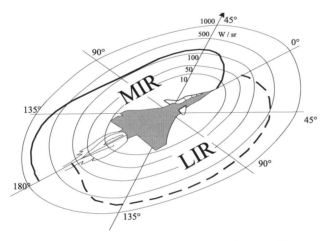

Abb. 12.19: Polare Verteilung der Strahlstärke eines Jagdflugzeuges in W/sr Gaussorgues 1984)

Zur Freund-Feind-Erkennung werden umfangreiche Bildverarbeitungsalgorithmen erarbeitet, die zum einen typische Strukturen aus der verrauschten Szene vergleichen und zum anderen Aufnahmen aus verschiedenen atmosphärischen Fenstern auswerten. In Abb. 12.19 ist als Beispiel die polare Verteilung der Strahlstärke eines Jagdflugzeuges im MIR- und LIR-Fenster dargestellt. Für die Aufnahme solcher Thermogramme benötigt man die im Berechnungsbeispiel 10.5 diskutierten dualen Systeme. Sie bestehen aus zwei separaten Thermokameras, die in beiden Fenstern gleichzeitig Thermogramme aufnehmen und im Bildspeicher abgelegen. Ähnliche typische Signaturen der Strahlungsverteilung können an Schiffen und Landfahrzeugen festgestellt werden, so dass aus diesen Bildern schneller Rückschlüsse bezüglich der Herkunft der Objekte gezogen werden können. Duale IR-Systeme werden sowohl für Flugzeuge (Chan et al. 2002), Landfahrzeuge, Schiffe und U-Boote (Fritze et al. 2002) entwickelt.

In Abb. 12.19 führen die Verbrennungsprodukte der Triebwerke mit einer Temperatur von 750 ... 1000 K zu einer hohen MIR-Strahlstärke am Heck, die den Wärmelenkraketen ein gut wahrnehmbares Ziel bietet.

12.4.3 Passive Fernerkundung

Die Fernerkundung der Erdoberfläche erfolgt von Flugzeugen oder Satelliten aus, wobei als spektrale Arbeitsgebiete sämtliche atmosphärischen Fenster genutzt werden. So ist eine vollständige Kartierung der gesamten Erde entstanden, die beispielsweise zum Aufspüren von Umweltbelastungen, zur Prognose von Ernteerwartungen, zur Waldbrandüberwachung großer Flächen, für geologische und geotektonische Erkundungen und natürlich zur Zielplanung für militärische Auseinandersetzungen genutzt werden. Letzterem dienen die umfangreichen Bildverarbeitungsalgorithmen, die die Informationen aus verschiedenen Spektralbereichen miteinander verknüpfen und Veränderungen registrieren (Ashton 1999).

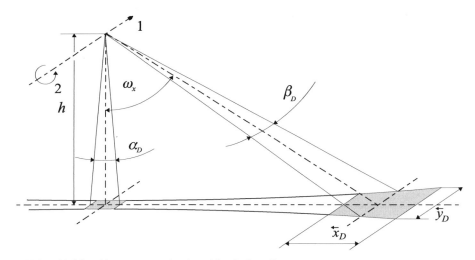

Abb. 12.20: Abtastgeometrie eines klassischen line-scanners
1 Flugrichtung, 2 Drehrichtung des Spiegelpolygons

Bei Bewölkung verfälscht die Eigenstrahlung der Atmosphäre die Aufnahmen der Erdoberfläche. Infolge der Eigenbewegung der Installationsplattformen braucht die Abtastung des Objektfeldes nur in einer Richtung erfolgen. Begonnen hat diese Entwicklung für den IR-Strahlungsbereich mit einer Kombination aus Einelementempfänger, sammelnder Optik und vorgeschaltetem Spiegelpolygon (vgl. Abb. 12.20). Für die Größe des erfassten Objektfeldelements IFOV im Längenmaß ergibt sich

$$\begin{pmatrix} \bar{x}_D \\ \bar{y}_D \end{pmatrix} = \begin{pmatrix} \dfrac{\alpha_D}{\cos^2 \omega_x} \\ \dfrac{\beta_D}{\cos \omega_x} \end{pmatrix} h \tag{12.10}$$

mit der Flughöhe h, dem Feldwinkel ω_x und der Empfängergröße im Winkelmaß nach Gl. (5.21), wobei der Abbildungsmaßstab gleich Null und für Einelementempfänger der Pixel-Pitch gleich der Empfängerkantenlänge zu setzen ist. Aus Gl. (12.10) folgt, dass mit zunehmendem Feldwinkel ω_x die erfassten Ausschnitte der Erdoberfläche verzerrt werden (vgl. Berechnungsbeispiel 12.4). Modernere Überwachungssysteme verwenden senkrecht zur Flugrichtung angeordnete Zeilenempfänger, so dass die Verzerrung durch die Polygonspiegelung entfällt.

12.4.4 Zielverfolgung

Für die Flugzeug- und Raketenabwehr sind passiv arbeitende Zielsuchköpfe entwickelt worden. Ausgehend von Abb. 12.19 bietet sich für diesen Zweck das MIR-Fenster an, zumal in diesem Spektralbereich höhere Spitzendetektivitäten für Quantenempfänger erreichbar sind. Die Zielverfolgung wird durch das Ausrichten der optischen Achse auf die Wärmequelle realisiert.

In Abb. 12.21 ist das Funktionsprinzip dargestellt. Die Zielsuch-Optik besteht aus einem sammelnden Objektiv, in dessen Brennebene eine rotierende Spezialblende angebracht ist. Sie wird als Recticle bezeichnet und moduliert das Infrarotbild der abgebildeten Wärmequelle. In Abb. 12.21 a befindet sich das Ziel unter dem Feldwinkel ω. Unmittelbar hinter der Brennebene ist eine Feldlinse angeordnet, die die Strahlung auf den IR-Empfänger ablenkt.

Das Prinzip der Winkeldetektion wird für das oft angewandte Prinzip der Amplitudenmodulation (Miller 1994) erläutert, wenn ein Vollflächenempfänger verwendet wird. Zu bestimmen ist die ω- und ψ-Position des Zieles, wobei ψ in einer Ebene senkrecht zur optischen Achse gemessen wird. Dabei wird vom vereinfachten Recticle in Abb. 12.21 b ausgegangen, mit dem die dargestellten Signalverläufe erzeugt werden. In Abb. 12.21 c sind diese über dem Drehwinkel des Recticles aufgetragen. Die obere Hälfte des Recticles ist halbdurchlässig, auf der unteren wechseln sich durchlässige und undurchlässige Sektoren ab. Die drei Signalverläufe entsprechen den Objektpositionen 1 (am Rande des erfassten Bereiches), 2 (nah am Zentrum) und 3 (Ziel auf direkter Linie mit der Flugrichtung der Wärmelenkrakete).

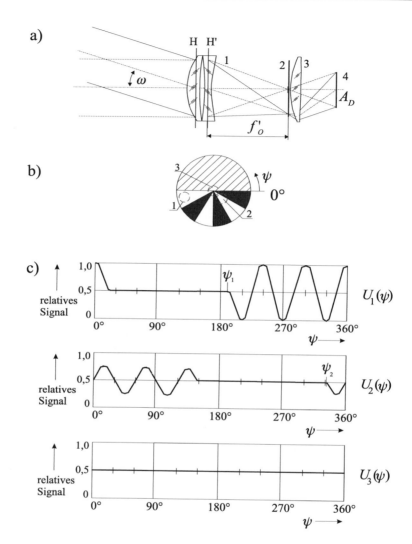

Abb. 12.21: Funktionsprinzip von Wärmelenkeinrichtungen
Optikschema mit 1 Objektiv, 2 Recticle, 3 Feldlinse, 4 Empfängerfläche
vereinfachtes Recticle mit den Zielpositionen 1, 2, 3
relativer Signalverlauf bei den Zielpositionen 1, 2, 3

Die Position 1 verursacht die volle Modulation für einen Halbkreis. Liegt das Ziel näher an der optischen Achse wie in Position 2, wird die Modulation geringer. Bei Übereinstimmung von Ziel und optischer Achse ($\omega = 0$) entsteht ein Gleichsignal. Damit ist die Modulation ein Maß für den Feldwinkel ω. Der durch die halbdurchlässige Recticlehälfte erzeugte Gleichanteil ermöglicht die Detektion des Azimutes ψ. Beim Drehen des Recticles ist das Azimut eindeutig durch den Beginn der Modulation bestimmt (ψ_1, ψ_2 in Abb. 12.21 c). Die Auswertung erfolgt durch elektronischen Vergleich mit der Winkellage des Recticles. Praktische Ausführungen von Recticlen sind komplizierter. Ihre Gestaltung ist einer optimalen elektronischen Auswertung angepasst (z. B. Hong et al. 1997). Empfänger mit räumlich getrennten sensiblen Flächen lassen zusätzliche Optimierungen zu.

12.5 Berechnungsbeispiele

Beispiel 12.1

Gesucht sind mathematische Bedingungen, mit denen beim Gesamtstrahlungspyrometer der Messfehler durch die Vernachlässigung der Umgebungsstrahlung unter einer Schranke δ gehalten werden kann.

1. Ausgangsgleichung ist Formel (12.6). Für die Vernachlässigung der Umgebungstemperatur unter Einhaltung der Fehlerschranke δ (z.B. 1 % entspricht $\delta = 0{,}01$) sind die folgenden zwei Fälle zu unterscheiden.

2. Untersuchungen in Anlehnung an Abb. 12.2., d. h. Objekt- und Umgebungstemperatur unterscheiden sich nicht besonders stark ($T_b \approx T_t$): Hier wird die Schranke unter der Bedingung

$$\left| \frac{T_m - T_t}{T_t} \right| \leq \delta \quad \text{eingehalten. Einsetzen von Gl. (12.6) führt zur Grenzbedingung}$$

$$\left(\frac{T_t}{T_b} \right)^4 = \frac{1 - \varepsilon_{ges}}{(1 \pm \delta)^4 - \varepsilon_{ges}} \quad . \tag{12.11 a}$$

Das $\pm$ folgt aus der Fallunterscheidung durch die Betragsbildung.

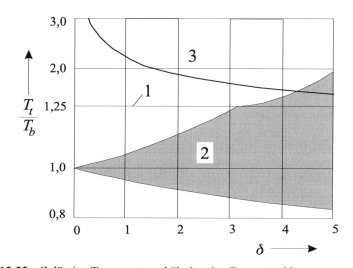

Abb. 12.22: Zulässige Temperaturverhältnisse im Gesamtstrahlungspyrometer bei Einhaltung der Fehlerschranke δ für den Gesamtemissionsgrad $\varepsilon_{ges} = 0{,}8$

1 Maßstabswechsel, 2 zulässiger Bereich für $T_b \approx T_t$, 3 zulässiger Bereich für $T_t \gg T_b$

3. Untersuchungen für Objekttemperaturen $T_t \gg T_b$: Hier wird die Schranke für $\delta \leq \dfrac{(1-\varepsilon_{ges}) \cdot T_b^4}{\varepsilon_{ges} \cdot T_t^4}$ eingehalten. Damit ergibt sich als Forderung an die Temperaturen

$$\left(\frac{T_t}{T_b}\right)^4 \geq \frac{1-\varepsilon_{ges}}{\varepsilon_{ges} \cdot \delta} \quad . \tag{12.11 b}$$

4. In Abb. 12.22 sind die zulässigen Temperaturverhältnisse für $\varepsilon_{to} = 0{,}8$ in Abhängigkeit von der zulässigen Fehlerschranke δ dargestellt. Wird der Emissionsgrad kleiner, wird der Variationsbereich schmaler für den Fall unter 2. kleiner. Für den Fall unter 3. verschiebt sich die Grenze nach oben.

Beispiel 12.2

In der Humanmedizin müssen Hauttemperaturen mit einer Genauigkeit von mindestens 0,1 K bestimmt werden. Welche Forderungen ergeben sich an die Konstanz der Umgebungstemperatur?

1. Auszugehen ist von einer Hauttemperatur von 32°C und einer Umgebungstemperatur von 25°C.

2. Solche Pyrometer sind Gesamtstrahlungspyrometer. Aus Gl. (12.6) folgt bei konstanter Mess-temperatur die Schwankungsbreite der Objekttemperatur zu

$$\Delta T_t = \frac{\Delta \varepsilon_{ges}}{4\varepsilon_{ges} \cdot T_t^3}(T_t^4 - T_b^4) + \frac{1-\varepsilon_{ges}}{\varepsilon_{ges}}\left(\frac{T_b}{T_t}\right)^3 \Delta T_b \ . \tag{12.12}$$

Umstellen nach ΔT_b liefert mit dem Emissionsgrad der menschlichen Haut nach 12.1.4 bei den obigen Bedingungen $\Delta T_b = \pm 1{,}6$ K als zulässige Umgebungstemperaturtoleranz.

3. Die Bedingung entschärft sich auf $\Delta T_b = \pm 4{,}9$ K, wenn die Umgebungstemperatur gleich der Hauttemperatur ist.

Beispiel 12.3

Das AGEMA-System Thermovision 800 Series for Electronics zur berührungslosen ortsaufgelös-ten Temperaturmessung an elektronischen Schaltkreisen arbeitet zur Ausschaltung der Emissions-grad- und Umgebungstemperatureinflüsse mit zwei Referenzmessungen bei den Temperaturen T_1, T_2. Diese können 40 °C, 60 °C, 80 °C, 100 °C oder 120 °C betragen. Abzuleiten sind die mathematischen Beziehungen und die physikalischen Voraussetzungen zur Realisierung des Ver-fahrens.

1. Wie bei pyrometrischen Messungen gilt Gl. (12.1) hier für jedes Pixel des Objektfeldes. Für die drei Temperaturen T_0 (gesuchte Messtemperatur beim Betreiben des Schaltkreises), T_1, T_2 wird für jedes Objektelement

$$\int_{\lambda_1}^{\lambda_2} M_\lambda(T_{mi})\, d\lambda = \int_{\lambda_1}^{\lambda_2} \varepsilon \cdot M_\lambda(T_i) \cdot d\lambda + \int_{\lambda_1}^{\lambda_2} (1-\varepsilon) \cdot M_\lambda(T_b) \cdot d\lambda$$

mit $i = 0, 1, 2$ und T_b als Umgebungstemperatur.

2. Notwendige Voraussetzungen für die Lösbarkeit sind, dass

a) der Emissionsgrad im Spektralband $\lambda_1 \ldots \lambda_2$ für alle drei Temperaturen in jedem Pixel konstant ε_r bleibt,

b) die Umgebungsstrahlung sich nicht ändert ($T_b = $ const.).

3. Während des elektrischen Betriebes des Schaltkreises misst die Thermokamera für jedes Pixel ein Signal proportional der spezifische Ausstrahlung

$$M_0 = \int\limits_{\lambda_1}^{\lambda_2} M_\lambda(T_{m0}) d\lambda = \varepsilon_r \int\limits_{\lambda_1}^{\lambda_2} M_\lambda(T_0) d\lambda + (1 - \varepsilon_r) \int\limits_{\lambda_1}^{\lambda_2} M_\lambda(T_b) d\lambda \quad .$$

4. Die gesuchte wahre Temperatur kann aus dem Planckschen Strahlungsgesetz berechnet werden, wenn ε_r und der Umgebungseinfluss $M_b = (1 - \varepsilon_r) \int\limits_{\lambda_1}^{\lambda_2} M_\lambda(T_b) d\lambda$ bekannt sind. Diese werden durch die Referenzmessungen bei den Temperaturen T_1, T_2 bestimmt:

$$M_j = \varepsilon_r \int\limits_{\lambda_1}^{\lambda_2} M_\lambda(T_j) d\lambda + M_b \quad \text{für } j = 1, 2. \text{ Aus den beiden gemessenen Ausstrahlungen } M_j$$

folgen

$$\varepsilon_r = \frac{M_1 - M_2}{\int\limits_{\lambda_1}^{\lambda_2} M_\lambda(T_1) d\lambda - \int\limits_{\lambda_1}^{\lambda_2} M_\lambda(T_2) d\lambda_\lambda} \quad , \quad M_b = M_j - \varepsilon_r \int\limits_{\lambda_1}^{\lambda_2} M_\lambda(T_j) d\lambda \quad . \tag{12.13}$$

5. Welche Berechnungsvorschrift ergibt sich, wenn die Emissionsverhältnisse denen eines Gesamtstrahlungspyrometers entsprechen? Für die Integrale des Planckgesetzes kann

$$\int\limits_0^\infty \varepsilon(\lambda) M_\lambda(T_i) d\lambda = \sigma \cdot \varepsilon_{ges} \cdot T_i^4$$

gesetzt werden. Die gesuchte Temperatur ergibt sich aus den Messwerten M_0, M_1, M_2 und den Referenztemperaturen T_1, T_2 zu

$$T_0^4 = T_j^4 + \frac{M_0 - M_j}{M_1 - M_2} \left(T_1^4 - T_2^4 \right) \qquad \text{mit } j = 1, 2. \tag{12.14}$$

Die Gerätekonstante (optische Parameter $\beta', \beta'_P, \tau_O, k_{eff}$, Empfindlichkeit R_D, Verstärkungsfaktoren) spielt keine Rolle, da die M-Differenzen im Zähler und Nenner auftreten.

Beispiel 12.4

Gesucht ist die Drehzahl eines N_P-flächigen Spiegelpolygons, welches in einem line-scanner eine lückenlose Abtastung der Erdoberfläche garantiert.

1. Die lückenlose Abtastung fordert eine Abstimmung der Fluggeschwindigkeit v mit dem in Flugrichtung erfassten Objektfeld $\bar{y}$ (vgl. Abb. 12.20) und der Abtastzeit für eine Zeile t_l:

$$v = \frac{\bar{y}}{t_l}.$$

2. Auch in der Bildmitte wird die lückenlose Abtastung gefordert. Die Breite des erfassten Objektstreifens errechnet sich aus der Flughöhe h und des IFOV im Winkelmaß: $\bar{y} = h \cdot \beta_D$.

3. Die Zeit für die Abtastung einer Zeile hängt von der Drehzahl U und von der Facettenzahl N_p des Polygons ab: $t_l = \dfrac{1}{U \cdot N_P}$. Damit ergibt die Forderung nach einer lückenlosen Abtastung einen Zusammenhang zwischen Fluggeschwindigkeit und Flughöhe:

$$U = \frac{v}{h} \cdot \frac{1}{N_P \cdot \beta_D}. \tag{12.15}$$

3. Für ein IR-Aufzeichnungssystem mit 1 mrad IFOV und einem zehnflächigem Polygon ergibt sich in 10 km Flughöhe mit 500 km/h eine Polygondrehzahl von $U = 83{,}3$ min^{-1}. Der kleinste von einem Empfängerpixel erfasste Geländeausschnitt ist 10 m x 10 m groß.

13   Entwicklungstendenzen

Die Nutzung des Informationsträgers Wärmestrahlung hat fast unbemerkt in das tägliche Leben Einzug gehalten. Die Anwendungsbeispiele in Kap. 12 illustrieren die vielfältigen Möglichkeiten. Ausgehend von den Erfolgen in der Wärmebildtechnik in den letzten Jahren haben sich verschiedene Typen von Thermokameras herauskristallisiert. Für sie sollen Schlussfolgerungen zur weiteren Entwicklungen gezogen werden.

13.1 Sichtgeräte

Sichtgeräte dienen in erster Linie der kontrastreichen Visualisierung einer thermischen Szene, wobei für viele praktische Anwendungen NETD-Werte von 0,1 K ausreichen. Die exakte Temperaturbestimmung hat eine geringere Priorität. Die Bildfolgefrequenz beträgt maximal 50 Hz zur Sicherung des flimmerfreien Echtzeitbildes. Für viele Anwendungen sind solche Geräte hinreichend, weil in der Regel neben dem Thermobild weitere prozessspezifische Informationen vorliegen.

Die wichtigsten technisch beeinflussbaren Parameter von Sichtgeräten werden durch die NETD-Formel (10.10) beschrieben:

$$\text{NETD} \cong \frac{k_{eff}^2}{\int\limits_{\lambda_1}^{\lambda_2} \tau_O(\lambda) \cdot D^*(\lambda)d\lambda} \sqrt{\overline{\Delta f}} \ . \tag{13.1}$$

Zur Erreichung einer hohen Temperaturauflösung sind hoch geöffnete Optiken ($k_{eff} < 1{,}5$) mit hohen Transmissionswerten $\tau_O \to 1$ und rauscharme Empfänger mit hohen Detektivitäten D^* erforderlich. Die Rauschbandbreite $\overline{\Delta f}$ ist durch die Bildfolgefrequenz und die Pixelzahl begrenzt. Die entscheidenden Impulse für weitere Fortschritte gehen von der Empfängerentwicklung aus.

Mit der Bereitstellung preiswerter thermischer FPA in den letzten Jahren kommen die Sichtgeräte ohne mechanischen Scanner und ohne aufwändige Kühlung aus. Lediglich eine thermoelektrische Temperaturstabilisierung der Empfängerarrays ist noch notwendig.

Der historische Trend bis zur Etablierung der ersten kommerziellen Thermokamera mit thermischen FPA durch AMBER ist in Abb. 13.1 dargestellt. Die älteren Kameras haben gekühlte

Quantenempfänger-Arrays und sind sehr teuer. Die thermischen FPA bringen den Durchbruch: Die damalige Preisreduktion von 77 TDM auf 55 TDM in zwei Jahren hat den Trend zu erschwinglichen IR-Sichtgeräten vorgegeben. Die parallel dazu entwickelten pyroelektrischen Arrays (Polytec 1999) haben zu einer Verbreiterung des Marktes für Sichtgeräte geführt. Deren Preisniveau nähert sich dem hochwertiger Systeme der industriellen Bildverarbeitung, die traditionell im VIS bzw. nahe dem VIS arbeitet. Mit den Sichtgeräten können komplizierte Beleuchtungsprobleme umgangen und der Informationsträger Eigenstrahlung zusätzlich genutzt werden (Sadoulet et al. 2003).

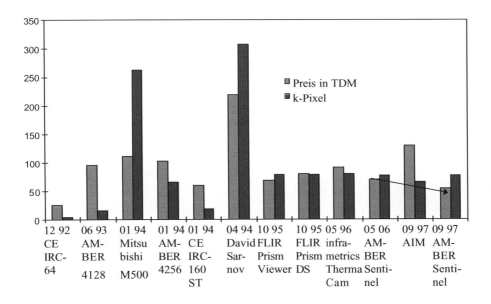

Abb. 13.1: Zeitpunkt, damalige Preise und Pixelzahlen $N_D = p_D \cdot q_D$ bei kommerziellen FPA-Echtzeit-Thermokameras ohne Scanner (NETD ≈ 0,1 K)

Die thermischen FPA-Kameras haben z. Z. typische Pixelzahlen bis 320 x 240, wobei Mikrobolometerarrays wegen ihrer Gleichlichtempfindlichkeit universeller als pyroelektrische Arrays einsetzbar sind. Wechselobjektive und Nahlinsen gestatten eine optimale Anpassung an die Beobachtungsaufgabe (InfraTec 2003), verschiedene elektronische Schnittstellen ermöglichen die Kopplung mit Auswerteeinheiten oder anderen Kameras. Die kleinste Mikrobolometer-Kamera misst 4,3 x 4,3 x 7,6 cm³ ohne Objektiv bei 160 x 128 Pixeln und ist damit in viele Aufgaben gut integrierbar (LOT 2002).

Langfristig werden bei Sichtgeräten die thermischen FPA dominieren, wobei Mikrocantilever-Arrays eine weitere Verbesserung der thermischen Auflösung versprechen.

13.2 Messkameras

Messkameras stellen sich die Aufgabe, neben der kontrastreichen Visualisierung einer thermischen Szene die Temperatur exakt zu bestimmen. Die technische Aufgabe wird damit nicht nur durch die NETD-Formel beschrieben, sondern erfordert zusätzlich die Berücksichtigung der Gleichungen (12.3). Grundsätzlich sind in diese Gruppe nur Kameras mit Quantenempfängern einzuordnen, und nur hier haben sich Kameras mit Einelementempfängern behauptet (JENOPTIK 2003).

In den Gln. (12.3) hängt der Messfehler von der Umgebungstemperatur und vom Emissionsgrad ab. Die Diskussion in Abb. 12.2 zeigt, dass bei realen Emissionsgraden sehr schnell Fehler von 5 K auftreten können. Für die Realisierung von Messkameras wird davon ausgegangen, dass der Emissionsgrad bekannt ist. Damit entsteht die zusätzliche Aufgabe, die Umgebungstemperatur T_b zu erfassen. Dies geschieht durch regelmäßige Einspiegelung eines Referenztemperaturstrahlers auf den Empfänger. Für diese Anforderung sind Kameras mit optomechanischer Abtastung gut geeignet. Im Extremfall kann nach jeder Zeilenabtastung die Referenz abgefragt werden.

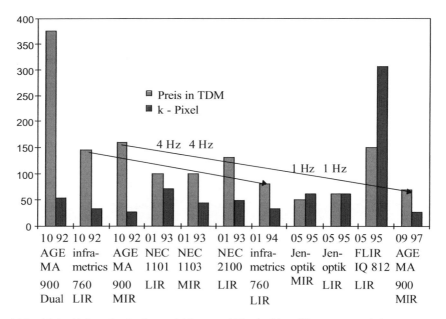

Abb. 13.2: Zeitpunkt, Preisentwicklung und Pixelzahlen $N_I = p_I \cdot q_I$ bei kommerziellen scannenden Einelement-Thermokameras (NETD $\approx$ 0,1 K)

Abb. 13.2 stellt Preisentwicklung verschiedener Einelement-Kameras zusammen. Ab 1980 sind diese Systeme auf dem Markt und bestimmen bis 1990 die obere Leistungsgrenze von kommerziellen Thermokameras. In Abb. 13.2 ist zwischen Echtzeitkameras (nicht besonders gekennzeichnet) und langsam scannenden Kameras zu unterscheiden. Letztere sind preiswerter. Die spektralen Arbeitsbereiche sind ebenfalls angegeben. Dabei hat das Dual-System einen Sonderstatus: Es vereint zwei parallele Kameras für MIR und LIR.

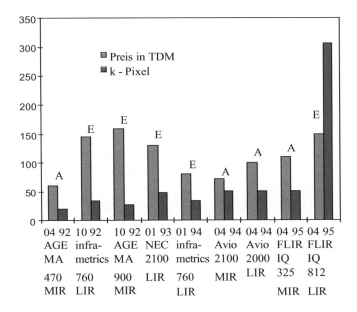

Abb. 13.3: Zeitpunkt, Preisentwicklung und Pixelzahlen bei kommerziellen scannenden Echtzeit-Thermokameras (NETD $\approx$ 0,1 K)
A nicht formatfüllendes FPA, E Einelement-Empfänger

Ab 1990 werden Quantenempfänger als FPA kommerziell genutzt, zunächst Zeilen- und SPRITE-Anordnungen, dann auch kleine Matrizen. Das optomechanische Abtastsystem ermöglicht die periodische Einspiegelung eines Referenztemperaturstrahlers. Wie aus Abb. 13.3 hervorgeht, zeigen sich keine gravierenden Unterschiede im Preisleistungsverhältnis zwischen Einelement- und Array-Lösungen mit Scanner. Messsysteme ohne Scanner (Thermosensorik 2002b) erfordern eine extreme Gleichförmigkeit über dem gesamten FPA, um die Kalibrierung im gesamten Objektfeld zu gewährleisten.

Der zusätzliche mechanische Aufwand für die regelmäßige Einspiegelung des Referenztemperaturstrahlers macht Messkameras immer teurer als Sichtgeräte. Für Echtzeitgeräte liegt der Einstiegspreis bei 40 TEuro.

13.3 High-Speed-IR-Kameras

Von High-Speed-Kameras wird gesprochen, wenn die Bildfolgefrequenz beim Auslesen von zirka 300000 Pixeln mindestens 100 Hz beträgt und eine Datentiefe von 14 bit vorausgesetzt wird. Solche Forderungen sind nur mit gekühlten Quanten-FPA und ohne optomechanische Abtastung zu realisieren. Beste Ergebnisse im MIR-Bereich werden mit InSb-Arrays erreicht. Im LIR-Bereich kommen QWIP-FPA zum Einsatz. Auch HgCdTe-FPA eignen sich für High-Speed-Kameras (Thermosensorik 2003). Typischerweise kann bei High-Speed-Kameras auf Teilbilder zugegriffen werden. Entsprechend Gl. (7.6) erhöht sich die nutzbare Bildfolgefrequenz f_f, wenn die Anzahl der ausgelesenen Pixel N_I kleiner wird. Begrenzend wirkt die Bit-Rate der Ausleseelektronik. So werden Kamerasysteme mit auswechselbarem Bildaufnehmerkopf und einheitlicher Ausleseelektronik angeboten (LOT 2004).

Empfängerseitig sind die kürzesten Belichtungszeiten durch die Zeitkonstante des IR-empfindlichen Materials t_D vorgegeben. Die Pixelzahlen der Bildaufnehmer erreichen inzwischen Fernsehauflösung. Die erreichbare Bildfolgefrequenz bei Nutzung des vollen Bildformats wird von der Ausleseelektronik begrenzt. Der konkrete Einsatzfall entscheidet darüber, in welche Richtung die Entwicklung weiter vorangetrieben wird.

13.4 Systeme mit großer Reichweite

Die Reichweite ist für viele sicherheitsrelevante IR-Anwendungen die entscheidende Größe. Hier kommen ausschließlich gekühlte Quantenempfängerarrays zum Einsatz. In welche Richtungen die Entwicklungen gehen werden, lässt sich aus der Diskussion von Gl. (10.37) ableiten. Die technisch beeinflussbaren Parameter sind als Gl. (13.2) zusammengefasst, wobei die Empfängergröße im Objektraum durch Gl. (5.21) ersetzt sind:

$$d_r^3 \cong \frac{A_P \cdot M_{TS}}{\mathrm{SNR}_r(P_r)} \cdot \frac{f'_O}{A_D} \sqrt{t_0 \cdot f_f} \cdot \tau_O \int\limits_{\lambda_1}^{\lambda_2} D^* \, d\lambda \; . \tag{13.2}$$

Damit ergeben sich die folgenden Entwicklungsaufgaben zur Verbesserung der Erkennungsreichweite:

1. Erhöhung der Fläche der Eintrittsoptik A_P: Hier liegen die technologischen Schwierigkeiten bei der Herstellung immer größerer Frontlinsen (so genannter Dome) und die Gewährleistung ihrer Stabilität unter härtesten Einsatzbedingungen. Diesem Thema sind schon jahrelang ganze Konferenzreihen gewidmet und es beschäftigt die Materialwissenschaftler.

2. Verbesserung der räumlichen Auflösung des Wärmebildgerätes M_{TS}. Dieses Ziel korrespondiert mit der Verringerung der Pixelgröße A_D.

3. Verlängerung Brennweite der Optik f'_O: Hier setzen der vorhandene Bauraum und die zusätzlichen Abbildungsschritte (Scanner, Empfänger) Grenzen. Je größer die Anzahl der optischen Elemente, desto geringer wird die erreichbare Gesamttransmission τ_O.

4. Erhöhung der Bildfolgefrequenz f_f: Angestrebt werden Verhältnisse wie beim HDTV-Fernsehen, also $f_f = 100$ Hz mit 1920 x 1080 Bildpunkten.

5. Erhöhung der Verweilzeit eines Empfängerelements auf einem Objektausschnitt t_0: Hier ermöglicht die Kopplung von mechanischer Abtastung und Matrixempfängern die serielle Auslesung von Matrixabschnitten (TDI-Prinzip) bei gleichzeitiger Kompensation der Hintergrundstrahlung (skimming-Funktion).

6. In dieser Geräteklasse kommen ausschließlich Quantenempfänger zum Einsatz. Verbesserte Detektivitäten D^* sind auch durch optimierte Kühlverfahren zu erreichen.

7. Letztlich kann die Erkennungswahrscheinlichkeit P_r durch die Kombination der Information aus unterschiedlichen spektralen Bereichen mit geeigneter Farbgebung am Display erhöht werden.

Da solche Geräteentwicklungen mit marktwirtschaftlichen Kategorien nur begrenzt zu bewerten sind, werden hier Entwicklungen vorangetrieben, von denen auch kommerzielle Anwendungen profitieren.
Eine kommerziell verfügbare Lösung hat folgende technische Daten (CEDIP 2004): $N_I = 640$ x 512, NETD < 0,025 K, MIR-FPA InSb, LIR-FPA HgCdTe, $f_f = 100$ Hz, Reichweite 5 ... 25 km je nach Objektiv $f_O = 25 / 80 / 320$ mm. Damit werden flimmerfreie Fernsehbilder im MIR- und LIR-Band bereitgestellt.

Verwendete Formelzeichen

1 Lateinische Großbuchstaben

Symbol	Einheit	Größe
A	m²	Fläche
A_D	µm²	empfindliche Fläche des Empfängerpixels
A_P	mm²	Fläche der Eintrittspupille
Br	bit/s	Bitrate
C	1	Kontrast
D	mm	Durchmesser
D_O	mm	Außendurchmesser der Eintrittspupille
D_i	mm	Durchmesser der Abschattung in der Eintrittspupille
$D*$	cm Hz$^{-0,5}$/W	spezifische Detektivität
E	W/m²	Bestrahlungsstärke
I	W/sr	Strahlstärke
L_d	nA	Dunkelstrom
L	W/(sr m²)	Strahldichte
L_v	cd/m²	Leuchtdichte
M	W/m²	spezifische Ausstrahlung
M_i	1	Modulationsübertragungsfunktion der Komponente i
M_λ	W (cm² µm)	spektrale spezifische Ausstrahlung
MD	Hz^{0,5}/(K cm)	Auswahlkriterium für Spektralband
N_I	1	Anzahl der Pixel im thermographischen Bild
N_P	1	Anzahl der Facetten am Scanner
NA'	1	empfängerwirksame numerische Apertur
P	1	Wahrscheinlichkeit
Q	kcal	Wärmemenge
Q_d	mm/km	maximale lösliche Menge Wasserdampf in Luft
R_D	V/W, A/W	Empfängerempfindlichkeit
T	K	absolute Temperatur
U	V	Spannung
U_v	V, A	Signalübertragungsfunktion
V,W	mm	Objektgröße in x- und y-Richtung
ΔW	eV	Bandabstand
X,Y		Hilfsgrößen unterschiedlicher Bedeutung

2 Lateinische Kleinbuchstaben

Symbol	Einheit	Größe
a, a'	m, m	Objekt- und Bildentfernung
b	mm	Breite
c_1, c_2	W m^2, K μm	Konstanten des Planckschen Strahlungsgesetzes
d	m, km	Abstand, Reichweite, Übertragungsstrecke
d_v	km	Sichtweite
e_O	mm	axialer Abstand optischer Komponenten
f	kHz	Frequenz des elektrischen Signals
f_D	kHz	Kippfrequenz des Empfängers
$f_{\ddot{O}}$	1	Einflußfunktion der Öffnung
f_f	Hz	Bildfolgefrequenz
$\overline{\Delta f}$	kHz	Rauschbandbreite
f'_O	mm	Brennweite
$\Delta f'_O$	mm	Brennweitenänderung
ff	1	Füllfaktor
g'	μm	Gitterkonstante im Empfängerraum
h	m	Höhe
h_e, h'_e	mm	Höhe in der Eintritts-, Austrittspupille
k_{eff}	1	effektive Blendenzahl
l	mm	mechanische Länge
m_d	1/s	Zeitkonstante der Entdeckungswahrscheinlichkeit
n	1	Brechzahl
p, q	1	Pixelanzahl in x- und y-Richtung
p'_x, p'_y	μm	Empfängerpixelabstand in x- und y-Richtung
r	mm	variable Länge, variabler Radius
r_1, r_2	mm	Linsenradien
r_S	mm	Zerstreuungskreisradius auf dem Monitor
t_0	ms	Verweilzeit (dwelltime)
t_D	μs	Zeitkonstante des Empfängers
t_E	s	Zeitkonstante des Auges
u	°	Aperturwinkel
u'_O, u'_i	°	äußererer, innerer empfängerseitiger Aperturwinkel
v'	m/s	Abtastgeschwindigkeit auf dem Empfänger
w	mm	in Luft gelöste Menge Wasserdampf
x', y'	mm	Koordinaten auf dem Empfänger

3 Griechische Buchstaben

Symbol	Einheit	Größe
$\overline{\Delta f}$	kHz	Rauschbandbreite
$\Delta s'$	mm	axiale Unschärfe
Φ	W	Strahlungsfluß
Φ'	dpt = 1/m	Brechkraft
Γ'	x (sprich-fach)	Vergrößerung
ϑ	°C	Temperatur
Ω	$\Omega_0 = 1$ sr	Raumwinkel
α	1	Absorptionsgrad
α_D, β_D	mrad	wirksame Größe des Empfängerpixels im Objektraum IFOV in x- und y-Richtung
α_s	1	Selektivitätskoeffizient der atmosphärischen Streuung
β	°	Keilwinkel
β', β'_P	1	Abbildungsmaßstab, Pupillenabbildungsmaßstab
ε	1	Emissionsgrad
ε	°	Einfalls- bzw. Brechungswinkel
γ_T	1/K	Temperaturkoeffizient der Brennweite
η_{di}	1	Anteil an der beugungsbegrenzen Auflösung
η_f, η_l	1	Abtasteffektivität für die Bild-, Zeilenablenkung
η_{sc}	1	Gesamtabtasteffektivität
φ_d	%	relative Luftfeuchte
κ	1/km	Dämpfungsfaktor der Atmosphäre
λ	µm	Wellenlänge
λ_2	µm	obere Grenzwellenlänge bei Quantenempfängern
ν	1	Abbesche Zahl
ν_S	mm^{-1}	Ortsfrequenz auf dem Monitor
ν'	mm^{-1}	Ortsfrequenz im Empfängerraum
ν'_N	mm^{-1}	Nyquist-Frequenz des Empfängers
ν'_g	mm^{-1}	beugungsbedingte Grenzortsfrequenz
ρ	1	Reflexionsgrad
ρ_{TS}	mrad	Unschärfe des thermographischen Systems
ω'	1	Transmissionsgrad
ω_x, ω_y	°	Feldwinkelvariable in x-, y-Richtung
ω'	°	Feldwinkel im Empfängerraum
$2\omega_O$	°, rad	gesamter Feldwinkel der Optik
$\delta\omega$	', mrad	Grenzauflösung im Winkelmaß
ξ_x, ξ_y	rad	Objektgröße im Winkelmaß
ψ	mrad^{-1}	Ortsfrequenz im Objektraum

4 Indizes

A	Atmosphäre
D	Empfänger
E	Auge
I	thermographisches Bild
O	Optik
P	Polygon, Prisma, Pupille
S	Monitor
TS	Gesamtsystem
b	Hintergrund
d	Entdeckung
f	Bild
g	geometrisch
l	Zeile
m	gemessen
n	Rauschen
r	Auflösung, Erkennung
ref	Referenz
s	Signal, Streuung
t	Objekt, Ziel, zeitlich
tp	Teststruktur
v	visueller Strahlungsbereich
x, y	wirksam in x-, y-Richtung

5 Mathematische Symbole

F	Operator der Fourier-Transformation
X_0	Bezugsgröße für Variable X
X_1	konkreter Wert der Variablen X
ΔX	Differenz zweier konkreter Wert der Variablen X
δX	Auflösungsgrenze für die Größe X
$\overline{X}$	Mittelwert der Größen X_i
$\tilde{X}$	Fourier-Transformierte von X
X'	wirksame Größe von X im Empfängerraum

Literaturverzeichnis

Accetta, J., Shumaker, D. (1990), *The Infrared and Electro-Optical-System Handbook*, Bellingham: ERIM/SPIE.

AGEMA Infrared Sytems (1985), *AGA Thermovision 782*, Danderyd: Firmenchrift.

AGEMA Infrared Sytems (1991), *Thermovision 800 Series for Electronics*, Danderyd: Firmenchrift.

AIM AEG Infrarot-Module (1998), *AIM supplies the corecompetence for competitive IR-Systems*, Heilbronn: Firmenschrift.

Apenko,M., Dubovik, A. (1971), *Prikladnaya Optika*, Moskva: Nauka.

Arnold, M. (1997), „Entwicklung von Spezialobjektiven für meßtechnische Aufgaben im IR-Bereich", in: *Dresdner Beiträge zur Sensorik* Bd. 4, S. 161–165.

Ashton, E. (1999), „Multialgorithm solution for automated multispectral target detection", in: *Optical Engineering,* Bellingham vol. 38, No. 4, p. 717–724.

Baumeister, P. (1967), *Interference and Optical Interference Coatings*, Applied Optics and Optical Engineering Vol. I/8, New York/San Francisco/London: Academic Press.

Blackwell, H. R. (1963), „Neural Theories of Simple Visual Discrimination", in *JOSA* vol. 53, p. 129–160.

Bell, P. A., Hoover, S. J., Pruchnic, S. J. (1993), „Standard NETD test procedure for FLIR systems with video outputs", in *SPIE Proc.,* Vol.1969.

Bernhard, F. (Hrsg.) (2004), *Technische Temperaturmesung*, Berlin, Heidelberg, New York, Barcelona, Budapest, Hongkong, London, Mailand, Paris, Tokio: Springer.

Born, M., Wolf, E. (1975), *Principles of Optics*, 5 th edition, Oxford: Pergamon Press.

Bronstein, I. N., Semendjajew, K. A. (1967), *Taschenbuch der Mathematik*, 8. Auflage, Leipzig: B. G. Teubner Verlagsgesellschaft.

Büchtemann, W. (1994), „Wärmebildgeräte der zweiten Generation mit IRCCD", in: *Wissenschaftliche Zeitschrift der TU Dresden* 43, S. 54–57.

Budzier, H., Hofmann, G., Heß, N. (1992), „Modulation transfer function of pyroelectric linear arrays", in: *Infrared Physics* Bd. 33,Nr. 4, S. 263–274.

Busse, G., Michaeli, W., Aengenheyster, P., Höck, P., Kempa, S., Wu, D., Diener, L. (1993), *Anisotropien von Kunststoffen: Produzieren, Messen und Vorhersagen*, München/Wien: Carl Hanser Verlag.

Butler, N., Blackwell, R., Murphy, R., Silva, R., Marshall, C. (1995), „Low costuncooled microbolometer imaging system or dual use", in *SPIE Infrared Technology XXI,* vol. 2552, S. 583–591.

CXT Opto-Electronics (1998), *PanoView-Serie*, Taiwan: Firmenschrift.

Discroll, W. G., Vaughan, W. (1978), *Handbook of Optics*, New York/St. Louis/San Francisco/Auckland/Bogotá/Düsseldorf/Johannisburg/London/Madrid/Mexico/Montreal/New Dehli/Pananma/Paris/São Paulo/Singapore/Sydney/Tokyo/Toronto: McGraw-Hill Book Company.

De Witt, D. P., Nutter, G. D. (1988), *Theory and Practice of Radiation Thermometry*, New York: John Wiley & Sons.

Dittmar, G., Küttner, B. (1983), „Glaskryostat für Infrarotdetektoren", in: *Feingerätetechnik*, Berlin 32, S. 502–504.

Doll, T., McWhorter, Wasilewski, A., Schmieder, D. (1998), „Robust, sensor-independent target detection and recognition based on computational models of human vision", in: *Optical Engineering,* Bellingham vol. 37, No. 7, S. 2006–2021.

Duchâteau, R., Kürbitz, G. (1997), „Höchstauflösendes scannendes Wärmebildgerät für den 7...12 μm-Bereich", in: *Dresdner Beiträge zur Sensorik*, Bd. 4, S. 173–178.

EEV (1986), *Portable thermal imaging camera P 4430*, Chelmsford: Firmenschrift.

Eisenbrand, E. (1994), „Überwachung von Achslager- und Bremsentemperaturen an Eisenbahnfahrzeugen", in: *Wissenschaftliche Zeitschrift der TU Dresden* 43, S. 62–67.

Foot, J. (1986) Weltpatent WO 86/07450.

Fritzsche, G. (1987), *Theoretische Grundlagen der Nachrichtentechnik*, 4. Auflage, Berlin: VEB Verlag Technik.

Gaskill, J. D. (1978), *Linear Systems, Fourier Transforms, and Optics*, New York: John Wiley & Sons.

Gaussorgues, G. (1984), *La Thermographie Infrarouge*, Paris: Tec Doc.

Greening, C. P., Wyman, M. J. (1970), „Experimental Evaluation of a Visual Detection Model", in: *Human Factors*, vol. 12, No. 10, p. 435–445.

Gradstejn, I.S., Ryshik,I. M.(1971), *Tablizy Integralov, Summ, Rjadov i Proizvedenya*, Moskva: Izd. Nauka.

Gryazin, G. N.(1988), *Optiko-elektronnye sistemy dlya obzora prostranstva: Sistemy televideniya*, Leningrad: Izd. Maschinostroenie.

Haferkorn, H. (1980), *Optik*, Berlin: VEB Deutscher Verlag der Wissenschaften.

Haferkorn, H. (1986), *Bewertung optischer Systeme*, Berlin: VEB Deutscher Verlag der Wissenschaften.

Haferkorn, H., Richter, W. (1984), *Synthese optischer Systeme*, Berlin: VEB Deutscher Verlag der Wissenschaften.

Heimann (1989), *Thermobild-Meßverfahren Theta 1000*, Wiesbaden: Firmenschrift.

Hering, E. (1931), *84 wissenschaftliche Abhandlungen*, Leipzig: Verlag G. Thieme.

Hermann, E., Pannkoke, L., Gutschwager, B. (1991), „Anwendung der Infrarotzeilenkamera ZKS 128 zur thermischen Überwachung von Zementdrehrohröfen", in: *Feingerätetechnik*, Berlin 40, S. 19–21.

Hermann, K., Walther, L. (1990), *Wissensspeicher Infrarottechnik*, Leipzig: Fachbuchverlag.

Hofmann, C. (1980), *Die Optische Abbildung*, Leipzig: Akademische Verlagsgesellschaft Geest & Portig.

Hofmann, G. (1997), „Ungekühlte IR-Arrays", in: *Dresdner Beiträge zur Sensorik*, Bd. 4, S. 57–63.

Holst, G. (1998), *CCD arrays, cameras, and displays*, 2nd ed., Bellingham: SPIE-Press.

Holst, G. (1993), *Testing and Evaluation of Infrared Imaging Systems*, Maitland: JCD.

Hong, H., Han, S., Choi, J. (1997), „Simulation of an improved recticle seeker using the segmented focal plane array", in: *Optical Engineering,* Bellingham vol. 36, No. 3, S. 883–888.

Hudson, R. D. (1969), *Thermal System Engineering*. New York: Wiley.

InfraTec (1994), *Modulierbarer Dünnschichtstrahler*, Dresden: Firmenschrift.

InfraTec (1999), *Private Mitteilung*, Dresden, InfraTec GmbH.

I.S.I. Group Inc. (1998), *Video Therm 2000*, Albuquerque: Firmenschrift.

Jahn, H., Reulke, R.(1995), *Systemtheoretische Grundlagen optoelektronischer Sensoren*, Berlin: Akademie Verlag GmbH.

Jahn, H., Scheele, M. (1997), „Zur optimalen Anpassung von Objektiven an CCD-Sensoren", in: *Photogrammetrie, Fernerkundung, Geoinformation,* Stuttgart 2, S. 103–115.

Johnson, J. (1958), „Analysis of Image Forming Systems", in: *Proceedings of the Image Intensifier Symposium, 10,* U.S. Engineering Research Development Laboratories, Fort Belvoir, p. 249.

Kang, H. (1996), *Color Technology for electronic Imaging Devices*, Bellingham: SPIE-press.

Klein, M., Furtak, T. (1988), *Optik*, Berlin: Springer-Verlag.

Koch, D. G. (1992), „Simplified irradiance/illuminance calculations in optical systems", in *Proc. SPIE* 1780.

Koepernik, J. (1997), *Systemkomponenten von Infrarot-Wärmebildgeräten*, Dresden: University Press.

Kolobrodov, V. G., Rybalka, V. V. (1995), „Pyroelectric camera modulation transfer function", in: *Optical Engineering,* Bellingham vol. 34, No. 4, S. 1044–1048.

Korn, G., Korn, T. (1968), *Mathematical Handbook*, New York: McGraw-Hill Book Company.

Kreß, D., Irmer, R. (1990), *Angewandte Systemtheorie*, München/Wien: R. Oldenbourg.

Kriksunov, L. Z., Padalko, G. A. (1987), *Teplovisory: Spravocnik*, Kiev: Tekhnika.

Krüll, S. (1997), *Private Mitteilung*, Tabarz, Industrie-Thermografie Krüll ITK.

Krüll, S. (1998), *Private Mitteilung*, Tabarz, Industrie-Thermografie Krüll ITK.

Krüll, S. (1999), *Private Mitteilung*, Tabarz, Industrie-Thermografie Krüll ITK.

Küpfmüller, K.(1974), *Die Systemtheorie der elektrischen Nachrichtenübertragung*, 4. Auflage, Stuttgart: S. Hirzel Verlag.

Kürbitz, G. (1997), „Entwicklungstendenzen bei Wärmebildgeräten", in: *Dresdner Beiträge zur Sensorik*, Bd. 4, S. 167–171.

Kürzinger, W. (1980), „Näherungsweise Darstellung der spektralen Hellempfindlichkeit des menschlichen Auges durch eine Gauß-Funktion", in: *Optik* Bd.56 No. 1, S. 75–82.

Lemme, H. (1998), „Displays unter der Lupe", in: *Elektronik* Bd. 21, S. 69–77.

Levine, B. (1992), „Productibility of GaAs-quantum Well Infrared Photodetector arrays," in *Proc. SPIE* 1638, pp. 41–48.

Lloyd, M. J. (1975), *Thermal Imaging Systems*, New York/London: Plenum Press.

LOT (1986), *Schwarzkörperstrahler und Temperaturstandards*, Darmstadt: Firmenschrift.

MacDonald, ed. (1997), *Display Systems, Design and Applications*, New York: Wiley.

Marlow industries, inc. (1991), *Thermoelectric Cooler Selection Guide*, Dallas: Firmenschrift.

Mathieu, J.-P. (1965), *Optique*, t. I, Paris SEDES.

Meschkov, V. V., Matveev, A. B. (1989), *Osnovy Svetotekhniki*, Moskau: Energoatomizdat.

Miller, J. L. (1994), *Principles of Infrared Technology*, New York: Van Nostrand Reinhold.

Miroschnikov, M. M. (1983), *Teoreticeskie Osnovy Optiko-Elektronnykh Priborov*, Leningrad: Maschinostroenie.

Müller, J. u. a. (1997), „Ein Thermopile-Zeilensensor mit 256 Pixeln aus thermoelektrisch hocheffektiven Materialien", in: *Dresdner Beiträge zur Sensorik*, Bd. 4, S. 71–76.

Münzberg, M., Pähler, G. (1997), „CMT-IR-Detektorsysteme zur schnellen Temperaturmessung", in: *Dresdner Beiträge zur Sensorik* Bd. 4, S. 11–16.

Nagel, F. (1998), *Studie zur Kopplung von VISuellen Digitalkameras und IR-Kameras*, Dresden: DIAS angewandte Sensorik GmbH.

Naumann, H., Schröder, G. (1983), *Bauelemente der Optik*, München, Wien: Carl Hanser Verlag.

NEC (1998-1), *MultiSync*, Ismaning: Firmenschrift.

NEC (1998-2), *PlasmaSync 4200 W*, Ismaning: Firmenschrift.

NEC (1998-3), *Technik für Menschen 9-98*, Ismaning: Firmenschrift.

NEC (1998-4), *CosmoPlasma*, Tokyo: Firmenschrift.

Nolting, J. (1994), „Wärmebildgeräte auf der Basis der OPHELIOS-Module", in: *Wissenschaftliche Zeitschrift der TU Dresden* 43, S. 47–53.

Norkus, V., Neumann, N., Poneß, J., Lösche, S. (1987), „Pyroelektrische Infrarotstrahlungs-Einelementsensoren und ihre Anwendungen", in: *Feingerätetechnik*, Berlin 36, S. 29–31.

Norton, P. (1991), „Infrared image sensors", *Optical Engineering,* Bellingham vol. 30, No. 11, S. 1649–1663.

Nothaft, P. (1994), „Signalverarbeitung für Infrarot-Detektorarrays", in: *Wissenschaftliche Zeitschrift der TU Dresden* 43, S. 23–28.

Oelmaier, R., Eberhardt, K. (1997), „Ausleseschaltkreis und Ansteuerelektronik für einen hochauflösenden CMT-Zeilensensor", in: *Dresdner Beiträge zur Sensorik*, Bd. 4, S. 23–27.

Ostrovskaya, M. A. (1969), „The Modulation Transfer Function (MTF) of the Eye", in *Soviet Journal of Optical Technology* 36 No. 1, pp. 132–142.

Papoulis, A. (1968), *Systems and Transforms with applications in Optics*, New York: McGraw-Hill Book Company.

Pepperhoff, W. (1956), *Temperaturstrahlung*, Darmstadt: Steinkopff-Verlag.

Polytec (1999), *Thermographiekamera mit pyroelektrischem BST-Array*, Waldbronn: Firmenschrift.

Povey, V.(1986), „Athermization Techniques in infrared systems," in *Proc. SPIE* No. 655, pp. 142–153.

Riemann, M. (1975), *Grundlagen des Licht- und Strahlungsfeldes*, TH Ilmenau: Lehrbriefe für das postgraduale Studium.

Röhler, R. (1967), *Informationstheorie in der Optik*, Stuttgart: Wissenschaftliche Verlagsgesellschaft.

Rostalski, H. -J. (1999), „New Laser Sigthing Systems for Radiation Thermometers", *International Symposium on Temperature and Thermal Measurements in Industry and Sciences,* Delft, Poster.

Rusinov, M. M. (1979), *Tekhniceskaya Optika,* Leningrad: Maschinostroenie.

Sanyo (1998), *multimedia MLC-A 1610 E*, München: Firmenschrift.

Schade, O. H. (1964), „Modern Image Evaluation and Television," in *Applied Optics* 3, pp. 17–21.

Schiewe, C. (1992), *VDI-Berichte* 982, S. 119–125.

Schlebeck, D. (1994), Persönliche Mitteilung, TU Ilmenau.

Schneider, H., Ehret, S., Larkins, E., Koidl, P., Ralston, J. (1994), „Quantumwell-Intersubband-IR-Detektoren für FPA-Kameras und Heterodyn-Anwendungen bei 3...5 µm und 8...12 µm", in *Wissenschaftliche Zeitschrift der TU Dresden* 43, S. 13–14.

Schober, H. (1950), *Das Sehen Bd. I*, Darmstadt: Markewitz-Verlag.

Schuster, N. (1999), „Optical systems for high resolution digital still cameras", *in Proc. SPIE* No. 3737, pp. 202–213.

Shereshevsky, J., Markovits, M. (1987), „Size optimization for a rotating polygonal mirror scanner," in: *Proc. SPIE* No. 818, pp. 188–195.

Shubinsky, G., Jan, K.-H., Bernecki, T. (1994), „Application of Infrared and Visual Imaging for Inspection and Evaluation of Protective Coatings," in: SSPC Conference on Evaluating Coatings for Environomental Compliance, June 1994.

Sicard, M., Spyak, P., Brogniez, G., Legrand, M., Abuhassan, N., Pietras, C., Buis, J. (1999), „Thermal-infrared field radiometer for vicarious cross-calibration: characterization and comparison with other field instruments," in: *Optical Engineering* 38 vol. 2, pp. 345–356.

Sira (1991), *Scanning Photometer*, Chislehurst: Firmenschrift.

Sira (1992), *Thermal Imager Test Target Generator*, Chislehurst: Firmenschrift.

Sira (1993), *Portable MRTD Test Set*, Chislehurst: Firmenschrift.

Slyusarev, G. G. (1969), *Metody Rasceta Opticeskich Sistem*, Leningrad: Mashinostroenie.

Stahl, K., Miosga, G. (1986), *Infrarottechnik*, Heidelberg: Hüthig-Verlag.

Tarassow, L. W., Tarassowa, A. N. (1988), *Der gebrochene Lichtstrahl*, Moskau/Leipzig: MIR/Teubner Verlagsgesellschaft.

Tsukada, T. (1996), *TFT / LCD Liquid Crystal Displays Adressed by Thin-film Transistors*, Amsterdam: Overseas Publishers Association.

Vafnadi, A. V., Kremen', N. V., Morozova, N. P. (1986), „O rascete osnovnykh kharakteristik teplovizionnoj apparatury", in *Teplovidenie*, str. 14−22, Moskva MIREA.

VDI/VDE-Richtlinien 3511 (1995), *Technische Temperaturmessungen, Strahlungsthermometrie*, Düsseldorf: Verein Deutscher Ingenieure.

Walle, G., Netzelmann, U., Vetterlein, T., Meyendorf, N. (1997), „Infrarotsensoren für die dynamische Thermographie und ihre Anwendung in der zerstörungsfreien Materialprüfung", in: *Dresdner Beiträge zur Sensorik*, Bd. 4, S. 189−194.

Walther, L., Gerber, D. (1983), *Infrarotmeßtechnik*, Berlin: VEB Verlag Technik.

Weiss, J. (1999), „IR-spektroskopische Untersuchung des thermischen Verhaltens von Germanium mit der Variablen Temperaturküvette", in *SPECTRUM* Ausgabe 74, Februar, S. 14, Darmstadt: Fachinformation L.O.T.-Oriel.

Williams, T. L., Davidson, N. T., Wocial, S. (1985), „Results of some preliminary work," in: *Proc. SPIE* No. 549, pp. 44−49.

Wittenstein, W. (1999), „Minimum temperature difference perceived−a new approach to assess undersampled thermal imagers", in: *Optical Engineering,* Bellingham vol.38, No. 5, S. 773−781.

Wolfe, W. L., Zissis, G. J. (1978), *The Infrared Handbook*, Michigan: IRIA.

Wyszecki, G., Stiles, W. S. (1982), *Color Science: Concepts and Methods, Quantitative data and Formulae*, New York: Wiley.

Zapp, R., Koepernik, J., Lang, J. (1997), „Möglichkeiten und Grenzen intelligenter Infrarot - Bewegungsmelder", in: *Dresdner Beiträge zur Sensorik*, Bd. 4, S. 101−106.

Zenzinger, G. (1997), „Zerstörungsfreie Materialprüfung mit Wärmebildgeräten," Carl-Cranz-Gesellschaft Oberpfaffenhofen, SE 1.12.

Sachwortverzeichnis

Infrarot -Thermografie

Berührungslos messen ...

... und Probleme
auf einen Blick
lokalisieren!

- Thermografiesysteme
- Industriemodule
- Komplettlösungen
- Thermografie-Software

- PC-gestützte Messsysteme
- Überwachungssysteme
- Messdienstleistungen
- Infrarot-Messlabor

Fragen Sie die Spezialisten von

InfraTec GmbH
Infrarotsensorik und Messtechnik
Gostritzer Straße 61 - 63
01217 Dresden / GERMANY

Telefon: + 49 351 871-8620
Fax: + 49 351 871-8727
E-Mail: thermo@InfraTec.de

www.InfraTec.de

Unsichtbares sichtbar machen

Eine klare Übersicht bei Dunkelheit oder schlechten Wetterbedingungen gewährleisten. Objekte blitzschnell anvisieren. Entfernungen zu Objekten exakt bestimmen. Bedrohungen rechtzeitig erkennen.

Dies sind nur einige Leistungsmerkmale unserer optronischen Komponenten, Präzisionsgeräte und Systeme:

- Wärmebildgeräte
- Laser
- Periskope für gepanzerte Fahrzeuge
- Sehrohre und Optronikmast-Systeme für U-Boote
- Navigations- und Zielbeleuchtungs-System für Kampfflugzeuge (Laser designator pod)
- Infrarot-Lenkung für Flugkörper
- Elektrooptische Aufklärungskameras
- Aufklärungs- und Überwachungs-systeme

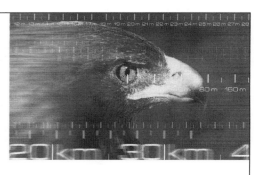

Wärmebildgeräte:
Entdecken, Erkennen, Identifizieren.

Zeiss Optronik GmbH
D-73447 Oberkochen
Telefon: +49 / 73 64 . 20- 65 30
Telefax: +49 / 73 64 . 20- 36 97

Zeiss Optronik Wetzlar GmbH
D-35576 Wetzlar
Telefon: +49 / 64 41 . 404-3 80
Telefax: +49 / 64 41 . 404-3 22

www.zeiss-optronik.com

ZEISS

We make it visible.

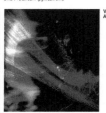

The Optics Encyclopedia

Th. G. Brown, K. Creath, H. Kogelnik, M. A. Kriss, J. Schmit, M. J. Weber (Eds.)   WILEY-VCH

The Optics Encyclopedia

Basic Foundations and Practical Applications

Volume 1
A–F

5 Bände

THOMAS G. BROWN, University of Rochester, et al. (Hrsg.)

Basic Foundations and Practical Applications.

Von den theoretischen Grundlagen bis hin zu technologischen Anwendungen reichen die Themen, die von weltweit anerkannten Spezialisten in über 90 ausführlichen Übersichtsartikeln in 5 Bänden behandelt werden. Mit ausführlichen Literaturhinweisen und einem Glossar am Ende jedes Beitrages.

2003. 3530 Seiten mit 1100 Abbildungen, davon 50 in Farbe, und 100 Tabellen. Gebunden.
ISBN 3527-40320-5

WILEY-VCH

Wiley-VCH Verlag GmbH • Tel: +49 (0) 6201 606 400
Fax: +49 (0) 62 01 606 184 • e-mail: service@wiley-vch.de • www.wiley-vch.de

Printed and bound in the UK by
CPI Antony Rowe, Eastbourne